Clusteranalyse für Netzwerke

INFORMATIONSTECHNOLOGIE UND ÖKONOMIE

Herausgegeben von Christian Becker, Wolfgang Gaul,
Armin Heinzl, Martin Schader und Daniel Veit

Band 47

PETER LANG
Frankfurt am Main · Berlin · Bern · Bruxelles · New York · Oxford · Wien

Alexandra Rebecca Klages

Clusteranalyse für Netzwerke

PETER LANG
Internationaler Verlag der Wissenschaften

Bibliografische Information der Deutschen Nationalbibliothek
Die Deutsche Nationalbibliothek verzeichnet diese Publikation
in der Deutschen Nationalbibliografie; detaillierte bibliografische
Daten sind im Internet über http://dnb.d-nb.de abrufbar.

Zugl.: Karlsruhe, Univ., Diss., 2012

D 90
ISSN 1616-086X
ISBN 978-3-631-63832-3
© Peter Lang GmbH
Internationaler Verlag der Wissenschaften
Frankfurt am Main 2012
Alle Rechte vorbehalten.

Das Werk einschließlich aller seiner Teile ist urheberrechtlich
geschützt. Jede Verwertung außerhalb der engen Grenzen des
Urheberrechtsgesetzes ist ohne Zustimmung des Verlages
unzulässig und strafbar. Das gilt insbesondere für
Vervielfältigungen, Übersetzungen, Mikroverfilmungen und die
Einspeicherung und Verarbeitung in elektronischen Systemen.

www.peterlang.de

Danksagung

Mein vornehmlicher Dank gilt meinem Doktorvater, Herrn Prof. Dr. Wolfgang Gaul, für die Betreuung der Arbeit. Die Hilfestellung bei der Formulierung der äußerst interessanten Aufgabenstellung, seine fachlichen Ratschläge und die anhaltende Unterstützung haben mich in besonderem Maße motiviert. Weiterhin danke ich Herrn Prof. Dr. Andreas Geyer-Schulz für die Übernahme des Koreferats. Bei Herrn Prof. Dr. Karl-Heinz Waldmann und Herrn Prof. Dr. Martin Klarmann bedanke ich mich, dass sie sich als Prüfer bzw. als Vorsitzender an meiner mündlichen Promotionsprüfung beteiligt haben.

Allen Mitarbeitern des Instituts für Entscheidungstheorie und Unternehmensforschung der letzten vier Jahre danke ich für eine äußerst angenehme und freundschaftliche Arbeitsatmosphäre, die von Frau Bayer und Frau Nickel im Sekretariat abgerundet wurde. Allen studentischen Hilfskräften sowie Studenten, die unter meiner Betreuung schriftliche Seminar- oder Abschlussarbeiten angefertigt haben, und damit dem Fortschritt dieser Arbeit dienlich waren, sei gedankt. Dabei sei insbesondere Herr David Schoch erwähnt.

Ganz besonders bedanke ich mich - last but by no means least - bei meinem privaten Umfeld. Meinen Eltern danke ich für mittlerweile 30 Jahre Unterstützung, Motivation, Verständnis und Rückhalt bezogen auf unzählige Lebenslagen. Weiterhin danke ich meinem Freund, meinen Freunden und meinen Doktoranden-Kollegen am Institut für Aufmunterung, Entlastung, Mithilfe und Verständnis. Stellvertretend seien an dieser Stelle meine Korrekturleser als Repräsentanten der oben genannten Personenkreise genannt: Ich danke - in alphabetischer Reihenfolge - Andreas, Christoph, Dominic, Dominique, Joachim, Karsten, Martina, Marvin, Tina, Thomas und Waltraud.

Karlsruhe im April 2012

Rebecca Klages

Inhaltsverzeichnis

1	**Einleitung**	**1**
2	**Grundlagen**	**7**
2.1	Netzwerktheorie	7
	2.1.1 Definitionen	7
	2.1.2 Anwendungen und Algorithmen	14
	2.1.2.1 Kürzeste Wege und Pfade in Netzwerken	14
	2.1.2.2 Flüsse in Netzwerken	16
	2.1.2.3 Zentralitätsbewertungen in Netzwerken	17
	2.1.3 Visualisierung von Netzwerken	18
2.2	Clusteranalyse in Netzwerken	19
	2.2.1 Begriffliche Grundlagen	19
	2.2.2 Kategorien von Methoden	20
3	**Modularität als Gütemaß für Cluster in Netzwerken und Alternativen**	**27**
3.1	Definition der Modularität	28
3.2	Eigenschaften der Modularität	32
	3.2.1 Minimale und maximale Modularitätswerte	32
	3.2.2 Verteilungen von Modularitätswerten	36
3.3	Kritik an der Modularität	40
	3.3.1 Das Resolution Limit nach Fortunato/Barthélemy	40
	3.3.2 Erweiterungen des Resolution Limits	44
3.4	Alternativen und Abwandlungen der Modularität	48
	3.4.1 Modularitätsdichte	48
	3.4.2 Multi(auf)lösungsgütemaße	51
	3.4.3 Alternative Nullmodelle	55
	3.4.4 Motivbasierte Abwandlung der Modularität	57
	3.4.5 Lokale Bewertung von Clustern	57
	3.4.6 Zwischenfazit zu Kapitel 3	58

3.5 Modularität in Abhängigkeit von der Art des Netzwerks 59
   3.5.1 Modularität für Netzwerke mit gewichteten Kanten 59
   3.5.2 Modularität für Netzwerke mit gerichteten Kanten 62
      3.5.2.1 Eine direkte Übertragung der Modularität auf gerichtete Netzwerke 62
      3.5.2.2 Der LinkRank für gerichtete Netzwerke 64
      3.5.2.3 Zusätzliche Ansätze für gerichtete Netzwerke . . 68
   3.5.3 Weitere Erweiterungen des Modularitätsbegriffs 68
      3.5.3.1 Modularität in bipartiten Netzwerken 68
      3.5.3.2 Modularität für überlappende Cluster 70

4 Clusteranalysemethoden für Netzwerke   73
4.1 Heuristiken zur Maximierung der Modularität 74
   4.1.1 Agglomerative hierarchische Verfahren 74
      4.1.1.1 Der agglomerative Algorithmus von Newman . . 74
      4.1.1.2 Alternativen für Implementierung und Clustervereinigung 75
      4.1.1.3 Randomisiertes Clustern und Aggregation von Clusterings 76
   4.1.2 Iterative Vergröberung von Netzwerken 77
      4.1.2.1 Zusammenfassung von Knotenmengen 78
      4.1.2.2 Vergröberung durch Matchings 79
      4.1.2.3 Agglomerative Zwei–Phasen–Methode 80
   4.1.3 Rekursive Zweiteilung von Netzwerken 81
      4.1.3.1 Extremale Optimierungsheuristik 81
      4.1.3.2 Formulierung eines Vektor–Programms 82
      4.1.3.3 Reduktion auf ein minimales Schnittproblem . . 85
4.2 Spektralmethoden zum Clustern in Netzwerken 88
   4.2.1 Grundlagen 88
   4.2.2 Rekursive Zweiteilung 89
      4.2.2.1 Schnittprobleme 89
      4.2.2.2 Verwendung der Modularität 92
   4.2.3 Teilung in eine fixe Anzahl von Clustern 94
      4.2.3.1 Schnittprobleme 94
      4.2.3.2 Verwendung der Modularität 95
   4.2.4 Weitere Konzepte bezüglich spektraler Clusteranalyse . . 96
      4.2.4.1 Erweiterungen der Methode der rekursiven Zweiteilung mit Modularität 96
      4.2.4.2 Andere spektrale Clustermethoden 98
      4.2.4.3 Spektraltheorie und Clusteranzahlen 99
   4.2.5 Matrixfaktorisierung 101

4.3	Divisive hierarchische Verfahren	102
4.4	Label Propagation	104
4.5	Lokale Methoden	106
4.6	Weitere Algorithmen	108
	4.6.1 LP Methode nach Agarwal/Kempe	108
	4.6.2 Clustern unter Verwendung von Informationstheorie	110
4.7	Nachbearbeitung zur lokalen Verbesserung	113
4.8	Andere Aspekte bezüglich Netzwerken und Clusteranalyse	115
	4.8.1 Blockmodelle und Rollenzuweisungen	115
	4.8.1.1 Blockmodelle	116
	4.8.1.2 Rollenzuweisungen	118
	4.8.2 Zweimodales Clustern als Clustern bipartiter Netzwerke	120
	4.8.3 Kern und Peripherie von Netzwerken	121
	4.8.4 Weitere Fragestellungen	122
	4.8.4.1 Clusterweise Aggregation von Netzwerken	122
	4.8.4.2 Netzwerktheorie zum Clustern von (Un-)Ähnlichkeitsdaten	124
4.9	Zusammenfassung und Fazit	129

5 Clustermethode mit kürzesten Weglängen   133

5.1	Kürzeste–Wege–Cluster–Methode für ungewichtete, ungerichtete Netzwerke	134
	5.1.1 Die Bestimmung aller kürzesten Wege	135
	5.1.2 Anwendung hierarchischer Verfahren	136
	5.1.2.1 Lösungsansatz	136
	5.1.2.2 Implementierung in MATLAB	137
	5.1.3 Bestimmung der Clusterings mit maximaler Modularität	138
	5.1.3.1 Lösungsansatz	138
	5.1.3.2 Implementierung in MATLAB	138
	5.1.4 Nachbarschaftssuche	140
	5.1.5 Beispiel zur Veranschaulichung	140
5.2	Erweiterung der KWC–Methode auf gewichtete Netzwerke	144
	5.2.1 Netzwerke mit nichtnegativen Kantengewichten	144
	5.2.2 Netzwerke mit negativen Kantengewichten	149
5.3	Erweiterung der KWC–Methode auf gerichtete Netzwerke	152
	5.3.1 Asymmetrische Distanzdaten	152
	5.3.2 Die Idee von Takeuchi *et al.*	154
	5.3.3 Implementierung in MATLAB	158
	5.3.4 Beispiel zur Veranschaulichung	160

6 Testreihen   165
- 6.1 Maße zum Vergleich von Clusterlösungen 165
  - 6.1.1 Anzahlen gleich geclusterter Objektpaare 166
  - 6.1.2 Informationstheoretische Maße 168
- 6.2 Ungewichtete, ungerichtete Netzwerke 170
  - 6.2.1 Reale Benchmark–Netzwerke 170
    - 6.2.1.1 Freundschaften von Karatekas 171
    - 6.2.1.2 Interaktion unter Delphinen 174
    - 6.2.1.3 Verkauf politischer Bücher 175
    - 6.2.1.4 American College Football Spielplan 177
    - 6.2.1.5 Musiker in Jazz–Bands 178
    - 6.2.1.6 Kommunikation per E–Mail 179
    - 6.2.1.7 Zusammenfassung 179
  - 6.2.2 Computergenerierte Benchmark–Netzwerke 180
- 6.3 Gewichtete, ungerichtete Netzwerke 186
  - 6.3.1 Les Miserables 186
  - 6.3.2 Computergenerierte Benchmark–Netzwerke 186
- 6.4 Ungewichtete, gerichtete Netzwerke 191
  - 6.4.1 Ringnetzwerke 191
  - 6.4.2 Netzwerk von Rosvall/Bergstrom (ohne Flussstruktur) . . 192
  - 6.4.3 Computergenerierte Benchmark–Netzwerke 193
- 6.5 Gewichtete, gerichtete Netzwerke 197
  - 6.5.1 Netzwerk mit Flussstruktur von Rosvall/Bergstrom . . . 198
  - 6.5.2 Computergenerierte Benchmark–Netzwerke 199
- 6.6 Zusammenfassung aller Testreihen 203

7 Zusammenfassung und Ausblick   205

A Clusteranalyse von Distanz- und (Un-)Ähnlichkeitsdaten   209
- A.1 Begriffliche Grundlagen 209
- A.2 Hierarchische Verfahren 211
- A.3 Austauschverfahren und weitere Methoden 214

B Die Verfahren von Dantzig und Dijkstra   217

C Weitere Anwendungsbeispiele   221

D Ergänzung zu Abschnitt 6.3.2   225

E Tabellen: Ungewichtete, ungerichtete Netzwerke   227

F Tabellen: Gewichtete, ungerichtete Netzwerke   231

G Tabellen: Ungewichtete, gerichtete Netzwerke   235

H Tabellen: Gewichtete, gerichtete Netzwerke   239

Abbildungsverzeichnis   243

Literaturverzeichnis   247

Kapitel 1

Einleitung

Menschen gehen Beziehungen miteinander ein, indem sie kommunizieren und interagieren. Sie stehen in unterschiedlichen Relation zu ihren Kollegen, Freunden und Verwandten. Die Webseiten des Internets sind untereinander verlinkt. In Organismen werden Stoffe durch Stoffwechselprozesse aufgenommen, transportiert, umgewandelt und abgegeben. All diese Verbindungen zwischen Objekten lassen sich durch Netzwerke darstellen. Von dieser Betrachtungsweise profitieren die verschiedensten Forschungsgebiete (vgl. Anhang C), unter anderem die Soziologie, die Betriebswirtschaftslehre, die Informatik und die Biologie.

Eine wichtige Fragestellung innerhalb der Analyse komplexer Gefüge ist die Identifikation eng vernetzter Gruppen von Objekten, welche auch Cluster oder Module genannt werden. Solche Strukturen lassen sich netzwerktheoretisch wie folgt abbilden: Die Objekte entsprechen den Knoten eines Netzwerks, und ihre Beziehungen werden durch Kanten modelliert. Die Kanten sind in Abhängigkeit der dargestellten Relation gewichtet oder ungewichtet, gerichtet oder ungerichtet. Eine Gruppe eng vernetzter Objekte ist in diesem Fall eine Knotenmenge mit den folgenden Eigenschaften: Zwischen den Knoten dieser Menge gibt es viele Kanten, während nur wenige Kanten von Knoten dieser Menge zu Knoten außerhalb der Gruppe existieren.

In der Soziologie stellen soziale Netzwerke ganz verschiedene Arten von Relationen zwischen Personen dar. Eng vernetzte Gruppen innerhalb eines sozialen Netzwerks können in Abhängigkeit der betrachteten Beziehungen beispielsweise Freundeskreise sein oder Menschen, die zusammen arbeiten oder gemeinsame Interessen haben. Einen Einblick in die historische Entwicklung der Sozialen Netzwerkanalyse (SNA) gibt zum Beispiel Freeman (2004) [108]. Durch die Verlagerung diverser sozialer Aktivitäten des täglichen Lebens in das Internet wie das Einkaufen in Webshops oder die Kommunikation per Email, über Chatprogramme oder auf Webseiten entstehen unzählige Datenmengen sozialen Verhaltens. Eine moderne Variante klassischer sozialer Netzwerke entsteht durch die sehr populär gewordenen Online Netzwerke wie Facebook (www.facebook.com), Myspace (www.myspace.com) oder StudiVerzeichnis (www.studivz.net). Auf diesen Webseiten erstellen Nutzer ein persönliches Profil und interagieren mit anderen Nutzern über das Verbinden ihrer Profile, das Versenden von Nachrichten, die Bildung von Gruppen, die Planung von Veranstaltungen, die Veröffentlichung gemeinsamer Fotos und ähnliche Aktivitäten. Auf der Facebook–eigenen Statistikseite (vgl. [93]) werden Ende des Jahres 2011 über 800 Millionen aktive Nutzer ausgewiesen, von denen sich über die Hälfte mindestens einmal pro Tag einloggen. Die weltweite Verteilung der Freundschaften bezogen auf die angegebenen Wohnorte hat der Facebook–Praktikant Paul Butler im Dezember 2010 untersucht (siehe Butler (2010a) [54]). Es hat ihn nach eigenen Angaben interessiert, „wie Geografie und politische Grenzen sich darauf auswirken, wo Leute und ihre jeweiligen Freunde leben." Konkret wurde für jedes Städtepaar ein Kantengewicht definiert, basierend auf der Anzahl der Freundschaften sowie der euklidischen Distanz zwischen ihnen. Eine Visualisierung dieser Kanten mit verschiedenen Helligkeiten in Abhängigkeit ihrer Bedeutung ergibt deutlich sichtbar die Struktur der Kontinente und in einigen Fällen sogar den Verlauf von Landesgrenzen. Diese Anwendung zeigt sehr anschaulich die Existenz eng vernetzter Gruppen in einem speziellen sozialen Netzwerk. Folgendes Bild ist bei Butler (2010b) [55] zu finden:

Abbildung 1.1: Weltweite Freundschaften im sozialen Netzwerk Facebook.

Im Marketing ist die Analyse sozialer Netzwerke von großer Bedeutung (siehe z.B. Van den Bulte/Wuyts (2007) [264]). Neben der Platzierung von Werbebotschaften ist es möglich, Gruppendynamiken und die Verbreitung von Meinungen zu untersuchen. Eine weitere klassische Anwendung im Marketing ergibt sich für Webseiten, auf denen Produkte erworben werden können. Für die Betreiber ist es interessant, Kunden sinnvolle Produktempfehlungen zu geben. Basierend auf der Kaufhistorie verschiedener Nutzer ermitteln sogenannte Recommender Systeme (siehe z.b. Gaul/Schmidt–Thieme (2002a/2002b) [116, 117]) Gruppen von Artikeln, die häufig zusammen gekauft werden. Käufer werden bei dem Erwerb eines Produkts auf die entsprechenden anderen Waren hingewiesen. Eine Erweiterung dieses Forschungsgebiets beinhaltet die simultane Klassifikation der Kunden anhand gekaufter Produkte. Diese Fragestellung ist unter dem Begriff zweimodale Clusteranalyse bekannt (vgl. Abschnitt 4.8.2).

Selbstredend ist das World Wide Web ein Netzwerk, trägt es doch diesen Ausdruck schon im Namen. Betrachtet man die Webseiten als Knoten und die Verlinkungen als gerichtete Kanten, so können Seiten innerhalb eines Clusters zum Beispiel ähnliche Themen behandeln oder von den gleichen Anbietern betrieben werden.

In der Informatik ergibt sich bei dem Einsatz von parallelem Rechnen innerhalb eines Computerverbundes oder auf Parallelrechnern (siehe z.B. Grama (2003) [126]) ein Spezialfall der Suche nach Clustern in Netzwerken. Das Ziel ist die Zuweisung der parallel durchzuführenden Aufgaben zu Prozessoren, so dass die notwendige Kommunikation zwischen diesen möglichst gering ist. Diese Fragestellung lässt sich als Clusterproblem formulieren. Dabei sind ungefähr gleich große Gruppen von Prozessoren gesucht, so dass die Anzahl an technischen Verbindungen zwischen Prozessoren aus verschiedenen Clustern minimal ist. Dieser Spezialfall der Clusteranalyse in Netzwerken, in welchem gleich große Cluster erwünscht sind, heißt Graph–Partitionierung (siehe Abschnitt 2.2.2). In anderen Fragestellungen, beispielsweise den oben genannten, ist die Einteilung der Objektmenge in gleich große Gruppen nicht unbedingt sinnvoll.

Schließlich werden in der Biologie die Interaktionen zwischen Proteinen durch Netzwerke abgebildet. Cluster sind in dieser Anwendung Gruppen von Proteinen, welche dieselben Funktionen innerhalb von Zellen aufweisen. Weitere biologische Anwendungen werden unter anderem von Junker/Schreiber (2008) [149] dargelegt.

Viele der auftretenden Clusterstrukturen in Netzwerken sind hierarchisch organisiert (vgl. Simon (1962) [253]). Das bedeutet, ein Netzwerk besteht aus Clustern, die jeweils in kleinere Cluster zerfallen, welche ihrerseits aus noch kleineren Gruppen zusammengesetzt sind. Die Module dieser Struktur werden genestete Cluster genannt (vgl. Abschnitt A.1). Die von Menschen geschaffene Einteilung von Institutionen wie Firmen oder Universitäten in Abteilungen, Bereiche und Fakultäten stellt ein Beispiel dafür dar. Ein biologisches Netzwerk mit hierarchischer Clusterordnung ist der menschliche Körper. Dieser setzt sich aus Organen zusammen, welche aus Gewebe bestehen, das wiederum aus Zellen aufgebaut ist.

Frühe Betrachtungen von Netzwerken stammen unter anderem aus dem Bereich der Sozialen Netzwerkanalyse von Georg Simmel (siehe z.B. Simmel (1890) [252]) und datieren auf das Ende des 19. Jahrhunderts. Zunächst geschah die Betrachtung aus rein soziologischer Sicht. Im Laufe der Zeit wurden diese Untersuchungen mit Methoden aus anderen Bereichen verknüpft. Beispielsweise verwendete Homans (1950) [137] Matrizen zur Darstellung sozialer Netzwerke. Die Zeilen und Spalten dieser Matrizen ordnete er so um, dass in Teilmatrizen die zwischen den Clustern vorhandenen Strukturen zusammengefasst werden (vgl. Abschnitt 4.8.1). Die Arbeit von zwei Physikern (siehe insbesondere Girvan/Newman (2002) [119] und Newman/Girvan (2004) [213]) trug Anfang des 21. Jahrhunderts zu einem verstärkten Interesse von Naturwissenschaftlern, Informatikern und Mathematikern an dem Thema der Clusteranalyse von Netzwerken bei (vgl. Kapitel 3 und 4). Die Autoren entwickelten ein divisives hierarchisches Clusterverfahren (siehe Abschnitt 4.3), das diverse Autoren zu Weiterentwicklungen sowie zur Konzeption eigener Algorithmen inspirierte. Außerdem entfachten sie die Diskussion über die Messung der Güte von Clusterlösungen durch die Präsentation eines Gütemaßes namens Modularität neu (vgl. Abschnitt 3.1). Ein Überblick über die Entwicklung dieses Forschungsgebiets findet sich beispielsweise bei Fortunato (2010) [103]. Nicht zuletzt führt der rasante Anstieg an sozialer Interaktion im Internet zu einer Vielzahl an Datensätzen, die unter anderem aus Sicht des Marketing von großer Bedeutung sind. Diese Entwicklung fördert das Interesse an Algorithmen zur Clusteranalyse in Netzwerken.

Die bisher beschriebene Art der Clusteranalyse in Netzwerken ist nicht mit der Clusteranalyse von Netzwerken zu verwechseln. Dabei wird eine Menge von Netzwerken betrachtet, und Gruppen ähnlicher Netzwerke werden in Cluster sortiert (siehe Abschnitt 4.8.4.1). Im Vergleich zu der oben eingeführten Clusteranalyse in Netzwerken wird die zweite Art der Problemstellung in der vorliegenden Arbeit als Clusteranaylse von Netzwerken oder – bezogen auf eine wichtige Anwendung dieser – als clusterweise Aggregation von Relationen (vgl. z.B. Gaul/Schader (1988) [114]) bezeichnet.

Zwar haben diverse Autoren in der Vergangenheit Verfahren aus unterschiedlichen Forschungsrichtungen zur Clusterbildung in Netzwerken eingesetzt (siehe insbesondere Abschnitte 4.1 bis 4.7), jedoch wurde die Clusteranalyse von (Un-)Ähnlichkeits- bzw. Distanzdaten bisher vernachlässigt. Es handelt sich bei dieser sogenannten klassischen Clusteranalyse von (Un-)Ähnlichkeits- und Distanzdaten um einen bekannten und gut erforschten Bereich, der unter anderem

1. Einleitung

häufig im Marketing eingesetzt wird (vgl. z.B. Arabie/Hubert (1995) [8]). Zum Einteilen von Käufern oder Produkten in Gruppen nach bestimmten Kriterien bietet die klassische Clusteranalyse für symmetrische Daten diverse Verfahren. Die grundlegenden Ideen dieser Art der Clusteranalyse wurden zwar auf Netzwerke übertragen, aber einen Einsatz ebendieser konkreten Methoden auf Netzwerkdaten gibt es bislang nicht. Die Anwendung klassischer Clusteranalysealgorithmen, die ursprünglich für (Un-)Ähnlichkeits- bzw. Distanzdaten entwickelt wurden, auf Netzwerke ist ein erstes Ziel der vorliegenden Arbeit. Dazu ist eine Übertragung der Adjazenzbeziehungen des Netzwerks in Distanzdaten notwendig. Dafür wird ein klassischer Distanzbegriff innerhalb von Netzwerken verwendet, nämlich die Länge eines kürzesten Weges in einem Netzwerk. Anschließend wird diese neue Methode zum Clustern ungewichteter, ungerichteter Netzwerke auf Netzwerke mit gewichteten und gerichteten Kanten erweitert.

In der vorliegenden Arbeit werden in Kapitel 2 zunächst grundlegende Begriffe aus der Netzwerktheorie und der Clusteranalyse in Netzwerken definiert. Die beiden nachfolgenden Kapitel dienen der Erläuterung weiterer Konzepte, die im Zusammenhang mit der Clusteranalyse in Netzwerken stehen. Dabei werden auch Netzwerke mit gewichteten und gerichteten Kanten betrachtet. Konkret wird die Messung der Güte von Clusterings in Netzwerken in Kapitel 3 behandelt. Ein Schwerpunkt liegt dabei auf dem oben erwähnten Maß der Modularität. Bekannte Methoden zum Clustern von Netzwerken werden in Kapitel 4 dargestellt. Der Fokus der vorliegenden Arbeit liegt auf der Vorstellung eines Clusterverfahrens, welches im ersten Schritt Netzwerkdaten in Distanzdaten umwandelt. Somit bietet sich für ungewichtete, ungerichtete Netzwerke der Vorteil, dass anschließend agglomerative hierarchische Algorithmen aus der klassischen Clusteranalyse eingesetzt werden können. Die Gütemessung erfolgt wiederum unter Verwendung der Modularität innerhalb der zu analysierenden Netzwerke. Weiterhin wird abschließend – wie es bei der Klassifikation von Distanzdaten üblich ist – ein für Netzwerke angepasstes Austauschverfahren durchgeführt. Die Darstellung der Methode für ungewichtete und ungerichtete Netzwerke sowie ihre Erweiterungen für Netzwerke mit gewichteten und gerichteten Kanten erfolgt in Kapitel 5. Bei der Übertragung der Vorgehensweise auf Netzwerke mit gewichteten Kanten ist zu beachten, dass hohe Kantengewichte häufig als enge Verbindungen interpretiert werden, während große Distanzen im Normalfall schwach ausgeprägten Beziehungen entsprechen. Die Erweiterung der Methode für Netzwerke mit gerichteten Kanten stellt eine noch größere Herausforderung dar, weil sich aus gerichteten Adjazenzbeziehungen asymmetrische Distanzdaten ergeben und die Clusteranalyse dieser weniger intensiv erforscht wurde als im symmetrischen Fall. Zur Analyse dieser neuen Clustermethode für Netzwerke wird in Kapitel 6 gezeigt, welche Ergebnisse ihre Anwendung auf aus der Literatur bekannte, reale und computergenerierte Benchmark Netzwerke liefert. Abschließend gibt Kapitel 7 neben einer Zusammenfassung der vorliegenden Arbeit ein Fazit des vorgestellten Verfahrens sowie einen kurzen Ausblick auf zukünftig mögliche Richtungen der Forschung.

Kapitel 2

Grundlagen

Die vorliegende Arbeit befasst sich mit Methoden der **Clusteranalyse in Netzwerken**. Dabei werden Einteilungen der Knotenmengen von Netzwerken in Knotengruppen gesucht, welche die folgenden Bedingungen erfüllen: Zwischen den Knoten einer Gruppe gibt es viele Kanten, während nur wenige Kanten von Knoten dieser Gruppe zu Knoten des restlichen Netzwerks existieren. In diesem Kapitel werden Grundlagen der Netzwerktheorie (Abschnitt 2.1) und der Clusteranalyse in Netzwerken (Abschnitt 2.2) erläutert. Definitionen und Methoden der Clusteranalyse, die ursprünglich für (Un-)Ähnlichkeits- oder Präferenzdaten entwickelt wurden, sind in Anhang A zu finden.

2.1 Netzwerktheorie

Dieser Abschnitt dient der Einführung grundlegender Definitionen und Bezeichnungsweisen der Netzwerktheorie sowie einiger Anwendungen und methodischer Überlegungen, die in den folgenden Kapiteln verwendet werden. Ein weiter gefasster Überblick findet sich beispielsweise bei Diestel (2010) [78].

2.1.1 Definitionen

Die Anzahl der in einer Menge M enthaltenen Elemente wird mit $|M|$ bezeichnet und als **Mächtigkeit** oder Kardinalität von M bezeichnet. Ein **endliches Netzwerk** N ist ein Paar $(\boldsymbol{V}, \boldsymbol{E})$ von Mengen, wobei $V = V(N)$ als **Knotenmenge** von N mit $0 < |V| < \infty$ bezeichnet wird und $E = E(N)$ als **Kantenmenge** von N mit $E \subseteq \{e \subseteq V : |e| = 2\}$. Die Elemente aus V heißen **Knoten** und die Elemente aus E **Kanten**. Die Knoten und Kanten von N werden **Elemente** von N genannt. Jeder Kante $e \in E$ ist durch eine Inzidenzabbildung $J = (J^1, J^2)$ mit $J^i : E \to V$, $i = 1, 2$ von E nach V ein geordnetes Knotenpaar $[J^1(e), J^2(e)]$ oder ein ungeordnetes Knotenpaar $\{J^1(e), J^2(e)\}$ zugewiesen. Bei einem geordneten Knotenpaar wird die Richtung der Kante e als Zusatzinformation bereitgestellt und in einer bildlichen Darstellung des Netzwerks durch einen Pfeil angegeben. Eine **gerichtete Kante** wird auch als **Bogen** bezeichnet. Falls eindeutig ist, ob eine Kante e gerichtet oder ungerichtet ist, kann sie mit $e = J^1(e)J^2(e)$ gekennzeichnet werden. Kanten e können Gewichte $w(e) \in \mathbb{R}$ zugeordnet werden. In diesem Fall spricht man von **gewichteten Kanten** und einem gewichteten Netzwerk. Für ungewichtete Netzwerke N gilt $w(e) = 1 \; \forall e \in E(N)$. Die Knoten $J^1(e), J^2(e) \in V(N)$, zwischen denen eine ungerichtete Kante e verläuft, sind die **Endknoten** von e. Im gerichteten Fall heißt $J^1(e)$ **Anfangsknoten** und $J^2(e)$ **Endknoten**. Es kann in einem Netzwerk mehrere Kanten mit demselben Paar von Anfangs- und Endknoten bzw. demselben Paar von Endknoten geben. Diese werden **mehrfache** oder **parallele Kanten** genannt. Eine ungerichtete Kante, deren Endknoten zusammenfallen, bzw. eine gerichtete Kante, deren Anfangsknoten ihrem Endknoten entspricht, wird als **Schlinge** bezeichnet. Die in der vorliegenden Arbeit betrachteten Netzwerke enthalten weder Schlingen noch parallele Kanten. Solche Netzwerke heißen **schlichte Netzwerke**. Gängige Schreibweisen von Netzwerken sind $N = (V(N), E(N)) = (V, E)$. Die Anzahl $|V(N)|$ der Knoten eines Netzwerks N heißt **Ordnung** von N und wird mit $\boldsymbol{n}$ bezeichnet. Die Anzahl $|E(N)|$ der Kanten von N wird **Größe** genannt und mit $\boldsymbol{m}$ beschrieben. Zwei durch eine Kante $e = \{J^1(e), J^2(e)\} = \{v, w\} = vw$ oder $e = [J^1(e), J^2(e)] = [v, w] = vw$ verbundene Knoten v und w werden **adjazent** genannt und die Kante e heißt **inzident** zu v und w. Zwei Kanten, die mit demselben Knoten inzidieren, werden ebenfalls als **adjazent** bezeichnet. Inzidente sowie adjazente Elemente nennt man auch **benachbart**.

Die Menge $\boldsymbol{V(v)}$ aller zu v adjazenten Knoten heißt **Nachbarschaft** von v. In gerichteten Netzwerken wird zwischen der **Menge der Vorgänger** $\boldsymbol{V^-(v)} := \{u \in V(N) | e = [u, v] \in E(N)\}$ und der **Menge der Nachfolger** $\boldsymbol{V^+(v)} := \{w \in V(N) | e = [v, w] \in E(N)\}$ differenziert. Analog wird die Menge $\boldsymbol{E(v)}$ aller zu einem Knoten v inzidenten Kanten als **Kantennachbarschaft** bezeichnet, wobei in gerichteten Netzwerken zwischen der Menge der **Vorgängerkanten** $\boldsymbol{E^-(v)} := \{e = [u, v] | u, v \in V(N), e \in E(N)\}$ und der Menge der **Nachfolgerkanten** $\boldsymbol{E^+(v)} := \{e = [v, w] | v, w \in V(N), e \in E(N)\}$ unterschieden wird. Die Mächtigkeit der Menge $E(v)$ entspricht der Anzahl aller zu v inzidenten Kanten und wird **(Knoten-)Grad $d(v)$** von v genannt. In gerichteten Netzwerken bezeichnet $\boldsymbol{d^-(v)} := |V^-(v)|$ den **Innengrad** und $\boldsymbol{d^+(v)} := |V^+(v)|$ den **Außengrad** eines Knotens v. Der größte in einem Netzwerk N auftretende Knotengrad $\boldsymbol{\Delta(N)}$ heißt **Maximalgrad** von N, während der kleinste in N vorkommende Knotengrad $\boldsymbol{\delta(N)}$ der **Minimal-**

2. Grundlagen

grad von N ist. Einen Zusammenhang zwischen den Knotengraden und der Gesamtanzahl der Kanten m in einem ungerichteten Netzwerk beschreibt das **Handschlaglemma**. Für die Knoten $v_1, \ldots, v_n$ eines Netzwerks N mit Größe m gilt

$$\sum_{i=1}^{n} d(v_i) = 2m. \qquad (2.1)$$

Gleichung (2.1) ist für ungerichtete Netzwerke stets erfüllt, da beim Aufsummieren der Grade $d(v_i)$ aller Knoten $v_1, \ldots, v_n$ aus G jede Kante $e = v_i v_j$ mit $i \neq j$ genau zweimal gezählt wird, weil sie exakt zwei Endknoten v_i und v_j in N hat. Das in Abbildung 2.1 (a) dargestellte Netzwerk besitzt $m = 8$ Kanten und die Summe alle Knotengrade beträgt $4 + 3 + 3 + 4 + 2 = 16 = 2 \cdot m$. In gerichteten Netzwerken ist die Summe aller Außengrade gleich der Summe aller Innengrade und dieser Wert entspricht der Größe des gerichteten Netzwerks.

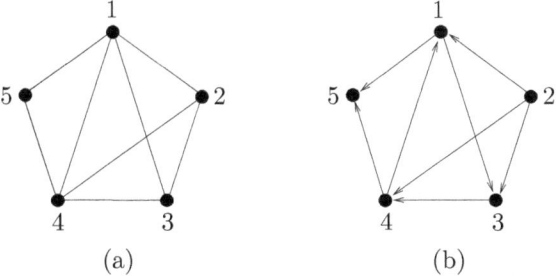

Abbildung 2.1: Ein ungerichtetes und ein gerichtetes Beispiel–Netzwerk.

Die Speicherung von Netzwerken kann in Matrixform erfolgen. Dazu werden häufig die Adjazenzbeziehungen zwischen allen Knotenpaaren eines Netzwerks N der Ordnung n in einer $n \times n$ **Adjazenzmatrix A** gespeichert. Für deren Einträge A_{ij} gilt für ungewichtete Netzwerke:

$$A_{vw} = \begin{cases} 1 & \text{falls in } N \text{ eine Kante von Knoten } v \text{ zu Knoten } w \text{ existiert} \\ 0 & \text{sonst.} \end{cases}$$

Die Zeilensummen von A entsprechen den jeweiligen Außengraden und die Spaltensummen den Innengraden der Knoten. Die Adjazenzmatrix eines ungerichteten Netzwerks ist symmetrisch, da für alle Knotenpaare (i, j) stets $A_{vw} = A_{wv}$ gilt. Bei gewichteten Netzwerken entsprechen die Einträge A_{vw} den Gewichten der Kanten $e = vw \in E(N)$. Für Netzwerke, in denen nicht alle möglichen $n \cdot (n-1)/2$ Kanten auftreten, werden überflüssige Nullen gespeichert. Daher bietet es sich für Matrizen mit vielen Nullen – so genannte **sparse** oder **dünn besetzte Matrizen** – an, lediglich die Elemente ungleich Null zu speichern. Die Adjazenzmatrizen A_u und A_g der in Abbildung 2.1 (a) bzw. 2.1 (b) angegebenen Netzwerke mit ungerichteten bzw. gerichteten Kanten lauten

$$A_u = \begin{pmatrix} 0 & 1 & 1 & 1 & 1 \\ 1 & 0 & 1 & 1 & 0 \\ 1 & 1 & 0 & 1 & 0 \\ 1 & 1 & 1 & 0 & 1 \\ 1 & 0 & 0 & 1 & 0 \end{pmatrix} \quad \text{und} \quad A_g = \begin{pmatrix} 0 & 0 & 1 & 0 & 1 \\ 1 & 0 & 1 & 1 & 0 \\ 0 & 0 & 0 & 1 & 0 \\ 1 & 0 & 0 & 0 & 1 \\ 0 & 0 & 0 & 0 & 0 \end{pmatrix}.$$

Die Knotengrade des ungerichteten Netzwerks $d(1) = 4$, $d(2) = 3$, $d(3) = 3$, $d(4) = 4$ und $d(5) = 2$ entsprechen aufgrund der Symmetrie von A_u den Zeilen- und den Spaltensummen von A_u. Im Gegensatz dazu ergeben sich die Außengrade $d^+(1) = 2$, $d^+(2) = 3$, $d^+(3) = 1$, $d^+(4) = 2$ und $d^+(5) = 0$ aus den Zeilensummen von A_g, während die Spaltensummen von A_g den Innengraden $d^-(1) = 2$, $d^-(2) = 0$, $d^-(3) = 2$, $d^-(4) = 2$ und $d^-(5) = 2$ gleichen.

Um die Speicherung überflüssiger Nullen zu verhindern, werden größere Netzwerke häufig als Listen gespeichert. Eine Möglichkeit ist die Speicherung als **Adjazenzliste**, in der für jeden Knoten eine Liste aller seiner Nachbarknoten gespeichert wird. In gerichteten Netzwerken werden dabei zwei Listen angelegt, um zwischen Vorgänger- und Nachfolgerknoten unterscheiden zu können. Außerdem kann ein Netzwerk als **Kantenliste** gespeichert werden, in der für jede Kante ihr Anfangs- und ihr Endknoten gespeichert wird. So wird die Speicherung der Nullen verhindert, aber Listen können in Einzelfällen auch Nachteile haben. Beispielsweise hat die Überprüfung, ob eine bestimmte Kante $e = vw$ in N auftritt, bei Verwendung einer Adjazenzmatrix konstante Laufzeit, da lediglich der Eintrag A_{vw} angeschaut werden muss. In einer Adjazenzliste dauert diese Suche hingegen $\min\{n, m\}$. Somit hängt die besten Speicherform von den gewünschten Untersuchungen ab.

In einigen Anwendungsfällen ist es sinnvoll, statt des gesamten Netzwerks lediglich einen Netzwerkausschnitt zu betrachten. Dazu ist ein **Teilnetzwerk** eines Netzwerks $N = (V(N), E(N))$ als Netzwerk $T = (V(T), E(T))$ mit $V(T) \subseteq V(N)$ und $E(T) \subseteq E(N)$ definiert, in Zeichen $\boldsymbol{T \subseteq N}$. Ein Teilnetzwerk $T \subseteq N$ mit Knotenmenge $V(T)$, das genau diejenigen Kanten aus $E(N)$ enthält, die mit zwei Knoten aus $V(T)$ inzidieren, nennt man das von $V(T)$ **knoteninduzierte Teilnetzwerk**. Die in der vorliegenden Arbeit betrachteten und im folgenden Abschnitt 2.2 eingeführten **Cluster** entsprechen knoteninduzierten Teilnetzwerken.

Einige Klassen spezieller (Teil-)Netzwerke treten aufgund ihrer besonderen Eigenschaften in vielen Untersuchungen auf, wobei Wege, Kreise, vollständige und bipartite Netzwerke für die vorliegende Arbeit relevant sind. Ein **Weg** W_{i-j} in einem ungerichteten Netzwerk N zwischen Knoten i und Knoten j setzt sich aus der Knotenmenge $V(W_{i-j}) := \{i = v_1, v_2, \ldots, v_{x-1}, v_x = j \mid v_k \in V(N), k = 1, \ldots, x\}$ und der Kantenmenge $E(W_{i-j}) := \{\{v_1, v_2\}, \{v_2, v_3\}, \ldots, \{v_{x-1}, v_x\} \mid v_k \in V(G), k = 1, \ldots, x\}$ zusammen. In gerichteten Netzwerken N enthält die Kantenmenge eines **Weges** $W_{i \to j}$ eine Folge in einer Richtung gerichteter Kanten, d.h. $E(W_{i \to j}) := \{[v_1, v_2], [v_2, v_3], \ldots, [v_{x-1}, v_x] \mid v_k \in V(N), k = 1, \ldots, x\}$. Außerdem gibt es in gerichteten Netzwerken eine abgeschwächte Definition eines Weges, in dem nicht zwangsläufig alle Kanten in die gleiche Richtung gerichtet sein müssen. Dabei handelt es sich um einen **Pfad** P_{i-j}. Die Kantenmenge eines Pfades lautet $E(P_{i-j}) := \{e_1 = [v_1, v_2]$ oder $[v_2, v_1], \ldots, e_{x-1} = [v_{x-1}, v_x]$ oder $[v_x, v_{x-1}] \mid v_k \in V(N), k = 1, \ldots, x\}$.

Ist der Anfangsknoten i eines der oben definierten Wege oder Pfade gleich dem entsprechenden Endknoten, so spricht man von einem gerichteten bzw. ungerichteten **Kreis**. Alle Kanten eines gerichteten Kreises sind so gerichtet, dass alle Knoten Innen- und Außengrad 1 haben. Ein ungerichteter Kreis kann entweder ausschließlich ungerichtete Kanten enthalten oder gerichtete Kanten, wobei mindestens ein Knoten mit Innen- oder Außengrad ungleich 1 auftritt. Besteht ein Netzwerk aus genau einem ungerichteten Kreis mit n Knoten, so wird es mit $\boldsymbol{C_n^\circ}$ bezeichnet.

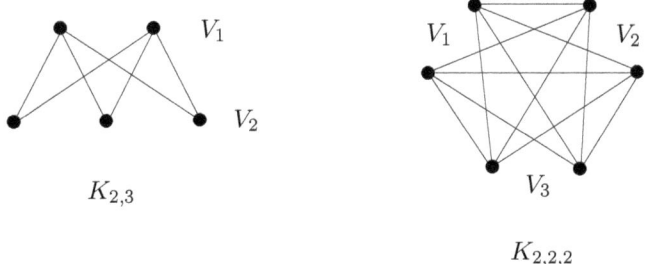

Abbildung 2.2: Die Netzwerke $K_{2,3}$ und $K_{2,2,2}$.

Falls zwischen jedem Paar von Knoten eines ungerichteten Netzwerks N eine Kante existiert, wird N **vollständiges Netzwerk** genannt. Ein vollständiges Netzwerk mit n Knoten enthält $n \cdot (n-1)/2$ Kanten und wird mit $\boldsymbol{K_n}$ bezeichnet. Ein vollständiges Teilnetzwerk eines nicht notwendigerweise vollständigen Netzwerks heißt **Clique**.

Betrachtet man ein Netzwerk N, dessen Knotenmenge V die disjunkte Vereinigung zweier Knotenmengen V_1 und V_2 ist, d.h. es gilt $V_1 \cup V_2 = V$ und

$V_1 \cap V_2 = \emptyset$, dann werden V_1 und V_2 **Partitionsmengen** von V genannt. Wenn keine zwei Knoten derselben Partitionsmenge adjazent sind, so heißt das Netzwerk **bipartit**. Falls außerdem jeder Knoten aus V_1 zu jedem Knoten aus V_2 benachbart ist, wird das Netzwerk **vollständig bipartit** genannt, in Zeichen $\boldsymbol{K_{p,q}}$, wobei $p = |V_1|$ und $q = |V_2|$ gilt.

Multipartite (oder $\boldsymbol{k}$**–partite Netzwerke**) sowie **vollständig $\boldsymbol{k}$–partite Netzwerke** sind analog definiert. Sie bestehen aus k Partitionsmengen $V_1, \ldots, V_k$ und ein Knoten aus V_i mit $1 \leq i \leq k$ ist nur zu Knoten aus V_j mit $1 \leq j \leq k$ und $j \neq i$ adjazent, bzw. in einem vollständig k–partiten Netzwerk zu allen Knoten aus jeder anderen Partitionsmenge. Ein k–partites Netzwerk heißt **balanciert**, wenn alle Partitionsmengen dieselbe Mächtigkeit haben. In Abbildung 2.2 sind das vollständig bipartite Netzwerk $K_{2,3}$ sowie das vollständig 3–partite, balancierte Netzwerk $K_{2,2,2}$ dargestellt.

Ein ungerichtetes Netzwerk N heißt **zusammenhängend**, wenn zwischen jedem Paar von Knoten i und j in N ein Weg W_{i-j} in N existiert. Eine Menge $M \subseteq V(N)$ ist **maximal zusammenhängend**, wenn sie zusammenhängend ist und alle Nachbarn jedes Knotens aus M ebenfalls in M enthalten sind. Eine **Komponente** von N ist ein maximal zusammenhängendes Teilnetzwerk von N. Ein nicht zusammenhängendes Netzwerk besteht aus mindestens zwei Komponenten.

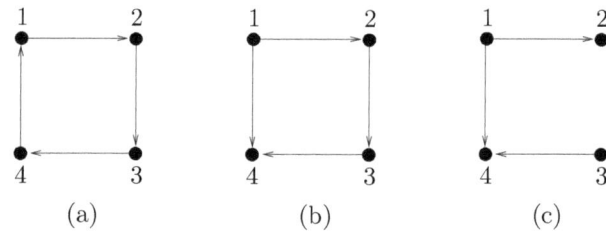

Abbildung 2.3: Verschiedene Arten zusammenhängender Netzwerke.

Für gerichtete Netzwerke werden verschiedene Arten des Zusammenhangs unterschieden. Ein gerichtetes Netzwerk heißt **(schwach) zusammenhängend**, wenn je zwei Knoten $i, j \in V(N)$ durch einen Pfad P_{i-j} aus N verbunden sind. Falls zu je zwei Knoten i und j eines gerichteten Netzwerks N ein Knoten $s \in V(N)$ und Wege $W_{s \to i}, W_{s \to j}$ in N existieren, wird N als **quasi stark zusammenhängend** bezeichnet. Ein gerichtetes Netzwerk ist **stark zusammenhängend**, wenn jedes Paar von Knoten i und j mit $i, j \in V(N)$ sowohl durch einen Weg $W_{i \to j} \subset N$ als auch durch einen Weg $W_{j \to i} \subset N$ verbunden ist.

2. Grundlagen

In Abbildung 2.3 sind drei Netzwerke dargestellt, die offensichtlich alle mindestens schwach zusammenhängend sind. Das in Teil (a) der Abbildung angegebene Netzwerk ist stark zusammenhängend, da jeder Knoten von jedem anderen aus über einen Weg erreichbar ist. Das in Teil (b) abgebildete Netzwerk ist nicht stark zusammenhängend, da unter anderem kein Weg von Knoten 4 zu Knoten 1 existiert. Es ist allerdings quasi stark zusammenhängend, da jeder Knoten von dem Knoten $s = 1$ aus über einen Weg erreichbar ist. Das Netzwerk in Teil (c) der Abbildung ist nicht quasi stark zusammenhängend, da zu dem Knotenpaar bestehend aus den Knoten 1 und 3 kein Knoten s existiert, von dem es sowohl einen Weg zu 1 als auch einen Weg zu 3 gibt. Somit ist dieses Netzwerk nicht einmal stark zusammenhängend, sondern lediglich schwach zusammenhängend.

Netzwerke sind abstrakt definiert. Zur Veranschaulichung der Eigenschaften werden häufig Darstellungen der Netzwerke angegeben. Dabei kann ein Netzwerk in der Regel auf verschiedene Arten dargestellt werden. Bei sehr unterschiedlichen Darstellungen größerer Netzwerke ist es durch bloßes Betrachten oft sehr schwer zu erkennen, ob dasselbe Netzwerk dargestellt ist. Zum Vergleich zweier Darstellungen von Netzwerken wird die **Isomorphie** dieser Netzwerke untersucht. Zwei Netzwerke N_1 und N_1 heißen **isomorph**, geschrieben $\boldsymbol{N_1} \cong \boldsymbol{N_2}$, wenn es eine bijektive Abbildung zwischen ihren Knotenmengen gibt, die adjazenzerhaltend ist. Formell ausgedrückt bedeutet das, es gibt eine Bijektion $\phi : V(N_1) \to V(N_2)$, so dass für alle $i, j \in V(N)$ gilt

$$\begin{array}{ccc} \{i,j\} & & \{\phi(i), \phi(j)\} \\ {[i,j]} & \in V(N_1) \iff [\phi(i), \phi(j)] & \in V(N_2). \end{array}$$

Die Suche nach einer solchen Bijektion ist sehr aufwändig. Außerdem treten isomorphe Netzwerke selten in realitätsnahen Beispielen auf. In diversen realen Anwendungen ist es interessant zu betrachten, wie verschieden die Kantenbeziehungen in unterschiedlichen Netzwerken mit identischen Knotenmengen sind, wenn es sich bei diesen nicht um isomorphe Netzwerke handelt. Beispielsweise können die Präferenzen von Kunden bzgl. einer Menge von Produkten auf diese Weise analysiert werden (vgl. Abschnitt 4.8.4). In diesen Fällen wird die Gleichheit von Netzwerken in einer abgeschwächten Form untersucht. Eine mögliche Berechnung der **Unähnlichkeit** $dis(\boldsymbol{N_1}, \boldsymbol{N_2})$ zweier Netzwerke N_1 und N_2 mit den gleichen Knotenmengen $V(N_1) \equiv V(N_2)$ lautet

$$dis(N_1, N_2) := |E(N_1) \cup E(N_2)| - |E(N_1) \cap E(N_2)|. \quad (2.2)$$

Dabei entspricht die Unähnlichkeit zweier Netzwerke N_1 und N_2 der Differenz zwischen der Anzahl aller Kanten, die in $E(N_1)$ oder $E(N_2)$ auftreten und der Anzahl der Kanten, welche in beiden Netzwerken vorkommen. In Abschnitt 4.8.4 ist erläutert, wie diese Überlegung dazu verwendet werden kann, innerhalb einer Menge von Netzwerken Gruppen von Netzwerken zu bilden, so dass sich innerhalb dieser Gruppen möglichst ähnliche Netzwerke befinden.

In Abbildung 2.4 sind zwei isomorphe Neztwerke N_1 und N_2 dargestellt und ein Netzwerk N_3, das sich von diesen unterscheidet. Die Bezeichnungen der Knoten sind in diesem Fall so gewählt, dass die Isomorphie von N_1 und N_2 durch eine Bijektion $\phi(i) = i$ für $i \in \{u, v, w, x, y, z\}$ ausgedrückt werden kann.

Die Unähnlichkeit zwischen den nichtisomorphen Netzwerken beträgt $dis(N_1, N_3) = dis(N_2, N_3) = |E(N_2) \cup E(N_3)| - |E(N_2) \cap E(N_3)| = 10 - 7 = 3$. Bei den drei entsprechenden Kanten handelt es sich um die beiden Kanten $e_1 = xy$ und $e_2 = uz$, welche in N_1 und N_2 vorkommen, aber nicht in N_3, und um die Kante $e_3 = vx$, die zu N_3 gehört, aber nicht zu N_1 und N_2.

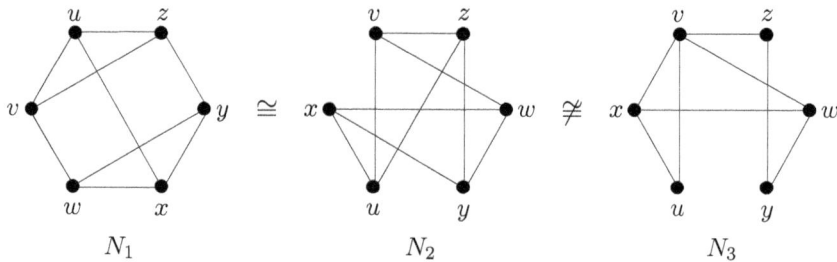

Abbildung 2.4: Zwei isomorphe Netzwerke und ein davon verschiedenes.

2.1.2 Anwendungen und Algorithmen

In diesem Abschnitt werden zunächst die in der vorliegenden Arbeit verwendeten netzwerktheoretischen Anwendungen vorgestellt. Anschließend werden einige weitere grundlegende Fragestellungen der Netzwerkanalyse angesprochen.

2.1.2.1 Kürzeste Wege und Pfade in Netzwerken

Die Begriffe Weg und Pfad wurden bereits eingeführt. In diesem Abschnitt wird lediglich der Begriff Weg verwendet, denn für Pfade gelten die in diesem Abschnitt dargelegten Überlegungen analog. In vielen realen Situationen – beispielsweise für Fahrtrouten oder Transportwege – ist es interessant, unter allen möglichen Wegen einen kürzesten Weg zu bestimmen. Dabei gibt es verschiedene Fragestellungen, denn für einige Problemstellungen ist lediglich der kürzeste Weg zwischen zwei bestimmten Knoten interessant, während für andere Anwendungen alle kürzesten Wege von einem Startknoten zu allen anderen Knoten des Netzwerks zu ermitteln sind. Die letztere Fragestellung wird als Single

2. Grundlagen

Source Shortest Path (SSSP) bezeichnet. Umgekehrt kann nach allen kürzesten Wegen von allen Knoten zu einem bestimmten Endknoten gefragt sein (Single Destination Shortest Path, kurz SDSP). Die umfassendste Aufgabe ist die Bestimmung aller kürzesten Wege von jedem Knoten eines Netzwerks zu jedem anderen Knoten (All Pairs Shortest Path, kurz APSP). In Anhang B werden zwei sehr bekannte Vorgehensweisen zur Berechnung des kürzesten Weges zwischen einem Startknoten und einem oder mehreren beliebigen Endknoten in einem Netzwerk mit ungerichteten oder gerichteten sowie ungewichteten oder nichtnegativ gewichteten Kanten vorgestellt: das Verfahren von Dantzig (1960) [71] und das Verfahren von Dijkstra (1959) [79]. An dieser Stelle wird das Verfahren von Floyd (1962) [99] und Warshall (1962) [278] zur Bestimmung aller kürzesten Wege zwischen allen Knotenpaaren erläutert, das in der neu entwickelten Clustermethode Anwendung findet (vgl. Kapitel 5). Die Ausgabe der kürzesten Wege sowie der dazugehörigen Weglängen erfolgt durch zwei Matrizen: In der Matrix MD sind die kürzesten Weglängen zwischen allen Knotenpaaren gespeichert, während die Matrix MV die jeweiligen Vorgänger der Endknoten auf den entsprechenden kürzesten Wegen zwischen allen Knotenpaaren enthält. Aus der Matrix MV können die konkreten Wege schrittweise rückwärts vom Endknoten zum Startknoten abgelesen werden. Die Länge der kürzesten Wege zwischen zwei Knoten v und w wird auch als Distanz zwischen v und w bezeichnet. Diese Variablen werden zu Beginn des Verfahrens auf bestimmte Werte – beispielsweise ∞ – gesetzt, welche noch nicht den Längen der kürzesten Wege entsprechen. Im Laufe der Methode werden sie schrittweise aktualisiert, bis sie am Ende die gesuchten Werte annehmen. Die Bezeichnung $[v, w]$ für gerichtete Kanten wird zur Beschreibung des APSP Algorithmus für ungerichtete und gerichtete Kanten verwendet, da das Verfahren für ungerichtete und gerichtete Netzwerke analog funktioniert. Die Gewichte der Kanten werden als Distanzen, also als Weglängen zwischen den Knoten interpretiert. Zunächst werden MD und MV ausgehend von der Adjazenzmatrix A initialisiert. Dabei wird $MD_{vv} := 0$ und $MV_{vv} := v$ für alle Knoten $v \in V(N)$ gesetzt, weil die Distanz eines Knotens zu sich selbst Null beträgt und er auf einem kürzesten Weg von sich zu sich selbst als sein Vorgänger definiert ist. Weiterhin wird zu Beginn als Distanz zwischen einem Knoten v und einem Nachfolger w von v das Gewicht der Kante $[v, w]$ eingesetzt. Alle Kanten in ungewichteten Netzwerken haben die Länge 1. In der Vorgängermatrix MV wird an der Stelle MV_{vw} zweier Knoten v und w, zwischen denen die Kante $[v, w]$ existiert, der Knoten v gespeichert, denn v ist auf dem Weg von v nach w der direkte Vorgänger des Knotens w. Die Distanz zweier Knoten u und v, zwischen denen es die Kante $[u, v]$ nicht gibt, wird mit ∞ initialisiert. In der Vorgängermatrix MV wird für diesen Eintrag zunächst $MV_{uv} := \emptyset$ gespeichert. Anschließend wird schrittweise für jeden Knoten z überprüft, für welche zwei Knoten v und w die aktuelle Distanz MD_{vw} länger ist als die Summe der aktuellen Distanzen MD_{vz} von v nach z und MD_{zw} von z nach w. Erfüllen alle Weglängen in dem Netzwerk von Beginn an die Dreiecksungleichung, so kann dieser Fall nicht auftreten. Generell kann in Netzwerken vor der Beendigung des APSP–Algorithmus $MD_{vw} > MD_{vz} + MD_{zw}$ gelten, inbesondere, wenn v und w im ersten Schritt nicht benachbart sind und somit $MD_{vw} := \infty$ gesetzt wurde, sie aber durch einen Weg im Netzwerk verbunden sind. Falls der Weg von v über z nach w kürzer ist als die aktuell gespeicherte Distanz MD_{vw}, wird $MD_{vw} := MD_{vz} + MD_{zw}$ gesetzt. In der Matrix MV wird MV_{vw} durch MV_{zw} ersetzt, denn auf dem Weg von v nach w ist nun derjenige Knoten der unmittelbare Vorgänger von w, der auf dem kürzesten Weg von z nach w der unmittelbare Vorgängerknoten von w ist. Nachdem für alle Knoten überprüft wurde, ob sie auf einem kürzesten Weg zwischen einem anderen Knotenpaar liegen, sind in der Matrix MD am Ende die Längen der kürzesten Wege zwischen allen Knotenpaaren des Netzwerks gespeichert. Der Eintrag MV_{uv} der Matrix MV enthält am Ende den Vorgängerknoten von v auf dem berechneten kürzesten Weg von u nach v, dessen Länge an der Stelle MD_{uv} gespeichert ist.

2.1.2.2 Flüsse in Netzwerken

Eine weitere bekannte Klasse netzwerktheoretischer Fragestellungen sind Flussprobleme. Diese erweitern die Suche nach kürzesten Wegen in Netzwerken um den kostenpflichtigen Transport von bestimmten Einheiten durch das Netzwerk. Dabei sind für die Kanten obere und untere Kapazitätsgrenzen und in einigen Fällen Transportkosten bekannt. Unter diesen Voraussetzungen sind kapazitätszulässige und – falls Kosten bekannt sind – kostenminimale Flüsse gesucht. Die Fragestellung lässt sich als Lineares Optimierungsproblem formulieren und mit verschiedenen Ansätzen lösen. Einen maximalen Fluss für gegebene Kanten bestimmt der Algorithmus von Ford/Fulkerson (1956) [101]. Im Gegensatz dazu berechnet die Out–of–kilter Methode von Fulkerson (1961) [110] einen kostenminimalen zulässigen Fluss unter gegebenen Kapazitätsbedingungen. Einen maximalen kostenminimalen Fluss von einer Quelle zu einer Senke in einem Netzwerk ermittelt der Algorithmus von Busacker/Gowen (1961) [53]. Ein detaillierter Einblick in Flussprobleme findet sich beispielsweise bei Ahuja *et al.* (1993) [4].

In der vorliegende Arbeit treten Flüsse in Netzwerken unter anderem in Abschnitt 4.6 auf. Für die meisten in dieser Arbeit untersuchten Netzwerke wird eine potenziell vorhandene Flussstruktur nicht betrachtet. Eine mit maximalen Flussproblemen eng verknüpfte Fragestellung ist die Suche nach minimalen Schnitten (siehe Seite 24 sowie z.B. Ahuja *et al.* (1993) [4]). Diese wird in einigen der in Abschnitt 4.2 erläuterten Algorithmen eingesetzt.

2.1.2.3 Zentralitätsbewertungen in Netzwerken

Eine ganz andere Fragestellung in der Analyse von Netzwerken ist die Suche nach zentralen Knoten oder Kanten innerhalb eines Netzwerks. Beispielsweise kann innerhalb eines sozialen Netzwerks untersucht werden, welche Personen eine zentrale Rolle innerhalb des sozialen Gefüges spielen. Ein anderer Anwendungsfall ist die Bestimmung zentraler Webseiten bei der Untersuchung der Verlinkungsstruktur des WWW. Netzwerktheoretische Zentralitäten in der sozialen Netzwerkanalyse werden unter anderem von Borgatti (2005) [40] und Borgatti/Everett (2006) [42] untersucht. Wichtige Algorithmen für die Linkstrukturanalyse des WWW sind zum Beispiel der **PageRank** von Brin/Page (1998) [48], das SALSA–Verfahren (Stochastic Approach for Link Structure Analysis) von Lempel/Moran (2001) [181] sowie eine Methode über Hubs und Authorities unter Berücksichtigung der eingegebenen Suchworte namens Hyperlink Induced Topic Search (HITS) von Kleinberg (1999) [157]. Schnelle Berechnungsweisen sind beispielsweise die Online Page Importance Computation (OPIC) von Abiteboul *et al.* (2003) [1] und der Ranking–Algorithmus von Gaul (2011) [113]. Eine Zusammenstellung einiger Konzepte bieten beispielsweise die folgenden Artikel aus einem Überblick von Brandes/Erlebach (2005) [44]: Koschützki *et al.* (2005a/2005b) [160, 161] und Jacob *et al.* (2005) [144].

Für die vorliegende Arbeit ist lediglich der PageRank von Brin/Page (1998) [48] relevant, da die in Abschnitt 3.5.2 vorgestellte Gütebestimmung **LinkRank** für Cluster in gerichteten Netzwerken darauf aufbaut. Der PageRank erstellt ein Ranking, das jeder Webseite einen Rang zuweist. Je zentraler eine Seite ist, desto höher ist ihre Rangbewertung. Die Rangberechnung basiert auf der Überlegung, dass eine Webseite zentral ist, wenn ein zufällig der Linkstruktur des WWW folgender Websurfer mit hoher Wahrscheinlichkeit auf diese stößt. Das bedeutet, Webseiten, auf die entweder viele Seiten verlinken oder auf die zentrale Seiten verlinken, sind zentral. Die Zentralität einer Seite v, auf welche die $d^-(v)$ Vorgängerseiten $u_1, \ldots, u_{d^-(v)}$ verlinken, lautet

$$PR(v) := (1-\alpha) + \alpha \cdot \sum_{i=1}^{d^-(v)} \frac{PR(u_i)}{d^+(u_i)}, \tag{2.3}$$

wobei $\alpha \in [0,1]$ ein Dämpfungsfaktor ist, für den Page/Brin den Wert $0,85$ vorschlagen. Der zweite Term besteht aus der Summe der PageRank–Werte der Vorgängerseiten von v, dividiert durch ihre jeweiligen Außengrade, da die Verlinkung einer Seite, die auf viele Seiten verlinkt, eine geringere Aussage über die Zentralität der verlinkten Seite v enthält als eine Vorgängerseite, die einen kleinen Außengrad hat. Da alle betrachteten Vorgängerseiten mindestens die Kante zu v besitzen, sind alle betrachteten $d^+(u_i)$ positiv. Der erste Term modelliert die Wahrscheinlichkeit, dass der zufällig Surfende von einer beliebigen Webseite zu v gesprungen ist. Die Autoren berechnen die PageRank–Werte aller Seiten, welche dem Haupteigenvektor einer angepassten Form der Adjazenzmatrix des WWW entspricht, mit einer iterativen Methode. Der PageRank ist unter Verwendung der Adjazenzmatrix des WWW in Matrixschreibweise darstellbar. Dazu wird ausgehend von der Adjazenzmatrix eine stochastische, irreduzible Übergangsmatrix G erstellt, deren Eigenvektor π alle PageRank–Werte enthält: $\pi' = \pi' G$. Dabei gilt:

$$G := \alpha \cdot \tilde{A} + (1-\alpha) \cdot E \qquad (2.4)$$

mit $\tilde{A}_{ij} := \begin{cases} 1/n & \text{falls } d^+(i) = 0 \\ A_{ij}/d^+(i) & \text{sonst} \end{cases}$ und $E := \dfrac{1}{n} \cdot \mathbf{1} \cdot \mathbf{1}' = \begin{pmatrix} \frac{1}{n} & \cdots & \frac{1}{n} \\ \vdots & \ddots & \vdots \\ \frac{1}{n} & \cdots & \frac{1}{n} \end{pmatrix}$.

Durch die Verwendung von $\tilde{A}$ wird G stochastisch und aufgrund der Addition von E ist G irreduzibel. Bildlich gesprochen werden in G Kanten zwischen allen Knotenpaaren eingefügt, um das Springen des zufällig Surfenden zu modellieren.

Einen Überblick über verschiedene Ansätze zur Berechnung des PageRank gibt Berkhin (2005) [30]. Die grundlegende Idee wurde seit ihrer Einführung auf verschiedene Arten weiterentwickelt. Konzepte in diesem Zusammenhang finden sich – wie oben erwähnt – unter anderem bei Abiteboul et al. (2003) [1], Gleich et al. (2004) [120] und Gaul (2011) [113].

2.1.3 Visualisierung von Netzwerken

In der Netzwerktheorie unterscheidet man formell zwischen einem Netzwerk $N(V, E)$ und der Darstellung eines Netzwerks. Für alle Netzwerke mit mehr als einem Knoten gibt es verschiedene Darstellungen. Für komplexe Netzwerke bietet es sich an, eine übersichtliche Darstellung des Netzwerks zu wählen, bei der Knoten gefundener Cluster näher beieinander liegen und es möglichst wenige Kanten gibt, die sich in der Darstellung kreuzen. Es gibt einen Forschungsbereich der Informatik, das Graph Drawing, der sich mit Algorithmen beschäftigt, die Netzwerke in der Regel im zweidimensionalen, oder in einigen Fällen im dreidimensionalen Raum darstellen. Ein Einführung geben beispielsweise Di Battista (1994) [77], während bei Jünger/Mutzel (2004) [148] ein Überblick über Software zu finden ist, die zum Zeichnen von Netzwerken eingesetzt wird. In der vorliegenden Arbeit wurde zur Darstellung einiger größerer Netzwerke das kostenlose Visualisierungtool **Gephi** verwendet (vgl. Bastian *et al.* (2009) [25]). Dabei handelt es sich um eine in Java entwickelte Open–Source–Lösung zur Darstellung von Netzwerken sowie deren Bearbeitung, die unter den Betriebssytemen Windows, Linux sowie MacOS X läuft. Die Homepage ist unter http://gephi.org/ zu finden (Stand Dezember 2011). Wichtige Aspekte von Gephi sind die Analyse des Netzwerks hinsichtlich eng vernetzter Cluster, Zentralitäten und grundlegender Netzwerkeigenschaften wie Dichte, Durchmesser, Weglängen und Knotengrade. Dafür wurden bekannte Algorithmen implementiert, beispielsweise im Bereich der Zentralitäten die in Abschnitt 2.1.2.3 beschriebenen Verfahren HITS (Kleinberg (1999) [157]) und PageRank (Brin/Page (1998) [48]) sowie zum Clustern von Netzwerken die in Abschnitt 4.1.2 vorgestellte Heuristik von Blondel *et al.* (2008) [33].

2.2 Clusteranalyse in Netzwerken

Der Begriff **Clusteranalyse in Netzwerken** beschreibt in der vorliegenden Arbeit Verfahren und Definitionen, die im Zusammenhang mit der Identifikation stark vernetzter Gruppen von Knoten in Netzwerken stehen. Für die Knotenmenge des Netzwerks ist eine Einteilung in Knoten–Teilmengen gesucht, so dass jeweils innerhalb einer Knoten–Teilmenge viele Kanten existierten, es aber zwischen den einzelnen Knoten–Teilmengen nur wenige Kanten gibt.

Im folgenden werden begriffliche Grundlagen (Abschnitt 2.2.1) sowie verschiedene Arten von Methoden (Abschnitt 2.2.2) für die Clusteranalyse in Netzwerken behandelt. Eine umfassende Einleitung wird beispielsweise bei Gärtler (2005) [111] gegeben.

2.2.1 Begriffliche Grundlagen

Für die Clusteranalyse von (Un-)Ähnlichkeits-, Präferenz- oder Distanzdaten wurden bereits in den 1970er Jahren Definitionen und Methoden entwickelt (vgl. Anhang A). Einige dieser sind auf die Untersuchung von Clustern in Netzwerken übertragbar.

Formell ist ein **(scharfes) Clustering** $\mathcal{C}$ eines Netzwerks eine Menge nichtleerer, als **Cluster** bezeichneter Teilmengen $C_1, C_2, \ldots, C_{|\mathcal{C}|}$ der Knotenmenge $V(N)$ eines betrachteten Netzwerks N. Es gilt

$$\mathcal{C} := \{C_1, C_2, \ldots, C_c, \ldots, C_{|\mathcal{C}|}\} \subset \wp(V(N)) \quad \text{mit} \quad \emptyset \neq C_c \subset V(N) \quad \forall \, C_c \in \mathcal{C},$$

wobei $\wp(V(N))$ die Potenzmenge der Knotenmenge $V(N)$ beschreibt. Die Anzahl der Cluster von $\mathcal{C}$ wird mit $|\mathcal{C}|$ bezeichnet und Mächtigkeit von $\mathcal{C}$ genannt. Die Anzahl der Knoten $|V(C_c)|$ eines Clusters $C_c \in \mathcal{C}$ heißt Mächtigkeit von

C_c und kann mit $|C_c|$ abgekürzt werden. Jeder Knoten aus $V(N)$ ist in einem scharfen Clustering eindeutig einem oder mehreren Clustern von $\mathcal{C}$ zugeordnet. Bei einem **unscharfen Clustering** können Knoten anteilig zu unterschiedlichen Clustern gehören. Diese Art der Clusteranalyse ist für Netzwerke deutlich weniger verbreitet als bei der Untersuchung von Distanz- oder (Un-)Ähnlichkeitsdaten (vgl. Anhang A.1). In der vorliegenden Arbeit werden ausschließlich scharfe Clusterings betrachtet, in denen jeder Knoten einem Cluster entweder vollständig oder gar nicht zugewiesen ist. Gehört jeder Knoten zu genau einem Cluster, so liegt eine **Partition** vor. Falls mindestens ein Knoten zu zwei verschiedenen Clustern gehört, von denen keins vollständig in dem anderen enthalten ist, spricht man von einem **überlappenden Clustering**. Eine **Hierarchie** (auch **genestetes Clustering**) besteht aus einer Vereinigung von Partitionen mit den folgenden beiden Voraussetzungen: Falls ein Cluster $C_y \in \mathcal{C}$ echte Teilmengen $C_x \in \mathcal{C}$ enthält, überdeckt die Vereinigung dieser Teilmengen das Cluster C_y. Das bedeutet, jeder Knoten aus C_y ist in mindestens einer der echten Teilmengen $C_x \in \mathcal{C}$ enthalten. Die zweite Bedingung für eine Hierarchie ist, dass jedes Clusterpaar aus $\mathcal{C}$ entweder vollständig ineinander enthalten oder disjunkt ist.

Wie zu Beginn des Abschnittes erwähnt, werden Clusterings der Knotenmenge eines Netzwerks gesucht, innerhalb derer viele Kanten existieren, so dass die Cluster untereinander durch wenige Kanten verbunden sind. Daher wird zwischen zwei Arten von Kanten unterschieden: solche, die innerhalb von Clustern liegen und solche, die zwischen den Clustern verlaufen. Erstere heißen **Intra–Cluster–Kanten**, die nach dem englischen Begriff Within–Cluster–Edges mit E_W bezeichnet werden und letztere werden **Inter–Cluster–Kanten** (englisch Between–Cluster–Edges) E_B genannt. Für die Mächtigkeiten dieser Kantenmengen werden die Notationen $|E_W| := m_W$ und $|E_B| := m_B$ verwendet.

2.2.2 Kategorien von Methoden

Zur Clusterbildung in Netzwerken werden häufig hierarchische Verfahren und Austauschalgorithmen eingesetzt. An dieser Stelle wird ein Überblick über unterschiedliche Arten von Clustermethoden gegeben. Konkrete Clusteralgorithmen für Netzwerkdaten werden in Kapitel 4 vorgestellt. In diesem Abschnitt werden ausschließlich Clusterings betrachtet, bei denen es sich um Partitionen handelt.

Bei der Durchführung von **hierarchischen Verfahren** wird eine Hierarchie von Clusterings der betrachteten Knotenmenge erstellt, wobei zwischen **agglomerativen** und **divisiven** Methoden unterschieden wird. Diese werden auch als **Linkage** bzw. als **Splitting** bezeichnet. Agglomerative Algorithmen bilden zunächst ein Clustering, bei dem jeder Knoten ein eigenes Cluster bildet.

Ausgehend von diesem werden schrittweise Cluster vereinigt, bis alle Knoten zu einem Cluster gehören. Die meisten Verfahren erlauben dabei in jedem Schritt das Zusammenfassen von genau zwei Clustern, während in einigen Methoden mehrere Cluster gleichzeitig vereinigt werden können (vgl. z.B. Abschnitt 4.1.1). Divisive Verfahren verlaufen in die entgegengesetzte Richtung: Ausgehend von dem Cluster, welches alle Knoten enthält, wird in jedem Schritt ein Cluster in zwei neue Cluster aufgeteilt, bis jeder Knoten ein eigenes Cluster bildet. Formell lautet ein agglomerativer Iterationsschritt, in dem aus einem Clustering $\mathcal{C}^i$ ein Clustering $\mathcal{C}^{i+1}$ gebildet wird

$$\mathcal{C}^{i+1} := \{C_1^i, \ldots, C_{|\mathcal{C}^{i+1}|}^i\} \backslash \{C_\mu^i, C_\nu^i\} \cup \{C_\mu^i \cup C_\nu^i\} \text{ mit } \mu \neq \nu.$$

Ein divisiver Iterationsschritt, in welchem Clustering $\mathcal{C}^{i+1}$ aus Clustering $\mathcal{C}^i$ entsteht, kann durch

$$\mathcal{C}^{i+1} := \{C_1^i, \ldots, C_{|\mathcal{C}^{i+1}|}^i\} \backslash \{C_\mu^i\} \cup \{C_\mu^{i*}, C_\mu^i \backslash C_\mu^{i*}\} \text{ mit } \emptyset \neq C_\mu^{i*} \subset C_\mu^i$$

beschrieben werden. Agglomerative Verfahren sind weiter verbreitet, da eine iterative Vergröberung von Clusterings einfacher ist als die in divisiven Methoden verwendete schrittweise Verfeinerung. Für jeden agglomerativen Schritt werden zwei zu vereinigende Cluster ausgewählt, während für jeden divisiven Schritt zu entscheiden ist, welches Cluster auf welche Weise zu teilen ist. Die konkreten agglomerativen und divisiven Methoden unterscheiden sich in der Definition von Kriterien zur Vereinigung und zum Aufsplitten von Clustern. Abschnitt 4.1.1 behandelt verschiedene agglomerative Ansätze. Beispielsweise werden in dem Algorithmus von Newman (2004a) [207] in jedem Schritt Cluster vereinigt, so dass das neu gebildete Clustering nach dem von Newman/Girvan (2004) [213] definierten Gütemaß Modularität (siehe Abschnitt 3.1) (lokal) optimal ist. Einige divisive Clusteralgorithmen für Netzwerkdaten sind in Abschnitt 4.3 dargestellt. In einem frühen Algorithmus von Newman/Girvan (2004) [213] basiert die schrittweise Teilung von Clustern zum Beispiel auf der Frage, zu wie vielen kürzesten Wegen zwischen allen Knotenpaaren des Netzwerks die Intra- und Inter–Cluster–Kanten des aktuellen Clusterings gehören.

Um die gefundene Hierarchie anschaulich abzubilden, werden **Dendrogramme** eingesetzt. Dabei werden die Knoten des untersuchten Netzwerks in der Regel nebeneinander dargestellt und die durchgeführten Vereinigungen werden der Reihenfolge nach eingezeichnet. Für ein Beispiel siehe Abbildung 2.5. Je später eine Vereinigung innerhalb eines agglomerativen Verfahrens erfolgt bzw. je früher eine Trennung innerhalb eines divisiven Verfahrens durchgeführt wird, desto höher wird diese in dem Dendrogramm eingezeichnet.

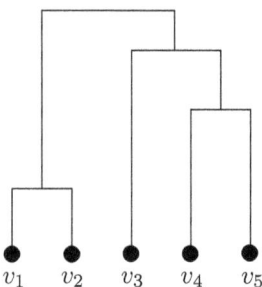

Abbildung 2.5: Darstellung einer Hierarchie von Clusterings als Dendrogramm.

Bei der Clusteranalyse von (Un-)Ähnlichkeits- und Distanzdaten werden häufig sogenannte **Verschiedenheitsindizes** zwischen Clustern definiert (vgl. Anhang A.1). So kann neben der Reihenfolge der Iterationsschritte durch das Dendrogramm wiedergegeben werden, wie verschieden die vereinigten oder getrennten Cluster nach einer gewählten Definition von Verschiedenheit sind (siehe Abbildung A.1 in Anhang A.2).

Die in der Hierarchie gefundenen Clusterings werden anschließend mit einer Gütefunktion bewertet. In der Clusteranalyse von Netzwerken wird meistens das in Abschnitt 3.1 definierte Gütemaß Modularität verwendet. Einige frühere Gütemaße, welche unter anderem auf den Anzahlen der Kanten basieren, die innerhalb und zwischen Clustern existieren, werden im Laufe dieses Abschnittes angesprochen. Im Anschluss an eine hierarchische Clustermethode bietet es sich an, ein **Austauschverfahren** einzusetzen, um das mit dem hierarchischen Verfahren ermittelte Clustering bezüglich einer Gütefunktion (lokal) zu optimieren. Ein Austauschalgorithmus, der auch als **Nachbarschaftssuche** bezeichnet wird, verändert eine vorhandene Clusterlösung $\mathcal{C}$ beispielsweise durch das Verschieben eines Knotens von einem Cluster aus $\mathcal{C}$ in ein anderes Cluster von $\mathcal{C}$ oder vertauscht die Clusterzuweisungen zweier Knoten aus verschiedenen Clustern. Austauschmethoden für die Clusteranalyse in Netzwerken geben beispielsweise Schuetz/Caflisch (2008a) [246] oder Newman (2006a) [209] an. Beide Verfahren werden in Abschnitt 4.7 vorgestellt.

Zur Bildung von Clustern in Netzwerken werden neben hierarchischen Methoden und Austauschverfahren weitere Arten von Algorithmen eingesetzt. Verschiedene dieser werden in Kapitel 4 erläutert.

Eine spezielle Form der Clusteranalyse in Netzwerken ist die **Graph–Partitionierung**. Dabei wird ebenfalls eine Partition $\mathcal{C}$ der Knotenmenge $V(N)$ eines Netzwerks N in disjunkte Cluster $C_1, C_2, \ldots, C_{|\mathcal{C}|}$ gesucht, die innerhalb möglichst stark und untereinander möglichst wenig vernetzt sind. Zusätzlich zu der allgemeinen Formulierung der Clusteranalyse in Netzwerken ist erstens die

2. Grundlagen

Anzahl $|\mathcal{C}|$ der Cluster vorgegeben und zweitens ist gefordert, dass die Cluster $C_1, C_2, \ldots, C_{|\mathcal{C}|}$ jeweils nahezu gleich viele Knoten $|V(C_1)|, \ldots, |V(C_{|\mathcal{C}|})|$ enthalten. Dabei ist für $\varepsilon > 0$ folgende Schranke für die maximale Clustergröße angegeben:

$$\max_i |V(C_i)| \leq (1+\varepsilon)\frac{|V(N)|}{|\mathcal{C}|}. \qquad (2.5)$$

Dieses Problem wurde auf Netzwerke mit gewichteten Kanten erweitert. In diesem Fall ist eine Partition der Knotenmenge in $|\mathcal{C}|$ disjunkte Cluster gesucht, so dass neben Bedingung (2.5) zusätzlich die Summe der Gewichte der Inter–Cluster–Kanten $\sum_{e \in E_B} w(e)$ möglichst klein ist. Falls genau zwei ähnlich große Cluster gesucht sind, spricht man von **Graph–Bi–Partitionierung**.

Wie bereits angesprochen, werden innerhalb einiger Verfahrensarten Gütemaße zur Bewertung von Clusterings eingesetzt. Mehrere dieser Güteindizes basieren auf den Anzahlen an auftretenden Intra- und Inter–Cluster–Kanten m_W und m_B, da diese Indikatoren darstellen, wie stark die Knoten innerhalb der gebildeten Cluster bzw. die Cluster untereinander vernetzt sind. Die im Folgenden angegebenen Gütemaße gelten für ungewichtete, ungerichtete Netzwerke, sind aber teilweise auf Netzwerke mit gewichteten und gerichteten Kanten erweiterbar.

Ein einfaches Maß, welches lediglich die Kanten innerhalb der Cluster betrachtet ist die **Coverage $cov(\mathcal{C})$**. Sie entspricht dem Anteil aller Kanten des Netzwerks N, die in dem Clustering $\mathcal{C}$ von N Intra–Cluster–Kanten sind:

$$cov(\mathcal{C}) := \frac{|E_W(\mathcal{C}(N))|}{|E(N)|} = \frac{m_W}{m} \qquad (2.6)$$

Für Netzwerke mit gerichteten Kanten ist die Coverage ebenso definiert. Falls die Kanten gewichtet sind, werden die Summen der entprechenden Kantengewichte in Relation zueinander gesetzt. Es gilt $0 \leq cov(\mathcal{C}) \leq 1$, wobei ein höherer Wert ein besseres Clustering beschreiben soll. Ein Nachteil der Coverage besteht darin, dass ein Clustering mit nur einem Cluster, in dem alle Knoten enthalten sind, nach dieser Bewertung optimal ist, da alle Kanten innerhalb dieses Clusters verlaufen.

Diese Problematik löst das Gütemaß **Performance $perf(\mathcal{C})$**, welches die Anzahl der als „korrekt geclustert" definierten Knotenpaare in Relation zu allen Knotenpaaren setzt. Als „korrekt geclustert" werden zwei Arten von Knotenpaaren definiert: benachbarte Knotenpaare, die demselben Cluster zugeordnet sind und nichtbenachbarte Knotenpaare, die zu verschiedenen Clustern gehören. Zur Berechnung aller Knotenpaare, die nicht benachbart und in verschiedenen Clustern sind, wird von der Anzahl aller ungeordneten Knotenpaare

$\frac{1}{2}n(n-1)$ eines ungerichteten Netzwerks die Anzahl der ungeordneten Knotenpaare $\frac{1}{2}|C_i|(|C_i|-1)$ in allen Clustern C_i sowie die Anzahl aller Inter–Cluster–Kanten subtrahiert. Die Performance in ungewichteten, ungerichteten Netzwerken lautet

$$perf(\mathcal{C}) := \frac{m_W + \frac{1}{2}n(n-1) - \sum_{C_i \in \mathcal{C}} \frac{1}{2}|C_i|(|C_i|-1) - m_B}{\frac{1}{2}n(n-1)}. \quad (2.7)$$

Für gerichtete Netzwerke werden alle geordneten Knotenpaare betrachtet, da zwei Kanten uv und vu zu unterscheiden sind. In dem Fall gibt es $n(n-1)$ Knotenpaare in dem Netzwerk und $|C_i|(|C_i|-1)$ Knotenpaare in einem Cluster C_i. Eine Übertragung der Performance auf Netzwerke mit gewichteten Kanten ist problematisch, da zwar anstelle der Anzahlen m_W und m_B die Summen der entsprechenden Kantengewichte verwendet werden könnten, für nicht vorhandene Kanten jedoch keine Abschätzungen theoretischer Gewichte vorhanden sind.

Ein weiterer Ansatz für Gütemaße wird an dieser Stelle lediglich erwähnt, aber nicht hergeleitet. Eine detailliertere Übersicht geben beispielsweise Gärtler (2005) [111] oder Boutin (2004) [43]. Das Gütemaß **Conductance** schätzt ab, wie stark die einzelnen Cluster zusammenhängen, da aus einem stark vernetzten Cluster viele Kanten entfernt werden müssen, bevor es zerfällt. Dazu werden unter anderem folgende Begriffe verwendet: Ein **Schnitt** in einem Netzwerk N bezeichnet eine Partition der Knotenmenge $V(N)$ eines Netzwerks N in zwei Partitionsmengen $V_1 \subseteq V(N)$ und $V_2 \subseteq V(N)$, so dass zwei durch V_1 bzw. V_2 induzierte Teilnetzwerke $N_1 \subseteq N$ und $N_2 \subseteq N$ von N entstehen. Das Gewicht eines Schnittes entspricht der Anzahl aller Kanten – im gewichteten Fall der Summe aller Kantengewichte – die zwischen einem Knoten aus V_1 und einem Knoten aus V_2 verlaufen. Der Güteindex Conductance vergleicht das Gewicht eines minimalen Schnittes mit der Summe aller Kantengewichte $\sum_{e \in E(N_i)} w(e)$ mit $i \in \{1,2\}$ in demjenigen der beiden durch den Schnitt entstandenen Teilnetzwerke N_i ($i \in \{1,2\}$), für das $\sum_{e \in E(N_i)} w(e)$ minimal ist.

Das populärste Gütemaß in der Clusteranalyse in Netzwerken ist die von Newman/Girvan (2004) [213] entwickelte **Modularität**. Diese vergleicht den in einem Clustering tatsächlich auftretenden Anteil an Intra–Cluster–Kanten mit demjenigen Anteil der Kanten, der aufgrund der Knotengrade des Netzwerks bei einer zufälligen Verteilung der Kanten unter Beibehaltung der Knotengrade und der Clusterstruktur innerhalb der betrachteten Cluster des Clusterings zu erwarten ist. Die Modularität wird in Kapitel 3 detailliert behandelt. Dort werden neben der Definition Eigenschaften, Kritikpunkte, Alternativen und Erweiterungen der Modularität dargestellt.

Neben Gütemaßen, welche jedem Clustering einen Gütewert zuweisen und somit aus einer Menge von Clusterings die bezüglich dieses Gütemaßes besten Clusterings herausfinden, gibt es auch Indizes, welche die Verschiedenheit zweier Clusterings messen. Eine Einführung in diese Fragestellung wird in Abschnitt 6.1 gegeben.

Kapitel 3

Modularität als Gütemaß für Cluster in Netzwerken und Alternativen der Modularität

Eine wichtige Fragestellung im Bereich der Clusteranalyse – sowohl für Ähnlichkeits- oder Unähnlichkeitsdaten als auch für durch Netzwerke beschriebene relationale Daten – ist die Beurteilung der Güte von Clusterings. Die in Abschnitt 2.2.2 bzw. Anhang A.2 vorgestellten Verfahren liefern eine Hierarchie von Clusterings, aus denen mittels einer Gütefunktion die beste Lösung auszuwählen ist. Für die in den Abschnitt 2.2.2 bzw. Anhang A.3 behandelten Austauschverfahren ist eine Gütefunktion notwendig, um zu beurteilen, ob ein Austauschschritt sinnvoll ist. In Abschnitt 2.2.2 wurden einige Gütebewertungen für Clusterings in Netzwerken behandelt, die auf der Struktur des vorliegenden Netzwerks beruhen.

Dieses Kapitel legt die Entwicklung der Gütebestimmung in der Clusteranalyse in Netzwerken dar, wobei insbesondere auf die Literatur seit der Einführung der Modularität durch Newman/Girvan (2004) [213] eingegangen wird. Dabei werden Qualitätsmaße für ungewichtete und gewichtete sowie für ungerichtete und gerichtete Netzwerke berücksichtigt. Eine aktuelle Übersicht ist unter anderem bei Fortunato (2010) [103] zu finden. Nach einer Einführung der Modularität (Abschnitt (3.1)) werden Eigenschaften (3.2), Kritikpunkte (3.3), Alternativen und Abwandlungen (3.4) sowie Erweiterungen der Modularität zur Anwendung in anderen Arten von Netzwerken (3.5) behandelt.

3.1 Definition der Modularität

Im Jahr 2004 definierten die US–amerikanischen Physiker M. Newman und M. Girvan (2004) [213] für ungerichtete und zunächst für ungewichtete Netzwerke N das Gütemaß **Modularität** zur Bewertung von Partitionen der entsprechenden Knotenmengen $V(N)$. Eine direkte Übertragung der Definition auf Netzwerke mit nichtnegativen Kantengewichten ist ohne weiteres möglich (vgl. Newman (2004b) [208]). Bei der Existenz positiver und negativer Kantengewichte ergibt sich eine unter dem Namen **Correlation Clustering** bekannte Fragestellung, die in Abschnitt 3.5.1 erläutert wird. Eine Erörterung der Modularitätsberechnung in gerichteten Netzwerken ist in Abschnitt 3.5.2 zu finden. In den Abschnitten 3.1 bis 3.4 werden – soweit nicht anders angegeben – stets Netzwerke mit ungerichteten Kanten betrachtet, die gewichtet sein können.

Bei der Definition der Modularität für ungerichtete und ungewichtete Netzwerke wird – wie bei einigen in Abschnitt 2.2.2 vorgestellten Gütemaßen – der Anteil der Kanten betrachtet, die in dem zu bewertenden Clustering innerhalb von Clustern verlaufen. In guten Clusterings sollten sich viele Kanten innerhalb von Clustern befinden, aber ein hoher Anteil an Intra–Cluster–Kanten tritt nicht nur bei guten Clusterings auf. In dem trivialen Clustering mit genau einem Cluster liegen beispielsweise alle Kanten innerhalb dieses Clusters, aber das Clustering liefert keine sinnvolle Aussage über die Netzwerkstruktur. Um dieses Problem zu umgehen, vergleicht die Modularität den realen Anteil an Intra–Cluster–Kanten, der in einem Clustering eines Netzwerks N auftritt, mit dem Anteil an Intra–Cluster–Kanten, der in einem hypothetischen Netzwerk N' mit $V(N') = V(N)$ und denselben Knotengraden bei einer zufälligen Verteilung der Kanten für dasselbe Clustering zu erwarten ist. Die Betrachtung desselben Clusterings in einem Netzwerk mit denselben Knoten und Knotengraden und einer zufälligen Verteilung der Kanten wird in der vorliegenden Arbeit an einigen Stellen als Nullmodell von Newman/Girvan (2004) [213] bezeichnet. Newman (2004b) [208] erweitert die im folgenden für ungewichtete, ungerichtete Netzwerke angegebenen Berechnungsweisen der Modularität auf gewichtete, ungerichtete Netzwerke (mit ausschließlich nichtnegativen Kantengewichten). Dafür wird anstelle der binären, symmetrischen Adjazenzmatrix eines ungewichteten, ungerichteten Netzwerks die gewichtete, symmetrische Adjazenzmatrix eines gewichteten, ungerichteten Netzwerks eingesetzt. Ferner werden anstelle der Knotengrade die Summen der Gewichte der zu den Knoten inzidenten Kanten verwendet bzw. statt der Mächtigkeiten von Kantenmengen die Summe der entsprechenden Kantengewichte. Der Modularitätswert eines Clusterings eines ungerichteten, (un-)gewichteten entspricht der Differenz zwischen dem in Abschnitt 2.2.2 vorgestellten Maß Coverage (siehe Formel (2.6)) dieses Clusterings und der erwarteten Coverage dieses Custerings in dem von Newman/Girvan

(2004) [213] angegebenen Nullmodell (vgl. Gaertler *et al.* (2007) [112]). Konkret wird zur Bewertung eines Clusterings $\mathcal{C}$ mit $|\mathcal{C}|$ Clustern eine sogenannte **Modularitätsmatrix** oder **Clustermatrix** M definiert. Dabei handelt es sich um eine symmetrische $|\mathcal{C}| \times |\mathcal{C}|$ Matrix, deren Elemente m_{xx} den Anteil aller Kanten des Netzwerks beschreiben, die innerhalb des Clusters x des zu untersuchenden Clusterings verlaufen. Die Einträge m_{xy} mit $x \neq y$ entsprechen der Hälfte des Anteils aller Kanten, die zwischen Cluster x und Cluster y existieren. Die Zeilensumme $a_x := \sum_y m_{xy}$ gibt den Anteil der Kanten an, die zu mindestens einem Knoten in Cluster x inzident sind. In einer zufälligen Anordnung der Kanten bei unveränderten Knotengraden – und somit festen a_x für alle Cluster x – beträgt die Wahrscheinlichkeit für das Verlaufen einer Kante zwischen den Clustern x und y genau $a_x \cdot a_y$. Der erwartete Anteil an Intra–Cluster–Kanten in einem Cluster x entspricht somit a_x^2. Die Modularität ist definiert als die Differenz zwischen dem Anteil der Intra–Cluster–Kanten des Netzwerks und dem erwarteten Anteil an Intra–Cluster–Kanten:

$$Q := \sum_x (m_{xx} - a_x^2) \qquad (3.1)$$

Alternativ lässt sich die Modularität über die Spur der Matrix $\mathbf{M}$ abzüglich der Summe aller Einträge der Matrix $\mathbf{M}^2$ berechnen. Diese beschreibt ebenfalls die Differenz zwischen dem vorhandenen und dem in einem zufälligen Netzwerk erwarteten Anteil an Intra–Cluster–Kanten:

$$Q = \sum_x (m_{xx} - a_x^2) := Spur(\mathbf{M}) - ||\mathbf{M}^2||. \qquad (3.2)$$

$||\mathbf{M}^2||$ bezeichnet die Summe aller Elemente der Matrix M^2. Diese entsteht durch Multiplikation der Matrix M mit sich selbst. Es ist leicht zu zeigen, dass die beiden Berechnungsweisen den selben Wert ergeben, sofern M symmetrisch ist. Der erste Teil ergibt jeweils $\sum_x m_{xx}$. Außerdem gilt $\sum_x a_x^2 = ||M^2||$, weil $\sum_x a_x^2 = \sum_x \left(\sum_y m_{xy} \right)^2 = \sum_x (m_{x1} + m_{x2} + \cdots + m_{xC})^2 = \sum_x \sum_y \sum_z m_{xy} \cdot m_{xz} = \sum_x \sum_y \sum_z m_{xy} \cdot m_{zx} = ||M^2||$.

Newman/Girvan (2004) [213] benennen den Wert $Q = 1$ als obere Schranke der Modularität. Sie geben an, dass hohe Modularitätswerte eine starke Clusterstruktur des betrachteten Netzwerks bedeuten, welche durch das gefundene Clustering sehr gut wiedergegeben wird. Eine Modularität von $Q = 0$ bedeutet laut Newman/Girvan (2004) [213], dass die Anzahl der Intra–Cluster–Kanten des betrachteten Clusterings nicht besser ist als der Vergleichswert eines zufälligen Netzwerks. Eigenschaften der Modularität werden in Abschnitt 3.2 behandelt.

Beispiel zur Berechnung der Modularität

In Abbildung 3.1 ist ein Netzwerk mit einem Clustering angegeben, für welches die Modularität bestimmt werden soll.

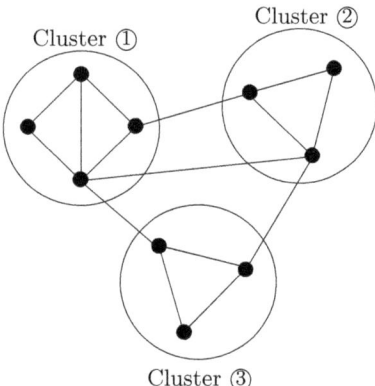

Abbildung 3.1: Beispiel zur Berechnung der Modularität.

Innerhalb von Cluster ① liegen fünf Kanten vor und innerhalb von Cluster ② und ③ gibt es jeweils drei Kanten. Zwischen Cluster ① und ② sind zwei Kanten vorhanden und zwischen Cluster ① und ③ sowie zwischen Cluster ② und ③ verläuft jeweils eine Kante. Da das Netzwerk insgesamt 15 Kanten enthält, ergeben sich die Matrix $\mathbf{M}$ und die entsprechenden a_x wie folgt:

$$\mathbf{M} = \begin{pmatrix} 5/15 & 1/15 & 1/30 \\ 1/15 & 3/15 & 1/30 \\ 1/30 & 1/30 & 3/15 \end{pmatrix} \quad \begin{array}{l} a_1 = 13/30 \\ a_2 = 9/30 \\ a_3 = 8/30. \end{array}$$

Somit beträgt $Q = \sum_{x=1}^{3} \left(m_{xx} - a_x^2 \right) = \left(\frac{5+3+3}{15} - \frac{169+81+64}{900} \right) = \frac{173}{450} = 0{,}38\overline{4}$.

Für die alternative Berechnungsweise von Q ist zunächst die Spur der Matrix $\mathbf{M}$ zu bestimmen: $\text{Spur}(\mathbf{M}) = \frac{5+3+3}{15} = \frac{11}{15}$. Die Matrix $\mathbf{M}^2$ ergibt sich zu

$$\mathbf{M}^2 = \frac{1}{900} \begin{pmatrix} 105 & 33 & 18 \\ 33 & 41 & 14 \\ 18 & 14 & 38 \end{pmatrix}$$

Damit gilt $||\mathbf{M}^2|| = \frac{314}{900}$. Somit erhält man auch hier $Q = \text{Spur}(\mathbf{M}) - ||\mathbf{M}^2|| = \frac{173}{450}$.

3. Modularität als Gütemaß für Cluster in Netzwerken und Alternativen   31

Zur Bewertung der Güte des in Abbildung 3.1 angegebenen Clusterings ist die Modularität zum Vergleich für andere Clusterings dieses Netzwerks zu berechnen, da die maximale Modularität eines Netzwerks abhängig von der Netzwerkstruktur ist. In Abbildung 3.2 ist ein Clustering angegeben, das die Teilgruppenstruktur des Netzwerks durch bloßes Hinsehen schlechter wiederzugeben scheint.

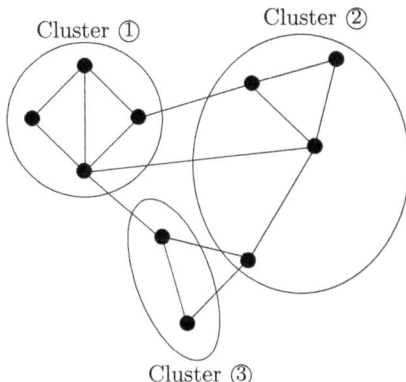

Abbildung 3.2: Ein anderes Clustering des Netzwerks aus Abbildung 3.1.

Die Modularität des zweiten Clusterings beträgt $Q = \text{Spur}(\mathbf{M}) - \|\mathbf{M}^2\| = \frac{2}{3} - \frac{169}{450} = \frac{131}{450}$. Somit wird dieses Clustering wie erwartet schlechter bewertet, wenn die Modularität als Gütemaß herangezogen wird. Das in Abbildung 3.1 dargestellte Clustering weist den maximalen Modularitätswert aller Clusterings dieses Netzwerks auf.

Eine direkte Berechnung der Modularität ohne Aufstellung der Modularitätsmatrix geben Clauset *et al.* (2004) [65] an. Der Anteil an Intra–Cluster–Kanten wird unter Verwendung der Adjazenzmatrix des Netzwerks als

$$\frac{\sum_i \sum_j A_{ij} \delta(C(i), C(j))}{\sum_i \sum_j A_{ij}} \quad \text{mit} \quad \delta(C(i), C(j)) := \begin{cases} 1 & \text{falls } C(i) = C(j) \\ 0 & \text{sonst} \end{cases}$$
(3.3)

berechnet, wobei $C(i)$ das Cluster beschreibt, das den Knoten i enthält.

Da in der Adjazenzmatrix eines ungerichteten Netzwerks jede Kante doppelt auftritt, gilt $\sum_i \sum_j A_{ij} = 2m$. Die Wahrscheinlichkeit, dass eine Kante zwischen zwei Knoten i und j existiert, beträgt unter Betrachtung der Knotengrade $d(i)$ und $d(j)$ mit $d(i) = \sum_j A_{ij}$ gerade $d(i) \cdot d(j)/2m$. Die Modularität als realer Anteil an Intra–Cluster–Kanten abzüglich des erwarteten Anteils an Intra–Cluster–Kanten lautet in dieser Notation

$$Q := \frac{1}{2m} \sum_i \sum_j \left(A_{ij} - \frac{d(i) \cdot d(j)}{2m} \right) \delta(C(i), C(j)). \quad (3.4)$$

Dass die in den Formeln (3.1) und (3.4) angegebenen Berechnungsweisen den gleichen Wert ergeben, wird bei Clauset *et al.* (2004) [65] hergeleitet.

Eine Darstellung der Modularität unter Verwendung der Inter–Cluster–Kanten gibt Djidjev (2008) [82] an. Er führt die Suche nach einer Partition mit maximaler Modularität auf ein minimales Schnittproblem zurück und formuliert die Modularität zu diesem Zweck als Differenz zwischen dem existierenden Anteil an Inter–Cluster–Kanten und dem erwarteten Anteil an Inter–Cluster–Kanten in dem für die Modularität üblichen Nullmodell. Das dazugehörige Verfahren wird in Abschnitt 4.1.3.3 beschrieben.

3.2 Eigenschaften der Modularität

Nach der Einführung der Modularität von Newman/Girvan (2004) [213] als Gütemaß für Cluster in Netzwerken haben mehrere Autoren die theoretischen und praktischen Eigenschaften dieses Maßes tiefergehend untersucht. Dieser Abschnitt behandelt bekannte Eigenschaften der Modularität, wobei insbesondere auf Extremwerte (siehe Abschnitt 3.2.1) und auf die Verteilung von Modularitätswerten (siehe Abschnitt 3.2.2) eingegangen wird.

3.2.1 Minimale und maximale Modularitätswerte

Wie im vorigen Abschnitt dargestellt, definieren Newman/Girvan (2004) [213] die Modularität als Differenz zwischen dem Anteil der Kanten, die in dem zu bewertenden Clustering innerhalb von Clustern verlaufen, und dem erwarteten Anteil an Intra–Cluster–Kanten in einem zufälligen Netzwerk, das dieselben Knotengrade und dieselbe Clusterstruktur besitzt, und in dem die Kanten zufällig verteilt sind. Für $Q = 0$ ist also der auftretende Anteil an Intra-Cluster–Kanten nicht besser als der entsprechende Anteil in einem zufälligen Netzwerk. Dieser Fall tritt beispielsweise für ein Clustering mit genau einem Cluster ein, zu dem alle Knoten des Netzwerks gehören. Dieser Spezialfall verdeutlicht einen Vorteil der Modularität gegenüber einigen anderen Gütemaßen. Das in Abschnitt 2.2.2 vorgestellte Gütemaß Coverage würde diesem Clustering einen guten Wert zuweisen, obwohl es keine Informationen über die Netzwerkstruktur enthält. Newman/Girvan (2004) [213] haben als theoretisches Minimum der

3. Modularität als Gütemaß für Cluster in Netzwerken und Alternativen

Modularität den Wert -1 angegeben. Dieser wird jedoch nicht angenommen, was an der Berechnungsweise aus (3.4) zu sehen ist:

$$Q = \frac{1}{2m} \cdot \sum_i \sum_j \left(A_{ij} - \frac{d(i) \cdot d(j)}{2m} \right) \cdot \delta(C(i), C(j)) \overset{!}{=} -1$$

$$\Leftrightarrow \underbrace{\sum_{\substack{\text{Knotenpaar aus} \\ \text{gleichem Cluster}}} A_{ij}}_{\geq 0} - \underbrace{\sum_{\substack{\text{Knotenpaar aus} \\ \text{gleichem Cluster}}} \frac{d(i) \cdot d(j)}{2m}}_{\leq 2m} \overset{!}{=} -2m$$

Der Term $\sum_i \sum_j (d(i) \cdot d(j))$ für alle Knotenpaare (i, j) aus einem Cluster wird aufgrund des Handschlaglemmas (vgl. (2.1)) maximal $4m^2$, da $\sum_{\substack{i,j \text{ aus} \\ \text{gleichem Cluster}}} (d(i) \cdot d(j)) \leq \sum_i \sum_j (d(i) \cdot d(j)) = \left(\sum_i d(i) \right)^2 = 4m^2$ gilt.

Negative Modularitätswerte können unter anderem in bipartiten Netzwerken auftreten. Wenn die beiden Partitionsmengen als Cluster gewählt werden, stehen in der (2×2) Clustermatrix Nullen als Diagonaleinträge, während die beiden Nichtdiagonalelemente $1/2$ betragen. Somit gilt $a_1 = a_2 = 1/2$ und $Q = 0 - 2 \cdot (1/2)^2 = -1/2$. Brandes et al. (2007) [45] zeigen, dass es sich bei $-1/2$ um die untere Grenze der Modularität für ungewichtete, ungerichtete Netzwerke handelt.

Bezogen auf die Maximierung der Modularität geben Brandes et al. (2007) [45] unter anderem die beiden folgenden grundlegende Eigenschaften an: Ein Clustering mit maximaler Modularität besitzt keine Cluster, die lediglich einen Knoten mit Grad 1 enthalten. Es gibt stets ein Clustering mit maximaler Modularität, in dem jedes Cluster aus einem zusammenhängenden Teilnetzwerk des zu clusternden Netzwerks besteht. Laut Newman/Girvan (2004) [213] beträgt das theoretische Maximum der Modularität $Q = 1$. Dieser Wert wird ebenfalls nicht angenommen wie die folgende Umformung zeigt:

$$Q = \frac{1}{2m} \cdot \sum_i \sum_j \left(A_{ij} - \frac{d(i) \cdot d(j)}{2m} \right) \cdot \delta(C(i), C(j)) \overset{!}{=} 1$$

$$\Leftrightarrow \underbrace{\sum_{\substack{\text{Knotenpaar aus} \\ \text{gleichem Cluster}}} A_{ij}}_{\leq 2m} - \underbrace{\sum_{\substack{\text{Knotenpaar aus} \\ \text{gleichem Cluster}}} \frac{d(i) \cdot d(j)}{2m}}_{\geq 0} \overset{!}{=} 2m.$$

Damit $Q \overset{!}{=} 1$ gelten kann, müssten alle Knoten den Grad Null haben. In diesem Fall gibt es keine Kanten und es kann kein Anteil an Kanten ermittelt werden. Die Modularität ist somit nicht berechenbar. Danon et al. (2005)

34   3. Modularität als Gütemaß für Cluster in Netzwerken und Alternativen

[69] geben eine Klasse unzusammenhängender Netzwerke an, für die Clusterings mit einem Modularitätswert existieren, welcher der oberen Grenze $Q = 1$ beliebig nahe kommt. Dabei handelt es sich um Netzwerke, die aus $C \neq 0$ zusammenhängenden aber paarweise nichtverbundenen Teilnetzen mit jeweils $\frac{m}{C} \neq 0$ Kanten bestehen. Werden in diesen Netzwerken die entsprechenden nicht zusammenhängenden Teilnetzwerke als $C = |\mathcal{C}|$ Cluster eines Clusterings $\mathcal{C}$ betrachtet, ergibt sich die Modularität nach Formel (3.1) wie folgt: Alle Diagonaleinträge der Clustermatrix betragen $1/|\mathcal{C}|$, da nach Konstruktion zu jedem Cluster gleich viele Kanten gehören. Alle Nichtdiagonalelemente sind 0, da die Cluster unzusammenhängend sind. Somit folgt

$$Q = |\mathcal{C}| \cdot \left(\frac{1}{|\mathcal{C}|} - \frac{1}{|\mathcal{C}|^2} \right) = 1 - \frac{1}{|\mathcal{C}|} \xrightarrow{|\mathcal{C}| \to \infty} 1.$$

Interessanterweise ist Q unabhängig von der konkreten Knoten- und Kantenanzahl der einzelnen Cluster, solange alle Cluster gleich viele Intra–Cluster–Kanten besitzen, obwohl nach unserem Verständnis Clusterings mit eng vernetzten Clustern größere Modularitätswerte haben sollten. Weiterhin kann in einem Netzwerk, das in $C > 1$ unzusammenhängende unterschiedlich große Cliquen zerfällt, das Clustering $\mathcal{C}$, dessen Cluster den Cliquen entsprechen, einen kleineren Modularitätswert haben als das oben beschriebene Clustering der Netzwerkklasse, deren Komponenten keine Cliquen sein müssen, obwohl vollständige Cluster sehr gut bewertet werden müssten. Den größten Modularitätswert eines zusammenhängenden Netzwerks leiten Fortunato/Barthélemy (2007) [105] her. Zunächst wird die maximal mögliche Modularität $Q^{max}(m, |\mathcal{C}|)$ für ein Netzwerk mit n Knoten, m Kanten und einer vorgegeben Clusterzahl $|\mathcal{C}|$ in Abhängigkeit von m und $|\mathcal{C}|$ bestimmt. Im Anschluss wird die Clusteranzahl $|\mathcal{C}|^*$ ermittelt, welche diesen Wert maximiert. Dazu verwenden die Autoren die folgende Berechnungsweise der Modularität:

$$Q := \sum_{k=1}^{|\mathcal{C}|} \left[\frac{m_k}{m} - \left(\frac{D_k}{2m} \right)^2 \right]. \tag{3.5}$$

Dabei entspricht m_k der Anzahl der Kanten in Cluster k und D_k der Gradsumme aller Knoten aus Cluster k. Diese Definition deckt sich mit den bereits angegebenen Berechnungsweisen der Modularität: Der reale Anteil an Intra–Cluster–Kanten beträgt $\sum_k (m_k/m)$. Der Ausdruck $\sum_k (D_k/2m)^2$ stimmt mit dem Term $\sum_x a_x^2$ aus Formel (3.1) überein (hier bezeichnet x ein Cluster): $a_x := \sum_y m_{xy}$ entspricht dem Anteil der Kanten, die zu zwei Knoten aus Cluster x inzident sind, plus der Hälfte des Anteils aller Kanten, die zwischen einem Knoten aus x und einem anderen Cluster $y \neq x$ verlaufen. D_k ist die Summe aus

3. Modularität als Gütemaß für Cluster in Netzwerken und Alternativen

der doppelten Anzahl aller Kanten in Cluster k und der Anzahl aller Kanten mit genau einem Endknoten in Cluster k. Bei einem Clustering $\mathcal{C}$ eines zusammenhängenden Netzwerks mit $|\mathcal{C}|$ Clustern muss es mindestens $(|\mathcal{C}| - 1)$ Inter–Cluster–Kanten geben. Fortunato/Barthélemy (2007) [105] betrachten der Einfachheit halber ein Clustering eines zusammenhängenden Netzwerks mit $|\mathcal{C}|$ Inter–Cluster–Kanten, in dem jedes Cluster zu genau zwei anderen Clustern benachbart ist. Ersetzt man die Cluster durch einzelne Knoten, entsteht daraus ein Kreis $C^\circ_{|\mathcal{C}|}$ (vgl. Abschnitt 2.1.1). Das im folgenden ermittelte Ergebnis ändert sich durch das Hinzufügen einer Inter–Cluster–Kante nicht. Die Gradsumme aller Knoten aus einem Cluster k dieses Clusterings beträgt $D_k = 2m_k + 2$, da m_k Kanten innerhalb von k verlaufen und zwei aus dem Cluster herausführen. Die Summe aller Intra–Cluster–Kanten $\sum_k m_k$ ergibt $(m - |\mathcal{C}|)$. Die Modularität eines solchen Netzwerks lautet

$$\begin{aligned}
Q(|\mathcal{C}|, m) &= \sum_{k=1}^{|\mathcal{C}|} \left[\frac{m_k}{m} - \left(\frac{2m_k + 2}{2m}\right)^2 \right] \\
&= \frac{1}{m} \sum_{k=1}^{|\mathcal{C}|} m_k - \frac{1}{(2m)^2} \sum_{k=1}^{|\mathcal{C}|} (2m_k + 2)^2 \\
&= \frac{m - |\mathcal{C}|}{m} - \frac{1}{m^2} \sum_{k=1}^{|\mathcal{C}|} m_k^2 - \frac{2}{m^2} \sum_{k=1}^{|\mathcal{C}|} m_k - \frac{1}{m^2} \sum_{k=1}^{|\mathcal{C}|} 1 \\
&= \frac{m - |\mathcal{C}|}{m} - \frac{1}{m^2} \sum_{k=1}^{|\mathcal{C}|} m_k^2 - \frac{2}{m^2}(m - |\mathcal{C}|) - \frac{|\mathcal{C}|}{m^2}.
\end{aligned}$$

Dieser Ausdruck ist maximal, wenn $\sum_{k=1}^{|\mathcal{C}|} m_k^2$ minimal ist. Eine Summe $\sum_k x_k^2$ mit fixem $\sum_k x_k$ ist minimal, wenn alle x_k gleich groß sind. Daher ist $\sum_{k=1}^{|\mathcal{C}|} m_k^2$ minimal, wenn alle Cluster dieselbe Anzahl an Kanten enthalten, also $m_k = (m - |\mathcal{C}|)/|\mathcal{C}|$ für alle $k = 1, \ldots, |\mathcal{C}|$ gilt. Damit ergibt sich

$$\begin{aligned}
Q^{max}(m, |\mathcal{C}|) &= \frac{m - |\mathcal{C}|}{m} - \frac{m^2 - 2m|\mathcal{C}| + |\mathcal{C}|^2}{m^2 |\mathcal{C}|} - \frac{2}{m} + \frac{|\mathcal{C}|}{m^2} \\
&= 1 - \frac{|\mathcal{C}|}{m} - \frac{1}{|\mathcal{C}|}.
\end{aligned} \qquad (3.6)$$

Um die Clusterzahl $|\mathcal{C}|^*$ zu bestimmen, für die $Q^{max}(m, |\mathcal{C}|)$ maximal ist, wird der in (3.6) hergeleitete Ausdruck nach $|\mathcal{C}|$ abgeleitet und Null gesetzt:

$$\frac{\partial Q^{max}(m, |\mathcal{C}|)}{\partial |\mathcal{C}|} = -\frac{1}{m} + \frac{1}{|\mathcal{C}|^2} \stackrel{!}{=} 0. \qquad (3.7)$$

Ausdruck (3.7) ist erfüllt, wenn $|\mathcal{C}|^* = \sqrt{m}$ gilt. Die maximal mögliche Modularität beträgt somit

$$Q^{max}(m, |\mathcal{C}|^*) = 1 - \frac{2}{\sqrt{m}}. \tag{3.8}$$

Da die Clusteranzahl eine natürliche Zahl sein muss, wird das Maximum erreicht, wenn für $|\mathcal{C}|^*$ die natürliche Zahl mit der kleinsten Differenz zu $\sqrt{m}$ gewählt wird. Für $m \to \infty$ geht die Modularität gegen 1. Interessanterweise ist die Knotenanzahl in den Clustern bedeutungslos, solange in jedem Cluster k die gleiche Anzahl von Kanten $m_k = \sqrt{m} - 1$ vorhanden ist. Natürlich müssen mindestens $\frac{1}{2} + \frac{1}{2}\sqrt{1 + 8(\sqrt{m} - 1)}$ Knoten in jedem Cluster enthalten sein, damit es $\sqrt{m} - 1$ Kanten ohne Schlingen oder parallele Kanten in dem Cluster geben kann. Ein zusammenhängendes Cluster kann außerdem maximal aus $m_k + 1 = \sqrt{m}$ Knoten bestehen. Ein Kritikpunkt an der Modularität von Fortunato/Barthélemy (2007) [105], der in Abschnitt 3.3 erläutert wird, bezieht sich auf diese intrinsische Skala der Modularität in Abhängigkeit von $\sqrt{m}$.

Laut Newman/Girvan (2004) [213] liegen die besten Modularitätswerte realer Netzwerke meistens in dem Intervall $[0,3; 0,7]$. Innerhalb einer Hierarchie von Clusterings eines Netzwerks ist die Modularität nicht monoton in Abhängigkeit von der Clusteranzahl. Dies ist ein wichtiger Unterschied zu einigen der in Abschnitt A.1 beschriebenen Gütemaße.

3.2.2 Verteilungen von Modularitätswerten

Holmström *et al.* (2009) [136] haben die Verteilung von Modularitätswerten über die Clusterings verschiedener Netzwerke betrachtet und den Zusammenhang zwischen der Modularität eines Clusterings und der Clusteranzahl dieses Clusterings untersucht. Zunächst haben die Autoren eine Menge von Netzwerken mit fünf bis zehn Knoten als Grundlage genommen, da die Anzahl aller Clusterings der Stirlingschen Zahl zweiter Art (siehe Stirling (1730) [255]) entspricht und es für größere Netzwerke sehr viele Clusterings gibt. Für die betrachteten Netzwerke haben die Autoren die Modularitätswerte derjenigen Clusterings berechnet, in denen alle Knoten jedes Clusters untereinander über Wege innerhalb des Clusters verbunden sind. Die von Holmström *et al.* (2009) [136] definierte **Dichte der Modularität** $N(C, Q, \Delta Q)$ ist eine Funktion in Abhängigkeit von Modularitätswerten Q und $Q + \Delta Q$ und der Clusteranzahl C. Für das Intervall mit den Grenzen Q und $Q + \Delta Q$ ist sie als normierte Häufigkeit des Auftretens von Modularitätswerten zwischen Q und $Q + \Delta Q$ bei C Clustern wie folgt definiert:

3. Modularität als Gütemaß für Cluster in Netzwerken und Alternativen   37

$$N(C,Q,\Delta Q) := \frac{1}{N_C} \sum_{i=1}^{N_C} \Delta(Q(\mathcal{C}_i) - Q). \qquad (3.9)$$

Dabei bezeichnet N_C die Anzahl aller Clusterings $\mathcal{C}_i$ mit C Clustern. Da die Anzahl der Clusterings $\mathcal{C}_i$ mit Modularitätswert $Q \leq Q(\mathcal{C}_i) \leq Q + \Delta Q$ gesucht ist, wird $\Delta(Q(\mathcal{C}_i) - Q) := 1$ definiert, falls $Q \leq Q(\mathcal{C}_i) \leq Q + \Delta Q$ erfüllt ist. Ansonsten gilt $\Delta(Q(\mathcal{C}_i) - Q) := 0$. Die exakte Untersuchung der kleinen Netzwerke hat ergeben, dass die Dichte $N(C,Q,\Delta Q)$ der Modularität über die Clusterings mit einer bestimmten Clusteranzahl nicht gleichverteilt ist, sondern dass ein Peak für große Modularitätswerte existiert. Je kleiner die betrachtete Anzahl an Clustern ist, desto weniger ausgeprägt ist dieser Peak. Für wenige Cluster ist $N(C,Q,\Delta Q)$ kleiner und auf eine große Anzahl Modularitätswerte verteilt.

Für größere Netzwerke ist eine solche Betrachtung aufgrund der großen Anzahl von Clusterings nicht möglich. Aus diesem Grund untersuchen Holmström et al. (2009) [136] nur eine Stichprobe an Clusterings, welche unter Verwendung von agglomerativen Clustermethoden erzeugt werden. Die Stichprobe besteht aus allen Clusterings, die in einer der erzeugten Hierarchien auftreten. Das Vorkommen einzelner Clusterings ist abhängig von dem durchgeführten agglomerativen Verfahren. Dies modellieren die Autoren durch einen sogenannten History–Beitrag in Definition (3.9), der berücksichtigt, dass Clusterings mit größerer Modularität in der agglomerativ gebildeten Hierarchie häufiger vorkommen. Die Autoren haben die Verteilung der Dichte der Modularität für verschiedene konkrete reale und künstliche Netzwerke untersucht, unter anderem für Zufallsnetzwerke ohne Clusterstruktur. Interessanterweise ist die Verteilung der Dichte der Modularität – anders als der maximal auftretende Modularitätswert – weitestgehend unabhängig von der Netzwerkstruktur. Eine Ausnahme bilden vollständige Netzwerke. Allgemein existiert ein Höhenzug der oben genannten Peaks, was die Autoren dahingehend interpretieren, dass Clusterings mit etwa gleich großen Clustern hohe Modularitätswerte haben. Dabei wurde berücksichtigt, dass es mehr Clusterings mit ähnlichen Clustergrößen als mit verschieden großen Clustern gibt. Holmström et al. (2009) [136] fassen ihre Beobachtungen in dem folgenden Modell zusammen, welches die durchschnittliche Modularität von Clusterings mit gleich großen Clustern abbildet. Die mittlere Anzahl an Intra–Cluster–Kanten in jedem der gleich großen Cluster beträgt $m/C - \delta(C)$, wobei m die Größe des Netzwerks bezeichnet – also die Anzahl der Kanten des Netzwerks – und $\delta(C)$ die durchschnittliche Anzahl an Kanten, die aus einem Cluster herausführen. Zwischen zwei Clustern verlaufen in diesem Fall im Mittel $\delta(C)/(C-1)$ Kanten. Die Modularität beträgt in dieser Notation unter Verwendung von Formel (3.1)

$$Q = \frac{C \cdot (m/C)}{m} - \frac{C \cdot \delta(C)}{m} - C\left[\frac{(m/C) - \delta(C)}{m} + \frac{(C-1) \cdot \delta(C)}{(C-1)m}\right]^2$$
$$= 1 - \frac{1}{C} - \frac{C \cdot \delta(C)}{m}.$$

Zur Modellierung des Anteils $\delta(C)$ verwenden die Autoren die Variablen p^{in} und p^{zw}, welche die Wahrscheinlichkeiten beschreiben, dass eine Kante innerhalb eines bzw. zwischen zwei Clustern verläuft. Mit diesen wird der erwartete durchschnittliche Knotengrad $\langle d \rangle$ als Summe aus der durchschnittlichen Kantenanzahl pro Knoten $\langle d^{in} \rangle$, die innerhalb eines Clusters verläuft, und der durchschnittlichen Anzahl von Kanten pro Knoten $\langle d^{zw} \rangle$, die zwischen Clustern verlaufen, geschätzt. Damit wird $\langle d \rangle$ unter Verwendung des wählbaren Quotienten $\rho := p^{in}/p^{zw} \geq 1$ als

$$\langle d \rangle := \underbrace{\left(\frac{N}{C} - 1\right) p^{in}}_{\langle d^{in} \rangle} + \underbrace{N\left(1 - \frac{1}{C}\right) p^{zw}}_{\langle d^{zw} \rangle}$$

angegeben. Den Anteil $\delta(C)$ approximieren Holmström et al. (2009) [136] durch

$$\delta(C) := \frac{N}{C} \langle d^{zw} \rangle = \frac{N}{C} \langle d \rangle \frac{(C-1)}{(1 - C/N)\rho + (C-1)}.$$

Für wachsendes ρ steigen die Modularitätswerte. Die Autoren haben herausgefunden, dass der maximale Modularitätswert unabhängig von der Wahl von ρ stets für Clusterings mit wenigen Clustern auftritt. Ein allgemeingültiges Verhalten der Dichte der Modularität ist also unabhängig von der konkreten Netzwerkstruktur beobachtbar.

Eine andere kombinatorische Untersuchung der Verteilung von Modularitätswerten stammt von Radicchi et al. (2010) [231]. Konkret approximieren die Autoren die Verteilung von Modularitätswerten in Abhängigkeit der Clusteranzahl in den Partitionen des Nullmodells der Modularität. Dabei handelt es sich, wie bereits erläutert, um Kopien des Netzwerks mit den gleichen Knotengraden und zufälliger Kantenverteilung. Neben dem von Fortunato/Barthélemy (2007) [105] entdeckten Resolution Limit (siehe Abschnitt 3.3.1) wird die statistische Signifikanz von Clustern diskutiert. Durch diese Formalisierung können keine lokalen Maxima enttarnt werden, lediglich die Fülle an lokalen Maxima wird deutlich. Daher wird die Approximation an dieser Stelle nicht detailliert hergeleitet, sondern auf Radicchi et al. (2010) [231] verwiesen.

Good et al. (2010) [125] haben ebenfalls gezeigt, dass die maximale Modularität eines Netzwerks im Allgemeinen mit einer wachsenden Ordnung des

Netzwerks oder einer wachsenden Anzahl deutlich getrennter Cluster steigt. Die Ordnung eines Netzwerks bezeichnet die Anzahl der Knoten dieses Netzwerks. Konkret haben die Autoren für unendlich große Netzwerke mit Clusterstruktur dargelegt, dass die Grenze des maximalen Modularitätswerts eines Netzwerks stark von der Ordnung des Netzwerks und der Anzahl der vorhandenen eng vernetzten Knotengruppen abhängt. Diese bezeichnen die Autoren als **Module** und verweisen auf die Definition eines Moduls schwacher Art nach Radicchi *et al.* (2004) [230] (siehe Abschnitt 3.4.5). Good *et al.* (2010) [125] leiten für dünn besetzte Netzwerke mit C eng vernetzten Modulen die maximale Modularität her. In der Berechnungsweise der Modularität nach Fortunato/Barthélemy (2007) [105] (Gleichung (3.5)) setzen die Autoren die durchschnittliche Anzahl von Kanten eines Moduls $\langle m \rangle := (\sum_k m_k)/C$ und die durchschnittliche Summe der Knotengrade eines Moduls $\langle D \rangle := (\sum_k D_k)/C$ ein. Die Anzahl der Kanten in einem Modul k wird mit m_k bezeichnet und die Gradsumme aller Knoten aus Modul k mit D_k. Zusätzlich kennzeichnet m_k^{out} die Anzahl an Kanten, die aus k herausführen. Es gilt $\langle D \rangle := 2\langle m \rangle + \langle m^{out} \rangle$ mit der durchschnittlichen Anzahl an Kanten $\langle m^{out} \rangle := (\sum_k m_k^{out})/C$, die aus einem Modul herausgehen. Die Anzahl der Kanten m beträgt unter Verwendung dieser Größen $m := (2\langle m \rangle + \langle m^{out} \rangle) \cdot (C/2)$. Die Autoren betrachten den maximalen Modularitätswert für eine wachsende Anzahl Module fixer Größe. In diesem Szenario lässt sich Q^{max} wie folgt ausdrücken:

$$\begin{aligned}
Q^{max} &= \sum_{k=1}^{C} \left[\frac{\langle m \rangle}{m} - \left(\frac{2\langle m \rangle + \langle m^{out} \rangle}{2m} \right)^2 \right] \\
&= C \left[\frac{\langle m \rangle}{(2\langle m \rangle + \langle m^{out} \rangle) \cdot (C/2)} - \left(\frac{2\langle m \rangle + \langle m^{out} \rangle}{2C \cdot (C/2) \cdot (2\langle m \rangle + \langle m^{out} \rangle)} \right)^2 \right] \\
&= \frac{1}{1 + \langle m^{out} \rangle / (2\langle m \rangle)} - \frac{1}{C}.
\end{aligned}$$

Dieser Wert strebt für $C \longrightarrow \infty$ gegen eine Konstante $Kons < 1$, die von dem Verhältnis zwischen $\langle m^{out} \rangle$ und $\langle m \rangle$ abhängt. Um zu zeigen, dass der maximal mögliche Modularitätswert für eine wachsende Anzahl in etwa gleich großer eng vernetzter Knotengruppen gegen 1 strebt, verwenden die Autoren ein in Abschnitt 3.3.1 dargelegtes Resultat von Fortunato/Barthélemy (2007) [105] bzw. ein Ergebnis von Holmström *et al.* (2009) [136]. Dies besagt, dass die Modularität Clusterings mit wenigen Clustern bevorzugt. Der maximal mögliche Modularitätswert des oben beschriebenen Netzwerks tritt also nicht auf, wenn jede der eng vernetzten Knotengruppen als ein Cluster erkannt wird, sondern wenn jedes Cluster mehrere dieser Knotengruppen enthält. Geht die Ordnung bzw. die Anzahl der gleich großen eng vernetzten Knotengruppen der Netzwerke gegen unendlich, wächst $\langle m \rangle$ im Vergleich zu $\langle m^{out} \rangle$ schneller. Für gewichtete Netzwerke muss diese Aussage nicht gelten. Somit kann Q^{max} für ungewichtete Netzwerke beliebig nah an 1 herankommen. Dieses Ergebnis verallgemeinert die spezielle Aussage von Fortunato/Barthélemy (2007) [105], welche $Q \longrightarrow 1$ für eine bestimme Klasse von Netzwerken herleiten (siehe Resultat (3.8)).

Die Modularität hat seit ihrer Einführung viel Aufmerksamkeit erfahren. Der weitere Verlauf dieses Abschnittes behandelt Kritikpunkte, Alternativen und Erweiterungen. Neben den in der vorliegenden Arbeit genannten Aspekten gibt es weitere Facetten, die beispielsweise bei Fortunato (2010) [103] angesprochen werden.

3.3 Kritik an der Modularität

Einige Kritikpunkte an Eigenschaften der Modularität wurden bereits im vorangegangenen Abschnitt angesprochen. Beispielsweise ist für bestimmte konstruierte Clusterings mit sehr eng vernetzten Clustern die Modularität nicht so groß wie erwartet.

Der wichtigste Kritikpunkt an der Modularität ist das sogenannte Resolution Limit von Fortunato/Barthélemy (2007) [105], das in Abschnitt 3.3.1 erläutert wird. Erweiterungen des Resolution Limits werden in Abschnitt 3.3.2 angesprochen.

3.3.1 Das Resolution Limit nach Fortunato/Barthélemy

In Abschnitt 3.2.1 wurden die Überlegungen von Fortunato/Barthélemy (2007) [105] bezüglich der maximal möglichen Modularität in Abhängigkeit der Anzahl der Cluster beschrieben. Dabei haben die Autoren bei der Berechnung der Modularität für ungewichtete, ungerichtete Netzwerke die Existenz einer intrinsischen Skala der Modularität festgestellt, die in diesem Abschnitt näher betrachtet wird.

Das sogenannte **Resolution Limit** besagt folgendes: Sogar Cliquen, die weniger Kanten enthalten als eine bestimmte netzwerkabhängige Größe, können von einem Algorithmus, der das Clustering mit der maximalen Modularität zu ermitteln versucht, nicht gefunden werden. Dieser Wert hängt von der Kantenanzahl des Netzwerks sowie dem Zusammenhang zwischen Clusterpaaren untereinander ab und ist in Spezialfällen fast so groß wie das gesamte Netzwerk.

3. Modularität als Gütemaß für Cluster in Netzwerken und Alternativen   41

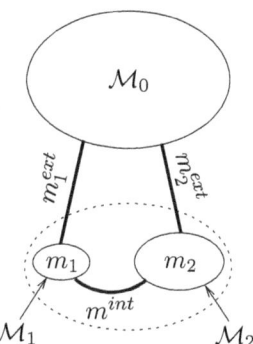

Abbildung 3.3: Notation eines Netzwerks mit mindestens drei Modulen nach Fortunato/Barthélemy (2007) [105].

Fortunato/Barthélemy (2007) [105] betrachten ein ungewichtetes, ungerichtetes Netzwerk mit mindestens drei eng vernetzten Knotengruppen $\mathcal{M}_0$, $\mathcal{M}_1$ und $\mathcal{M}_2$. Für dieses analysieren die Autoren die unterschiedlichen Modularitätswerte der Clusterings $\mathcal{C}_A$, in dem $\mathcal{M}_1$ und $\mathcal{M}_2$ jeweils einzelne Cluster bilden und $\mathcal{C}_B$, in dem $\mathcal{M}_1$ und $\mathcal{M}_2$ zu einem Cluster zusammengefasst werden. Der Rest des Netzwerks ist dabei in beiden Fällen identisch geclustert. Als eng vernetzte Knotengruppen oder **Module** bezeichnen die Autoren Teilnetzwerke k, für die $m_k^{out}/m_k \leq 2$ und $m_k < m/4$ gilt, wobei m die Anzahl aller Kanten des Netzwerks bezeichnet, m_k die Anzahl aller Kanten in der Knotengruppe k und m_k^{out} die Anzahl der Kanten, die Knoten aus k mit Knoten außerhalb von k verbinden (vgl. Abschnitt 3.2). Für einige Betrachtungen beschränken Fortunato/Barthélemy (2007) [105] die erste Bedingung auf $m_k^{out}/m_k < 2$. Dann entspricht diese Definition eines Moduls der schwachen Definition eines Moduls nach Radicchi et al. (2004) [230] (vgl. Abschnitt 3.4.5). Weitere Notationen sind in Abbildung 3.3 angegeben. Die internen Kanten von $\mathcal{M}_1$ und $\mathcal{M}_2$ werden mit m_1 und m_2 bezeichnet, die Kanten zwischen $\mathcal{M}_1$ und $\mathcal{M}_2$ mit m^{int} und diejenigen Kanten zwischen den beiden Modulen und dem restlichen Netzwerk mit m_1^{ext} und m_2^{ext}. Die Anzahlen der aus $\mathcal{M}_1$ bzw. $\mathcal{M}_2$ herausführenden Kanten betragen $m_1^{out} = m^{int} + m_1^{ext}$ bzw. $m_2^{out} = m^{int} + m_2^{ext}$. Die Kanten zwischen den Modulen werden in Abhängigkeit der internen Kanten beschrieben: $m^{int} := a_1 m_1 := a_2 m_2$ sowie $m_1^{ext} := b_1 m_1$ und $m_2^{ext} := b_2 m_2$ mit $a_1, a_2, b_1, b_2 > 0$. Aufgrund der oben angegebenen Modul–Definition ($m_k^{out}/m_k \leq 2$ und $m_k < m/4$) gilt $a_1 + b_1 = (m^{int} + m_1^{ext})/m_1 = m_1^{out}/m_1 \leq 2$ sowie $a_2 + b_2 \leq 2$ und $m_1, m_2 < m/4$. Nun werden die Modularitätswerte der Clusterings $\mathcal{C}_A$ und $\mathcal{C}_B$ verglichen. Die Teilung des restlichen Netzwerks $\mathcal{M}_0$ wird für beide Fälle als identisch angenommen. Es geht in beide Modularitätsberechnungen mit dem gleichen Wert Q_0 ein, da die Modularität als Summe über die einzelnen Cluster berechnet wird. Die Modularitätswerte Q_A und Q_B der Clusterings $\mathcal{C}_A$ und $\mathcal{C}_B$ betragen

$$Q_A = Q_0 + \frac{m_1 + m_2}{m} - \left(\frac{2m_1 + a_1 m_1 + b_1 m_1}{2m}\right)^2 - \left(\frac{2m_2 + a_2 m_2 + b_2 m_2}{2m}\right)^2$$

und

$$Q_B = Q_0 + \frac{m_1 + m_2 + a_1 m_1}{m} - \left(\frac{2m_1 + 2m_2 + 2a_1 m_1 + b_1 m_1 + b_2 m_2}{2m}\right)^2.$$

Die Differenz $\Delta Q := Q_B - Q_A$ kann unter Verwendung von $a_1 m_1 = a_2 m_2$ wie folgt ausgedrückt werden:

$$\begin{aligned}
\Delta Q &= \frac{a_1 m_1}{m} - \frac{[(2a_1 + b_1 + 2)m_1 + (b_2 + 2)m_2]^2}{4m^2} \\
&\quad + \frac{[(a_1 + b_1 + 2)m_1]^2}{4m^2} + \frac{[(a_2 + b_2 + 2)m_2]^2}{4m^2} \\
&= \frac{a_1 m_1}{m} - \frac{[a_1 m_1 + (a_1 + b_1 + 2)m_1 + (a_2 + b_2 + 2)m_2 - a_2 m_2]^2}{4m^2} \\
&\quad + \frac{[(a_1 + b_1 + 2)m_1]^2}{4m^2} + \frac{[(a_2 + b_2 + 2)m_2]^2}{4m^2} \\
&= \frac{2a_1 m_1 m - m_1 m_2 (a_1 + b_1 + 2)(a_2 + b_2 + 2)}{2m^2}.
\end{aligned} \quad (3.10)$$

$\mathcal{M}_1$ und $\mathcal{M}_2$ sind als eng vernetzte Module definiert, daher erwarten die Autoren $Q_A > Q_B$. Das gilt genau dann, wenn

$$m_2 > \frac{2a_1 m}{(a_1 + b_1 + 2)(a_2 + b_2 + 2)} \quad (3.11)$$

erfüllt ist. Wenn $\mathcal{M}_1$ und $\mathcal{M}_2$ nicht verbunden sind, gilt $a_1 = a_2 = 0$ und die Ungleichung (3.11) ist immer erfüllt. Falls zwischen den beiden Modulen Kanten existieren, kann es passieren, dass das Clustering $\mathcal{C}_A$, in dem $\mathcal{M}_1$ und $\mathcal{M}_2$ zwei einzelne Cluster bilden, einen schlechteren Modularitätswert hat als $\mathcal{C}_B$. In einer Partition mit maximaler Modularität können also kleinere, eng vernetzte Module unerkannt bleiben. Dies hängt außerdem von den Verhältnissen zwischen den Mächtigkeiten der Kanten innerhalb und außerhalb der Module ab, also von den Parametern a_1, a_2, b_1 und b_2. Fortunato/Barthélemy (2007) [105] untersuchen zunächst für $m_1 = m_2 = m_{12}$, in welchen Fällen die Bedingung (3.11) nicht gilt. Dafür betrachten sie die beiden folgenden Extremfälle:

3. Modularität als Gütemaß für Cluster in Netzwerken und Alternativen 43

(1.) $\mathcal{M}_1$ und $\mathcal{M}_2$ erfüllen die Bedingung $m_k^{out}/m_k < 2$ der Definition eines Moduls nach Fortunato/Barthélemy (2007) [105] (siehe Seite 41) mit Gleichheit, aber die Definition eines schwachen Moduls nach Radicchi et al. (2004) [230] ist nicht erfüllt, d.h. es gilt $a_1 + b_1 = 2$ und $a_2 + b_2 = 2$.

(2.) Die beiden Module sind nur durch eine Kante miteinander verbunden und es führt jeweils nur eine Kante zum restlichen Netzwerk, d.h. $a_1 = b_1 = a_2 = b_2 = 1/m_{12}$.

In Fall (1.) ergibt sich $m_{12} > (a_1 m)/8$, wobei die rechte Seite für $a_1 = 2 - \varepsilon_1$, $a_2 = 2 - \varepsilon_2$, $b_1 = \varepsilon_1$ und $b_2 = \varepsilon_2$ für sehr kleine Werte $\varepsilon_1, \varepsilon_2 > 0$ maximal ist. In einem solchen Netzwerk gibt es fast halb so viele Kanten zwischen $\mathcal{M}_1$ und $\mathcal{M}_2$ wie jeweils innerhalb eines der beiden Cluster, aber kaum Kanten zum restlichen Netzwerk. Für $m_{12} < ((2 - \varepsilon_1)m)/8$ ist die Bedingung (3.11) verletzt. Somit hängt die Erkennung der beiden einzelnen Module von einer Grenze ab, deren Größenordnung sich in der Anzahl der Kanten des gesamten Netzwerks befindet. Da die beiden Module in diesem Fall durch relativ viele Kanten verbunden sind, zeigt das Ergebnis aus dem zweiten Extremfall eine deutlich schwerwiegendere Schwäche der Modularität. Für (2.) ergibt sich, dass (3.11) nicht erfüllt ist, falls

$$
\begin{aligned}
& m_{12}\left(\frac{2}{m_{12}} + 2\right)^2 < \frac{2m}{m_{12}} \\
\Leftrightarrow\quad & 2\bigl(m_{12}^2 + 2m_{12} + 1\bigr) < m \\
\Leftrightarrow\quad & m_{12} < \sqrt{\frac{m}{2}} - 1
\end{aligned}
$$

gilt. Fortunato/Barthélemy (2007) [105] schreiben, dass sich für den Fall $m_1 \neq m_2$ ähnliche Grenzen ergeben. Demzufolge können in einem Clustering mit maximaler Modularität sogar Cliquen vorhanden sein, die nicht als einzelne Cluster erkannt werden. Diese Schwäche der Modularität wird unter anderem an dem in Abbildung 3.4 dargestellten Beispielnetzwerk veranschaulicht: Dieses besteht aus einem Kreis, dessen gerade Anzahl von Knoten jeweils durch eine Clique $K_{\tilde{n}}$ mit $\tilde{n}$ Knoten ersetzt wurde. Hierbei muss der Modularitätswert des Clusterings, in dem jede Clique ein Cluster bildet, nicht maximal sein. Falls die Anzahl der Cliquen kleiner als $\sqrt{m}$ ist, hat beispielsweise das Clustering, in dem sich jeweils zwei benachbarte Cliquen zu einem Cluster zusammensetzen, eine größere Modularität, obwohl es die Netzwerkstruktur schlechter wiedergibt.

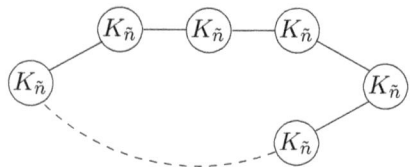

Abbildung 3.4: Ein Beispielnetzwerk von Fortunato/Barthélemy (2007) [105].

Dieser Nachteil tritt nicht nur in solchen konstruierten Beispielen auf. Cluster, die weniger als $\sqrt{2m}$ interne Kanten haben, bezeichnen die Autoren als Kandidaten dafür, aus mehreren eng vernetzten Modulen zu bestehen. Da dies auch für Cluster mit deutlich mehr internen Kanten der Fall sein kann, empfehlen die Autoren eine Untersuchung aller durch Maximierung der Modularität gefundenen Cluster auf sinnvolle Subcluster. Dieses Vorgehen wird zur Veranschaulichung an fünf realen Nezwerken durchgeführt. Dadurch werden kleine eng vernetze Module gefunden, die durch das Maximieren der Modularität innerhalb von größeren Clustern unentdeckt geblieben wären.

Der Grund für das Auftreten des Resolution Limits ist laut Fortunato/Barthélemy (2007) [105], dass die Modularität als Summe über alle Cluster berechnet wird. Dies begünstigt Clusterings mit wenigen Clustern, da bei einer Teilung des Netzwerks in eine größere Anzahl von Clustern jedes Cluster einen deutlich geringeren Wert zur Modularität beisteuert. Die Summe dieser Werte ist kleiner als die Summe derjenigen Werte, welche wenige größere Cluster zur Berechnung der Modularität beitragen. Falls in dem Netzwerk Cluster mit sehr heterogenen Größen existieren, kann die Modularität das entsprechende Clustering nicht als sinnvoll erkennen. Als alternative Vorschläge zur Bestimmung der Güte von Clusterings nennen die Autoren die Betrachtung einer durchschnittlichen Qualität aller Cluster oder die Verwendung eines lokalen Nullmodells. Konkrete alternative Ansätze anderer Autoren, beispielsweise die Definition anderer Nullmodelle, werden in Abschnitt 3.4 thematisiert.

3.3.2 Erweiterungen des Resolution Limits

Die Formulierung des Resolution Limits von Fortunato/Barthélemy (2007) [105] bezieht sich auf die Berechnung der Modularität für ungerichtete, ungewichtete Netzwerke. Berry *et al.* (2011) [31] erweitern diese Kritik auf gewichtete Netzwerke. Wie in Abschnitt 3.1 erwähnt, ist die Verwendung der Modularität für Netzwerke mit nichtnegativen Kantengewichten ohne weiteres möglich (vgl. Newman (2004b) [208]). Berry *et al.* (2011) [31] zeigen, dass Algorithmen, welche Clusterings mit maximaler Modularität suchen, eng vernetzte Knotengruppen übersehen können, deren Kantengewichte in Summe weniger als $\sqrt{W\omega/2}$

betragen. Dabei entspricht W der Summe aller Kantengewichte des Netzwerks und ω ist das maximal auftretende Kantengewicht in der Menge der Inter–Cluster–Kanten. Für kleine ω existiert also ein kleines Resolution Limit. Die Autoren geben für gewichtete und ungewichtete Netzwerke eine Prozedur an, die den Kanten neue Gewichte zuweist, so dass ein kleines ω entsteht. Auf diese Weise können mit einem Algorithmus, der die Modularität zu maximieren versucht, auch Cluster mit wenigen Knoten und Kanten gefunden werden.

Fortunato/Barthélemy (2007) [105] haben ein Resolution Limit für das Gütemaß Modularität nachgewiesen, aber auch andere Gütemaße besitzen ähnliche Schwächen. Kumpula et al. (2007) [164] erweitern die Aussage von Fortunato/Barthélemy (2007) [105], dass die Modularität ein Resolution Limit besitzt. Sie zeigen, dass für die von Reichardt/Bornholt (2006) [234] im Bereich der statistischen Mechanik entwickelte Formulierung eines Gütemaßes der Clusteranalyse in Netzwerken Q_λ (siehe Formel (3.12) auf Seite 51) das Resolution Limit $\sqrt{\lambda m}$ auftritt. Dabei ist λ ein in der Formulierung von Q_λ verwendeter sogenannter Multiauflösungsparameter (vgl. Abschnitt 3.4.2), der beeinflusst, auf welcher Stufe einer Hierarchie von Clusterings die als optimal angesehenen Clusterings liegen. Durch Variieren des Parameters λ könnte das Resolution Limit für das Gütemaß Q_λ aus Formel (3.12) an die Clustergrößen des betrachteten Netzwerks, die selbstverständlich nicht vor der Untersuchung bekannt sind, angepasst werden. Anders als Berry et al. (2011) [31] können Kumpula et al. (2007) [164] nicht angeben, wie der Parameter vorab geschätzt werden sollte. Multiauflösungsansätze werden in Abschnitt 3.4.2 behandelt.

Good et al. (2010) [125] betrachten das Verhalten und die Leistung der Modularität in praktischen Anwendungen. Sie zeigen, dass üblicherweise exponentiell viele Clusterings mit – bezogen auf das Netzwerk – hohen Modularitätswerten auftreten, unter denen kein deutliches globales Maximum existiert. Dies erklärt, warum es viele Heuristiken gibt, die ein Clustering mit hoher Modularität finden. Allerdings können die Clusterings mit hohen Modularitätswerten sehr unterschiedliche Strukturen haben. Daher ist die für das Netzwerk topologisch gesehen sinnvolle Lösung schwer aus der Menge aller Clusterings mit hoher Modularität herauszufinden. Weniger sinnvolle Clusterings mit einem hohen Modularitätswert können nur unter Betrachtung weiterer Informationen über die Netzwerkstruktur als unpassend identifiziert werden.

Konkret zeigen Good et al. (2010) [125] dieses Phänomen für zwei Arten von Netzwerken: Erstens für Netzwerke mit eng vernetzten Knotengruppen, welche untereinander durch wenige Kanten verbunden sind, und zweitens für Netzwerke mit hierarchischer Struktur, deren Knoten zu Gruppen gehören, die sich wiederum aus Untergruppen zusammensetzen, wobei sich stärker miteinander vernetzte Gruppen in der Hierarchie näher sind.

Für ein Netzwerk, das aus C Teilnetzwerken $k = 1, \ldots C$ besteht, welche untereinander schwach und innerhalb eng vernetzt sind und welche alle etwa die gleichen Anzahlen an Kanten $m_k = m/C$ besitzen, beträgt die Änderung der Modularität $\Delta Q_{k_1 k_2}$ für das Zusammenfassen zweier solcher Gruppen k_1 und k_2 maximal $-2/C^2$. Das bedeutet, die Clusterings, in denen zwei eng vernetzte Gruppen statt zwei separaten Clustern ein gemeinsames Cluster bilden, haben Modularitätswerte, die der Modularität des Clusterings, in denen sich jede eng vernetzte Gruppe in einem eigenen Cluster befindet, sehr nahe kommen. Der Wert $-2/C^2$ lässt sich aus der Änderung der Modularität durch das Zusammenfassen von zwei Clustern berechnen, die Fortunato/Barthélemy (2007) [105] angeben (Formel (3.10)): Da k_1 und k_2 in etwa m/C Kanten enthalten, während die Anzahl der Kanten zwischen k_1, k_2 und dem restlichen Netzwerk vernachlässigbar ist, gilt in der für (3.10) verwendeten Notation $m_{k_1} = m_{k_2} = m/C$, $a_{k_1} \approx 0$, $a_{k_2} \approx 0$, $b_{k_1} \approx 0$ und $b_{k_2} \approx 0$. Es ergibt sich

$$\begin{aligned}\Delta Q_{k_1 k_2} &= \frac{2 a_{k_1} m_{k_1} m - m_{k_1} m_{k_2} (a_{k_1} + b_{k_1} + 2)(a_{k_2} + b_{k_2} + 2)}{2m^2} \\ &= \frac{-4(m/C)^2}{2m^2} = -\frac{2}{C^2}.\end{aligned}$$

Je größer die Anzahl C der Gruppen ist, desto näher liegen die Modularitätswerte der optimalen und einer suboptimalen Lösung beieinander und desto größer ist die Anzahl $Z(C)$ von Clusterings mit ähnlich guten Modularitätswerten. Good et al. (2010) [125] geben als Grenzen $2^{C-1} \leq Z(C) \leq B(C)$ an, wobei $B(C)$ die C–te Bellsche Zahl bezeichnet, also die Anzahl der Partitionen einer C–elementigen Menge (vgl. Bell (1934) [28]). Die konkreten Werte $Z(C)$ hängen von dem Zusammenhang der oben beschriebenen eng vernetzten Knotengruppen ab. Für dünn besetzte Netzwerke mit der oben beschriebenen ausgeprägten Clusterstruktur liegt $Z(C)$ näher an der unteren, für entsprechende Netzwerke mit mehr Kanten näher an der oberen Grenze. Die untere Grenze 2^{C-1} tritt in dem von Fortunato/Barthélemy (2007) [105] beschriebenen Netzwerk mit maximal möglicher Modularität auf (vgl. Abschnitt 3.2.1). Dieses Netzwerk besteht aus einem Weg, in dem jeder Knoten des Weges durch eine eng vernetzte Knotengruppe ersetzt wurde. Die obere Grenze $B(C)$ kommt in einem Netzwerk vor, in dem alle eng vernetzten Gruppen paarweise verbunden sind. Dies widerspricht nicht der Aussage von Massen/Doye (2006) [196] oder den Befunden von Holmström et al. (2009) [136], dass die Verteilung der Modularitätswerte einen ausgeprägten globalen Peak besitzt. Die Anzahl an Clusterings entspricht – wie gesagt – der Bellschen Zahl, während die Anzahl der Clusterings mit hohen Modularitätswerten nur in Extremfällen ihrer oberen Grenze, also der Bellschen Zahl, entspricht.

Durch eine Untersuchung von Netzwerken mit hierarchischer Clusterstruktur zeigen Good et al. (2010) [125], dass für diese Netzwerke mindestens genauso viele Clusterings mit Modularitätswerten existieren, die ähnlich groß wie die Modularität des optimalen Clusterings sind, wie für die zuvor betrachteten Netzwerke mit ausgeprägter Clusterstruktur. Für Netzwerke mit hierarchischer Clusterstruktur kann die Differenz der Modularitätswerte des optimalen und der suboptimalen Clusterings sogar noch kleiner sein. Konkret betrachten die Autoren ein Netzwerk, dessen optimales Clustering $\mathcal{C}^{opt}$ zwei eng vernetzte Knotengruppen k_1 und k_2 enthält, die jeweils aus zwei Teilgruppen bestehen: $k_1 = \{a, b\}$ und $k_2 = \{c, d\}$. Die Kantenanzahl innerhalb einer Knotengruppe k wird wie gehabt mit m_k bezeichnet und die Gradsumme der Knoten aus k mit D_k. Die Kantenanzahl zwischen zwei Teilknotengruppen x und y wird durch $m_{x \sim y}$ dargestellt. Die Modularität Q^{opt} von $\mathcal{C}^{opt}$ ergibt sich nach Berechnung mit Formel (3.5) als

$$\begin{aligned} Q^{opt} &= Q_0 + \frac{m_{k_1}}{m} + \frac{m_{k_2}}{m} - \left(\frac{D_{k_1}}{2m}\right)^2 - \left(\frac{D_{k_2}}{2m}\right)^2 \\ &= Q_0 + \frac{m_a + m_b + m_{a \sim b}}{m} + \frac{m_c + m_d + m_{c \sim d}}{m} \\ &\quad - \left(\frac{D_a + D_b}{2m}\right)^2 - \left(\frac{D_c + D_d}{2m}\right)^2, \end{aligned}$$

wobei Q_0 den Beitrag des restlichen Netzwerks zur Modularität bezeichnet. Der Modularitätswert Q^{sub} des Clusterings $\mathcal{C}^{sub}$, in dem die Teilgruppen über Kreuz zu zwei nicht optimalen Clustern zusammengefasst werden, konkret $\{a, c\}$ und $\{b, d\}$, lässt sich analog berechnen. Die Differenz ΔQ dieser beiden Werte lautet

$$\begin{aligned} Q^{sub} - Q^{opt} &= \frac{m_{a \sim c} + m_{b \sim d} - m_{a \sim b} - m_{c \sim d}}{m} \\ &\quad - \left[\frac{(D_a + D_c)^2}{4m^2} + \frac{(D_b + D_d)^2}{4m^2} - \frac{(D_a + D_b)^2}{4m^2} - \frac{(D_c + D_d)^2}{4m^2}\right] \\ &= \frac{m_{a \sim c} + m_{b \sim d} - m_{a \sim b} - m_{c \sim d}}{m} - \frac{(D_a - D_d)(D_c - D_b)^2}{4m^2}. \end{aligned}$$

Der Wert ΔQ ist also nicht von den Gradsummen D_a, D_b, D_c und D_d der einzelnen Teilcluster sondern von den Differenzen dieser abhängig. Falls die vier Teilcluster ähnliche Gradsummen besitzen, wird $\Delta Q_{k_1 k_2}$ hauptsächlich durch den ersten Summanden bestimmt, der von den paarweisen Verbindungen $m_{a \sim c}$, $m_{b \sim d}$, $m_{a \sim b}$ und $m_{c \sim d}$ der Teilcluster abhängt. Dieser Term ist in den folgenden beiden Fällen sehr gering: (1.) Falls k_1 und k_2 in der Hierarchie nah beieinander liegen, sind sie laut Konstruktion nicht nur innerhalb, sondern auch miteinander enger vernetzt. Also ist $m_{a \sim c} + m_{b \sim d}$ ähnlich groß wie

$m_{a\sim b} + m_{c\sim d}$. (2.) Wenn sich k_1 und k_2 auf einem niedrigen Level der Hierarchie befinden, existieren generell wenige Verbindungen. Weiterhin gelten allgemein für Netzwerke mit hierarchischer Struktur und C eng vernetzten Gruppen auf der feinsten Ebene der Hierarchie dieselben Grenzen für die Anzahl $Z(C)$ von Clusterings mit ähnlich guten Modularitätswerten wie für die vorab betrachteten Netzwerke mit Clusterstruktur, d.h. $2^{C-1} \leq Z(C) \leq B(C)$, wobei $B(C)$ die C-te Bellsche Zahl bezeichnet (vgl. Bell (1934) [28]). Sogar in Netzwerken ohne hierarchische Struktur kann durch ein hierarchisches Verfahren zur Maximierung der Modularität ein solches Problem hervorgerufen werden.

Insgesamt treten immer dann viele unterschiedliche Lösungen mit hohen Modularitätswerten auf, wenn das Netzwerk eine Clusterstruktur besitzt, weil die Modularität das „fehlerhafte" Kombinieren intern eng vernetzter Module nicht deutlich genug als „fehlerhaft" kennzeichnet. Die Autoren weisen darauf hin, dass auch andere Gütemaße diese Schwäche besitzen. Für die von Arenas et al. (2008b) [14] sowie die von Li et al. (2008) [184] vorgeschlagenen Varianten der Modularität (vgl. Abschnitt 3.4) können ebenfalls viele verschiedene Clusterings mit hoher Gütebewertung existieren.

Einige Erweiterungen und Alternativen der Modularität beheben allerdings manche der angesprochenen Schwächen. Der folgende Abschnitt behandelt diesbezüglich verschiedene Ansätze.

3.4 Alternativen und Abwandlungen der Modularität

Obwohl die Modularität nach Newman/Girvan (2004) [213] ein weit verbreitetes Gütemaß ist, gibt es andere Herangehensweisen, die Güte eines Clusterings eines Netzwerks zu bestimmen. Im Rahmen der Einführung der Clusteranalyse auf Netzwerken wurden in Abschnitt 2.2.2 bereits einige frühe Gütebestimmungen dargestellt. Weitere Alternativen wurden unter anderem entwickelt, um einige der in Abschnitt 3.3 angesprochenen Schwächen der Modularität zu relativieren. In diesem Abschnitt werden die Modularitätsdichte von Li et al. (2008) [184] und ihre Erweiterungen (3.4.1), Multi(auf)lösungsansätze (3.4.2), alternative Nullmodelle der Modularitätsdefinition (3.4.3), eine motivbasierte Abwandlung der Modularität (3.4.4) und lokale Gütemaße (3.4.5) behandelt. Abschnitt 3.4.6 gibt ein kurzes Zwischenfazit des Kapitels.

3.4.1 Modularitätsdichte

Fortunato/Barthélemy (2007) [105] haben gezeigt, dass bei der Verwendung der Modularität kleine Cluster, die weniger Knoten als eine netzwerkabhängige

3. Modularität als Gütemaß für Cluster in Netzwerken und Alternativen

Größe haben, unter Umständen nicht gefunden werden. Ein Grund dafür ist laut Li *et al.* (2008) [184], dass die Modularität die Dichte von Teilnetzwerken nicht berücksichtigt. Das von Li *et al.* (2008) [184] als Alternative verwendete Gütemaß heißt **Modularitätsdichte D**. Dies ist nicht mit den Untersuchungen von Holmström *et al.* (2009) [136] zu verwechseln, in denen die normierte Häufigkeit des Auftretens von Modularitätswerten $N(C, Q, \Delta Q)$ in Abhängigkeit eines Intervalls von Modularitätswerten $[Q, Q+\Delta Q]$ und der Clusteranzahl C als Dichte der Modularität bezeichnet wird (siehe Abschnitt 3.2.2).

Li *et al.* (2008) [184] betrachten die Kantenanzahlen innerhalb und zwischen den Clustern eines Clusterings $\mathcal{C}$ bezogen auf die Mächtigkeiten der jeweiligen Cluster. Die Idee besteht darin, für alle Cluster $k \in \mathcal{C}$ den durchschnittlichen Grad der Knoten dieses Clusters bezogen auf die Kanten innerhalb von k positiv zu bewerten und gleichzeitig für alle Cluster k den durchschnittlichen Grad der Knoten von k bezogen auf die Kanten, die aus k hinausgehen, negativ zu beurteilen. Der erste Term entspricht für jedes Cluster k dem Quotienten $2m_k/n_k$, also der doppelten Anzahl von Kanten in k dividiert durch die Knotenanzahl n_k von k. Der zweite Term ist für jedes Cluster k der Quotient der aus k herausgehenden Kanten m_k^{out} und der Anzahl der Knoten n_k in k. Die Modularitätsdichte D lautet

$$D := \sum_{k=1}^{|\mathcal{C}|} \frac{2m_k - m_k^{out}}{n_k}.$$

Je größer D ist, desto besser wird das Clustering beurteilt. Li *et al.* (2008) [184] geben an, dass zur Bildung eines Clusterings mit einem möglichst großen Wert D sinnvollerweise jeder einzelne Summand nichtnegativ gewählt werden sollte. Das bedeutet, jedes Cluster entspricht der Definition eines Moduls im schwachen Sinn nach Radicchi *et al.* (2004) [230] (vgl. Abschnitt 3.4.5). Das Maximieren von D über alle Partitionen der Knotenmenge eines Netzwerks ist nach Angaben der Autoren NP–schwer (ebenso wie die Bestimmung einer Partition mit maximaler Modularität, vgl. Brandes *et al.* (2008) [46]), da die Anzahl möglicher Lösungen für wachsende Netzwerke schneller steigt als jegliche Potenzen der Knoten- und Kantenanzahlen der Netzwerke. Außerdem ist D wie Q abhängig von der Struktur des Netzwerks und kann nicht zum Vergleich von Clusterings verschiedener Netzwerke herangezogen werden. Für Netzwerke mit nichtnegativen Kantengewichten kann D ebenso wie Q problemlos unter Betrachtung der gewichteten anstelle der binären Adjazenzmatrix berechnet werden. Weitere Eigenschaften von D sind weniger stark erforscht als die von Q. In einigen Methoden wird D anstelle von Q eingesetzt, beispielsweise für Matrixfaktorisierung von Ma *et al.* (2010) [190] (vgl. Abschnitt 4.2.5) oder im Bereich biologischer Fragestellungen, konkret für Protein–

Protein–Wechselwirkungsnetzwerke von Zhang et al. (2009) [291]. Dass D keine netzwerkunabhängige obere und untere Schranke hat wie Q ist beispielsweise an den Clusterings zu sehen, die genau ein bzw. genau n Cluster enthalten. Im ersten Fall gilt $D = (2m)/n$, im zweiten Fall beträgt $D = \sum_k (0 - m_k^{out})/1 = \sum_{v \in V(N)} -d(v) = -2m$, mit dem Knotengrad $d(v)$ für alle Knoten v des betrachteten Netzwerks N (vgl. Handschlaglemma, Gleichung (2.1)). Als großen Vorteil gegenüber der Modularität zeigen Li et al. (2008) [184], dass das Gütemaß D in den von Fortunato/Barthélemy (2007) [105] angegebenen Beispielnetzwerken im Gegensatz zu Q die eingebaute Clusterstruktur findet und auch Cliquen unterschiedlicher Größe als einzelne Cluster erkennt. Dennoch besitzt auch D ein Resolution Limit. Aus diesem Grund geben die Autoren eine verallgemeinerte Form der Modularitätsdichte D_λ an, wobei mit dem Parameter $\lambda \in [0;1]$ die Feinheit der Clusterlösung beeinflusst werden kann:

$$D_\lambda := \sum_{k=1}^{|\mathcal{C}|} \frac{4\lambda m_k - 2(1-\lambda)m_k^{out}}{n_k}.$$

Im Falle $\lambda = 0,5$ gilt $D = D_\lambda$. Für größere λ werden tendenziell mehrere kleinere Cluster gefunden und für kleinere λ eher weniger größere Cluster. Außerdem entspricht D_λ für $\lambda = 0$ dem unter anderem aus dem Bereich der spektralen Clustermehoden bekannten Gütemaß Ratio Cut (siehe z.B. Hagen/Kahng (1992) [130], Dhillon et al. (2004) [76]) und für $\lambda = 1$ stimmt D_λ mit der Ratio Association (vgl. z.B. Dhillon et al. (2004) [76], Angelini et al. (2007) [7]) überein. Ausgehend von der Idee von Li et al. (2008) [184], die Ordnungen der Cluster, also die Anzahl der Knoten, zu berücksichtigen, haben Yang/Luo (2010) [286] die **normierte Modularitätsdichte NMD** eingeführt, welche die Kanten in den Clustern einbezieht. Konkret wird jeder Summand durch die Anzahl der Kanten geteilt, die zwischen einem Knoten des Clusters k und einem beliebigen anderen Knoten des Netzwerks verlaufen. Dabei wird jede Kante, die innerhalb von k verläuft, doppelt gezählt. Somit handelt es sich um die Gradsumme aller Knoten aus Cluster k, welche – wie zuvor – mit D_k bezeichnet wird. Anstatt wie bei der Berechnung von D durch die Anzahl n_k der Knoten zu dividieren, wird D_k als Nenner eingesetzt:

$$NMD := \sum_{k=1}^{C} \frac{2m_k - m_k^{out}}{D_k}.$$

Yang/Luo (2010) [286] zeigen, dass die Maximierung des Gütemaßes NMD dieselben Vorteile gegenüber der Modularität Q hat wie die Modularitätsdichte D. Einen Vergleich zwischen D und NMD geben sie nicht an. Daher bleibt die Frage offen, ob der Einsatz der normierten Modularitätsdichte sinnvoller ist als die Verwendung der Modularitätsdichte. Weiterhin ist anzumerken, dass die Modularität trotz des Resolution Limits bis heute deutlich weiter verbreitet ist als die Modularitätsdichte D.

3.4.2 Multi(auf)lösungsgütemaße

In der verallgemeinerten Form D_λ der Modularitätsdichte gibt es den Parameter $\lambda \in [0; 1]$, mit dem die Feinheit der Clusterlösung gesteuert werden kann. Ähnliche Herangehensweisen gibt es von weiteren Autoren unter dem Begriff Multi(auf)lösungs- oder Multilevelmethoden, die auf verschieden groben Auflösungsleveln des Netzwerks nach Lösungen suchen.

Arenas et al. (2008b) [14] geben ausgehend von der ursprünglichen Modularitätsdefinition das in der vorliegenden Arbeit nach den Autoren A. Arenas, A. Fernández, und S. Gómez als **AFG–Multiauflösungsmodularität** bezeichnete Multiauflösungsgütemaß an, indem sie in dem Netzwerk an jedem Knoten eine Schlinge mit Gewicht ϱ einfügen. Dadurch tragen neben den Kanten auch die Knoten zu dem untersuchten Anteil an Intra–Cluster–Kanten bei. Da in dem von Newman/Girvan (2004) [213] gewählten Nullmodell Schlingen nicht ausgeschlossen sind (vgl. auch Abschnitt 3.4.3), ist diese Erweiterung nicht unangemessen. Die Autoren erwähnen, dass die meisten topologischen Eigenschaften wie Knotengradverteilung o.ä. eines Netzwerks von Schlingen an jedem Knoten unabhängig sind, während sich die Größenordnung der Modularität dadurch ändert. Wird ϱ klein gewählt, ergeben sich bei einer Maximierung der AFG–Multiauflösungsmodularität größere Cluster, was den Eigenschaften der ursprünglichen Modularität entspricht, für die $\varrho = 0$ gilt (vgl. Abschnitt 3.2). Für große Werte von ϱ findet eine entsprechende Methode kleinere Cluster. Die Schwierigkeit liegt wie bei allen Multiauflösungsmethoden in der Wahl des Parameters ϱ. Daher führen Arenas et al. (2008b) [14] die von Duch/Arenas (2005) [87] entwickelte, in Abschnitt 4.1.3.1 vorgestellte extremale Optimierungsmethode für verschiedene Werte von ϱ durch, um unterschiedlich grobe Clusterings zu erhalten. Dies ist sehr aufwändig.

Eine weitere Definition einer Modularitätsvariante mit Multiauflösungsparameter stammt von Reichardt/Bornholdt (2006) [234]. Diese **RB–Multiauflösungsmodularität** besteht darin, den zweiten Term der Modularität, welcher die erwartete Anzahl an Intra–Cluster–Kanten modelliert (vgl. Abschnitt 3.1), durch die Multiplikation mit einem Parameter λ zu gewichten. In der Notation von Fortunato/Barthélemy (2007) [105] (siehe Gleichung (3.5)) ergibt sich für ein Clustering $\mathcal{C}$ mit Clustern $C \in \mathcal{C}$

$$Q_\lambda := \sum_{C \in \mathcal{C}} \left[\frac{m_C}{m} - \lambda \left(\frac{D_C}{2m} \right)^2 \right]. \tag{3.12}$$

Für $\lambda = 1$ entspricht der Wert Q_1 der ursprünglichen Modularität. Lancichinetti *et al.* (2009) [174] haben einen Multiauflösungansatz entwickelt, der auch überlappende Cluster finden kann. Die Methode wurde für sehr große Netzwerke formuliert. Daher definieren die Autoren in Abhängigkeit der doppelten Anzahl an Kanten innerhalb des Clusters k (in der für die vorliegende Arbeit verwendeten Notation $2m_k$) und der Anzahl der aus k herausgehenden Kanten m_k^{out} die folgende lokale Gütefunktion (für weitere lokale Qualitätsmaße siehe Abschnitt 3.4.5) für einzelne Cluster k:

$$f_\alpha(k) := \frac{2m_k}{(2m_k + m_k^{out})^\alpha}. \qquad (3.13)$$

Durch den Parameter $\alpha \in \mathbb{R}_{>0}$ kann die Feinheit der Lösung variiert werden. Die Autoren geben an, dass die Wahl großer Werte für α zu kleineren Clustern führt, während für kleine α gröbere Clusterings gefunden werden. Konkret wird für $\alpha < 0,5$ meistens die 1–Cluster–Lösung des Netzwerks von $f(k)$ als gut erachtet, welche keine Informationen über die Clusterstruktur enthält. Falls $\alpha > 2$ gilt, ergeben sich sehr kleine Cluster. Für $\alpha = 1$ entspricht (3.13) der von Fortunato/Barthélemy (2007) [105] verwendeten Definition eines Moduls nach Radicchi *et al.* (2004) [230] (vgl. Abschnitt 3.3.1) und in diesem Fall hat die Methode von Lancichinetti *et al.* (2009) [174] (siehe Abschnitt 4.5) in fast allen untersuchten Netzwerken eine relevante Clusterlösung gefunden. Da es sich um einen lokalen Ansatz handelt, werden die Ordnung und die Größe des gesamten Netzwerks nicht betrachtet. Weiterhin geht die Anzahl der Knoten n_k eines Clusters k nicht in die Berechnung seiner lokalen Güte ein. Zur Bestimmung der Qualität eines Clusterings $\mathcal{C}$ verwenden die Autoren den Durchschnitt der Gütewerte aller Cluster aus $\mathcal{C}$. Der dazugehörige Algorithmus von Lancichinetti *et al.* (2009) [174], der ausgehend von einzelnen Knoten schrittweise Cluster erzeugt, wird in Abschnitt 4.5 erklärt.

In einer folgenden Veröffentlichung haben Lancichinetti/Fortunato (2011) [175] allerdings dargelegt, dass Multiauflösungsmodularitätsdefinitionen nicht sinnvoll sind. Konkret wurde die in Gleichung (3.12) angegebene Alternative von Reichardt/Bornholdt (2006) [234] betrachtet. Lancichinetti/Fortunato (2011) [175] äußern sogar, dass dies für Multiauflösungsmethoden im Allgemeinen gilt, unter anderem auch für die in diesem Abschnitt angesprochene Variante von Arenas *et al.* (2008b) [14]. Als Begründung geben Lancichinetti/Fortunato (2011) [175] an, dass bei Multiauflösungsgütemaßen die Neigung vorhanden ist, für eine niedrige Auflösung kleine Cluster zusammenzufassen und für eine hohe Auflösung große Cluster zu teilen. Für Netzwerke mit heterogenen Clustergrößen sei es nicht möglich, den Multiauflösungsparameter so zu wählen, dass diese beiden Tendenzen gleichzeitig verhindert werden. Kon-

3. Modularität als Gütemaß für Cluster in Netzwerken und Alternativen

kret leiten Lancichinetti/Fortunato (2011) [175] für die Multiauflösungsmodularität von Reichardt/Bornholdt (2006) [234] her, dass der in (3.12) verwendete Auflösungsparameter λ in den in (3.14) angegebenen Grenzen liegen muss, damit als sinnvoll angesehene Cluster weder in weniger sinnvolle Cluster (aufgrund welcher Eigenschaften Cluster als sinnvoll erachtet werden, ist in den folgenden Sätzen angegeben) zerlegt noch zu weniger sinnvollen Clustern zusammengefasst werden. Faktisch sollen die beiden folgenden Forderungen gleichzeitig berücksichtigt werden: Erstens soll kein Cluster k_1 mit $m_{k_1} \gg 1$ Kanten ohne interne Clusterstruktur in zwei nicht sinnvolle Teilcluster k_2 und k_3 mit den gleichen Anzahlen von Kanten $m_{k_2} = m_{k_3}$ geteilt werden. Zweitens sollen zwei einzelne Cluster k_4 und k_5, die einzeln sehr eng vernetzte Knotengruppen mit jeweils $m_{k_4} = m_{k_5}$ internen Kanten bilden und nur über eine Kante miteinander verbunden sind, nicht zu einem Cluster vereinigt werden. Diese beiden Bedingungen drücken Lancichinetti/Fortunato (2011) [175] als Grenzen von λ in Abhängigkeit der Anzahl der Kanten $m_{k_2 \sim k_3}$, die zwischen k_2 und k_3 verlaufen würden, aus

$$\frac{2m}{(2m_{k_4}+2)^2} < \lambda < \frac{2m_{k_2 \sim k_3} m}{m_{k_1}^2}. \tag{3.14}$$

Für eine detaillierte Herleitung siehe Lancichinetti/Fortunato (2011) [175]. Das bedeutet, bei der Wahl von $\lambda \geq (2m_{k_2 \sim k_3} m)/m_{k_1}^2$ werden bei der Verwendung der Multiauflösungsmodularität nach Reichardt/Bornholdt (2006) [234] Cluster ohne interne Clusterstruktur weiter unterteilt und für $\lambda \leq 2m/(2m_{k_4}+2)^2$ werden zwei einzeln sinnvolle, durch lediglich eine Kante verbundene Cluster vereinigt.

Multiauflösungsgütemaße beseitigen also nicht unbedingt die in Abschnitt 3.3 aufgezeigten Probleme der Modularität und anderer Gütemaße.

Pons/Latapy (2011) [227] definieren verschiedene Multiauflösungsgütemaße, unter anderem die folgende – in der vorliegenden Arbeit als **PL–Multiauflösungsmodularität Q_{PL}** bezeichnete – Gütefunktion. In der Notation von Clauset et al. (2004) [65] (siehe (3.4)) lautet diese

$$Q_{PL} := \frac{1}{2m} \sum_i \sum_j \left(\alpha A_{ij} - (1-\alpha)\frac{d(i) \cdot d(j)}{2m} \right) \delta(C(i), C(j)) \tag{3.15}$$

Für den Multiauflösungsparameter α gilt $0 \leq \alpha \leq 1$. Für $\alpha = 0,5$ ergibt Gleichung (3.15) die ursprüngliche Modularität. Fortunato (2010) [103] weist auf die leicht erkennbare Folgerung hin, dass diese Formulierung bis auf Multiplikatoren, welche die Ergebnisse der Optimierung eines Qualitätsmaßes nicht verändern, der Multiauflösungsmodularität von Reichardt/Bornholdt (2006) [234] (siehe (3.12)) gleicht. Zur Bestimmung der Relevanz R_α der Clusterlösungen $\mathcal{C}_\alpha$ in Abhängigkeit von α definieren Pons/Latapy (2011) [227] Relevanzwerte $R_\alpha(k)$ einzelner Cluster $k \in \mathcal{C}_\alpha$. Diese ergeben sich aus dem Intervall $[\alpha_{min}(k); \alpha_{max}(k)]$ des Parameters α, für welches ein Cluster k in den entsprechenden Clusterings $\mathcal{C}_\alpha$ vorkommt, die mit der zugehörigen Clustermethode in Abhängigkeit von α gefunden wurden. Konkret gilt

$$R_\alpha(k) := \frac{\alpha_{max}(k) - \alpha_{min}(k)}{2} - \frac{2(\alpha_{max}(k) - \alpha)(\alpha - \alpha_{min}(k))}{\alpha_{max}(k) - \alpha_{min}(k)}.$$

Die globale Relevanzfunktion ergibt sich aus der Summe der Relevanzen der Cluster $k \in \mathcal{C}_\alpha$, die entsprechend der Anzahl ihrer Knoten n_k gewichtet sind: $R_\alpha(\mathcal{C}_\alpha) = (\sum_{k \in \mathcal{C}_\alpha} n_k R_\alpha(k))/n$. Mit der Wahl derjenigen α, für die R_α besonders groß ist, ergeben sich relevante Clusterlösungen $\mathcal{C}_\alpha$.

Reichardt/Bornholdt (2006) [234] haben die Clusteranalyse in Netzwerken (unter anderem auch die Multiauflösungsmodularität, deren in (3.12) angegebene Version von Lancichinetti/Fortunato (2011) [175] in die für die Definition der Modularität übliche Notation übertragen wurde) unter Verwendung der sogenannten **Spin–Glas–Theorie** formuliert. Diese hat ihren Ursprung im Magnetismus, wobei es sich bei einem Spin–Glas um ein ungeordnetes magnetisches System handelt. Verschiedene Aspekte der Spin–Glas–Forschung werden u.a. bei Bolthausen/Bovier (2007) [38] behandelt. In diesem Zusammenhang beschreibt ein von Potts (1952) [229] eingeführtes **Potts–Modell** in der Festkörperphysik die Wechselwirkungen zwischen Eigendrehimpulsen (auch Spins genannt) von Teilchen, die auf einem zweidimensionalen Gitter angeordnet sind. Dieses wenden Reichardt/Bornholt (2006) [234] wie folgt auf ein Netzwerk an: Die Clusterzugehörigkeiten der Knoten werden mit einer sogenannten Potts–Spin–Variablen angegeben. Ähnlich dem in Abschnitt 2.2.2 beschriebenen Gütemaß Performance (vgl. Formel (2.7)) werden vorhandene Kanten, die Knoten verschiedener Spin–Zustände (also Knoten in verschiedenen Clustern) verbinden, sowie nichtexistente Kanten zwischen Knoten desselben Spin–Zustands (also Knoten im selben Cluster) bestraft, während existierende Intra–Cluster–Kanten und fehlende Inter–Cluster–Kanten belohnt werden. Ein nichtnegativer Parameter drückt dabei die relative Gewichtung von vorhandenen und fehlenden Kanten in der Berechnung aus. Es handelt sich dabei um ein Multiauflösungsgütemaß, da durch Verändern dieses Gewichtungsparameters die Clusteranzahl zwischen den Werten Eins und n variiert werden kann. Anwendungen dieses Modells auf Netzwerke mit nichtnegativen bzw. mit positiven und negativen Kantengewichten wurden von Heimo *et al.* (2008) [132] bzw. von Traag/Bruggeman (2009) [260] diskutiert. Allerdings konnten Kumpula *et al.* (2007) [164] zeigen, dass in Abhängigkeit dieses Parameters ein Resolution Limit auftritt (vgl. Abschnitt 3.3.2). Ein weiterer Multiauflösungsansatz, der auf einem Potts–Modell basiert, stammt von Ronhovde/Nussinov (2009/2010) [237, 238]. Im Gegensatz zu der Formulierung von Reichardt/Bornholdt (2006) [234] werden wie bei der Berechnung der Modularität nur Knotenpaare analysiert, die in einem Cluster sind. Konkret werden existierende Intra–Cluster–Kanten belohnt und fehlende Intra–Cluster–Kanten bestraft. Der Algorithmus überprüft nacheinander die Verschiebungen jedes Knotens v in Cluster, in denen Knoten v Nachbarn hat, und ordnet v jeweils dem Cluster zu, so dass die Zielfunktion des Modells am stärksten optimiert wird. Das Vorgehen bricht ab, wenn in einem vollständigen Durchlauf der Knotenliste für keinen Knoten ein besseres Cluster gefunden wurde. Anschließend wird getestet, ob sich durch das Vereinigen benachbarter Cluster eine bessere Lösung ergibt oder ob ein lokales Optimum gefunden wurde. Im ersten Fall startet die sequentielle Betrachtung der Knoten von der neuen Lösung aus. Um verschiedene Clusterings zu finden, wird der Algorithmus mehrfach gestartet. Die Autoren weisen auf die Ähnlichkeit zwischen Teilen ihrer Prozedur und einem Schritt aus dem Verfahren von Blondel *et al.* (2008) [33] (siehe Abschnitt 4.1.2.3) hin. In der erweiterten Version der Methode von Ronhovde/Nussinov (2009/2010) [237, 238] werden bei der sequentiellen Betrachtung aller Knoten solche Knoten übersprungen, die in ihrem aktuellen Cluster bereits stark eingebunden sind. Diese Prozedur ist zu einem Multiauflösungsansatz erweiterbar, indem die interne Kantendichte unter Verwendung eines Parameters reguliert wird. Dieser steuert in der Zielfunktion die Gewichtung zwischen der Belohnung der vorhandenen und der Bestrafung der fehlenden Intra–Cluster–Kanten. Für eine detaillierte Beschreibung der genannten auf Potts–Modellen basierten Clustermethoden siehe Reichardt/Bornholdt (2006) [234] bzw. Ronhovde/Nussinov (2009/2010) [237, 238].

Die Aussage von Lancichinetti/Fortunato (2011) [175], dass die Verwendung eines Multiauflösungsparameters allgemein ungeeignet ist, um das von Fortunato/Barthélemy (2007) [105] gezeigte Resolution Limit der Modularität zu umgehen, schwächt die Bedeutung der Multiauflösungsmethoden natürlich ungemein. Es bleibt zu überprüfen, ob dies für alle Multiauflösungsansätze und auch für alle anderen Gütemaße der Fall ist. Außerdem bleibt die Frage offen, ob durch eine Erweiterung der Multiauflösungsvorgehen gleichzeitig verhindert werden kann, dass große Cluster geteilt und kleine Cluster vereinigt werden.

3.4.3 Alternative Nullmodelle

Newman/Girvan (2004) [213] vergleichen bei der Berechnung der Modularität den realen Anteil an Intra–Cluster–Kanten mit dem entsprechenden erwarteten Anteil für dasselbe Clustering in einem Netzwerk mit denselben Knotengraden und einer zufälligen Verteilung der Kanten. Allerdings wird bei der Berechnung von Q nicht verhindert, dass in dem zufälligen Netzwerk parallele Kanten oder Schlingen auftreten. Da die Berechnung der Modularität für schlichte Netzwerke definiert ist, sollte das modellierte zufällige Netzwerk ebenfalls schlicht sein. Massen/Doye (2005) [195] berücksichtigen diese zusätzliche Bedingung in ihrer Definition der Modularität. Die Autoren geben an, dass das Maximieren dieser Variante der Modularität im Durchschnitt kleinere Cluster ergibt. Wie in Abschnitt 3.2 erwähnt, haben Clusterings mit einer kleinen Anzahl von Clustern, die dafür größer sind, bessere Modularitätswerte. Der Grund dafür ist, dass kleine Cluster vergleichsweise wenige Kanten haben und die Anzahl an Intra–Cluster–Kanten daher nicht so stark vom Nullmodell abweicht wie bei großen Clustern. Werden im Nullmodell parallele Kanten und Schlingen ausgeschlossen, so sinkt der entsprechende Vergleichswert im Nullmodell.

Laut Fortunato (2010) [103] beinhalten aber sowohl das ursprüngliche Nullmodell nach Newman/Girvan (2004) [213] als auch das erweiterte Nullmodell nach Massen/Doye (2005) [195] die Annahme, dass jeder Knoten zu jedem anderen Knoten adjazent sein kann. Dies impliziert, dass in jedem Teil des Netzwerks Informationen über alle anderen Teile des Netzwerks vorliegen. Fortunato (2010) [103] sieht dies als die größte Schwäche des Nullmodells, da dies in großen Netzwerken, wie beispielsweise dem Internet, nicht gegeben ist und bevorzugt die Annahme, dass jeder Knoten nur mit einem Teil des Netzwerks interagiert. Ein Versuch, diesen begrenzten Horizont der einzelnen Knoten zu modellieren, stammt von Muff *et al.* (2005) [203]. Sie definieren zur Bewertung eines Clusterings $\mathcal{C}$ das Gütemaß **lokalisierte Modularität LQ**, in dem der erwartete Anteil an Intra–Cluster–Kanten eines Clusters $k \in \mathcal{C}$ in Abhängigkeit von k und allen Clustern modelliert wird, zu dem von k aus in dem untersuchten Netzwerk mindestens eine Kante existiert (Nachbarcluster). Diesen Teil des Netzwerks bezeichnen Muff *et al.* (2005) [203] als erweiterte Nachbarschaft oder Umgebung $Um(k)$ von k. Die lokalisierte Modularität ist sogar für gerichtete Netzwerke definiert (Erweiterungen der Modularität für gerichtete Netzwerke werden in Abschnitt 3.5.2 diskutiert) und lautet unter Verwendung der Anzahl m_k der Kanten in Cluster k und der Anzahl $m_{Um(k)}$ der Anzahl aller Kanten aus der erweiterten Nachbarschaft von k

$$LQ := \sum_{k=1}^{|\mathcal{C}|} \left[\frac{m_k}{m_{Um(k)}} - \frac{D_k^- \cdot D_k^+}{m_{Um(k)}^2} \right].$$

Mit D_k^- bzw. D_k^+ werden die Anzahlen aller Kanten beschrieben, deren End- bzw. Anfangsknoten in Cluster k liegen. Diese entsprechen – konform mit der Bezeichnung der Gradsumme aller Knoten aus k als D_k – der Innen- bzw. der Außengradsumme aller Knoten aus k. Das Gütemaß LQ ist nicht nach oben durch den Wert 1 beschränkt, sondern kann groß werden. Je mehr lokal verbundene Cluster es in einem Netzwerk gibt, desto größer ist LQ. Falls alle Cluster untereinander benachbart sind, nimmt die lokalisierte Modularität nach Konstruktion den gleichen Wert an wie die Modularität.

Neben den hier angesprochenen Ansätzen gibt es weitere sinnvolle Möglichkeiten, das Nullmodell zu definieren. Allerdings haben sich im Gegensatz zu der ursprünglichen Modularität von Newman/Girvan (2004) [213] weder das Nullmodell von Massen/Doye (2005) [195] noch die Alternative von Muff et al. (2005) [203] durchgesetzt. Fortunato (2010) [103] vermutet als einen Grund dafür die Einfachheit des von Newman/Girvan (2004) [213] gewählten Nullmodells.

3.4.4 Motivbasierte Abwandlung der Modularität

Arenas et al. (2008a) [13] schlagen eine andere Art der Erweiterung der Modularität vor. Dieser liegt das ursprüngliche Nullmodell nach Newman/Girvan (2004) [213] zugrunde. Sie basiert weder auf der Modularitätsdichte noch auf Multilösungsansätzen. Statt den realen Anteil an Intra–Cluster–Kanten mit dem entsprechenden erwarteten Anteil zu vergleichen, wird das Auftreten bestimmter zusammenhängender Teilnetzwerke untersucht. Diese werden als **Motive** bezeichnet. Konkret entspricht die motivbasierte Modularität der Differenz zwischen dem Anteil an Intra–Cluster–Motiven und dem erwarteten Anteil an Intra–Cluster–Motiven. Letzterer wird unter Verwendung desselben Clusterings eines Netzwerks mit identischen Knotengraden und einer zufälligen Verteilung der Kanten modelliert. Als Motive sind beispielsweise Kreise kurzer Länge sowie Cliquen, die im Vergleich zur Ordnung des Netzwerks eine kleine Ordnung besitzen, oder kurze Wege sinnvoll. Theoretisch können alle auftretenden zusammenhängenden Teilnetzwerke verwendet werden. Eine Erweiterung auf gerichtete Netzwerke ist möglich, beispielsweise setzen Serrour et al. (2011) [248] die gerichtete Tripel–Modularität ein. Diese ist ein Spezialfall der motivbasierten Modularität, bei der alle möglichen gerichteten und ungerichteten Varianten eines zusammenhängenden Knotentripels als Motive gewählt werden.

3.4.5 Lokale Bewertung von Clustern

Neben globalen Gütemaßen, welche die Qualität eines Clusterings unter Berücksichtigung der gesamten Netzwerkstruktur definieren, gibt es lokale Ansätze (wie das in Abschnitt 3.4.2 dargelegte Multilösungsmaß von Lancichinetti et al. (2009) [174]), welche die Qualität einzelner Cluster in Netzwerken bewerten.

Grundlegende Überlegungen zu der Frage, wann eine Knotengruppe als eng vernetzt gilt, stammen – wie unter anderem in Abschnitt 3.3.1 erwähnt – von

Radicchi et al. (2004) [230]. Die Autoren geben unter Verwendung der Anzahl der Nachbarn der Knoten innerhalb und außerhalb derselben Knotengruppe eine starke und eine schwache Definition eines Clusters oder Moduls an. Es sei $d_k(v) := \sum_{w \in k} A_{vw}$ die Anzahl der Nachbarn eines Knotens v innerhalb eines Clusters k und $d_{\overline{k}}(v) := \sum_{w \notin k} A_{vw}$ die Anzahl der Nachbarn von v außerhalb von k. Nach Radicchi et al. (2004) [230] wird eine Knotengruppe k als **Cluster im starken Sinn** bezeichnet, wenn $d_k(v) > d_{\overline{k}}(v)$ für alle Knoten v aus k gilt, also wenn jeder Knoten mehr Nachbarn innerhalb des Clusters hat als außerhalb. Für die Knoten eines **Clusters im schwachen Sinn** gilt $\sum_{v \in k} d_k(v) > \sum_{v \in k} d_{\overline{k}}(v)$, das bedeutet, die Summe der Anzahlen der Nachbarn aller Knoten in k ist größer als die Summe der Anzahlen der Nachbarn aller Knoten aus k im restlichen Netzwerk. Ein Cluster im starken Sinn ist somit auch ein Cluster im schwachen Sinn, die Umkehrung gilt jedoch nicht.

In Abschnitt 4.5 werden einige Clustermethoden vorgestellt, die auf den in diesem Abschnitt erwähnten lokalen Gütemaßen, bzw. Definitionen eines Clusters basieren. Zhang et al. (2010) [292] definieren eine Knotengruppe k mit mindestens drei Knoten als sinnvolles Cluster, wenn die folgenden beiden Bedingungen erfüllt sind: Erstens muss für mindestens einen Knoten v aus k die starke Cluster–Definition nach Radicchi et al. (2004) [230] gelten, d.h. v muss mehr Nachbarn in k haben als außerhalb (v heißt dann Clusterkern von k). Zweitens müssen mindestens halb so viele Knoten in k sein wie die Anzahl der Nachbarn von v.

Comellas/Miralles (2010) [66] verwenden den **normierten durchschnittlichen Knotengrad** $ndg(k)$ einer Knotenmenge k als Maß dafür, ob k als Cluster bezeichnet wird. Dieser ist unter Verwendung des Knotengrades $d(v)$ eines Knotens v, der Anzahl der Nachbarn $d_k(v)$ von v in k und der Mächtigkeit n_k von k definiert als

$$ndg(k) := \frac{\sum_{v \in k} \frac{d_k(v)}{d(v)}}{n_k}.$$

Es gilt $0 \leq ndg(k) \leq 1$. Dieses Maß entspricht außerdem einer Art Dichte der Kanten innerhalb des Clusters k, d.h. im Durchschnitt hat jeder Knoten in k einen Anteil von $ndg(k)$ Nachbarn in k.

3.4.6 Zwischenfazit zu Kapitel 3

In den bisherigen Abschnitten dieses Kapitels wurde das Gütemaß Modularität zunächst für ungerichtete ungewichtete Netzwerke definiert. Aufgrund einiger Schwächen wurden verschiedene Modifizierungen und Alternativen entwickelt. Wie bereits erwähnt, ist die ursprüngliche Definition der Modularität weiterhin sehr populär und weit verbreitet, was unter anderem auf die Einfachheit sowie die einleuchtende Definition zurückgeführt werden kann. In der in Kapitel 5 eingeführten Methode für ungerichtete Netzwerke wird ebenfalls die Modularität verwendet, da die bekannten Alternativen ähnliche Schwächen aufweisen. In konkreten Analysen können große auftretende Cluster beispielsweise weiter untersucht werden, um das Resolution Limit zu umgehen. Im folgenden Abschnitt wird die Erweiterung der Definition der Modularität für andere Arten von Netzwerken diskutiert.

3.5 Modularität in Abhängigkeit von der Art des Netzwerks

Die in Abschnitt 3.1 angegebene Definition des Gütemaßes Modularität wurde von Newman/Girvan (2004) [213] für Netzwerke mit symmetrischen, binären Adjazenzmatrizen entwickelt. In vielen realen Fragestellungen treten allerdings ganzzahlige oder reellwertige und asymmetrische Beziehungen auf, so dass Übertragungen der Modularität auf gewichtete und gerichtete Netzwerke von großer Bedeutung sind. Diese werden in den Abschnitten 3.5.1 bzw. 3.5.2 thematisiert. Weiterhin gibt es Anwendungen, in denen bipartite Netzwerke zu untersuchen sind oder die Gruppenstruktur besser mit überlappenden Clustern beschrieben werden kann. Auch für diese Situationen wurden Erweiterungen der Modularität diskutiert. Diese werden in Abschnitt 3.5.3 besprochen.

3.5.1 Modularität für Netzwerke mit gewichteten Kanten

Eine Übertragung der Definition der Modularität auf gewichtete Netzwerke mit nichtnegativen Kantengewichten hat Newman (2004b) [208] angegeben. Je größer ein Kantengewicht ist, desto stärker ist die durch das Netzwerk modellierte Verbindung der beiden Endknoten dieser Kante und desto sinnvoller ist es, dieses Knotenpaar in ein gemeinsames Cluster zu sortieren. Aus diesem Grund können Kanten mit einem nichtnegativen ganzzahligen Gewicht W_{ij} als W_{ij} parallele Kanten zwischen den Knoten i und j angesehen werden. Die Modularität basiert auf dem Anteil der Intra–Cluster–Kanten, daher ist es sinnvoll, zwei durch viele parallele Kanten verbundene Knoten in ein Cluster einzuordnen. Die Berechnung der Modularität erfolgt analog zu Formel (3.4), wobei anstelle der Einträge A_{ij} der binären Adjazenzmatrix $A = (A_{ij})$ die Einträge W_{ij} der gewichteten Adjazenzmatrix $W = (W_{ij})$ verwendet werden. Die Knotengrade $d(i)$ werden durch die Summe der Kantengewichte aller zu i inzidenten Kanten $w_i := \sum_j W_{ij}$ ersetzt und anstelle der Anzahl der Kanten m wird die Summe aller Kantengewichte $w := \frac{1}{2} \sum_i w_i = \frac{1}{2} \sum_i \sum_j W_{ij}$ eingesetzt:

$$Q^{gew} := \frac{1}{2w} \sum_i \sum_j \left(W_{ij} - \frac{w_i \cdot w_j}{2w} \right) \delta(C(i), C(j)). \tag{3.16}$$

Auch für nichtnegative reelle Kantengewichte W_{ij} ist diese Berechnungsweise geeignet, obwohl die bildliche Vorstellung als W_{ij} parallele Kanten für nicht ganzzahlige Werte nicht möglich ist.

Falls in einem Netzwerk Kanten mit ausschließlich negativen Kantenbewertungen auftreten, kann eine Übertragung der negativen Gewichte auf positive oder nichtnegative Gewichte möglich sein, so dass die durch die Kanten modellierte Relation erhalten bleibt. Für Netzwerke, in denen sowohl positive als auch negative Kantengewichte existieren, können die Gewichte ebenfalls in ausschließlich nichtnegative Kantenbewertungen transformiert werden, wobei die gegensätzlichen Bedeutungen von Gewichten mit verschiedenen Vorzeichen dabei nicht adäquat berücksichtigt werden. Daher ist die Anwendung einer Methode aus dem Bereich des **Correlation Clustering** sinnvoll. Dies bezeichnet die Clusteranalyse in Netzwerken mit positiven und negativen Kantengewichten. Bansal *et al.* (2004) [18] haben das Correlation Clustering Problem ursprünglich für vollständige Netzwerke definiert, deren Kanten Bewertungen aus der Menge $\{-1; +1\}$ besitzen. Anschließend haben sie diese Fragestellung auf nicht notwendigerweise vollständige Netzwerke mit positiven und negativen Kantengewichten erweitert. Fortunato (2010) [103] beschreibt ein intuitiv als sinnvoll erachtetes Clustering der Knoten eines solchen Netzwerks wie folgt: Kanten mit negativen Gewichten verlaufen zwischen Clustern und Kanten mit positiven Gewichten innerhalb von Clustern. In einem optimalen Clustering ist die Summe aller positiven Intra–Cluster–Kantengewichte und der Absolutbetrag der Summe aller negativen Inter–Cluster–Kantengewichte maximal sowie die Summe aller positiven Inter–Cluster–Kantengewichte und der Absolutbetrag der Summe aller negativen Intra–Cluster–Kantengewichte minimal. Gómez *et al.* (2009) [124] betrachten die Kanten mit positiven Gewichten und die Kanten mit negativen Gewichten in zwei getrennten Kopien des Netzwerks und berechnen die entsprechenden Modularitätswerte Q^{gew+} und Q^{gew-} einzeln. Das bedeutet nicht, dass für die beiden getrennten Kopien des Netzwerks unter Verwendung von Q^{gew+} und Q^{gew-} zwei verschiedene Clusterings erstellt werden. Aus den beiden getrennten Modularitätswerte wird anschließend die gesamte Modularität Q^{gew}_{Gom} des Netzwerks bestimmt. Diese besteht aus einer Linearkombination aus Q^{gew+} und Q^{gew-}, welche das Verhältnis der Summen der positiven und negativen Gewichte berücksichtigt. Die Formel zur Berechnung von Q^{gew+} ist in (3.17) angegeben, während Q^{gew-} analog bestimmt wird.

$$Q^{gew+} := \frac{1}{2w^+} \sum_i \sum_j \left(W_{ij}^+ - \frac{w_i^+ \cdot w_j^+}{2w^+} \right) \delta(C(i), C(j)). \quad (3.17)$$

Dabei sind $W_{ij}^+ := \max\{0, W_{ij}\}$ die nichtnegativen Kantengewichte und $w_i^+ := \sum_j W_{ij}^+$ entspricht der Summe der positiven Gewichte aller zu i inzidenten Kanten. Die Summe aller positiven Gewichte beträgt $w^+ := \frac{1}{2} \sum_i w_i^+ = \frac{1}{2} \sum_i \sum_j W_{ij}^+$. Die Definitionen für W_{ij}^-, w_i^- und w^- ergeben sich analog. Die **gewichtete Modularität** Q_{Gom}^{gew} nach Gómez et al. (2009) [124] berücksichtigt die Werte Q^{gew+} und Q^{gew-} proportional zu der Summe aller positiven bzw. negativen Kantengewichte:

$$Q_{Gom}^{gew} := \frac{1}{2w^+ + 2w^-} \sum_i \sum_j \left[W_{ij} - \left(\frac{w_i^+ \cdot w_j^+}{2w^+} - \frac{w_i^- \cdot w_j^-}{2w^-} \right) \right] \delta(C(i), C(j)).$$

Kaplan/Forrest (2008) [150] verwenden einen ähnlichen Ansatz zur Definition der Modularität in Netzwerken mit positiven und negativen Kantengewichten, der zwei Unterschiede zu der Berechnungsweise nach Gómez et al. (2009) [124] aufweist: Statt bei der Berechung von Q^{gew+} und Q^{gew-} jeweils durch die Summen der positiven bzw. negativen Kantengewichte zu dividieren, verwenden Kaplan/Forrest (2008) [150] an dieser Stelle die Summe der Absolutbeträge aller Kantengewichte. Weiterhin gehen der positive und der negative Modularitätswert zu gleichen Teilen in die Ermittlung der gesamten Modularität ein. Die beiden Werte werden nicht wie bei Gómez et al. (2009) [124] proportional zu der Summe aller positiven bzw. aller negativen Kantengewichte berücksichtigt. Der Ansatz von Gómez et al. (2009) [124] bezieht die Struktur des Netzwerks deutlich genauer in die Berechnung ein.

Einen ganz anderen Ansatz verfolgen Traag/Bruggeman (2009) [260], die eine im Bereich der statistischen Mechanik von Reichardt/Bornholdt (2006) [234] entwickelte Verallgemeinerung der Modularität (siehe Abschnitt 3.4.2) für Netzwerke mit positiven und negativen Kantengewichten umformulieren. Weitere Aspekte im Zusammenhang mit gemeinsam auftretenden positiven und negativen Kantengewichten wie Methoden und Anwendungsfälle werden beispielsweise bei Demaine et al. (2006) [74] und Kunegis et al. (2010) [165] betrachtet. Demaine et al. (2006) [74] geben für die verallgemeinerte Form des von Bansal et al. (2004) [18] formulierten Correlation Clustering Problems (siehe Seite 60) eine LP–Rundungsheuristik an, während Kunegis et al. (2010) [165] die Anwendung gewichteter spektraler Clustermethoden (vgl. Abschnitt 4.2) betrachten.

3.5.2 Modularität für Netzwerke mit gerichteten Kanten

In den bislang vorgestellten Überlegungen wurden eventuell auftretende Richtungen der Kanten ignoriert. Allerdings gibt es zahlreiche asymmetrische Relationen, die in Netzwerken als gerichtete Kanten dargestellt werden und bei denen die Richtung eine nicht zu vernachlässigende Rolle spielt. Beispielsweise ist es im Internet sinnvoll zu unterscheiden, ob Webseite A auf Webseite B verlinkt oder umgekehrt. Eine Seite, auf die viele Seite verlinken, kann als wichtig angesehen werden, während aufgrund vieler von einer Seite ausgehender Verlinkungen nicht auf die Wichtigkeit der Seite geschlossen werden sollte.

3.5.2.1 Eine direkte Übertragung der Modularität auf gerichtete Netzwerke

Da die Modularität in der Clusteranalyse ungerichteter Netzwerke ein weit verbreitetes Gütemaß ist, haben Arenas et al. (2007) [12] die in (3.4) angegebene Definition der Modularität auf gerichtete Netzwerke (zunächst ohne Kantengewichte) übertragen. Bei den Knotengraden wird zwischen Innengrad $d^-(i)$ und Außengrad $d^+(i)$ unterschieden, die jeweils den Anzahlen der ankommenden bzw. abgehenden Kanten in Bezug auf einen Knoten i entsprechen. Arenas et al. (2007) [12] definieren die Modularität eines Clusterings eines gerichteten Netzwerks analog zu der in (3.4) eingeführten Berechnungsweise für ungerichtete Netzwerke. Unter Verwendung der asymmetrischen Adjazenzmatrix des gerichteten Netzwerks $A = (A_{ij})$, der Anzahl aller Kanten m und des Kronecker–Symbols $\delta(C(i), C(j))$ (vgl. Gleichung (3.3)) gilt

$$Q_{Ar}^{ger} := \frac{1}{m} \sum_i \sum_j \left(A_{ij} - \frac{d^+(i) \cdot d^-(j)}{m} \right) \delta(C(i), C(j)). \qquad (3.18)$$

Da in einer asymmetrischen Adjazenzmatrix jede Kante genau einmal vorkommt, während in einer symmetrischen Adjazenzmatrix aufgrund von $A_{ij} = A_{ji}$ jede Kante zwei Einträgen entspricht, steht im Nenner der Formel für den gerichteten Fall m (statt $2m$ wie im ungerichteten Fall). In beiden Fällen wird dadurch die Anzahl an Intra–Cluster–Kanten zur Gesamtanzahl aller Kanten in Relation gesetzt. Die Formel lässt sich analog zu Vorschrift (3.16) auf Netzwerke erweitern, deren Kanten Gewichte zugeordnet sind. Anstelle von A_{ij} werden die gewichteten Einträge der gewichteten, asymmetrischen Adjazenzmatrix eingesetzt, statt $d^-(i)$ und $d^+(i)$ die Summen der Kantengewichte der ankommenden bzw. abgehenden Kanten eines Knotens i und anstelle von m die Summe aller Kantengewichte des Netzwerks.

Leicht/Newman (2008) [178] befürworten die Übertragung der Modularität von Arenas et al. (2007) [12] und motivieren die Verwendung der Formel (3.18)

3. Modularität als Gütemaß für Cluster in Netzwerken und Alternativen 63

durch folgende Überlegung: Es seien a und b zwei Knoten, wobei a einen hohen Außengrad und einen niedrigen Innengrad besitzt, während b einen hohen Innengrad und einen niedrigen Außengrad hat.

Abbildung 3.5: Motivation zur Modularitätsberechnung für gerichtete Netzwerke nach Arenas *et al.* (2007) [12].

In dieser Ausgangssituation ist es wahrscheinlicher, dass in dem dazugehörigen Netzwerk eine Kante von Knoten a zu Knoten b existiert, als dass es eine Kante von b nach a gibt, weil $d^+(a)$ und $d^-(b)$ größer sind als $d^+(b)$ und $d^-(a)$. Da die Modularität als die Differenz zwischen dem Anteil vorhandener Intra–Cluster–Kanten und dem erwarteten Anteil an Intra–Cluster–Kanten bei gleichen Knotengraden und gleichen Clusterzuordnungen definiert ist, bewertet sie das Vorkommen unerwarteter Kanten höher als das Auftreten von Kanten, deren Vorhandensein wahrscheinlicher ist. Folglich sollte die Existenz der Kante ba einen größeren Wert zur Modularität beitragen als die Existenz der Kante ab. Das wird bei der Verwendung von Formel (3.18) gewährleistet, da $d^-(b) \cdot d^+(a) > d^-(a) \cdot d^+(b)$ gilt. Diese Begründung trifft allerdings nicht bei der Betrachtung von Inter–Cluster–Kanten zu, da diese nicht in (3.18) vorkommen. Leicht/Newman (2008) [178] schlagen vor, diese Modularitätsberechnung für gerichtete Netzwerke zum Clustern zu verwenden, indem Q_{Ar}^{ger} maximiert wird. Dabei können laut Leicht/Newman (2008) [178] alle bekannten Methoden zur Maximierung der Modularität eingesetzt werden. Konkret wird eine Verallgemeinerung der von Newman (2006a) [209] für ungerichtete Netzwerke entwickelten Spektralmethode angegeben. Diese Methode sowie ihre Verallgemeinerung auf gerichtete Netzwerke werden in der vorliegenden Arbeit in Abschnitt 4.2.2 dargestellt. Das von Arenas *et al.* (2007) [12] im Zuge der Herleitung von Formel (3.18) angegebene Vefahren zur Größenreduktion von Netzwerken wird in Abschnitt 4.1.2 beschrieben.

Im Gegensatz zu Leicht/Newman (2008) [178] behaupten Kim *et al.* (2010) [155], dass die Übertragung der Modularität auf gerichtete Netzwerke nach Arenas *et al.* (2007) [12] (siehe Berechnungsvorschrift (3.18)) die Richtungen der Kanten nicht berücksichtigt. Die oben erläuterte Herleitung von Leicht/Newman (2008) [178] halten Kim *et al.* (2010) [155] für nicht zutreffend. Diese Kritik sowie der alternative Ansatz von Kim *et al.* (2010) [155] werden im folgenden Abschnitt dargelegt.

3.5.2.2 Der LinkRank für gerichtete Netzwerke

Kim et al. (2010) [155] kritisieren die von Arenas et al. (2007) [12] eingeführte Übertragung der Modularität Q_{Ar}^{ger} (angegeben in Formel (3.18)) auf gerichtete Netzwerke dahingehend, dass diese die Richtungen der Kanten – anders als von Leicht/Newman (2008) [178] dargelegt – nicht berücksichtigt. Die Berechnung der gerichteten Modularität nach Arenas et al. (2007) [12] beinhaltet – wie die ungerichtete Modularität von Newman/Girvan (2004) [213] – lediglich die Intra–Cluster–Kanten eines Clusterings. Kim et al. (2010) [155] argumentieren, dass das Kronecker–Delta symmetrisch ist, d.h. $\delta(C(i), C(j)) = \delta(C(j), C(i))$, und somit die Terme $A_{ij} - (d^-(i) \cdot d^+(j))/m$ und $A_{ji} - (d^-(j) \cdot d^+(i))/m$ entweder beide einen Beitrag zu Q_{Ar}^{ger} liefern oder beide nicht betrachtet werden. Dies wird in der folgenden Umformung von Formel (3.18) deutlich:

$$Q_{Ar}^{ger} = \frac{1}{2m} \sum_i \sum_j \left(A_{ij} + A_{ij} - \frac{d^-(i) \cdot d^+(j) + d^-(j) \cdot d^+(i)}{m} \right) \delta(C(i), C(j)). \tag{3.19}$$

In dieser Schreibweise werden alle Knotenpaare (i, j) berücksichtigt, für die sich i und j in einem gemeinsamen Cluster befinden. Für jedes Paar (i, j) wird auch der zu dem Paar (j, i) gehörige Summand addiert. Daher wird die Summe anschließend halbiert. Kim et al. (2010) [155] zeigen in dem folgenden Beispiel, dass die Richtungen der Kanten nicht in die Berechnung von Q_{Ar}^{ger} eingehen.

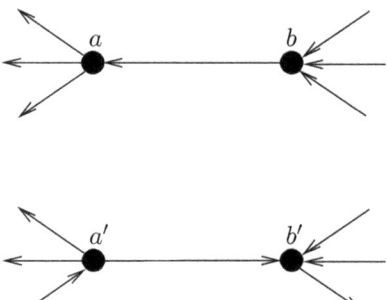

Abbildung 3.6: Veranschaulichung der Kritik von Kim et al. (2010) [155] an der Formel von Arenas et al. (2007) [12].

Abbildung 3.6 zeigt zwei Teile eines gerichteten, ungewichteten Netzwerks. Die Knoten a und a' haben kleinere Innengrade und größere Außengrade, während die Knoten b und b' größere Innengrade und kleinere Außengrade haben. Konkret gilt $d^-(a) = d^-(a') = 1$, $d^+(a) = d^+(a') = 3$, $d^-(b) = d^-(b') = 3$

und $d^+(b) = d^+(b') = 1$. Somit ist das Auftreten der Kante ba nach der Argumentation von Leicht/Newman (2008) [178] unwahrscheinlicher als die Existenz der Kante $a'b'$ und die Kante ba sollte somit einen größeren Wert zur Modularität Q_{Ar}^{ger} beitragen. Dies ist aufgrund von $\delta(C(i), C(j)) = \delta(C(j), C(i))$ nicht der Fall. Unter Verwendung von Formel (3.19) ergibt sich, dass die Beiträge der Kanten $a'b'$ und ba zur gerichteten Modularität nach Arenas et al. (2007) [12] gleich groß sind. Allgemein hat jede Intra–Cluster–Kante ij den Anteil $q_{Ar}^{ger}(ij) = A_{ij} + A_{ji} - (d^-(i) \cdot d^+(j))/m + (d^-(j) \cdot d^+(i))/m$ an Q_{Ar}^{ger}. In dem Beispiel bedeutet das, $q_{Ar}^{ger}(ba) = A_{ba} + A_{ab} - (d^-(b) \cdot d^+(a))/m - (d^-(a) \cdot d^+(b))/m = 1 + 0 - (3 \cdot 3)/m - (1 \cdot 1)/m$ und $q_{Ar}^{ger}(a'b') = 1 + 0 - (1 \cdot 1)/m - (3 \cdot 3)/m$, also gilt $q_{Ar}^{ger}(ba) = q_{Ar}^{ger}(a'b')$. Somit haben aufgrund der Linkstruktur unerwartete Kanten im Vergleich zu erwarteten Kanten keinen größeren Effekt auf die von Arenas et al. (2007) [12] definierte gerichtete Modularität. Beim Maximieren von Q_{Ar}^{ger} ist es daher entgegen der Aussage von Leicht/Newman (2008) [178] nicht wahrscheinlicher, dass sich zwei durch eine unerwartete Kante miteinander verbundenen Knoten in einem Cluster befinden als zwei durch eine erwartete Kante miteinander verbundene Knoten. Wenn es Knoten i und j gibt, zwischen denen die beiden gerichteten Kanten ij und ji auftreten, ändert sich nichts an der Argumentation.

Aus diesem Grund definieren Kim et al. (2010) [155] das Gütemaß **LinkRank** zur Bewertung von Clusterings gerichteter Netzwerke. Die Überlegungen basieren auf dem zum Bewerten der Wichtigkeit von Webseiten anhand der Verlinkungsstruktur des Internets verwendeten PageRank von Page/Brin (1998) [48] (vgl. Abschnitt 2.1.2.3). Die Idee besteht darin, einen Wanderer, bzw. im Internet einen Surfer, der zufällig den Kanten des Netzwerks folgt, zu simulieren und Knotengruppen, in denen dieser sich länger aufhält, als Cluster auszulesen. Kim et al. (2010) [155] zeigen sogar, dass die Berechnung des LinkRanks ebenfalls der Grundidee der Modularität von Newman/Girvan (2004) [213] für den ungerichteten Fall entspricht. Das bedeutet, auch der LinkRank entspricht der Differenz zwischen dem Anteil der auftretenden Intra–Cluster–Kanten eines Clusterings und dem aufgrund der Knotengrade erwarteten Anteil von Intra–Cluster–Kanten desselben Clusterings.

Konkret definieren die Autoren in Anlehnung an Gleichung (2.4) ausgehend von der Adjazenzmatrix eine stochastische, irreduzible Übergangsmatrix G, deren stationärer Vektor π Bewertungen der Knoten enthält, d.h. $\pi' = \pi'G$. Um zu verhindern, dass der Surfer in einem Knoten i ohne Nachfolger, einem so genannten Dangling Node, hängen bleibt, wird die Wahrscheinlichkeit $(1 - \alpha)$ berücksichtigt, dass der Surfer zufällig zu einem beliebigen Knoten des Netzwerks springt. Die Einträge von G lauten

$$G_{ij} := \alpha \frac{A_{ij}}{d^+(i)} + \frac{1}{n}(\alpha \cdot a_i + 1 - \alpha) \tag{3.20}$$

mit $\frac{A_{ij}}{d^+(i)} := 0$ falls $d^+(i) = 0$ und $a_i := \begin{cases} 1 & \text{falls } d^+(i) = 0 \\ 0 & \text{sonst.} \end{cases}$

Die Zeilensummen der Übergangsmatrix G ergeben stets den Wert Eins: Für $d^+(i) = 0$ gilt $\sum_j G_{ij} = \sum_j (1/n) = 1$ und für $d^+(i) \neq 0$ ergibt sich $\sum_j G_{ij} = \frac{\alpha}{d^+(i)} \sum_j A_{ij} + \sum_j \frac{1-\alpha}{n} = \alpha + 1 - \alpha = 1$.

Wie von Brin/Page (1998) [48] angegeben, wählen Kim et al. (2010) [155] den Parameter $\alpha = 0{,}85$. Im Gegensatz zum PageRank beurteilt der LinkRank die Wichtigkeit der Kanten innerhalb der Netzwerkstruktur anstelle der Relevanz der Knoten. Der LinkRank–Wert L_{ij} einer Kante ij modelliert die Wahrscheinlichkeit, dass ein zufälliger Wanderer aus dem stationären Zustand dieser Kante folgt. Formell bedeutet das

$$L_{ij} := \pi_i G_{ij}, \tag{3.21}$$

wobei π_i der i–te Eintrag des PageRank Vektors π ist. Unter Verwendung dieser Werte definieren Kim et al. (2010) [155] die LinkRank–Güte eines Clusterings als Differenz zwischen dem Anteil der Zeit, die ein zufälliger Wanderer innerhalb von Clustern verbringt, und dem erwarteten Wert dieses Anteils, d.h.

$$Q_{LR}^{ger} := \sum_i \sum_j (L_{ij} - E(L_{ij}))\delta(C(i), C(j)).$$

Den erwarteten Anteil $E(L_{ij})$ bestimmen die Autoren mit Hilfe eines Nullmodells, das die PageRank–Werte der Knoten berücksichtigt. Das von Newman/Girvan (2004) [213] für ungerichtete Netzwerke eingesetzte Nullmodell, in dem die Kanten unter Beibehaltung der Knotengrade zufällig angeordnet werden, halten Kim et al. (2010) [155] wie durch Abbildung 3.6 erläutert, für gerichtete Netzwerke nicht für sinnvoll. Stattdessen wählen sie ein zufälliges Netzwerk, dessen Kanten unter Erhaltung der PageRank–Werte der Knoten zufällig eingefügt werden. Die erwartete LinkRank–Bewertung der Kanten ergibt sich aus der Wahrscheinlichkeit, dass sich ein zufälliger Wanderer im stationären Zustand bei Knoten i befindet und im nächsten Schritt die Kante ij wählt. Diese muss im Nullmodell nicht existieren. Das entspricht der Wahrscheinlichkeit, dass er im Anschluss zu Knoten j übergeht. Daher modellieren die Autoren $E(L_{ij})$ als Produkt aus π_i und π_j. Als Gütemaß ergibt sich

$$Q_{LR}^{ger} := \sum_i \sum_j (L_{ij} - \pi_i \pi_j)\delta(C(i), C(j)). \tag{3.22}$$

Wie bereits angedeutet ist diese Definition konsistent mit der Definition der Modularität für ungerichtete Netzwerke von Newman/Girvan (2004) [213]. In zusammenhängenden ungerichteten Netzwerken gibt es keine Dangling Nodes, somit kann der PageRank–Wert eines Knotens i als $\pi_i = d(i)/(2m)$ ausgedrückt werden und die Einträge der Übergangsmatrix als $G_{ij} = A_{ij}/d(i)$. Die LinkRank–Werte der Kanten betragen in diesem Fall $A_{ij}/(2m)$ und die erwarteten Werte entsprechen $\pi_i\pi_j = (d(i)d(j))/(4m^2)$. Gleichung (3.22) ist dann äquivalent zu der Definition nach Newman/Girvan (2004) [213] bzw. zu der Formulierung von Clauset et al. (2004) [65] (siehe Formel (3.4)). Auf den ersten Blick weist die Definition in (3.22) dieselbe Schwäche auf, die Kim et al. (2010) [155] an der Formel von Arenas et al. (2007) [12] kritisieren (vgl. Gleichung (3.19)). Kim et al. (2010) [155] kommentieren nicht, inwiefern die Symmetrie des Kronecker–Deltas die Berechnung des LinkRank beeinflusst. Allerdings transformiert der LinkRank das ursprüngliche Netzwerk durch die Verwendung einer stochastischen, irreduziblen Übergangsmatrix G anstelle der Adjazenzmatrix in ein vollständiges, gewichtetes Netzwerk. Gleichung (3.22) kann analog zu (3.19) wie folgt ausgedrückt werden

$$Q_{LR}^{ger} := \frac{1}{2}\sum_i\sum_j \left(L_{ij} + L_{ji} - \pi_i\pi_j - \pi_j\pi_i\right)\delta(C(i),C(j)).$$

Durch das Einsetzen von $L_{ij} = \pi_i G_{ij}$ (siehe (3.21)) und der Definition von G_{ij} (vgl. (3.20)) ergibt sich

$$Q_{LR}^{ger} := \frac{1}{2}\sum_i\sum_j \left(\frac{A_{ij}}{d^+(i)} + \frac{A_{ji}}{d^+(j)} + \frac{1}{n}(\alpha\cdot(a_i+a_j)+2-2\alpha) - 2\pi_i\pi_j\right)\delta(C(i),C(j)).$$

Die Einträge A_{ij} und A_{ji} gehen jeweils im Verhältnis der Außengrade ihres Anfangsknotens in den Wert Q_{LR}^{ger} ein, wodurch die Richtungen der Kanten berücksichtigt werden.

Kim et al. (2010) [155] geben an, dass für die meisten zur Maximierung der ungerichteten Variante der Modularität entwickelten Algorithmen das Einsetzen der LinkRank–Güte anstelle der Modularität ausreicht, um mit diesen Algorithmen geeignete Clusterings in gerichteten Netzwerken zu finden. Nur bei einigen Verfahren, wie beispielsweise bei dem spektralen Ansatz von Newman (2006a) [209], den Leicht/Newman (2008) [178] abwandeln (vgl. Abschnitt 4.2.2.2), um die Modularität für gerichtete Netzwerke von Arenas et al. (2007) [12] einzusetzen, seien Anpassungen für die Verwendung des LinkRank notwendig.

3.5.2.3 Zusätzliche Ansätze für gerichtete Netzwerke

Lai et al. (2010) [166] haben gleichzeitig mit Kim et al. (2010) [155] denselben Ansatz entwickelt. Die Herangehensweisen sind zwar verschieden, führen aber, wie Lai et al. (2010) [166] angeben, zum selben Modell. Konkret wird mit dem PageRank das gerichtete Netzwerk in ein ungerichtetes überführt, in dem die Richtungen der Kanten als Kantengewichte gespeichert sind. Anschließend können alle für die Clusteranalyse ungerichteter Netzwerke entwickelten Algorithmen auf das transformierte Netzwerk angewendet werden. Dieser Ansatz entspricht der Methode von Kim et al. (2010) [155], daher wird in der vorliegenden Arbeit ausschließlich letztere detailliert vorgestellt.

Ähnliche Kritik an dem Ansatz von Arenas et al. (2007) [12] wie Kim et al. (2010) [155] äußern Rosvall/Bergstrom (2008) [240]. Wie in Abschnitt 3.4 beschrieben, verwenden Rosvall/Bergstrom (2008) [240] eine Clustermethode basierend auf zufälligen Wegen innerhalb eines Netzwerks und messen die Güte unter Verwendung dieser Überlegung. Die dazugehörige Methode ist in Abschnitt 4.6.2 dargestellt.

3.5.3 Weitere Erweiterungen des Modularitätsbegriffs

Außer für Netzwerke mit gewichteten bzw. gerichteten Kanten wurde die Erweiterung der Modularität auf bipartite Netzwerke und Netzwerke mit überlappender Clusterstruktur betrachtet. Diese Aspekte werden in den Abschnitten 3.5.3.1 und 3.5.3.2 behandelt.

3.5.3.1 Modularität in bipartiten Netzwerken

Das Clustern bipartiter Netzwerke ist ein unter dem Begriff **zweimodale Clusteranalyse** bekanntes Forschungsgebiet, das in Abschnitt 4.8.2 besprochen wird. Die Anwendung der Modularität nach der Definition von Newman/Girvan (2004) [213] ist für bipartite Netzwerke nicht zielführend, wenn Clusterings der beiden Partitionsmengen gesucht sind, deren Knoten untereinander nicht adjazent sind. Wie in Abschnitt 3.2.1 angegeben, nimmt die Modularität für das schlechteste Clustering eines bipartiten Netzwerks, nämlich die Teilung in seine Partitionsmengen, sogar den Wert $-0,5$ an. Erweiterungen des Modularitätsbegriffs für bipartite Netzwerke geben beispielsweise Guimerà et al. (2007) [129] und Barber (2007) [19] bzw. Barber et al. (2008) [20] an.

Guimerà et al. (2007) [129] nennen die beiden Knotenmengen eines bipartiten Netzwerks Personen und Teams. Die Anzahl an Teams, zu denen eine Person i aus der Personenmenge V_I gehört entspricht dem Knotengrad von Person i und wird mit $t(i)$ bezeichnet. Der Knotengrad $m(a)$ von Team a aus der Menge aller Teams V_T stimmt mit der Anzahl der Mitglieder von Team a

überein. Analog zu der Definition der Modularität nach Newman/Girvan (2004) [213] vergleichen Guimerà et al. (2007) [129] die untersuchten Netzwerke mit zufälligen bipartiten Netzwerken, deren Kanten bei gleichen Knotengraden und gleichen Partitionsmengen zufällig verteilt sind. Unter Verwendung der Anzahl c_{ij} an Teams, denen zwei Personen i und j gemeinsam angehören, definieren Guimerà et al. (2007) [129] die Modularität $Q_{Gu}^{bip}(\mathcal{P})$ eines Clusterings $\mathcal{P}$ der Personenmenge als Summe über alle Personencluster p der Partition $\mathcal{P}$ wie folgt:

$$Q_{Gu}^{bip}(\mathcal{P}) := \sum_{p \in \mathcal{P}} \left[\frac{\sum_{i \neq j \in p} c_{ij}}{\sum_a m(a)(m(a)-1)} - \frac{\sum_{i \neq j \in p} t(i)t(j)}{\left(\sum_a m(a)\right)^2} \right]. \qquad (3.23)$$

Für eine Herleitung siehe Guimerà et al. (2007) [129]. Die Modularität $Q_{Gu}^{bip}(\mathcal{T})$ einer Partition $\mathcal{T}$ der Menge der Teams wird analog definiert. Dieses Gütemaß wird mittels einer Simulated Annealing Heuristik (siehe Abschnitt 4.6.2) maximiert. Guimerà et al. (2007) [129] geben an, dass Gleichung (3.23) für gerichtete Netzwerke einsetzbar ist, die nicht bipartit sein müssen. Dazu wird jeder Knoten des gerichteten Netzwerks auf jeweils einen Knoten in jeder der beiden Partitionsmengen eines bipartiten Netzwerks abgebildet. Für die Knoten der einen Partitionsmenge werden nur die abgehenden Kanten der Knoten übernommen und für die Knoten der anderen Partitionsmenge nur die ankommenden Kanten, so dass jede Kante des ursprünglichen gerichteten Netzwerks genau einmal in dem bipartiten Netzwerk vorkommt. Diese Anwendung hat sich allerdings in der Literatur nicht durchgesetzt.

Barber (2007) [19] bzw. Barber et al. (2008) [20] erweitern die in Abschnitt 4.2.2 vorgestellte spektrale Clustermethode von Newman (2006b) [210] auf bipartite Netzwerke. Dazu betrachten die Autoren zunächst die Berechnungsweise der Modularität nach Clauset et al. (2004) [65] (siehe (3.4)), indem der dort verwendete Term $(d(i)d(j))/(2m)$ für bipartite Netzwerke abgewandelt wird. Die Zeilen und Spalten einer Adjazenzmatrix A eines bipartiten Netzwerks mit den Partitionsmengen V_1 und V_2 können so umgeordnet werden, dass A aus vier sogenannten Blöcken besteht, welche getrennt voneinander die Kanten innerhalb von V_1, die Kanten innerhalb von V_2, die Kanten von V_1 nach V_2 und die Kanten von V_2 nach V_1 enthalten. Die beiden Blöcke auf der Diagonalen von A bestehen ausschließlich aus Nullen, da das Netzwerk bipartit ist. Dies behalten Barber/Barber et al. (2007/2008) [19, 20] zur Bestimmung der erwarteten Kanten in einem zufälligen Netzwerk mit gleichen Knotengraden bei, indem zur Schätzung der erwarteten Adjazenzmatrix dieselbe Blockstruktur gewählt wird. Die Einträge in den beiden Blöcken abseits der Diagonalen modellieren die Autoren als $(d(i)d(j))/(2m)$, wobei $i \in V_a$ und $j \in V_b$ mit $a, b \in \{1, 2\}$ und $a \neq b$ gilt.

$$A = \begin{pmatrix} & V_1 & V_2 & \\ & 0 & & \\ & & 0 & \end{pmatrix} \begin{matrix} V_1 \\ V_2 \end{matrix}$$

Abbildung 3.7: Struktur einer umgeordneten Adjazenzmatrix eines bipartiten Netzwerks mit den Partitionsmengen V_1 und V_2.

Unter Verwendung dieser Matrix geben Barber/Barber *et al.* (2007/2008) [19, 20] einen spektralen Clusteransatz an, der für ein festes Clustering einer der Partitionsmengen die andere Partitionsmenge clustert. Dieser Teil des Vorgehens basiert auf der spektralen Methode von Newman (2006b) [210] (siehe Abschnitt 4.2.2). Der gesamte Algorithmus beginnt mit der Wahl eines zufälligen Clusterings für eine der Partitionsmengen und ermittelt mit diesem für die andere ein Clustering, was im nächsten Schritt als Grundlage für ein Clustering der zuerst geclusterten Partitionsmenge dient. Die Partitionsmengen werden abwechselnd unter Verwendung des Clusterings der jeweils anderen Partitionsmenge geclustert, bis sich keine weitere Veränderung ergibt. Jeder Schritt hat dabei eine Laufzeit von $O(m)$, allerdings geben die Autoren keine Abschätzung der Anzahl der Schritte an.

3.5.3.2 Modularität für überlappende Cluster

Mit Verallgemeinerungen der Modularität für den Fall, dass überlappende Cluster gesucht sind, haben sich beispielsweise Shen *et al.* (2009a/2009b) [249, 250] und Nicosia *et al.* (2009) [216] beschäftigt. Die Übertragung nach Shen *et al.* (2009a) [249] orientiert sich stark an der ursprünglichen Variante der Modularität. In dem Ausdruck (3.4) wird eine Normierung über die Anzahl der Cluster O_i und O_j durchgeführt, in denen sich die Endknoten i und j einer Intra–Cluster–Kante befinden. Da das Kronecker–Symbol $\delta(C(i),C(j))$ (vgl. Gleichung (3.3)) nicht für nicht eindeutige $C(i)$ und $C(j)$ anwendbar ist, definieren Shen *et al.* (2009a) [249] die Modularität unter Einbeziehung überlappender Cluster Q_{Sh}^{uel} als Summe über alle Cluster k des zu bewertenden Clusterings $\mathcal{C}$:

$$Q_{Sh}^{uel} := \frac{1}{2m} \sum_{k \in \mathcal{C}} \sum_{i \in k} \sum_{j \in k} \frac{1}{O_i O_j} \left(A_{ij} - \frac{d(i) \cdot d(j)}{2m} \right).$$

Dadurch gilt: In je weniger Clustern die Endknoten einer Intra–Cluster–Kante e enthalten sind, desto stärker geht der Term $A_{ij} - (d(i) \cdot d(j))/(2m)$ in diese überlappende Version der Modularität ein. Eine Verfeinerung dieses Konzepts geben Shen *et al.* (2009b) [250] an. Die Normierung wird unter Einführung von Zugehörigkeitskoeffizienten α_{ik} aller Knoten i zu den Clustern k durchgeführt. Diese sind von der Anzahl an maximalen Cliquen abhängig, in denen sich i innerhalb von k und innerhalb des Netzwerks befindet. Eine maximale Clique bezeichnet ein vollständiges Teilnetzwerk, welches kein Teilnetzwerk einer größeren Clique ist. Die Autoren definieren α_{ik} als Summe der zu i inzidenten Kanten, wobei der Beitrag A_{ij} der Kante ij durch den Koeffizienten $(C_{ij}^k)/(C_{ij})$ gewichtet wird. C_{ij} bzw. C_{ij}^k bezeichnen die Anzahlen an maximalen Cliquen, in denen ij im gesamten Netzwerk bzw. innerhalb des Clusters k enthalten ist.

Die Idee der Zugehörigkeitskoeffizienten α_{ik} stammt von Nicosia *et al.* (2009) [216], die eine deutlich allgemeinere Güteberechnung für Clusterings in Netzwerken mit überlappenden Clustern angeben. In Abhängigkeit allgemein definierter α_{ik} werden Gewichtungen für A_{ij} und $(d(i)d(j))/(2m)$ festgelegt, mit denen diese Terme in einen Gütewert eingehen. Die Autoren geben unter anderem Bedingungen für die α_{ik} und die daraus abgeleiteten Gewichtungen an, so dass die Berechnung für Netzwerke ohne überlappende Cluster der Modularität nach (3.4) entspricht. Aus dieser allgemeinen Definition entwickeln die Autoren eine Betrachtung der Güte von Clusterings in gerichteten Netzwerken mit überlappenden Clustern.

Eine Gütefunktion für Clusterings mit überlappenden Clustern, die auf der Anzahl an Intra– und Inter–Cluster–Kanten in Abhängigkeit eines Parameters basiert, der die Clustergröße kontrolliert, geben Lancichinetti *et al.* (2009) [174] an (siehe Formel (3.13)). Da die in der vorliegenden Arbeit vorgestellte Methode (siehe Kapitel 5) weder für k–partite noch für Netzwerke mit überlappenden Clustern entwickelt wurde, werden Gütemaße und Methoden für diese Bereiche nicht detaillierter behandelt.

Im folgenden Kapitel werden eine Reihe von Methoden zum Clustern in Netzwerken erläutert. Die häufige Verwendung der Modularität unterstreicht die Bedeutung dieses Gütemaßes in der aktuellen Forschung.

Kapitel 4

Clusteranalysemethoden für Netzwerke

Dieses Kapitel beschreibt die Entwicklung von Verfahren zur Clusteranalyse in ungewichteten und gewichteten sowie in ungerichteten und gerichteten Netzwerken. Aktuelle Übersichtsarbeiten zu diesem Thema gibt es beispielsweise aus dem Bereich der Informatik von Schaeffer (2007) [245], aus mathematischer Sicht von Porter *et al.* (2009) [228] und mit einem physikalischen Hintergrund von Fortunato (2010) [103].

Verschiedene Heuristiken zur Maximierung des im vorangegangenen Kapitel vorgestellten Gütemaßes Modularität werden in Abschnitt 4.1 vorgestellt, während Abschnitt 4.2 zur Clusteranalyse verwendete Spektralmethoden behandelt. Die Schilderung klassischer hierarchisch divisiver Verfahren, die mittlerweile nicht mehr weit verbreitet sind, erfolgt in Abschnitt 4.3. Weiterhin werden Label Propagation Methoden (Abschnitt 4.4) und Verfahren zur schrittweisen Konstruktion von Clustern basierend auf lokalen Gütemaßen (Abschnitt 4.5) dargestellt. Abschnitt 4.6 behandelt weitere Clusteralgorithmen, die zu keiner der bisher genannten Kategorien gehören. Vorgehensweisen zur Nachbehandlung von Clusterlösungen sind in Abschnitt 4.7 zu finden und weitere Fragestellungen in Bezug auf das Clustern in Netzwerken werden in Abschnitt 4.8 erörtert. Den Abschluss des Kapitels stellt eine kurze Zusammenfassung sowie ein Fazit bezüglich der vorgestellten Verfahren dar (Abschnitt 4.9).

Sofern nicht anders angegeben, bezeichnet ein Clustering eine Partition der Knotenmenge eines Netzwerks.

4.1 Heuristiken zur Maximierung der Modularität

Zunächst haben Newman/Girvan (2004) [213] die Modularität eingeführt (siehe Abschnitt 3.1), um die Güte von innerhalb einer divisiven Clustermethode auftretenden nichtüberlappenden Clusterings zu bewerten. Das entsprechende Verfahren ist in Abschnitt 4.3 dargestellt. In dem im selben Jahr von Newman (2004a) [207] veröffentlichten agglomerativen Algorithmus wird die Modularität direkt als Zielfunktion eingesetzt. Brandes et al. (2008) [46] haben gezeigt, dass die Berechnung der Clusterings mit maximaler Modularität NP–schwer ist. Dieser Abschnitt behandelt Heuristiken zur Maximierung der Modularität, wobei insbesondere auf agglomerative hierarchische Methoden (4.1.1), Verfahren, welche Netzwerke schrittweise vergröbern (4.1.2) und rekursive Zweiteilungsmethoden (4.1.3) eingegangen wird.

4.1.1 Agglomerative hierarchische Verfahren

Bei der agglomerativen Methode von Newman (2004a) [207] handelt es sich um die erste Methode, in der die Modularität als Zielfunktion verwendet wird. Dieses Verfahren sowie agglomerative Algorithmen, welche ausgehend von diesem ersten Ansatz entwickelt wurden, werden in diesem Abschnitt vorgestellt. Zunächst wird das Verfahren von Newman (2004a) [207] dargelegt (Abschnitt 4.1.1.1). Anschließend werden Erweiterungen von Clauset et al. (2004) [65], Danon et al. (2006) [70], Wakita/Tsurumi (2007) [276] und Schuetz/Caflisch (2008a) [246] angegeben (Abschnitt 4.1.1.2). Abschließend werden zwei Ansätze von Ovelgönne et al. (2010) [221] bzw. Ovelgönne/Geyer–Schulz (2010) [222] behandelt (Abschnitt 4.1.1.3).

4.1.1.1 Der agglomerative Algorithmus von Newman

Der agglomerative Algorithmus von Newman (2004a) [207] verwendet direkt die Modularität als Zielfunktion. Ausgehend von dem Clustering, in dem sich alle Knoten in separaten Clustern befinden, wird in jedem Schritt für alle möglichen Vereinigungen aller zwei durch mindestens eine Kante verbundenen Cluster x und y die Modularitätsänderung ΔQ_{xy} bestimmt. Anschließend wird einer der Vereinigungsschritte mit dem größten, nicht notwendigerweise positiven, ΔQ_{xy} durchgeführt. Das Verfahren endet, sobald sich alle Knoten in einem einzigen Cluster befinden. Als (lokale) Optimallösung wird ein Clustering mit der höchsten auftretenden Modularität angegeben.

4.1.1.2 Alternativen für Implementierung und Clustervereinigung

Dasselbe Vorgehen implementieren Clauset *et al.* (2004) [65] auf effizientere Weise. Dennoch ist auch diese Methode für Netzwerke mit vielen Knoten und Kanten durch einen großen Rechenaufwand gekennzeichnet. Die ursprüngliche Variante hat eine Laufzeit von $O(n(m+n))$ bzw. $O(n^2)$ für dünn besetzte Netzwerke. Die Laufzeit der effizienteren Version beträgt $O(m \cdot dep \cdot log(n))$, wobei *dep* die Tiefe des Dendrogramms beschreibt, bzw. $O(n \cdot log^2(n))$ in dünn besetzten Netzwerken.

Danon *et al.* (2006) [70] zeigen, dass dieses Verfahren schnell große Cluster bildet und daher für Strukturen mit heterogenen Clusterstrukturen ungeeignet ist. Sie schlagen folgende Modifikation vor: Statt die zwei Cluster x und y mit der größten Änderung der Modularität ΔQ_{xy} zu vereinigen, werden die beiden Cluster x und y zusammengefasst, für die entweder der Wert $\Delta Q'_{xy} := \Delta Q_{xy}/a_x$ oder der Wert $\Delta Q'_{yx} := \Delta Q_{xy}/a_y$ maximal ist. Wie in Abschnitt 3.1 definiert, entspricht $a_x = \sum_y m_{xy}$ dem Anteil der Kanten, die zu mindestens einem Knoten aus Cluster x benachbart sind. Dabei ist m_{xy} ein Eintrag der Modularitätsmatrix M. Durch die Vereinigung der beiden Cluster mit maximalem $\max\{\Delta Q'_{xy}, \Delta Q'_{yx}\}$ werden nach Angabe von Danon *et al.* (2006) [70] in Netzwerken mit heterogener Clusterstruktur auch kleinere Cluster erkannt.

Wakita/Tsurumi (2007) [276] zeigen, dass die Implementierung von Clauset *et al.* (2004) [65] ineffizient ist, weil diese die Bildung großer Cluster bevorzugt. Dadurch ergeben sich ungleichmäßige Dendrogramme, deren Tiefe *dep* weitaus größer als $log(n)$ ist, was die Laufzeit vergrößert. Zur Verbesserung der Verfahrensvariante von Clauset *et al.* (2004) [65] führen Wakita/Tsurumi (2007) [276] diejenige Vereinigung zweier Cluster x und y durch, für die das Produkt aus ΔQ_{xy} und einem Faktor r maximal ist. Dabei entspricht $r := \min\{|x|/|y|, |y|/|x|\}$ einem sogenannten Konsolidierungsverhältnis von x und y. Für dessen Berechnung werden in Abhängigkeit der Definition von $|x|$ drei Varianten angegeben: In der ersten Version ist $|x|$ als die Anzahl der Kanten definiert, die aus Cluster x herausgehen, und in der zweiten Version als Anzahl der Knoten in Cluster x. Die dritte Variante stellt eine Kombination aus der ersten Version und $r = 1$ dar: Zunächst werden ohne Berücksichtigung des Konsolidierungsverhältnisses (d.h. unter Verwendung von $r = 1$) Clusterpaare als Kandidaten zur Vereinigung bestimmt und anschließend werden $|x|$ und $|y|$ als die Anzahlen der aus den entsprechenden Clustern herausführenden Kanten gewählt. Wakita/Tsurumi (2007) [276] geben an, dass der Wert von r in allen drei Varianten für zwei Cluster mit ähnlich vielen Objekten größer ist als für zwei Cluster mit verschieden großen Clustern und dass somit der Vereinigung von Clustern ungleicher Mächtigkeiten vorgebeugt wird.

Schuetz/Caflisch (2008a) [246] erweitern das agglomerative Verfahren von Newman um die Möglichkeit, in einem Schritt mehrere Clusterpaare zu vereinigen. Dadurch können beim Clustern mehrere Knotengruppen simultan entstehen und dem frühen Verdichten in wenige Cluster durch Kettenbildung wird entgegengewirkt. Welche Clusterpaare (x, y) in einem Schritt zusammengefasst werden, hängt von der Modularitätsänderung ΔQ_{xy} und einem Levelparameter l ab. Jeweils diejenigen Clusterpaare (x, y) mit dem gleichen Wert ΔQ_{xy} bilden ein Level l. Alle Clusterpaare, deren Vereinigung das maximale ΔQ_{xy} zur Folge hat, gehören zum ersten Level, alle Clusterpaare mit zweitgrößtem ΔQ_{xy} zum zweiten Level etc. In jedem Schritt werden alle Clusterpaare (x, y) mit positiver Modularitätsänderung ΔQ_{xy} zusammengefasst, die in einem der Level $1, 2, \ldots, l$ liegen, und für die kein anderes Cluster k existiert, dessen Vereinigung mit x oder y eine größere Modularitätsverbesserung zur Folge hätte. Im Gegensatz zu dem Verfahren von Newman (2004a) [207] bricht der Algorithmus von Schuetz/Caflisch (2008a) [246] ab, sobald keine Clusterpaare mehr vorhanden sind, deren Vereinigung eine Verbesserung der Modularität bewirkt. Schuetz/Caflisch (2008a) [246] geben an, dass sich per vollständiger Induktion folgende Aussage zeigen lässt: In allen Schritten des vorgestellten Verfahrens nach einem negativen Maximum von ΔQ_{xy} sind alle folgenden ΔQ_{xy} negativ. In dem ursprünglichen Verfahren von Newman (2004a) [207] muss dies nicht gelten, da in jedem Schritt lediglich ein Clusterpaar zusammengefasst wird. Das letzte erzeugte Clustering wird in der Methode von Schuetz/Caflisch (2008a) [246] als Lösung ausgegeben. Die Wahl des Levelparameters l wird von Schuetz/Caflisch (2008b) [247] in einer nachfolgenden Veröffentlichung detaillierter untersucht. Sie empfehlen $l = \lfloor \alpha \sqrt{\sum_{e \in E} w(e)} \rfloor$, wobei $\sum_{e \in E} w(e)$ der Summe aller Kantengewichte entspricht und für α alle Werte aus der Menge $\{0, 25; 0, 5; 0, 75; 1\}$ zu testen sind. Die Laufzeit beträgt $O(m \cdot dep \cdot log(n))$, wobei dep die Tiefe des Dendrogramms beschreibt. Anschließend wenden Schuetz/Caflisch (2008a) [246] auf die Lösung des hierarchischen Algorithmus eine lokale Austauschmethode an, welche sie als **Vertex Mover** bezeichnen. Diese wird in Abschnitt 4.7 beschrieben.

4.1.1.3 Randomisiertes Clustern und Aggregation von Clusterings

Ein anderer Ansatz, das agglomerative Verfahren von Newman (2004a) [207] zu beschleunigen, ist ein randomisierter Algorithmus von Ovelgönne et al. (2010) [221]. Anstatt in jedem Schritt für alle benachbarten Clusterpaare die Verbesserung der Modularität im Falle ihrer Vereinigung zu berechnen, wird nur für eine zufällig ausgewählte Anzahl an κ Clustern bestimmt, welche Modularitätsänderung die Zusammenfassung dieser Cluster mit den jeweils dazu benachbarten Clustern ergibt. Die aus dieser Menge optimale Vereinigung wird durchgeführt. Dabei empfehlen die Autoren, für die erste Hälfte aller $n-1$ notwendigen Schritte lediglich $\kappa=1$ zufällige Cluster zu betrachten und für die zweite Hälfte aller Schritte $\kappa=2$ zufällige Cluster. Da es sich um einen agglomerativen Algorithmus handelt, der ausgehend von n Clustern mit je einem Knoten schrittweise zwei Cluster vereinigt, bis alle Knoten ein einziges Cluster bilden, sind $n-1$ Schritte durchzuführen. Um die Prozedur weiter zu beschleunigen, werden zu Beginn des Algorithmus alle Knoten mit Knotengrad 1 in die Cluster ihrer Nachbarknoten einsortiert. Ovelgönne *et al.* (2010) [221] zeigen, dass die Vereinigung eines Clusters x, zu dem nur der Knoten v mit $d(v)=1$ gehört, mit dem Cluster y, zu dem nur der Nachbarknoten w von v gehört, unabhängig von $d(w)$ eine positive Modularitätsänderung ΔQ_{xy} zur Folge hat. Die Komplexität der Vorbearbeitung und der agglomerativen Vereinigungsschritte beträgt $O(m \cdot log(n))$. Im Anschluss an das hierarchische Verfahren verwenden die Autoren das in Abschnitt 4.7 erläuterte Kerninghan–Lin–Austauschverfahren, um die Lösung mittels Nachbarschaftssuche zu verbessern. Da es sich bei den gefundenen Lösungen häufig um lokale Optima handelt, schlagen die Autoren in einer nachfolgenden Veröffentlichung (Ovelgönne/Geyer–Schulz (2010) [222]) vor, aus verschiedenen Lösungen $\mathcal{C}_1, \ldots, \mathcal{C}_z$ mit hohen Modularitätswerten eine aggregierte Clusterlösung $\mathcal{C}^*$ zu konstruieren. Das randomisierte agglomerative Verfahren von Ovelgönne *et al.* (2010) [221] ist nicht deterministisch und hat eine geringe Laufzeit, daher eignet es sich zur Bestimmung mehrerer (lokal) optimaler Clusterings. Die Idee der Aggregation dieser Lösungen basiert darauf, dass einige Knoten am Rande von Clustern liegen und einige zentral innerhalb von Clustern. Für letztere ist die Wahrscheinlichkeit groß, dass sie in vielen lokal optimalen Clusterings zu dem selben Cluster gehören. Daher werden Knotengruppen, die sich in allen $\mathcal{C}_1, \ldots, \mathcal{C}_z$ in einem gemeinsamen Cluster befinden, als sogenannte Clusterkerne definiert und in der aggregierten Lösung als Cluster verwendet. Konkret trennen die Autoren ausgehend von einer der lokal optimalen Lösungen $\mathcal{C}_i, i \in \{1, \ldots z\}$ jeweils Knotengruppen, die in mindestens einer der anderen $\mathcal{C}_j, j \in \{1, \ldots z\}\backslash\{i\}$ zu verschiedenen Clustern gehören. Ausgehend von den Clusterkernen (anstelle des Clusterings, in dem jeder Knoten zu einem einzelnen Cluster gehört) wird erneut die randomisierte agglomerative Clustermethode von Ovelgönne *et al.* (2010) [221] gestartet. Die maximale Laufzeit leiten die Autoren als $O(m \cdot ln^2(n))$ her.

4.1.2 Iterative Vergröberung von Netzwerken

Neben der Weiterentwicklung des agglomerativen Verfahrens von Newman (2004a) [207] haben sich weitere Autoren mit anderen Möglichkeiten der Maximierung der Modularität befasst. Für Netzwerke mit sehr vielen Knoten wurden Methoden entwickelt, die eine Reduktion der Netzwerkgröße beinhalten.

In diesem Abschnitt werden zwei Arten der Bündelung von Knotengruppen vorgestellt, die modularitätserhaltend sind (4.1.2.1), eine Größenreduktion unter Verwendung von Matchings (4.1.2.2) und eine agglomerative Zwei–Phasen–Methode (4.1.2.3).

4.1.2.1 Zusammenfassung von Knotenmengen

Die Methode von Arenas *et al.* (2007) [12] reduziert die Größe gerichteter und ungerichteter Netzwerke, so dass im Anschluss bekannte Clusterverfahren auf das reduzierte Netzwerk angewendet werden können. In diesem Zusammenhang geben die Autoren eine Übertragung der Modularität auf gerichtete Netzwerke an, die in Abschnitt 3.5.2.1 erläutert wird (vgl. Formel (3.18)). Bei dieser Art der Größenreduktion von Netzwerken entspricht die Modularität jedes Clusterings des reduzierten Netzwerks der Modularität des entsprechenden Clusterings im Ausgangsnetzwerk. Nach mehrmaligem Reduzieren ist das Netzwerk klein genug, so dass die bekannten Clustermethoden schneller laufen. Arenas *et al.* (2007) [12] verwenden beispielsweise das von Duch/Arenas (2005) [87] entwickelte Extremaloptimierungsverfahren (vgl. Abschnitt 4.1.3.1). Beim Reduzieren werden jeweils Knotengruppen zu einem Knoten gebündelt. Das Gewicht einer Kante zwischen zwei Knoten u und v im reduzierten Netzwerk entspricht der Summe aller Gewichte der Kanten, die im Originalnetzwerk einen Knoten der Menge u mit einem Knoten der Menge v verbinden. Falls es innerhalb der zusammengefassten Knotenmengen im Ausgangsnetzwerk Kanten gibt, entstehen Schlingen an den entsprechenden Knoten des reduzierten Netzwerks, welche den internen Zusammenhang der Knotengruppen beschreiben. Analog zu der Definition der Gewichte von Kanten $\{uv\}$ oder $[u,v]$ mit $u \neq v$ entspricht das Gewicht einer Schlinge des reduzierten Netzwerks der Summe der Gewichte aller Kanten, die im ursprünglichen Netzwerk zwischen Knoten der Menge u verlaufen. Für ungerichtete Netzwerke werden dabei alle ursprünglichen Kantengewichte doppelt gezählt und alle ursprünglichen Schlingengewichte einfach, weil die Summe über alle ungeordneten Knotenpaare gebildet wird und somit die Kanten $\{uv\}$ und $\{vu\}$ einbezogen werden. Die einzigen beiden konkret beschriebenen Reduktionsvorgänge sind allerdings die folgenden: Knoten, die nur einen Nachbarn haben, werden mit diesem Nachbarn in einer Gruppe vereint. Zwei benachbarte Knoten, zu denen nur ein weiterer Knoten adjazent ist, werden mit diesem zusammengefasst. In großen Netzwerken sind erstens viele Schritte notwendig, um eine hilfreiche Größenreduktion zu erzeugen. Zweitens wird nur eine geringe Größenreduktion erreicht, falls es nur wenige der oben beschriebenen Knoten gibt. Sogar bei einigen von den Autoren angegebenen Netzwerken ist keine nennenswerte Verkleinerung des Netzwerks möglich.

4.1.2.2 Vergröberung durch Matchings

Zhu et al. (2008) [294] verwenden ein an das Multilevel–Paradigma nach Bui/Jones (1993) [52] angelehntes Verfahren (wie die in 4.1.3.3 beschriebene Methode von Djidjev (2008) [82]), das sie mit **MoMe** (**Mo**dularity–based **M**ultilevel Graph Clust**e**ring) bezeichnen. Die Knoten des letzten erzeugten Netzwerks werden als Cluster des Netzwerks aus dem vorherigen Schritt definiert. Im Gegensatz zu dem Vorgehen von Arenas et al. (2007) [12] (Abschnitt 4.1.2.1) wird für dieses gröbste Netzwerk kein Clusteralgorithmus durchgeführt. Anschließend wird diese Clusterlösung schrittweise auf das ursprüngliche Netzwerk zurückgeführt und – falls notwendig – in jedem Schritt für das jeweils feinere Netzwerk optimiert.

Zur schrittweisen Reduktion eines zu clusternden Netzwerks bietet sich unter anderem die Verwendung von disjunkten Kantenmengen an, welche **Matchings** genannt werden.

Eine Variante der Vergröberung ist das Heavy Edge Matching. Bei diesem werden jeweils die Endknoten der Kanten eines Matching mit maximalem Gewicht zu einem Knoten des nächstgröberen Netzwerks zusammengefasst. Das Gewicht eines Matchings entspricht der Summe der Gewichte aller zu diesem Matching gehörenden Kanten. In ungewichteten Netzwerken ist ein Matching mit maximalem Gewicht also ein Matching mit maximaler Kantenanzahl.

Zhu et al. (2008) [294] setzen die folgende clusterbasierte Rekursion nach Abou–Rjeili/Karypis (2006) [2] zur Matchingbestimmung ein: In jedem zu vergröbernden Netzwerk werden alle Knoten nacheinander in einer zufälligen Reihenfolge abgearbeitet. Dabei wird für den betrachteten Knoten v derjenige Nachbarknoten w bestimmt, dessen Zusammenfassen mit v die größte Modularitätsverbesserung ΔQ_{vw} bewirkt. Falls erstens $\Delta Q_{vw} > 0$ gilt und falls zweitens v und w eine Mindestanzahl gemeinsamer Nachbarknoten haben, werden v und w zusammengefasst. Als ein konkretes Beispiel für die zweite Bedingung geben Zhu et al. (2008) [294] die Differenz der Modularitätswerte der folgenden Clusterings $\mathcal{C}_1$ und $\mathcal{C}_2$ an: In $\mathcal{C}_1$ wird v mit allen Clustern vereinigt, die Nachbarknoten von v enthalten, außer mit w. In $\mathcal{C}_2$ wird aus v und allen Clustern, in denen Nachbarknoten von v liegen, also auch w, ein gemeinsames Cluster gebildet. Ist die Differenz $Q(\mathcal{C}_2) - Q(\mathcal{C}_1)$ kleiner als ein nicht konkret angegebener Schwellenwert, so werden v und w nicht vereinigt. Durch diese zweite Bedingung wird verhindert, dass Knoten, die am Rand von Clustern liegen, in ein Cluster verschoben werden, dass in einer feineren Version des Netzwerks nicht sinnvoll ist.

Nachdem alle Knoten abgearbeitet wurden, beginnt die Vergröberung des soeben erzeugten Netzwerks. Für die Zurückführung des gröbsten Netzwerks auf das Ausgangsnetzwerk verwenden die Autoren eine Version des Algorithmus von Fiduccia/Mattheyses (1998) [94]. Dabei wird jeder Übertragungsschritt eines gröberen auf das feinere Netzwerk, aus dem es im ersten Teil der Methode entstanden ist, zur Verbesserung des Clusterings mit einer lokalen Austauschmethode genutzt. Konkret wird in jedem Schritt für die Knoten, die an Grenzen zwischen Clustern liegen, getestet, ob ihr Verschieben in ein anderes Cluster den aktuellen Modularitätswert verbessert. Falls die größtmögliche Modularitätsverbesserung positiv ist, wird der entsprechende Knoten verschoben. Um die Identifikation solcher Grenzknoten zu vereinfachen, werden in jedem Schritt die im vorangegangenen Schritt als Grenzknoten ermittelten Knoten als Grenzknoten–Kandidaten verwendet.

4.1.2.3 Agglomerative Zwei–Phasen–Methode

Blondel et al. (2008) [33] geben eine aus zwei abwechselnd durchgeführten Phasen bestehende Methode an. In der ersten Phase befinden sich zunächst alle Knoten in einzelnen Clustern. Ausgehend davon wird nacheinander für jeden Knoten v überprüft, welche Modularitätsänderungen ΔQ_{vw} entstehen, wenn v in diejenigen Cluster verschoben wird, zu denen seine Nachbarknoten $w \in V(v)$ gehören. Falls das maximale ΔQ_{vw} größer als ein positiver Mindestverbesserungswert Δ^*Q ist, wird v in das Cluster des entsprechenden Nachbarknotens w verschoben. Nacheinander werden alle Knoten ggf. mehrmals bezüglich aller ihrer Nachbarknoten überprüft, bis keine Verbesserung von mindestens Δ^*Q mehr möglich ist. Die Autoren merken an, dass die zufällig gewählte Reihenfolge der Knoten dabei einen Einfluss auf die Rechenzeit hat, nicht aber auf das Ergebnis. Allerdings können sie keine sinnvolle Reihenfolge angeben, welche die Prozedur beschleunigt. In der zweiten Phase werden die zuvor ermittelten Cluster zu Knoten einer gröberen Variante des Netzwerks zusammengefasst. Die Kantengewichte des neuen Netzwerks entsprechen der Summe der Gewichte der Kanten des feineren Netzwerks, die zu den neuen Kanten gebündelt wurden. Die Intra–Cluster–Kanten des alten Netzwerks bilden daher im neuen Netzwerk Schlingen an den neuen Knoten. Blondel et al. (2008) [33] verwenden die von Arenas et al. (2007) [12] angegebene Gewichtsberechnung (vgl. Abschnitt 4.1.2.1). Anschließend wird auf das neue Netzwerk Phase 1 angewandt. Die beiden Phasen werden so lange abwechselnd durchgeführt, bis sich keine Verbesserung von mindestens Δ^*Q mehr ergibt. Da die Anzahl der Knoten und Kanten, auf denen Phase 1 eingesetzt wird, durch die Anwendung von Phase 2 schnell sinkt, läuft die Heuristik auch für Netzwerke mit über zwei Millionen Knoten in unter einer Minute.

Ein weiterer Vorteil ist nach Meinung von Blondel et al. (2008) [33], dass durch die hierarchische Struktur der Lösung das von Fortunato/Barthélemy (2007) [105] entdeckte Resolution Limit (vgl. Abschnitt 3.3) umgangen wird.

Da zunächst innerhalb des Ursprungsnetzwerks einzelne Knoten zusammengefasst werden, entstehen auch kleine Cluster, welche in einem Algorithmus, der lediglich die Modularität maximiert, laut Fortunato/Barthélemy (2007) [105] nicht gefunden werden (vgl. Abschnitt 3.3.1).

Lancichinetti/Fortunato (2009b) [173] haben aktuelle Netzwerk–Clustermethoden bezüglich Güte und Laufzeit verglichen und bestätigen die Vorteile der Heuristik von Blondel *et al.* (2008) [33]. Weiterhin schneidet bei dem Verfahrensvergleich der auf einem Potts–Modell basierende Algorithmus von Ronhovde/Nussinov (2009/2010) [237, 238] (vgl. Abschnitt 3.4.2) gut ab. Als beste Methode ihrer Testreihe bezeichnen Lancichinetti/Fortunato (2009b) [173] das in Abschnitt 4.6.2 erläuterte Verfahren von Rosvall/Bergstrom (2008) [240].

4.1.3 Rekursive Zweiteilung von Netzwerken

Eine andere Klasse von Clusterverfahren in Netzwerken basiert darauf, Cluster des Netzwerks rekursiv in zwei Teile zu trennen. Dieser Abschnitt behandelt diesbezüglich eine Methode basierend auf extremaler Optimierung (4.1.3.1), ein Vorgehen, das ein Vektor–Programm formuliert (4.1.3.2), und einen Algorithmus, der das Multilevel–Paradigma von Bui/Jones (1993) [52] (vgl. Abschnitt 4.1.2.2) verwendet (4.1.3.3).

4.1.3.1 Extremale Optimierungsheuristik

Duch/Arenas (2005) [87] haben eine divisive, auf sogenannter extremaler Optimierung (siehe z.B. Bak/Sneppen (1993) [17]) basierende Heuristik nach Boettcher/Percus (2001a/2001b) [36, 37] zur Optimierung der Modularität angegeben. Die Verbesserung lokaler Fitness–Variablen, welche von dem Beitrag eines Knotens i zum Modularitätswert abhängen, maximiert die Modularität. Die Fitness eines Knotens i ist definiert als $fit(i) := d_{C(i)}(i)/d(i) - a_{C(i)}$, wobei $a_{C(i)}$ den Anteil an Kanten beschreibt, die zu mindestens einem Knoten des Clusters $C(i)$ inzident sind, in dem sich Knoten i befindet. Der Wert $d_{C(i)}(i)$ entspricht der Anzahl an Nachbarn, die Knoten i in Cluster $C(i)$ hat (vgl. Abschnitt 3.4.5). Ausgehend von einer beliebigen Partition der Knoten in zwei möglichst gleichmächtige Cluster wird schrittweise der Knoten mit der geringsten Fitness in das andere Cluster verschoben und die Fitnesswerte werden neu berechnet bis ein maximaler Modularitätswert erreicht ist. Im Anschluss werden die Inter–Cluster–Kanten dieser 2–Cluster–Lösung entfernt und für beide Cluster wird rekursiv dasselbe Vorgehen angewandt, bis die Modularität nicht weiter verbessert werden kann. Um lokale Optima als Lösung zu vermeiden, verwenden Duch/Arenas (2005) [87] folgende Alternative, die bei Boettcher/Percus (2001a) [36] zu finden ist: Die Knoten werden nach ihren Fitnesswerten sortiert und der Knoten an Stelle $rang$ wird in Abhängigkeit der Wahrscheinlichkeitsfunktion $P(rang)$ zum Verschieben ausgewählt, die proportional zu $rang^{-ex}$ definiert wird. Für den Exponenten ex geben Boettcher/Percus (2001a) [36] aufgrund von Testreihen mit Zufallsnetzwerken die Größenordnung $1 + 1/ln(n)$ an, wobei n die Ordnung eines Netzwerks ist. Für Knoten mit geringerer Fitness besteht dabei eine größere Wahrscheinlichkeit, verschoben zu werden. Das gesamte Verfahren hat eine Komplexität von $O(n^2 \cdot log^2(n))$, kann aber durch Programmierung mit Heaps auf $O(n^2 \cdot log(n))$ verringert werden.

4.1.3.2 Formulierung eines Vektor–Programms

Agarwal/Kempe (2008) [3] geben zwei Verfahren unter Verwendung mathematischer Programme zur Maximierung der Modularität an. In diesem Abschnitt wird die Methode vorgestellt, in der basierend auf der Relaxation eines Quadratischen Programms (QP) auf ein Vektor–Programm (VP) eine rekursive Zweiteilung eines Netzwerks durchgeführt wird. Das andere Vorgehen von Agarwal/Kempe (2008) [3] beinhaltet die Relaxation eines ganzzahligen Optimierungsproblems (integer program, IP) auf ein Lineares Programm (LP) und ist in Abschnitt 4.6.1 erläutert. Der an dieser Stelle beschriebene Algorithmus von Agarwal/Kempe (2008) [3] ist effizienter als das andere Verfahren der Autoren (siehe 4.6.1), kann aber geringfügig schlechtere Ergebnisse liefern.

Wie bei dem im vorangegangenen Abschnitt vorgestellten Verfahren von Duch/Arenas (2005) [87] werden rekursiv die vorhandenen Cluster in zwei Teilcluster gesplittet, solange dies die Modularität verbessert. In jedem Schritt wird ein Vektor–Programm (VP) als Relaxation eines quadratischen Programms (QP) gelöst. Dazu wird die Maximierung der Modularität wie folgt ausgedrückt: Der Term $A_{ij} - (d(i)d(j))/(2m)$ wird mit B_{ij} bezeichnet und es wird eine binäre Variable $x_{ij} \in \{0,1\}$ definiert, die den Wert 0 annimmt, wenn die Knoten i und j zu dem gleichen Cluster gehören, und sonst 1 beträgt. Unter Verwendung des Kronecker–Deltas (siehe Gleichung (3.3)) lässt sich x_{ij} als $x_{ij} = 1 - \delta(C(i), C(j))$ darstellen. Dabei bezeichnet $C(v)$ das Cluster, in das ein Knoten v eingeordnet ist. Es ergibt sich die folgende Formulierung der Modularität:

$$Q = \frac{1}{2m} \sum_i \sum_j m_{ij} \cdot (1 - x_{ij}).$$

Dieser Ausdruck wird nach Newman (2006b) [210] durch Verwendung von binären Variablen $y_i \in \{-1, +1\}$ für jeden Knoten i umgeformt. Der Wert von y_i gibt an, zu welchem der beiden Cluster i gehört. Dabei gilt $1 + y_i \cdot y_j = 2(1 - x_{ij})$, wobei diese Ausdrücke den Wert 0 annehmen, falls sich i und j in verschiedenen Clustern befinden, während sie andernfalls den Wert 2 annehmen.

4. Clusteranalysemethoden für Netzwerke

Das dazugehörige (strikte) Quadratische Programm (für eine Definition siehe z.B. Vazirani (2001) [268]) lautet

$$max \quad \frac{1}{4m} \sum_i \sum_j B_{ij} \cdot (1 + y_i \cdot y_j)$$
$$unter \quad y_i^2 = 1 \quad \forall i \in V \tag{4.1}$$
$$y_i \in \mathbb{Z} \quad \forall i \in V.$$

Die Nebenbedingungen beschränken die Wahl der y_i auf Werte aus $\{-1, +1\}$. Dieses Quadratische Programm formen die Autoren wie bei Vazirani (2001) [268] beschrieben zu einem Vektor–Programm (VP) um, das anschließend mit einer Software von Borchers (1999) [39] als Semidefinites Programm (SDP) gelöst werden kann. Semidefinite Programmierung ist ein Teilgebiet der konvexen Optimierung, welches die Optimierung von linearen Zielfunktionen behandelt, deren Variablen semidefinite symmetrische Matrizen darstellen (siehe z.B. Klerk (2010) [73]). Zur Aufstellung des Vektor–Programms werden in dem in (4.2) angegebenen Quadratischen Programm die Variablen y_i durch reelle n–dimensionale Vektoren $\vec{y}_i$ ersetzt und jedes Produkt $y_i \cdot y_j$ durch das Skalarprodukt von $\vec{y}_i$ und $\vec{y}_j$. Die Dimension n des Vektorraums entspricht der Anzahl der Variablen y_i, also der Anzahl der Knoten des Netzwerks. Es ergibt sich

$$max \quad \frac{1}{4m} \sum_i \sum_j B_{ij} \cdot (1 + \vec{y}_i^T \cdot \vec{y}_j)$$
$$unter \quad \vec{y}_i^T \cdot \vec{y}_i = 1 \quad \forall i \in V$$
$$\vec{y}_i \in \mathbb{R}^n \quad \forall i \in V.$$

Lösungen dieses Programms ergeben Vektoren $\vec{y}_i \in \mathbb{R}^n$ für alle Knoten $i \in V$. Jeder Vektor repräsentiert einen Punkt in einem n–dimensionalen Vektorraum, der durch die Nebenbedingung $y_i \cdot y_i = 1$ den Abstand 1 zum Ursprung hat. Daher entspricht das Skalarprodukt zweier Vektoren $\vec{y}_i$ und $\vec{y}_j$ für $i, j \in V$ dem Cosinus des Winkels zwischen ihnen. Ein großer Wert der Zielfunktion entsteht also, wenn Punkte, welche Knoten i und i' mit negativem $B_{ii'}$ entsprechen, weiter voneinander entfernt platziert werden, und Punkte, welche Knoten j und j' mit positivem $B_{jj'}$ repräsentieren, näher zusammen. Da die Punkte alle den Abstand 1 zum Ursprung haben, ist für $\vec{y}_i$ und $\vec{y}_{i'}$ mit größerer Distanz zueinander der Cosinus $cos(\vec{y}_i, \vec{y}_{i'})$ kleiner als für Punkte $\vec{y}_j$ und $\vec{y}_{j'}$ mit kleinerem Abstand zueinander. Die Trennung der Punkte in zwei Cluster erfolgt mit einem Verfahren, das Goemans/Williamson (1995) [122] zur Bestimmung eines maximalen Schnittes in einem Netzwerk entwickelt haben. In dem n–dimensionalen

Raum wird eine zufällige $(n-1)$-dimensionale Hyperebene durch den Ursprung gelegt, welche die vorhandenen Punkte in zwei Cluster teilt. Agarwal/Kempe (2008) [3] verwenden 5000 zufällige Hyperebenen, um ein sinnvolles Clustering zu erzeugen.

Die divisive Methode, in deren Iterationen das VP verwendet wird, beginnt mit einem aus genau einem Cluster bestehenden Clustering, das alle Knoten enthält. In jedem Schritt wird mittels VP und SDP die beste Modularitätsänderung $\Delta Q = \Delta Q_{C \to \{C_1, C_2\}}$ (siehe (4.3)) eines zu teilenden Clusters C bestimmt, die durch eine Trennung in zwei disjunkte Teilcluster $C_1 \cup C_2 = C$ erreicht werden kann. Falls $\Delta Q_{C \to \{C_1, C_2\}} > 0$ ist, wird C in C_1 und C_2 getrennt. Dann erfolgt unter Verwendung von VP und SDP die Berechnung der bestmöglichen Modularitätsänderungen $\Delta Q_{C_1 \to \{C_{11}, C_{12}\}}$ und $\Delta Q_{C_2 \to \{C_{21}, C_{22}\}}$, die jeweils durch eine Trennung in zwei disjunkte Teilcluster erzielt werden können. Es wird stets mit dem Cluster fortgefahren, das den größten positiven Wert ΔQ besitzt. Kann die Modularität nicht weiter verbessert werden, endet das Verfahren. Durch das Splitten eines Clusters C in zwei disjunkte Teilcluster $C_1 \cup C_2 = C$ fallen bei der Berechnung der Modularität des neuen Clusterings im Vergleich zur Modularitätsbestimmung des alten Clusterings alle Terme

$$\frac{1}{2m} \sum_i \sum_j \left(A_{ij} - \frac{d(i) \cdot d(j)}{2m} \right) \tag{4.2}$$

mit $((i \in C_1) \wedge (j \in C_2)) \vee ((j \in C_1) \wedge (i \in C_2))$

weg (vgl. Modularitätsberechnung nach (3.4)). Die Summe der entsprechenden A_{ij} kann als doppelte Anzahl der Kanten zwischen den Clustern C_1 und C_2 ausgedrückt werden. Dieser Wert wird mit $|E(C_1, C_2)|$ bezeichnet. In Ausdruck (4.2) werden alle Knotenpaare doppelt betrachtet. Da Agarwal/Kempe (2008) [3] nur ungerichtete Netzwerke betrachten, genügt die doppelte Aufsummierung aller Knotenpaare mit $(i \in C_1) \wedge (j \in C_2)$. Weiterhin gilt $\sum_{i \in C_1} \sum_{j \in C_2} d(i) \cdot d(j) = (\sum_{i \in C_1} d(i)) \cdot (\sum_{j \in C_2} d(j))$. Das Teilen eines Clusters C in zwei disjunkte Teilcluster $C_1 \cup C_2 = C$ vergrößert die Modularität somit um den folgenden Wert:

$$\Delta Q_{C \to \{C_1, C_2\}} = \frac{1}{m} \left[\frac{\left(\sum_{i \in C_1} d(i) \right) \cdot \left(\sum_{j \in C_2} d(j) \right)}{2m} - |E(C_1, C_2)| \right]. \tag{4.3}$$

Auf die Lösung dieser Methode wird das von Newman (2006a) [209] aus dem Kernighan–Lin–Verfahren (1970) [154] entwickelte Austauschverfahren (vgl. Abschnitt 4.7) angewandt.

4.1.3.3 Reduktion auf ein minimales Schnittproblem

Eine andere Art der Netzwerkreduktion gibt Djidjev (2008) [82] an. Dabei wird die Bestimmung eines Clusterings mit maximaler Modularität in einem Netzwerk N (in diesem Abschnitt als „Problem 1" bezeichnet) zurückgeführt auf ein minimales gewichtetes $|\mathcal{C}|$-Schnittproblem (MGS) eines vollständigen, gewichteten Netzwerks N' mit derselben Knotenmenge $V(N') = V(N)$ (hier „Problem 2"). Dieses wird anschließend mit Software gelöst, die für Graph–Bi–Partitionierung (hier „Problem 3", siehe Abschnitt 2.2.2) entwickelt wurde. Bei einem minimalen gewichteten $|\mathcal{C}|$-Schnittproblem ist eine Partition der Knoten eines Netzwerks mit reellen Kantengewichten gesucht, so dass die Summe der Inter–Cluster–Kantengewichte minimal ist. Djidjev (2008) [82] gibt dabei nicht die für Schnittprobleme in der Regel geforderte Bedingung vor, dass die Knotenmenge eines Netzwerk durch einen Schnitt oder 2–Schnitt in genau zwei Knotenmengen zerlegt wird (vgl. Abschnitt 2.2.2), daher wird das Problem in der vorliegenden Arbeit als $|\mathcal{C}|$-Schnittproblem bezeichnet. Ein Graph–Bi–Partitionierungs–Problem bezeichnet die Suche nach einer Partition der Knotenmenge eines Netzwerks in zwei möglichst gleich große Cluster, so dass die Summe der Gewichte der Kanten, die zwischen den beiden Clustern verlaufen, möglichst gering ist.

Bei der Überführung von „Problem 1" auf „Problem 2" definiert Djidjev (2008) [82] für alle Kanten $e = ij$ des vollständigen Netzwerks N' aus „Problem 2" Kantengewichte $w(ij)$ der folgenden Art:

$$w(ij) := \begin{cases} 1 - prob(ij) & \text{falls } ij \in E(N) \\ -prob(ij) & \text{sonst.} \end{cases} \qquad (4.4)$$

Dabei bezeichnet $prob(ij)$ die Wahrscheinlichkeit des Vorhandenseins einer Kante $e = ij$ zwischen den Knoten i und j in einem Netzwerk $\tilde{N}$ einer gegebenen Klasse von Zufallsnetzwerken mit Knotenmenge $V(\tilde{N}) = V(N') = V(N)$. In der vorliegenden Arbeit wurde bei der Definition der Modularität Q in Abschnitt 3.1 eine spezielle Art von Zufallsnetzwerken vorgestellt: In Q wird ein erwarteter Anteil an Kanten eines zufälligen Netzwerks betrachtet, dessen Kanten für vorgegebene Knoten und Knotengrade zufällig verteilt sind. Djidjev (2008) [82] erwähnt zwei Familien von Zufallsnetzwerken: In dem Modell von Erdős/Rényi (1959) [89] werden m Kanten in einem Netzwerk mit n Knoten platziert, wobei die Wahrscheinlichkeit $prob(ij)$ für das Auftreten einer Kante ij zwischen zwei Knoten i und j dieses Netzwerks als $prob(ij) := 2m/(n^2 - n)$ modelliert wird. Djidjev (2008) [82] bevorzugt das Modell von Chung/Lu (2002) [64], in dem

$$prob(ij) := \frac{d(i)d(j)}{\sum_{v=1}^{n} d(v)}$$

verwendet wird. Durch die positiven reellen Zahlen $d(1), \ldots, d(n)$ werden die Knotengrade einbezogen. Um die Existenz eines solchen Netzwerks sicherzustellen, wird die Bedingung $\max_{1 \leq v \leq n} d(v)^2 < \sum_{v=1}^{n} d(v)$ vorausgesetzt. Für detailliertere Erläuterungen der genannten Familien von Zufallsnetzwerken siehe Erdős/Rényi (1959) [89] bzw. Chung/Lu (2002) [64]. Die Reduktion der Bestimmung einer Partition der Knotenmenge $V(N)$ eines Netzwerks N mit maximaler Modularität („Problem 1") auf die Ermittlung eines minimalen gewichteten $|\mathcal{C}|$–Schnittes eines vollständigen, gewichteten Netzwerks N' mit Knotenmenge $V(N') = V(N)$ („Problem 2") und den in (4.4) angegebenen Kantengewichten wird in $O(n+m)$ durchgeführt. Für eine detaillierte Beschreibung dieser Transformation siehe Djidjev (2008) [82].

Nach der Reduktion von „Problem 1" auf „Problem 2" zeigt Djidjev (2008) [82], wie „Problem 2" unter Verwendung von Graph–Bi–Partitionierungs–Software von Karypis/Kumar (1995/1999) [152, 153] gelöst werden kann. Die meisten für MGS verwendeten Algorithmen setzen nichtnegative Kantengewichte voraus und haben dadurch polynomielle Laufzeit. Durch die von Djidjev (2008) [82] angegebene Überführung von „Problem 1" auf „Problem 2" treten in dem entsprechenden vollständigen Netzwerk N' für alle Kanten, die in dem Ursprungsnetzwerk N nicht vorhanden sind, negative Kantengewichte auf (siehe (4.4)). Für MGS mit negativen Kantengewichten setzt Djidjev (2008) [82] ein rekursiv aufgerufenes Verfahren für Graph–Bi–Partitionierung ein. Dieses Vorgehen wird auch als Multilevel–Methode bezeichnet. Für den Einsatz von Multilevel–Methoden verweist Djidjev (2008) [82] auf Barnard/Simon (1994) [22], Hendrickson/Leland (1995) [133] und Karypis/Kumar (1995/1999) [152, 153]. Im folgenden wird zunächst das Multilevel–Verfahren erläutert und anschließend wird dargelegt, wie Djidjev (2008) [82] diesen Algorithmus zur Bestimmung eines MGS in dem vollständigen, gewichteten Netzwerk N' („Problem 2") verwendet.

Die Multilevel–Methode ist eine rekursive, an das von verschiedenen Autoren für Graph–Partitionierung eingesetzte Multilevel–Paradigma angelehnte Prozedur wie das in Abschnitt 4.1.2.2 dargestellte Verfahren von Zhu et al. (2008) [294]. Die im folgenden erklärte Teilung in zwei Cluster wird wiederholt aufgerufen, bis die erzeugten Cluster nicht weiter sinnvoll in zwei Cluster geteilt werden können. Dadurch ergibt sich die Clusteranzahl des Clusterings. Die rekursiv aufgerufene Bi–Partitionierungs–Methode besteht aus den drei folgenden Phasen (vgl. z.B. Zhu et al. (2008) [294]): Zunächst wird das Netzwerk schrittweise vergröbert, anschließend wird für die gröbste Version des Netzwerks ein Clustering ermittelt und dieses Clustering wird schließlich schrittweise auf das ursprüngliche Netzwerk zurückgeführt.

Bei der Vergröberung des Netzwerks werden zusammenhängende Teilnetzwerke schrittweise durch jeweils einen Knoten ersetzt (vgl. Abschnitt 4.1.2). Die Gewichte der zusammengefassten Kanten entsprechen der Summe der Gewichte der ursprünglichen Kanten, aus denen sie erzeugt wurden (siehe ebenda). Diese Vergröberungsprozedur wird solange durchgeführt, bis das Netzwerk klein genug ist, um unter Verwendung bekannter Graph–Bi–Partitionierungs–Software geteilt zu werden. Zhu *et al.* (2008) [294] definieren z.B. das zuletzt erzeugte vergröberte Netzwerk als Clustering des Netzwerks, aus dem es entstanden ist. Im Gegensatz dazu schlägt Djidjev (2008) [82] für diese Phase bekannte Zweiteilungs–Algorithmen (wie z.B. spektrale Clustermethoden (siehe Abschnitt 4.2.2.1) oder das Verfahren von Kernighan/Lin (1979) [154] (siehe Abschnitt 4.7)) vor. In der anschließenden Zurückentfaltung der 2–Cluster–Lösung des groben Netzwerks auf das ursprüngliche Netzwerk wird in jedem Schritt überprüft, ob die entsprechende Teilung in dem jeweils feineren Netzwerk verbessert werden kann. Dazu verwendet Djidjev (2008) [82] – wie von Karypis/Kumar (1999) [153] vorgeschlagen – einen Austauschschritt nach Kernighan/Lin (1979) [154] (vgl. Abschnitt 4.7). Dabei wird jeweils derjenige Knoten v aus der kleineren Menge (bzw. falls Knotengewichte definiert wurden, aus der „leichteren" Menge) in die andere Menge verschoben, der die größte Verbesserung des Gewichtes des 2–Schnittes erzeugt. Die Gewichtsverbesserung entspricht der Differenz aller Kantengewichte zwischen v und seinen Nachbarn aus der neuen Menge, die durch das Verschieben nicht mehr zu dem 2–Schnitt gehören, und der Kantengewichte zwischen v und seinen Nachbarn aus der alten Menge, welche durch die Verschiebung zu dem 2–Schnitt dazukämen. Anschließend wird v markiert, um nicht erneut verschoben zu werden. Das Austauschverfahren bricht ab, wenn entweder alle Knoten einmal getauscht wurden oder wenn in 50 Schritten, die in diesem Fall rückgängig gemacht werden, keine Verbesserung auftritt.

Die eben beschriebene Teilung des Netzwerks N' aus „Problem 2" in zwei Cluster wird zur Bestimmung eines minimalen gewichteten $|\mathcal{C}|$–Schnittes von N' in beliebig viele Cluster („Problem 2") rekursiv aufgerufen. Zur Lösung des MGS–Problems setzt Djidjev (2008) [82] Software von Karypis/Kumar (1995/1999) [152, 153] ein, in welcher die oben erläuterte Teilung in zwei Cluster implementiert ist. Zur Anwendung auf „Problem 2" werden folgende Änderungen vorgenommen: Die für das Graph–Bi–Partitionierungs–Problem geforderte Bedingung balancierter Knotenmengen wird vernachlässigt. Weiterhin zeigt Djidjev (2008) [82], dass eine Ausführung des Multilevel–Algorithmus auf dem vollständigen Netzwerk N' simuliert werden kann, wobei lediglich die Kanten des Originalnetzwerks N explizit berücksichtigt werden und die Kanten aus $E(N')\backslash E(N)$ ausschließlich implizit.

Der Rechenaufwand der oben beschriebenen Zweiteilung beträgt jeweils $O(n \cdot log(n) + m)$, somit hat das Clustern in $|\mathcal{C}|$ Teile in Abhängigkeit der notwendigen Rekursionstiefe rt den Aufwand $O((n \cdot log(n)+m) \cdot rt)$. Im schlechtesten Fall kann rt in der Größenordnung von $\Omega(|\mathcal{C}|)$ liegen. (Für Notationen zu Komplexitätsabschätzungen siehe z.B. Knuth (1976) [158].) Nach Aussage von Djidjev (2008) [82] liegt rt für die meisten Netzwerke aber in $O(log(|\mathcal{C}|))$.

4.2 Spektralmethoden zum Clustern in Netzwerken

In dem vorangegangenen Abschnitt wurden Methoden zum Clustern in Netzwerken vorgestellt, welche die Nachbarschaftsbeziehungen der Knoten direkt betrachten. Eine andere Herangehensweise zur Clusterbildung in Netzwerken ist die Formulierung des Clusterproblems als spektrales Problem unter Verwendung linearer Algebra. Die Spektraltheorie basiert – vereinfacht dargestellt – auf der Bestimmung der Eigenwerte linearer Abbildungen. Zur Lösung von Schnittproblemen in Netzwerken oder Graph–Bi–Partitionierungs–Fragestellungen (vgl. Abschnitt 2.2.2) werden Spektralmethoden erfolgreich eingesetzt und es existieren mehrere Ansätze, sie auf Clusteranalyse in Netzwerken anzuwenden. Dabei gibt es zwei verschiedene Arten von Herangehensweisen: Es kann entweder wie bei den in Abschnitt 4.1.3 dargestellten Methoden eine rekursive Zweiteilung des Netzwerks durchgeführt werden oder eine direkte Teilung in $|\mathcal{C}|$ Cluster, wobei ein Nachteil vieler dieser Methoden darin besteht, dass die Clusteranzahl $|\mathcal{C}|$ vorab festgelegt werden muss. Dieser Abschnitt stellt Grundlagen der spektralen Clusteranalyse in Netzwerken vor (4.2.1) und befasst sich anschließend mit konkreten Methoden, wobei zunächst rekursive Zweiteilungen (4.2.2) und direkte $|\mathcal{C}|$–Teilungen (4.2.3) behandelt werden. Im Anschluss wird neben weiteren Konzepten (4.2.4) das Gebiet der Matrixfaktorisierung behandelt (4.2.5). Einen detaillierteren Überblick über spektrale Clusteranalyse geben beispielsweise die Übersichtsartikel von Filippone et al. (2008) [97] und Nascimento/de Carvalho (2010) [204].

In diesem Abschnitt werden – soweit nicht anders angegeben – ungerichtete, möglicherweise gewichtete Netzwerke betrachtet.

4.2.1 Grundlagen

Die Idee, Spektralmethoden aus der linearen Algebra auf netzwerktheoretische Fragestellungen anzuwenden, stammt laut Nascimento/de Carvalho (2010) [204] aus der Quantenchemie. Hückel (1931) [140] verwendet Eigenwerte eines Netzwerks, um Energielevel in einem theoretischen Modell ungesättigter Kohlenwasserstoffverbindungen darzustellen. Die Grundlagen der Spektraltheorie aus netzwerktheoretischer Sichtweise wurden von Hall (1970) [131], Fiedler (1975)

4. Clusteranalysemethoden für Netzwerke

[96] und Cvetković *et al.* (1979) [68] entwickelt. Anstelle der symmetrischen, nicht notwendigerweise binären $n \times n$ Adjazenzmatrix A eines ungerichteten, möglicherweise gewichteten Netzwerks wird in der spektralen Clusteranalyse die $n \times n$ **Laplacematrix** L betrachtet. Für ein Netzwerk $N(V, E)$ mit nichtnegativen Kantengewichten hat L die folgenden Einträge:

$$L_{ij} := \begin{cases} d(i) & \text{falls } i = j \\ -1 & \text{falls } i \neq j \text{ und } i \text{ und } j \text{ benachbart sind} \\ 0 & \text{sonst.} \end{cases}$$

Dabei bezeichnet $d(i)$ wie gehabt den Grad des Knotens i. Zur Herleitung von L definieren Nascimento/de Carvalho (2010) [204] die Matrix D, deren Nichtdiagonaleinträge alle den Wert Null haben und auf deren Diagonale die jeweiligen Knotengrade stehen. Da in der vorliegenden Arbeit Adjazenzmatrizen ohne Schlingen betrachtet werden, gilt $L = D - A$. Eigenschaften von L werden unter anderem bei Nascimento/de Carvalho (2010) [204] hergeleitet. Die Laplacematrix eines ungerichteten Netzwerks mit nichtnegativen Kantengewichten ist symmetrisch und positiv–semidefinit. Alle Eigenwerte von L sind nichtnegativ, wobei der zu dem kleinsten Eigenwert $\lambda_1 = 0$ gehörige Eigenvektor dem Indikatorvektor entspricht, dessen Einträge alle 1 sind. Laut Boccaletti (2006) [34] hat die Laplacematrix eines zusammenhängenden Netzwerks, das aus $|\mathcal{C}|$ offensichtlichen Clustern besteht, neben dem Eigenwert $\lambda_1 = 0$ weitere $|\mathcal{C}| - 1$ Eigenwerte, die signifikant nahe Null sind. Die Eigenwerte werden in den meisten Fällen nicht normiert und sie werden in aufsteigender Reihenfolge benannt, d.h. $\lambda_1 \leq \lambda_2 \leq \cdots \leq \lambda_n$. Ein spezieller Eigenvektor ist der zu dem zweitkleinsten Eigenwert λ_2 gehörige Eigenvektor, der von Fiedler (1975) [96] zur Lösung von Graph–Bi–Partitionierungs–Problemen eingesetzt wird und dadurch als **Fiedlervektor** bekannt ist.

4.2.2 Rekursive Zweiteilung

Eine Klasse von spektralen Clustermethoden verwendet wie die in Abschnitt 4.1.3 erläuterten Verfahren eine rekursive Zweiteilung der Cluster eines Netzwerks. Dabei werden in diesem Abschnitt zunächst Algorithmen vorgestellt, die auf klassischen Schnittproblemen beruhen (4.2.2.1). Anschließend werden Vorgehensweisen erläutert, welche die Modularität einsetzen (4.2.2.2).

4.2.2.1 Schnittprobleme

Die meisten spektralen Zweiteilungsmethoden basieren auf der Relaxierung eines Schnittproblems des Netzwerks. Ein Schnitt in einem Netzwerk N bezeichnet eine Partition der Knotenmenge $V(N)$ in zwei Partitionsmengen $V_1 \subseteq V(N)$

und $V_2 \subseteq V(N)$, so dass zwei durch V_1 bzw. V_2 induzierte Teilnetzwerke $N_1 \subseteq N$ und $N_2 \subseteq N$ von N entstehen (vgl. Abschnitt 2.2.2). Der Begriff Schnitt wird von einigen Autoren (vgl. z.B. Djidjev (2008) [82] 4.1.3.3) für eine Partition von $V(N)$ in mehr als zwei Knotenteilmengen verwendet. Eine solche Partition $\mathcal{C}$ wird im folgenden als $|\mathcal{C}|$–Schnitt bezeichnet. Bei der Betrachtung eines Schnittes in zwei Partitionsmengen sei die Summe der Gewichte aller Kanten, die zwischen diesen beiden Knotenmengen V_1 und V_2 verlaufen, mit $W(V_1, V_2) := \sum_{i \in V_1} \sum_{j \in V_2} W_{ij}$ bezeichnet, wobei W_{ij} die Einträge der gewichteten Adjazenzmatrix $W = (W_{ij})$ beschreibt. Für ungewichtete Netzwerke werden die Einträge der ungewichteten Adjazenzmatrix A eingesetzt. Man nennt $W(V_1, V_2)$ auch Gewicht eines Schnittes.

Ein grundlegendes Schnittproblem beinhaltet die Suche eines sogenannten minimalen Schnittes. Das bedeutet, es sind V_1 und V_2 gesucht, so dass die Summe $W(V_1, V_2)$ der Gewichte aller Kanten, die zwischen diesen beiden Knotenmengen verlaufen minimal ist. Varianten des minimalen Schnittproblems (Min Cut) sind die Bestimmung des durchschnittlichen minimalen Schnittes (Min Ratio Cut), des normierten minimalen Schnittes (Min Norm Cut) und des Min Max Schnittes (Min Max Cut). Beim Min Ratio Cut Problem wird das Gewicht des Schnittes in Relation zu den Mächtigkeiten der Cluster gesetzt:

$$min \ \left(\frac{W(V_1, V_2)}{|V_1|} + \frac{W(V_1, V_2)}{|V_2|} \right).$$

Das Min Norm Cut Problem beinhaltet eine Division des Schnittgewichtes durch die Summe der Knotengrade der Knoten innerhalb der Cluster:

$$min \ \left(\frac{W(V_1, V_2)}{\sum_{i \in V_1} d(i)} + \frac{W(V_1, V_2)}{\sum_{j \in V_2} d(j)} \right).$$

Beim Min Max Cut Problem wird $W(V_1, V_2)$ durch die Summe der Gewichte der Kanten geteilt, die innerhalb von V_1 und V_2 verlaufen:

$$min \ \left(\frac{W(V_1, V_2)}{\sum_{i \in V_1} W_{ii}} + \frac{W(V_1, V_2)}{\sum_{j \in V_2} W_{jj}} \right).$$

Diese Formulierungen sind auf $|\mathcal{C}|$–Schnitt–Probleme erweiterbar.

Es gibt verschiedene rekursiv aufgerufene spektrale Zweiteilungsalgorithmen, die auf einem der oben angegebenen 2–Schnitt–Formulierungen basieren. In Abschnitt 4.2.3 werden spektrale Methoden behandelt, welche auf $|\mathcal{C}|$–Schnitten beruhen.

Das algorithmische Vorgehen der in diesem Abschnitt vorgestellten Zweiteilungverfahren verläuft jeweils nach folgendem Schema: Für ein gegebenes Netz-

4. Clusteranalysemethoden für Netzwerke

werk und einen Schwellenwert thr wird zunächst die Laplacematrix aufgestellt. Für diese wird unter Verwendung der Eigenwert- und Eigenvektorbestimmung nach Lanczos (1926) [176] der zweitkleinste Eigenwert λ_2 und der dazugehörige Fiedlervektor $x^{(2)}$ bestimmt. Die Theorie und die Implementierung verschiedener Varianten des Lanczos–Algorithmus finden sich bei Golub/van Loan (1996) [123] und Cullum/Willoughby (1985) [67]. Die Teilung der Knotenmenge $V(N)$ in zwei Cluster erfolgt je nach Wahl der Methode auf eine der nachfolgend beschriebenen Arten. Hagen/Khang (1992) [130] verwenden ein Ratio Cut Problem und teilen die Knoten wie folgt in zwei Cluster ein: Alle Knoten v_i, für deren Eintrag $x_i^{(2)}$ im Fiedlervektor $x_i^{(2)} > thr$ gilt, kommen in ein Cluster und alle anderen Knoten i mit $x_i^{(2)} \leq thr$ in das andere. Für thr haben die Autoren unter anderem die Wahl $thr = 0$, den Median von $x^{(2)}$ und die größte Differenz $\lambda_i - \lambda_{i-1}$ zwischen zwei aufeinanderfolgenden Eigenwerten λ_{i-1} und λ_i von L vorgeschlagen. Shi/Malik (2000) [251] geben ein analoges Vorgehen an, in dem sie statt L die **normierte Laplacematrix** L_N verwenden, welche anstelle von $L = D - A$ als $L_N := I - D^{-1/2} A D^{-1/2}$ definiert ist. Dabei stellt I die Einheitsmatrix dar und $D^{-1/2}$ bezeichnet die Matrix, deren Nichtdiagonaleinträge Null betragen, während auf der Diagonalen die Werte $d(i)^{-1/2} = 1/\sqrt{d(i)}$ stehen. Durch $d(i)$ für $i = 1, \ldots, n$ sind wie gehabt die Knotengrade des Netzwerks angegeben. Die normierte Laplacematrix L_N kann alternativ als

$$(L_N)_{ij} := \begin{cases} 1 & \text{falls } i = j \text{ und } d(i) = 0 \\ -\dfrac{1}{\sqrt{d(i)d(j)}} & \text{falls } i \neq j \text{ und } i \text{ und } j \text{ benachbart sind} \\ 0 & \text{sonst} \end{cases}$$

dargestellt werden. Weiterhin wählen Shi/Malik (2000) [251] thr so, dass das abgeleitete Clustering ein Min Norm Cut Problem löst (siehe von Luxburg (2007) [271]). Einen rekursiven Zweiteilungsalgorithmus der oben angegebenen Form unter Verwendung eines Min Max Cut Problems geben Ding et al. (2001) [80] an. Sie verwenden anstelle der Laplacematrix L die **Zufallsweg–Laplacematrix** L_{rw} mit $L_{rw} := I - D^{-1}A$, wobei D^{-1} die Inverse von D bezeichnet und I die Einheitsmatrix. In allen Ansätzen dieser Form wird das gegebene Netzwerk durch rekursives Aufrufen der Zweiteilung in Cluster zerlegt, bis eine weitere Teilung der Cluster die jeweiligen Zielfunktionen verschlechtert. Die Laufzeit aller Varianten hängt von der Größenordnung der Komplexität der Lanczos–Methode ab, die bei Nascimento/de Carvalho (2010) [204] als $O(n+m)$ angegeben wird.

4.2.2.2 Verwendung der Modularität

Eine andere rekursive Zweiteilungsmethode zum spektralen Clustern in Netzwerken stammt von Newman (2006b) [210]. Wie in Abschnitt 4.1.3.2 erwähnt, definiert Newman eine Menge von Binärvariablen $s_i \in \{-1, +1\}$, wobei s_i für jeden Knoten $i = 1, \ldots, n$ angibt, zu welchem der beiden Cluster i gehört. Der Ausdruck $(s_i \cdot s_j + 1)/2$ nimmt den Wert 0 an, falls i und j in verschiedenen Clustern sind, und den Wert 1, falls sie sich im gleichen Cluster befinden. Weiterhin definiert Newman die Matrix B, deren Einträge den Summanden aus Gleichung (3.4) entsprechen: $B_{ij} := A_{ij} - (d(i) \cdot d(j))/2m$. Eine Formulierung der Modularität unter Verwendung von s und B lautet

$$Q = \frac{1}{4m} s^T B s. \qquad (4.5)$$

Da die Modularität maximiert werden soll, wird eine Zweiteilung von dem zum größten Eigenwert λ_n gehörigen Eigenvektor $x^{(n)}$ der Matrix B abgeleitet. Gilt $x_i^{(n)} \geq 0$, so wird $s_i := 1$ gesetzt und für $x_i^{(n)} < 0$ gilt $s_i := -1$. Ein rekursives Aufrufen der Funktion splittet das gegebene Netzwerk schrittweise in zwei Teile, bis eine weitere Spaltung der Cluster die Modularität verschlechtert. Die Einträge von $x^{(n)}$ geben in jedem Schritt den Grad der Zugehörigkeit der Knoten zu den beiden Clustern an. Zur lokalen Verbesserung einer Zweiteilung kann für Knoten i mit $x_i^{(n)}$ nahe Null ein Austauschverfahren durchgeführt werden. Newman (2006a) [209] hat zu diesem Zweck den Kernighan–Lin–Algorithmus (1970) [154] für die Modularitätsmaximierung angepasst (siehe Abschnitt 4.7). Eine Alternative dazu bildet die in Abschnitt 4.2.4 vorgestellte Abwandlung des Kernighan–Lin–Verfahrens von Sun et al. (2009) [257], die ebenfalls für die lokale Optimierung von Clusterings entwickelt wurde, welche in rekursiven Teilungsverfahren in jedem Schritt auftreten.

Ebenso wie die im vorangegangenen Abschnitt erläuterten Methoden nach Hagen/Khang (1992) [130], Shi/Malik (2000) [251] und Ding et al. (2001) [80] findet auch die Zweiteilung nach Newman in jedem Schritt eine nicht notwendigerweise balancierte 2–Cluster–Lösung. Das ist ein Vorteil gegenüber Graph–Bi-Partitionierungs–Methoden, die nach balancierten Lösungen suchen, da die in einem Netzwerk vorhandenen natürlichen Gruppenstrukturen nicht aus gleich großen Clustern bestehen müssen.

Eine Erweiterung des Verfahrens von Newman (2006b) [210] auf Netzwerke mit gerichteten Kanten haben Leicht/Newman (2008) [178] angegeben. Wie in Abschnitt 3.5.2 erwähnt, unterstützen Leicht/Newman (2008) [178] die von Arenas et al. (2007) [12] angegebene Übertragung der Modularität auf gerichtete Netzwerke Q_{Ar}^{ger} (siehe Formel (3.18)) und setzen diese wie folgt in der spektralen Methode von Newman (2006b) [210] ein. Für gerichtete Netzwerke sind die

4. Clusteranalysemethoden für Netzwerke

Einträge der Matrix B als $B_{ij} := A_{ij} - (d^+(i) \cdot d^-(j))/m$ definiert. Für die gerichtete Modularität gilt analog zu (4.5) der Ausdruck

$$Q_{Ar}^{ger} = \frac{1}{2m} s^T B s. \qquad (4.6)$$

Die Matrix B ist in diesem Fall nicht symmetrisch. Daher setzen Leicht/Newman (2008) [178] folgende Überlegung ein: Der Modularitätswert Q ist skalar, also gilt $Q = Q^T$. Somit kann Vorschrift (4.6) zu

$$Q_{Ar}^{ger} = Q_{Ar}^{ger^T} = \frac{1}{2m} s^T B^T s$$

umformuliert werden. Der Mittelwert dieser beiden Ausdrücke ergibt ebenfalls den Modularitätswert Q_{Ar}^{ger}:

$$Q_{Ar}^{ger} = \frac{1}{4m} s^T (B + B^T) s,$$

wobei die Summe von Matrizen als die elementweise Addition ihrer Einträge definiert ist. Leicht/Newman (2008) [178] weisen darauf hin, dass sich die Matrix $(B + B^T)$ von der Matrix unterscheidet, die durch Ignorieren der Kantenrichtungen und Anwendung der Berechnung für den ungerichteten Fall entsteht. Eine Zweiteilung der Knotenmenge erfolgt nun unter Verwendung des zu dem größten Eigenwert der Matrix $B + B^T$ gehörenden Eigenvektors $x^{(n)}$ analog zu der oben beschriebenen Vorgehensweise für ungerichtete Netzwerke: Alle Knoten i mit positiven Einträgen $x_i^{(n)}$ werden in ein Cluster sortiert und die übrigen Knoten in das andere Cluster. Zur lokalen Verbesserung dieses Clusterings wenden die Autoren wie im ungerichteten Fall das von Newman (2006a) [209] entwickelte Austauschverfahren an (siehe Abschnitt 4.7). Es ist problemlos auf gerichtete Netzwerke übertragbar, indem eine mögliche Verbesserung von Q_{Ar}^{ger} anstelle von Q überprüft wird. Diese Zweiteilung wird ebenfalls rekursiv aufgerufen, um ein Clustering mit einer adäquaten Anzahl an Clustern zu erzeugen.

Das rekursive Aufrufen spektraler Zweiteilungsmethoden kann sehr aufwändig werden. Daher haben alle Autoren der in diesem Abschnitt vorgestellten Algorithmen ihre Verfahren auf Spektralmethoden erweitert, die direkt ein Clustering mit $|\mathcal{C}|$ Clustern finden. Diese Methoden werden im nachfolgenden Abschnitt behandelt. Sie haben allerdings den Nachteil, dass die Clusteranzahl als Input vorgegeben sein muss. Daher ist es erforderlich, entweder mehrere Lösungen mit verschiedenen Clusteranzahlen zu berechnen oder die Clusteranzahl vorher durch ein anderes Verfahren zu bestimmen.

4.2.3 Teilung in eine fixe Anzahl von Clustern

Im Gegensatz zu den im vorangegangenen Abschnitt dargestellten rekursiven Methoden wird bei der direkten Bestimmung eines Clusterings mit $|\mathcal{C}|$ Clustern genau eine Eigenwert- und Eigenvektorberechnung durchgeführt. Auch in diesem Fall existieren schnittbasierte Ansätze (siehe Abschnitt 4.2.3.1) und eine Methode von Newman (2006b) [210] unter Verwendung der Modularität (siehe Abschnitt 4.2.3.2).

4.2.3.1 Schnittprobleme

Alpert *et al.* (1999) [6] reduzieren ein $|\mathcal{C}|$–Min Cut Problem auf ein Vektorpartitionierungsverfahren. Dazu wird eine $n \times z$ Matrix V_z bestehend aus z skalierten Eigenvektoren definiert und eine $n \times z$ Matrix U bestehend aus den ersten z normierten Eigenvektoren von L. Auf dieser Reduktion führen Alpert *et al.* (1999) [6] folgende lineare Anordnung durch: Aus der Matrix V_z wird schrittweise diejenige Zeile ausgewählt, welche die Vektorpartitionierungsbedingung optimiert, und der entsprechende Knoten kommt an die folgende Stelle der Anordnung. Aus dieser Reihenfolge wird wiederum mit einem Vorgehen von Alpert/Kahng (1994) [5] ein Clustering mit $|\mathcal{C}|$ Clustern erzeugt.

Chan *et al.* (1994) [59] relaxieren ein $|\mathcal{C}|$–Min Ratio Cut Problem und setzen zum Clustern eine Art Minimal–Distanz–Verfahren (vgl. Abschnitt A.3) ein, das auf der Orthonormalität der Eigenvektoren der Laplacematrix L basiert. Orthonormale Vektoren sind paarweise orthogonal, also rechtwinklig zueinander und haben alle die Länge 1. Ausgehend von der festgelegten Clusteranzahl $|\mathcal{C}|$ werden die ersten $|\mathcal{C}|$ normierten Eigenvektoren von L als Spalten einer $n \times |\mathcal{C}|$ Matrix U gespeichert. In Abhängigkeit der Zeilen von U werden $|\mathcal{C}|$ Knoten als Repräsentanten für die $|\mathcal{C}|$ Cluster ausgewählt. Alle übrigen Knoten, die unter Verwendung des Cosinus–Distanzmaßes näher als $\cos(\pi/8)$ an einem der Repräsentanten liegen, werden dem entsprechenden Cluster zugewiesen. Das Cosinus–Distanzmaß weist zwei Knoten (bzw. Vektoren im $\mathbb{R}^n$) als Distanz den Cosinus des Winkels zwischen ihnen zu. Alle restlichen Knoten werden mittels eines gewichteten Schnittproblems in die Cluster eingeordnet.

Von Luxburg (2007) [271] führt auf den Zeilen der $n \times |\mathcal{C}|$ Matrix U, welche die ersten $|\mathcal{C}|$ Eigenwerte (nicht normiert) von L enthält, ein unnormiertes Austauschverfahren durch. Die Zeilen von U repräsentieren dabei die n Knoten des zu clusternden Netzwerks und werden mit einem in Abschnitt A.3 erläuterten $|\mathcal{C}|$–means–Verfahren in $|\mathcal{C}|$ Cluster eingeteilt. Die Autorin verwendet $|\mathcal{C}|$–means als Austauschvariante, da in der Laplacematrix L des Netzwerks N viele Zusammenhangseigenschaften von N gespeichert sind, erwähnt aber, dass an dieser Stelle auch andere Clusterverfahren eingesetzt werden können.

4. Clusteranalysemethoden für Netzwerke

Eine Erweiterung des Min Norm Cut Problems auf $|\mathcal{C}|$ Cluster verwenden unter anderem Shi/Malik (2000) [251], Ng et al. (2002) [215] und Yu/Shi (2003) [287]. Diese drei Vorgehen ähneln dem nicht normierten $|\mathcal{C}|$–means nach von Luxburg (2007) [271] in folgendem Sinn: Es wird eine $|\mathcal{C}| \times n$ Matrix U aus $|\mathcal{C}|$ Eigenvektoren gebildet, deren Zeilen, welche die zu clusternden Knoten repräsentieren, mit einem $|\mathcal{C}|$–means–Verfahren geclustert werden. Die Varianten unterscheiden sich lediglich in der Definition der Matrix U. Shi/Malik (2000) [251] konstruieren U aus den ersten $|\mathcal{C}|$ Eigenvektoren des verallgemeinerten Eigensystems $Lx = \lambda Dx$, während Ng et al. (2002) [215] zunächst die ersten $|\mathcal{C}|$ Eigenvektoren der normierten Laplacematrix L_N als Spalten einer Matrix $\tilde{U}$ einsetzen und anschließend die Zeilen dieser Matrix normieren, um U zu erhalten. In der Variante von Yu/Shi (2003) [287] werden ebenfalls die ersten $|\mathcal{C}|$ Eigenvektoren von L_N verwendet, wobei diese vor der Berechnung der endgültigen Partition normiert werden.

4.2.3.2 Verwendung der Modularität

Newman (2006b) [210] diskutiert folgenden Vektorpartitionsansatz zur direkten Teilung eines Netzwerks in mehr als zwei Cluster: Zunächst wird für ein Clustering $\mathcal{C}$ eine binäre $n \times |\mathcal{C}|$ Matrix $\tilde{S}$ definiert, deren Eintrag $\tilde{S}_{ik}$ den Wert 1 annimmt, falls sich Knoten i in Cluster k befindet, während sonst $\tilde{S}_{ik} = 0$ gilt. Dabei entspricht jede Spalte von $\tilde{S}$ einem Cluster $k \in \mathcal{C}$. Weiterhin verwendet Newman erneut die in Abschnitt 4.2.2.2 definierte Matrix B mit $B_{ij} := A_{ij} - (d(i) \cdot d(j))/2m$ und speichert die Eigenwerte von B als Diagonalelemente einer Diagonalmatrix D. Die Eigenvektoren von B werden in die Spalten einer Matrix U eingetragen und die skalierten Eigenwerte in die Spalten einer Matrix R. Lediglich die Eigenvektoren von B, die zu den p positiven Eigenwerten gehören, können einen positiven Wert zur Modularität beitragen. Daher ergibt sich eine obere Schranke der Modularität aus der Wahl von p unabhängigen Spalten aus $\tilde{S}$. Es ist möglich, dass $\tilde{S}$ weniger als p Spalten hat, welche positive Beiträge zur Modularität leisten. Daher muss diese obere Schranke nicht angenommen werden. Das Vektorpartitionierungsproblem besteht darin, die Zeilen von R so zu gruppieren, dass die entsprechenden Vektoren ungefähr in dieselbe Richtung zeigen. Zur Lösung dieses Problems schlägt Newman (2006b) [210] die Verwendung von bekannten Vektorpartitionierungsmethoden vor, wobei er einräumt, dass die Vektorpartitionierung in zwei Cluster wesentlich besser erforscht und einfacher ist als diejenige für $|\mathcal{C}| > 2$ Cluster.

Wang et al. (2008a) [274] erweitern den $|\mathcal{C}|$–Teilungsansatz von Newman (2006b) [210] wie folgt: Zunächst werden ebenfalls die ersten $|\mathcal{C}| - 1$ Eigenwerte von B bestimmt und die dazugehörigen Eigenvektoren in einer Matrix U gespeichert. Allerdings bestimmen die Autoren im Anschluss für jeden Wert $h \in \mathbb{Z}$

mit $2 \leq h \leq |\mathcal{C}|$ eine Partition mit h Clustern, um das Problem der Bestimmung der Clusteranzahl zu umgehen, und wählen daraus dasjenige Clustering mit der maximalen Modularität. Dieses Verfahren ist aufwändiger als das von Newman (2006b) [210], berechnet aber nicht nur eine Partition mit einer fixen Clusteranzahl.

4.2.4 Weitere Konzepte bezüglich spektraler Clusteranalyse

In diesem Abschnitt sind weitere Konzepte zusammengefasst, die im Zusammenhang mit dem Einsatz von Spektralmethoden für die Clusteranalyse in Netzwerken stehen. Konkret werden Erweiterungen der Zweiteilungsmethode nach Newman (2006b) [210] (4.2.4.1), andere Clusteransätze (4.2.4.2) und die Ermittlung der optimalen Anzahl von Clustern (4.2.4.3) dargestellt.

4.2.4.1 Erweiterungen der Methode der rekursiven Zweiteilung mit Modularität

Richardson *et al.* (2009) [235] erweitern das in Abschnitt 4.2.2.2 dargestellte Verfahren von Newman (2006b) [210] dahingehend, dass die beiden zu den zwei größten Eigenwerten der Matrix B gehörenden Eigenvektoren zur Teilung des Netzwerks in drei Teile verwendet werden. Bei Newman (2006b) [210] ist neben der Verwendung des größten Eigenwerts von B zur Zweiteilung eine Verallgemeinerung auf eine Zweiteilung unter Verwendung der p zu den größten Eigenwerten $\lambda_n, \ldots, \lambda_{n-p+1}$ gehörenden Eigenvektoren $x^{(n)}, \ldots, x^{(n-p+1)}$ angegeben. Dabei werden n Knotenvektoren $r^{(i)}$ der Dimension p gebildet, deren j–ter Eintrag $r_j^{(i)} := \sqrt{\lambda_j - \lambda_1} X_{ij}$ beträgt. Die Spalten der Matrix X entsprechen den nach der Größe der dazugehörigen Eigenwerte λ_j geordneten Eigenvektoren $x^{(j)}$ von B, d.h. $X = (x^{(n)}|x^{(n-1)}|\ldots)$ und λ_1 ist der kleinste Eigenwert von B. Die Zweiteilung entspricht einer Hyperebene durch den Ursprung des p–dimensionalen Vektorraums, welche die in dem Vektorraum durch die Vektoren $r^{(i)}$ dargestellten Knoten separiert. Werden die zwei größten Eigenwerte verwendet, handelt es sich um eine Gerade in einem zweidimensionalen Vektorraum. Richardson *et al.* (2009) [235] verallgemeinern den zweidimensionalen Fall auf drei vom Ursprung ausgehende Strahlen, welche die zweidimensional dargestellten Knoten in drei Cluster teilen. Diese entsprechen offensichtlich den drei zwischen den drei Strahlen auftretenden Flächen. Während bei der Zweiteilung $n/2$ Möglichkeiten getestet werden müssen, ist die Untersuchung der $O(n)$ existierenden Dreiteilungen aufwändiger. Die Autoren betrachten nicht alle möglichen Dreiteilungen, sondern verwenden eine Divide–and–Conquer Routine, die genauso schnell läuft wie das Zweiteilungsverfahren von Newman (2006b) [210]. Dabei werden zunächst die vier möglichen Dreiteilungen betrachtet, die auf den

4. Clusteranalysemethoden für Netzwerke

Quadranten des zugrundeliegenden Koordinatensystems basieren. Das bedeutet, die Knoten aus zwei Quadranten bilden zusammen ein Cluster und die anderen beiden Quadranten werden jeweils als ein Cluster definiert. Anschließend werden die Koordinaten in Abhängigkeit der Standardverteilungen der beobachteten Cluster entlang der Koordinaten neu skaliert. Die Quadranten werden im nächsten Schritt mittels Zweiteilung in acht Subcluster verfeinert und es werden alle möglichen Vereinigungen dieser acht Teile zu drei Clustern hinsichtlich der Modularität untersucht. Ist eine der entstandenen Dreiteilungen besser als die Anfangslösung, so erfolgt eine erneute Zweiteilung, so dass 16 Teilcluster entstehen. Falls eine Vereinigung dieser 16 Teilcluster zu drei Clustern besser ist als das aktuell beste Clustering, so wird eine weitere Zweiteilung durchgeführt. Dieser Prozess endet, wenn dadurch keine bessere Lösung mehr entdeckt wird. Zur lokalen Verbesserung der gefundenen Lösung verwenden die Autoren die von Newman (2006a) [209] angegebene Abwandlung des Kernighan–Lin–Verfahrens (1970) [154].

Sun et al. (2009) [257] erweitern den Ansatz von Newman (2006b) [210] durch zwei Ergänzungen. Erstens wird nach jeder Zweiteilung ein Austauschschritt durchgeführt, in dem einzelne Knoten zwischen den Clustern oder – anders als bei der von Newman (2006a) [209] abgewandelten und eingesetzten Kernighan–Lin–Methode – in neue Cluster verschoben werden können. In jedem Schritt wird für alle noch nicht verschobenen Knoten die Veränderung der Modularität ΔQ bei einer Verschiebung in jedes andere Cluster berechnet und einer der Knoten mit maximalem ΔQ wird verschoben. Falls es mehrere gibt, erfolgt eine zufällige Auswahl. Das Vorgehen endet, wenn jeder Knoten einmal betrachtet wurde. Dieser Zwischenschritt erhöht die Komplexität des gesamten Verfahrens nicht, da die Berechnung der Eigenwerte im Vergleich deutlich aufwändiger ist. Die zweite Erweiterung, die von Sun et al. (2009) [257] diskutiert wird, betrifft wie das Vorgehen von Richardson et al. (2009) [235] die Teilung des Netzwerks in mehr als zwei Cluster. Ähnlich der Idee, die Newman (2006b) [210] selbst zur Erweiterung seiner Bisektionierungsmethode angegeben hat (vgl. Abschnitt 4.2.3.2), konstruieren Sun et al. (2009) [257] unter der Verwendung von $q-1 \geq 1$ positiven Eigenwerten eine Trennung in q Teile. Während im Fall $q = 2$ der Vektor s aus dem zu dem größten Eigenwert gehörenden Eigenvektor abgeleitet wird, existiert im verallgemeinerten Fall eine Menge S, deren Elemente s aus einer Menge $(q-1)$–dimensionaler Einheitsvektoren stammen. Die Erweiterung von Formel (4.5) ergibt folgende Darstellung der Modularität:

$$Q = \frac{q-1}{2mq} s^T B s.$$

Mit Hilfe der Wahrscheinlichkeitsverteilung der Komponenten der Eigenvektoren leiten die Autoren aus den Einheitsvektoren solche Vektoren s her, die eine Teilung des Netzwerks in q Cluster beschreiben. Für $q = 2$ entspricht dieses Vorgehen der in Abschnitt 4.2.2.2 erläuterten Zweiteilung von Newman (2006b) [210].

Neben der Verwendung von Spektralmethoden zur Optimierung verschiedener Zielfunktionen, unter anderem der Maximierung der Modularität, wurde die Anwendung dieser Verfahrensklasse für Verallgemeinerungen der Modularität untersucht: Serrour et al. (2011) [248] haben eine spektrale Optimierungsmethode zur Maximierung der in Abschnitt 3.4.4 dargestellten Erweiterung der Modularität durch Motive angegeben. Motive sind allgemein als zusammenhängende Teilnetzwerke definiert, wobei Serrour *et al.* (2011) [248] Knotentripel verwenden.

Newman (2006b) [210] hat neben seinen in den vorangegangenen Abschnitten dargelegten Untersuchungen herausgefunden, dass unter der Verwendung des Eigenvektors, der zu dem kleinsten Eigenwert λ_1 von B gehört, eine Teilung des Netzwerks in eine annähernd bipartite Struktur erzeugt werden kann. Dies ist analog zur Maximierung der Modularität auf die Teilung in mehr als zwei Partitionsmengen übertragbar, wodurch sich eine nahezu $|\mathcal{C}|$–partite Struktur des Netzwerks ergibt. Nach der in der vorliegenden Arbeit verwendeten Definition eines guten Clusterings mit eng vernetzten Clustern, die weniger stark untereinander vernetzt sind, ist eine $|\mathcal{C}|$–partite Einteilung ein sehr schlechtes Clustering. Weiterhin betrachtet Newman (2006b) [210], inwiefern die Eigenwerte und Eigenvektoren der Matrix B zur Messung der Zentralität von Knoten innerhalb von Clustern einsetzbar sind. Für eine detaillierte Ausführung siehe Newman (2006b) [210].

4.2.4.2 Andere spektrale Clustermethoden

Capocci *et al.* (2005) [56] verwenden ebenfalls Eigenvektoren einer auf der Adjazenzmatrix A basierenden Matrix zum Clustern in Netzwerken. Anstelle einer Variante der Laplacematrix ziehen die Autoren die **rechte stochastische Matrix R** von A heran. Diese entsteht durch die Division der Elemente jeder Zeile i von A durch die entsprechenden Zeilensummen. Die Zeilensummen $\sum_j A_{ij}$ entsprechen den jeweiligen Knotengraden d_i. Die Transponierte der Matrix R wird als linke stochastische Matrix bezeichnet. In einem Netzwerk mit $|\mathcal{C}|$ Zusammenhangskomponenten betragen die $|\mathcal{C}|$ größten Eigenwerte 1 und in den dazugehörigen Eigenvektoren haben alle Einträge, die zu Knoten in denselben Komponenten gehören, die gleichen Werte. Für zusammenhängende Netzwerke mit sehr starker Clusterstruktur sind die Cluster zusätzlich aus jedem der zu einem Eigenwert, der 1 beträgt, gehörigen Eigenvektor abzulesen, da Einträge von Knoten eines Clusters sehr ähnliche Werte haben. In realen Netzwerken reicht die Betrachtung eines Eigenvektors zu einem Eigenwert $\lambda = 1$ nicht aus, daher bilden Capocci *et al.* (2005) [56] eine Ähnlichkeitsmatrix basierend auf einer Menge weniger Eigenvektoren. Die Ähnlichkeit zweier Knoten entspricht Pearson's Korrelationskoeffizient zwischen ihren durchschnittlichen Eigenvektorkomponenten. Wie viele Eigenvektoren zur Durchschnittsbildung zu verwenden sind, geben die Autoren nicht genau an. Sie empfehlen die Betrachtung „weniger" Eigenvektoren. Das genaue Ablesen eines Clusterings aus der konstruierten Ähnlichkeitsmatrix wird nicht konkret dargelegt. Falls Kantengewichte auftreten, kann die gewichtete Adjazenzmatrix W anstelle von A eingesetzt werden. Die Autoren zeigen außerdem eine Erweiterung ihrer Methode auf gerichtete Netzwerke auf, wobei sie Cluster in gerichteten Netzwerken als Knotenmengen definieren, die eine große Anzahl gleicher Nachfolger haben. Cluster dieser Definition sind nicht zwingend eng vernetzt, sondern sie ähneln Rollen in Netzwerken, deren Elemente nach der Definition von Lorrain/White (1971) [186] strukturell äquivalent sind (siehe Abschnitt 4.8.1.2).

Eine lokale spektrale Clustermethode von Orponen/Schaeffer (2005) [220] basiert auf einer Idee von Wu/Huberman (2004) [283], das zu clusternde Netzwerk als elektrischen Stromkreis zu modellieren. Dabei werden die Kanten als Widerstände angesehen und passende Spannungswerte für die Knoten gesucht. Die Abwandlung nach Orponen/Schaeffer (2005) [220] verändert diese Betrachtung der Clusterzuordnungen als physikalische Potentiale dahingehend, dass sie als Modell eine Diffusion in einem unbegrenzten Medium betrachten. Konkret wird das Potential eines Quellknotens i auf Null gesetzt und es wird der zu dem kleinsten Eigenwert 1 der entsprechenden Laplacematrix des Netzwerks ohne Zeile und Spalte i gehörende Eigenwert u bestimmt. Knoten j, deren Eintrag $u(j)$ dieses Vektors nahe Null sind, liegen in einer eng verbundenen Nachbarschaft des Knotens i und werden daher in ein gemeinsames Cluster mit i einsortiert. Die Verwendung mehrerer Quellknoten ist nach Angabe der Autoren ebenfalls möglich. Wie anfangs erwähnt, ist dies eine lokale Methode, welche den Umgang mit der gesamten Adjazenzmatrix des Netzwerks vermeidet. Konkret wird der Eigenvektor u durch Minimieren des Rayleigh Quotienten (siehe z.B. Chung (1997) [62], Chung/Ellis (2002) [63]) angenähert. Das Minimum wird mittels einer Gradientenmethode berechnet. Eine formelle Darstellung dieser Methode wird bei Orponen/Schaeffer (2005) [220] angegeben.

4.2.4.3 Spektraltheorie und Clusteranzahlen

Eine Spektralmethode zur Bestimmung der Anzahl der Cluster in ungerichteten oder gerichteten Netzwerken geben Chauhan *et al.* (2009) [61] an. Sie verwenden nicht die Laplacematrix, sondern bestimmen die Eigenwerte der Adjazenzmatrix des zu clusternden Netzwerks. Hauptsächlich für dünn besetzte Matrizen sehr großer Netzwerke zeigen die Autoren, dass die Anzahl der Cluster eines Netzwerks aus den Eigenwerten der zugehörigen Adjazenzmatrix abgelesen werden kann. Für Netzwerke ohne Clusterstruktur liegt der – nach dem Perron–Frobenius–Theorem (siehe Perron (1907) [226], Frobenius (1912) [109]) stets positive und reelle – betragsmäßig größte Eigenwert deutlich separiert von allen übrigen Eigenwerten. Diese anderen Eigenwerte befinden sich in einem Intervall um Null, dessen Radius deutlich kleiner als der größte Eigenwert ist. Das gilt sowohl für Adjazenzmatrizen ungerichteter Netzwerke, deren Eigenwerte alle reell sind, als auch für Adjazenzmatrizen gerichteter Netzwerke. Die Autoren beobachten außerdem den nachstehenden Zusammenhang: Je größer der durchschnittliche Knotengrad des Netzwerks ist, desto stärker ist die zu beobachtende Separation. Für Netzwerke mit einer Clusterstruktur und einer Ordnung von 2000 Knoten zeigen die Autoren folgendes: Die Anzahl der Cluster eines Netzwerks entspricht der Anzahl jener Eigenwerte der zugehörigen Adjazenzmatrix, die deutlich entfernt von der Mehrzahl der übrigen Eigenwerte liegen. Dabei werden zunächst Clusterstrukturen mit vier gleich großen Clustern untersucht und im Anschluss eine Clusterstruktur mit vier verschieden großen Clustern der Mächtigkeiten $|C_1| = 700$, $|C_2| = 600$, $|C_3| = 400$ und $|C_4| = 300$, wobei die durchschnittlichen Knotengrade jeweils proportional zu den Mächtigkeiten der Cluster gewählt wurden. Innerhalb der vier Cluster gibt es keine Clusterstruktur, also ist eine weitere Trennung der Cluster nach Konstruktion nicht sinnvoll. Als theoretischen Beleg für den numerisch erzielten Befund betrachten die Autoren zunächst ein nicht zusammenhängendes Netzwerk, dessen Cluster seinen Komponenten entsprechen. Die dazugehörige Adjazenzmatrix kann durch eine geeignete Spalten- und Zeilenpermutation in eine blockangulare Struktur (vgl. Abschnitt 4.8.1.1) gebracht werden. Die Eigenwerte dieser umgeordneten Matrix entsprechen den Eigenwerten der einzelnen Blöcke. Innerhalb dieser hebt sich jeweils genau der größte Eigenwert von den anderen ab, da in den Clustern nach Konstruktion keine Clusterstruktur vorhanden ist. Im Anschluss analysieren die Autoren Netzwerke mit Inter–Cluster–Kanten, wobei die Adjazenzmatrizen dieser als permutierte Adjazenzmatrizen mit blockangularer Struktur angesehen werden. Jene Aspekte werden an dieser Stelle nicht tiefergehend behandelt. Detailliertere Ausführungen sind bei Chauhan *et al.* (2009) [61] nachzulesen. Diese Art der Bestimmung der Clusteranzahl funktioniert nicht unbedingt, falls die Cluster deutlich verschiedene Anzahlen von Knoten oder Kanten haben. Also unterliegt diese Methode ebenso wie die Bestimmung der Modularität einer Art Resolution Limit (vgl. Abschnitt 3.3).

4.2.5 Matrixfaktorisierung

Ein weiterer Ansatz aus der linearen Algebra, welcher zum Clustern von Daten, unter anderem von Netzwerken, verwendet wird, ist die **nichtnegative Matrixfaktorisierung (NMF)**. Dabei handelt es sich um eine Algorithmenklasse, in der eine Matrix X durch zwei Matrizen W und H als $X = WH$ bzw. in Abhängigkeit der Definition von H als $X = WH^T$ dargestellt wird, so dass alle Elemente von W und H nichtnegativ sind. Die Zerlegung ist nicht eindeutig. Eine Einführung in die NMF wird beispielsweise bei Lee/Seung (1999/2001) [179, 180] behandelt.

Mit nichtnegativer Matrixfaktorisierung kann eine Lösung eines k–means Clusteranalyseproblems (siehe Abschnitt A.3) angegeben werden, indem die Einträge aus W als Zentroide der Cluster interpretiert werden und aus den Einträgen von H das Clustering abgelesen wird (siehe z.B. Zass/Shashua (2005) [289]). Ding et al. (2005) [81] haben gezeigt, dass die **symmetrische nichtnegative Matrixfaktorisierung (SNMF)**, d.h. $X = HH^T$, äquivalent zu einer bestimmten Art des k–means Clusterverfahren ist. Außerdem zeigen die Autoren, dass diese beiden Probleme äquivalent zu der Formulierung des spektralen Clusterns nach Shi/Malik (2000) [251] sind, bei der mit der normierten Laplacematrix (siehe Abschnitt 4.2.2.1) normierte Schnitte des Netzwerks erzeugt werden. Anwendung zur Clusteranalyse von Netzwerken findet die nichtnegative Matrixfaktorisierung unter anderem für Clusterings mit überlappenden Clustern bei Zhang et al. (2007) [290] und für biologische Netzwerke bei Wang et al. (2008b) [275]. Weiterhin zeigen Ma et al. (2010) [190], dass eine Optimierung der Zielfunktion der symmetrischen nichtnegativen Matrixfaktorisierung äquivalent zu der Maximierung der von Li et al. (2008) [184] angegebenen Gütefunktion „Modularitätsdichte" D (vgl. Abschnitt 3.4.1) ist. Sie geben einen Clusteralgorithmus an, der die Ideen aus SNMF Verfahren und semiüberwachten Methoden kombiniert. Beim semiüberwachten Clustern sind vorab einige Nebenbedingungen für ein Clustering bekannt wie z.B. Knotenpaare, die entweder zu dem gleichen Cluster oder zu verschiedenen Clustern gehören sollten. Werden diese Informationen in die Methode direkt einbezogen, so handelt es sich um ein semiüberwachtes Verfahren. Eine Einleitung bezüglich semiüberwachten Lernens ist beispielsweise bei Zhu/Goldberg (2009) [293] zu finden und wird in der vorliegenden Arbeit in Abschnitt 4.4 bei der Behandlung von Label Propagation Clusteralgorithmen angesprochen.

Der größte Nachteil bei der Verwendung von (symmetrischer) nichtnegativer Matrixfaktorisierung zum Clustern von Netzwerken besteht wie bei dem Einsatz spektraler Clustermethoden in der Notwendigkeit der Bestimmung der passenden Anzahl von Clustern. Diese muss vor dem Durchlauf des Verfahrens ermittelt werden, oder der Algorithmus muss für verschiedene Clusteranzahlen durchgeführt werden.

4.3 Divisive hierarchische Verfahren

Newman/Girvan (2004) [213] haben die Modularität ursprünglich definiert, um die Qualität von Clusterings zu bewerten, welche bei der Verwendung einer divisiven hierarchischen Methode gebildet werden. Dieses Verfahren sowie einige dazugehörige Weiterentwicklungen werden in diesem Abschnitt dargestellt. Dabei beruht keine der Varianten auf einer unmittelbaren Maximierung der Modularität.

Das divisive Verfahren von Newman/Girvan (2004) [213] basiert auf der Frage, zu wie vielen kürzesten Wegen zwischen allen Knotenpaaren des Netzwerks Intra– und Inter–Cluster–Kanten tendenziell gehören. Sind eng vernetzte Knotengruppen durch wenige Kanten miteinander verbunden, dann verlaufen alle kürzesten Wege zwischen Knoten aus verschiedenen Knotengruppen über die wenigen Kanten dazwischen. Im zugehörigen Algorithmus werden, basierend auf allen kürzesten Wegen zwischen allen Knotenpaaren des Netzwerks, sogenannte **Zwischenheits-** oder **Betweennesswerte** für alle Kanten bestimmt. Ein hoher Zwischenheitswert besagt, dass eine Kante eher zwischen eng vernetzten Knotengruppen liegt statt innerhalb dieser. Daher werden schrittweise die Kanten mit den größten Zwischenheitswerten aus dem Netzwerk entfernt. Die Zwischenheitswerte werden nach jedem Schritt neu berechnet, da sie sich durch das Entfernen einer Kante verändern. Diese Neuberechnung ist sehr rechenintensiv. Insgesamt beträgt die Komplexität dieses Verfahrens im ungünstigsten Fall $O(m^2 \cdot n)$ bzw. $O(n^3)$ auf dünn besetzten Netzwerken. Aus diesem Grund ist dieses Verfahren nach der Entwicklung schnellerer Methoden, die teilweise sehr gute Ergebnisse liefern (vgl. z.B. Lancichinetti/Fortunato (2009b) [173], die einen Verfahrensvergleich durchgeführt haben), nicht mehr zu empfehlen.

Ausgehend von diesem Verfahren wurden mehrere divisive Algorithmen entwickelt, die ebenfalls schrittweise Kanten des Netzwerks entfernen. Obwohl es mittlerweile hinsichtlich der Ergebnisse und der Laufzeit akkuratere und schnellere Verfahren gibt, sollen die Erweiterungen der ursprünglichen Methode von Newman/Girvan (2004) [213] an dieser Stelle vorgestellt werden. Radicchi et al. (2004) [230] verwenden anstelle der von Newman/Girvan eingeführten, globalen Zwischenheitswerte eine Klasse **lokaler Kanten–Cluster–Koeffizienten** C_{ij}^g und entfernen in jedem Schritt die Kanten mit den kleinsten C_{ij}^g–Werten. Die Definition der Kanten–Cluster–Koeffizienten erfolgt analog zu dem von Watts/Strogatz (1998) [279] eingeführten (lokalen) Knoten–Cluster–Koeffizienten. Dieser entspricht für einen Knoten v dem Verhältnis zwischen der Anzahl an Kanten zwischen zwei Nachbarknoten von v und der möglichen Anzahl untereinander benachbarter Nachbarknoten von v. Der Kanten–Cluster–Koeffizient C_{ij}^3 bezeichnet das Verhältnis zwischen der Anzahl z_{ij}^3 an Kreisen

C_3° mit drei Knoten und drei Kanten, zu denen eine Kante ij gehört, und der Anzahl an Kreisen C_3 mit drei Knoten und drei Kanten, zu denen eine Kante in Abhängigkeit der Knotengrade ihrer Endknoten i und j maximal gehören kann. Um Berechnungsprobleme in dem Fall zu umgehen, dass ij in keinem C_3 enthalten ist, verwenden Radicchi et al. (2004) [230] im Zähler $z_{ij}^3 + 1$. Die Definition lautet dann:

$$C_{ij}^3 := \frac{z_{ij}^3 + 1}{\min\{d(i) - 1; d(j) - 1\}}, \qquad (4.7)$$

wobei $d(v)$ den Grad des Knotens v bezeichnet. Die Idee, Kanten mit kleinem C_{ij}^3 innerhalb einer divisiven Methode zu entfernen, hat den Hintergrund, dass Kanten innerhalb eng vernetzter Knotengruppen eher in Kreisen C_3° enthalten sind als Kanten zwischen Knotengruppen. Als Verallgemeinerung von (4.7) schlagen die Autoren vor, anstelle von C_3 das Auftreten von Kanten in Kreisen C_g° der Länge g zu untersuchen, und definieren analog die Koeffizienten C_{ij}^g. Allerdings verwenden sie in ihren Betrachtungen fast ausschließlich $g = 3$ oder $g = 4$. Castellano et al. (2004) [57] haben diese Koeffizienten auf gewichtete Netzwerke übertragen. Dabei wird die Anzahl der Kreise mit dem Gewicht der Kante ij multipliziert.

Es ist anzumerken, dass es neben dem lokalen Knoten–Cluster–Koeffizienten von Watts/Strogatz (1998) [279] einen globalen Knoten–Cluster–Koeffizienten gibt. Dieser wurde von Luce/Perry (1949) [187] als das Verhältnis zwischen der Anzahl aller C_3 innerhalb des Netzwerks und der Anzahl aller Knotentripel, zwischen denen mindestens zwei Kanten existieren, definiert. Diese Kennzahl wurde von Opsahl/Panzarasa (2009) [219] auf Netzwerke mit gewichteten Kanten übertragen. Eine Anwendung in divisiven Clusteralgorithmen würde allerdings aufgrund der globalen Neuberechnung der Koeffizienten in jedem Schritt ähnliche Probleme wie der ursprüngliche Algorithmus von Newman/Girvan (2004) [213] verursachen.

Eine andere Erweiterung des Knoten–Cluster–Koeffizienten von Watts/Strogatz (1998) [279] zum Clustern in Netzwerken geben Vragović/Louis (2006) [273] an. Sie definieren den **Schlingen–Koeffizienten** $S(v)$ eines Knotens v als Durchschnitt der Längen der kürzesten Wege aller Paare von Nachbarknoten von v, die v nicht enthalten. Die Idee dahinter ist, dass Knotenpaare mit einem gemeinsamen Nachbarn v auch über andere kurze Wege als über v verbunden sind, da innerhalb einer eng vernetzten Knotengruppe eine hohe Kantendichte vorliegt. Ein großer Wert $S(v)$ eines Knotens v bedeutet, dass v tendenziell mitten in einer eng vernetzten Knotengruppe liegt. Daher baut der Algorithmus von Vragović/Louis (2006) [273] Cluster um Knoten v mit hohem $S(v)$ herum. Aufgrund einer eher hohen Laufzeit von $O(nm)$ und nicht immer guten Ergebnissen gehört dieser Algorithmus nicht zu den empfehlenswerten Verfahren.

Ein weiteres divisives Verfahren, das auf dem Algorithmus von Newman/Girvan (2004) [213] und der Idee der lokaler Kanten–Cluster–Koeffizienten C_{ij}^g nach Radicchi et al. (2004) [230] basiert, stammt von Xiang et al. (2008) [284]. Die Autoren definieren ausgehend von Gleichung (4.7) das **strukturelle Gewicht** $\tilde{W}_{ij}$ einer Kante ij als

$$\tilde{W}_{ij} := \left(\sum_g C_{ij}^g \right)^\alpha,$$

wobei C_{ij}^g dem Kanten–Cluster–Koeffizienten aus (4.7) entspricht. Weiterhin ist α ein Parameter, für den die Autoren nach diversen Testreihen den Wert $\alpha = 1$ als sinnvoll erachten. Vor der divisiven Prozedur werden zunächst alle $\tilde{W}_{ij}$ ermittelt. Innerhalb der Methode von Newman/Girvan (2004) [213] werden in jedem Schritt anstelle der Kanten mit dem größten Zwischenheitswert Z_{ij} die Kanten mit dem größten Quotienten $Z_{ij}/\tilde{W}_{ij}$ entfernt. Die Zwischenheitswerte müssen in jedem Schritt neu berechnet werden, aber die strukturellen Gewichte der Kanten bleiben bestehen. Dennoch ist das Verfahren ähnlich aufwändig wie die Methode von Newman/Girvan (2004) [213], da die Neubestimmung der Zwischenheitswerte in beiden Algorithmen notwendig ist.

Einen ebenfalls eher aufwändigen divisiven Algorithmus, der auf der Bestimmung von Schnitten in einem Netzwerk besteht, haben Mann et al. (2008) [194] entwickelt. Das Netzwerk wird schrittweise durch denjenigen Schnitt getrennt, für den das Verhältnis zwischen der Anzahl an Schnittkanten zu der Anzahl an Knoten der kleineren Knotenmenge minimal ist. Da dieses als Sparsest Cut bekannte Schnittproblem NP–schwer ist, funktioniert der Algorithmus nur für kleine Netzwerke.

4.4 Label Propagation

Label Propagation, zu Deutsch in etwa die Übertragung oder die Weitergabe von Labels, ist eine Klasse von Methoden aus der Informatik, genauer aus dem Bereich des semi–supervised learning, also des semiüberwachten Lernens (siehe z.B. Zhu/Goldberg (2009) [293]). Dies gehört wiederum zum Bereich des maschinellen Lernens (siehe z.B. Mitchell (1997) [201]). Beim semiüberwachten Lernen gibt es eine Menge von Objekten, von denen einige mit einem Label markiert sind und einige nicht. Durch Label Propagation Methoden werden unter Verwendung der bekannten Labels die unmarkierten Objekte mit Labels versehen. Für das Clustern von Netzwerken können die Knoten des Netzwerks mit Label Propagation Verfahren markiert werden, so dass die Markierungen einem Clustering entsprechen.

Raghavan *et al.* (2007) [232] geben folgende lokale Label Propagation Methode zum Clustern eines Netzwerks an: Zunächst bekommt jeder Knoten ein eigenes Label. Anschließend werden solange schrittweise in zufälliger Reihenfolge alle Knoten mit einem derjenigen Label markiert, das die (nicht zwingend eindeutige) Mehrheit ihrer Nachbarn trägt, bis jeder Knoten dasselbe Label hat wie die Mehrheit seiner Nachbarn. Durch die beliebige Reihenfolge der Betrachtung der Knoten und die zufällige Wahl eines Labels, falls es keine eindeutige Mehrheit gibt, liefert die Methode keine eindeutige Lösung. Die Autoren schlagen daher eine mehrfache Durchführung des Verfahrens und die Konstruktion einer aggregierten Lösung in Abhängigkeit der verschiedenen erhaltenen Clusterings vor. Dabei wird jeder Knoten mit der Menge an Labels markiert, die er in den verschiedenen Lösungen erhalten hat. Knoten mit derselben Menge an Labels gehören in der aggregierten Lösung zu einem Cluster. Dadurch werden – unter anderem im Gegensatz zu Clusterings mit maximaler Modularität – kleinere Cluster bevorzugt. Selbstverständlich können auch andere Methoden zur Aggregation verschiedener Lösungen angewandt werden (siehe z.B. Ovelgönne/Geyer–Schulz (2010) [222], Abschnitt 4.1.1). Die Autoren zeigen, dass die Laufzeit jedes einzelnen Durchlaufs des Verfahrens zur Konstruktion einer Lösung $O(m)$ beträgt.

Leung *et al.* (2009) [183] haben die Anwendung des Algorithmus von Raghavan *et al.* (2007) [232] auf sehr große soziale Netzwerke mit bis zu 10^6 Knoten und $58 \cdot 10^6$ Kanten getestet. Dabei haben die Autoren beobachtet, dass sich oft ein sehr großes Cluster bildet, welches lokale Strukturen dominiert. Um dies zu verhindern, erweitern Leung *et al.* (2009) [183] die Methode von Raghavan *et al.* (2007) [232] um eine Bewertung der Labels, die sinkt, je weiter der betrachtete Knoten von demjenigen Knoten entfernt ist, von dem das Label ursprünglich stammt. Dadurch wird die Verbreitung eines Labels in weit entfernte Regionen des Netzwerks erschwert und die Bildung lokaler Cluster unterstützt.

Für kleinere Netzwerke hat der Algorithmus von Raghavan *et al.* (2007) [232] wie bereit erwähnt die Eigenschaft, dass in der aggregierten Lösung durch die Verwendung von Labellisten für Knoten kleine Cluster bevorzugt werden. Dies kann zu Lösungen mit sehr vielen Clustern führen. Um ungewollte Lösungen auszusortieren, haben Barber/Clark (2009) [21] das Vorgehen der Label Propagation zunächst in ein dazu äquivalentes Optimierungsproblem umformuliert, dessen Maxima den Lösungen des Label Propagation Algorithmus entsprechen. Die Zielfunktion dieses Maximierungsproblems haben sie anschließend auf unterschiedliche Arten modifiziert, so dass verschiedene Varianten von Label Propagation Methoden entstehen. In diesen werden die Labels jeweils unter Berücksichtigung unterschiedlicher Nebenbedingungen übertragen. Die Laufzeit des ursprünglichen Verfahrens erhöht sich dadurch nicht. Interessanterweise ma-

ximiert diejenige Version der Label Propagation Methode, in der die Knoten in
Cluster mit möglichst gleich großen Knotengradsummen eingeteilt werden, die
Modularität.

Liu/Murata (2010) [185] erweitern die Label Propagation Variante von Barber/Clark (2009) [21], welche die Modularität maximiert. Der Grund für die
Erweiterung ist, dass der ursprüngliche Ansatz Clusterings bevorzugt, deren
Cluster ähnlich große Knotengradsummen aufweisen, was nicht unbedingt der
realen Clusterstruktur entsprechen muss. Um diese lokalen Maxima zu umgehen, kombinieren die Autoren den Label Propagation Ansatz zur Maximierung der Modularität mit der Idee aus dem Multistep Greedy Algorithmus von
Schuetz/Caflisch (2008a) [246] (siehe Abschnitt 4.1.1). Die Label Propagation
Methode von Barber/Clark (2009) [21] wird so lange durchgeführt, bis sie ein
lokales Optimum erreicht. In diesem Clustering wird die Menge von Clustern
so vereinigt, dass die Modularität der Lösung am meisten ansteigt. Dabei greifen Liu/Murata (2010) [185] auf die folgende Bedingung von Schuetz/Caflisch
(2008a) [246] zurück: Eine Menge von Clustern wird nur vereinigt, falls keines der Cluster die Modularität durch eine Vereinigung mit anderen Clustern
stärker verbessern könnte. Nach der Überwindung des lokalen Maximums wird
erneut Label Propagation angewandt, bis ein weiteres lokales Optimum erreicht wird, für welches wieder die Vereinigung von Clustern überprüft wird.
Das Verfahren endet, wenn die Modularität in einem (lokalen) Maximum nicht
durch das Zusammenfassen von Clustern der aktuellen Lösung verbessert werden kann. Diese Erweiterung des Algorithmus von Barber/Clark (2009) [21]
ist selbstverständlich deutlich aufwändiger. Liu/Murata (2010) [185] geben die
Laufzeit für hierarchisch strukturierte Netzwerke als $O(m \cdot log^2 n)$ an, was der
Größenordnung der Methode von Schuetz/Caflisch (2008a) [246] entspricht. Deren Laufzeit beträgt $O(m \cdot dep \cdot log(n))$, wobei dep die Tiefe des Dendrogramms
bezeichnet (vgl. Abschnitt 4.1.1). Die Autoren erwähnen, dass die lokalen Maxima auch mit anderen Techniken verlassen werden können. Beispielsweise umgehen Blondel *et al.* (2008) [33] lokale Maxima unter Verwendung einer Zweiphasenmethode (siehe Abschnitt 4.1.2.3).

4.5 Lokale Methoden

Wie bei der Diskussion von Multilevel–Gütemaßen in Abschnitt 3.4.2 erwähnt,
haben Lancichinetti *et al.* (2009) [174] einen auf einem lokalen Gütemaß (siehe
Gleichung (3.13)) basierenden Algorithmus entwickelt, für den auch eine Erweiterung auf Netzwerke mit überlappenden Clusterstrukturen existiert. Die
Cluster werden nacheinander lokal gebildet, ausgehend von jeweils einem beliebigen einzelnen Knoten. Für die Konstruktion eines solchen Clusters wird

schrittweise derjenige Nachbarknoten des aktuellen Clusters hinzugefügt, der die Clustergüte am stärksten verbessert. Knoten in dem aktuellen Cluster, deren Entfernen nach dem Hinzufügen neuer Knoten die Güte verbessert, werden wieder aus dem Cluster herausgenommen. Kann die lokale Güte des Clusters nicht weiter verbessert werden, beginnt die Konstruktion des nächsten Clusters. Falls eine überlappende Clusterstruktur gesucht wird, können bereits zugeordnete Knoten zu einem weiteren Cluster hinzugefügt werden. Um die Relevanz einer Lösung zu bestätigen, empfehlen die Autoren, mehrere Durchläufe mit unterschiedlichen Werten für α durchzuführen. Ergibt sich dieselbe Lösung für ein geraumes Intervall von α-Werten, sprechen die Autoren von einer stabilen Clusterlösung, welche die Struktur des Netzwerks gut wiedergibt. Die Stabilität einer Lösung wird wie folgt überprüft: Verschiedene Clusterings werden anhand der in Abschnitt 3.4.2 definierten globalen Gütefunktion von Lancichinetti *et al.* (2009) [174] für ein festes α (die Autoren befürworten $\alpha = 1$) verglichen. Treten für Clusterlösungen ausgeprägte Höchstwerte des globalen Qualitätsmaßes auf, werden diese als relevante Lösungen bezeichnet. Im ungünstigsten Fall beläuft sich die Komplexität der Methode auf $O(n^2 log(n))$, da die Konstruktion einer Lösung bis zu $O(n^2)$ betragen kann und die Autoren die Anzahl der zu betrachtenden Clusterings auf $O(log(n))$ beziffern. Auf dünn besetzten Netzwerken oder für kleine Cluster sowie durch eine parallelisierte Berechnung für die einzelnen α kann sogar eine lineare Laufzeit erreicht werden.

Eine andere lokale Methode haben Zhang *et al.* (2010) [292] entwickelt. Dabei wird schrittweise ein nicht zugeordneter Knoten v mit maximalem Knotengrad $d(v)$ als Clusterkern gewählt. Für alle Knoten aus der Menge seiner bislang unzugeordneten Nachbarn $V(v)$ wird in Abhängigkeit ihres Knotengrades und der Anzahl ihrer Nachbarn in $V(v)$ entschieden, ob sie zu dem Cluster hinzugefügt werden. Falls sich dadurch eine Knotenmenge C_v mit $|C_v| \geq 3$ Knoten und $|C_v|/d(v) > 0,5$ ergibt, wird diese als Clusterkern definiert und für alle Nachbarn von C_v wird untersucht, ob sie zu C_v hinzugefügt werden. Falls es keine weiteren Nachbarn gibt, welche die Bedingungen für eine Angliederung an C_v erfüllen, wird C_v als Cluster definiert. Auf diese Weise werden schrittweise Cluster gebildet. Falls anschließend ungeclusterte Knoten übrig sind, wird für diese jeweils das Cluster bestimmt, zu dem sie am besten passen (für eine genauere Ausführung siehe Zhang *et al.* (2010) [292]), und sie werden in dieses einsortiert. Anstelle der Modularität oder eines anderen Gütemaßes wird die Definition eines Clusterkerns als lokales Maß zur Konstruktion von Clustern verwendet. Die Laufzeit dieses Verfahrens beträgt $O(n+m)$ und auf dünn besetzten Netzwerken somit $O(n)$.

Eine ähnliche Idee verfolgen Comellas/Miralles (2010) [66]. In dieser lokalen Methode wird zunächst ein Hilfscluster C_u geformt. Dessen sogenannter Kern bildet ein ungeclusterter Knoten u mit größtmöglichem Grad, von dem mindestens die Hälfte seiner Nachbarknoten ungeclustert ist. Außerdem gehören zu C_u diejenigen seiner Nachbarknoten $v \in V(u)$, für die sowohl ebenfalls mindestens die Hälfte ihrer Nachbarn $w \in V(v)$ ungeclustert ist als auch mindestens die Hälfte dieser Nachbarn zu Nachbarn von u adjazent ist. Falls $C_u = \emptyset$ gilt, können keine weiteren Cluster gebildet werden. Dann werden alle übrigen Knoten in bestehende Cluster geordnet. Andernfalls wird C_u entweder zu einem vorhandenen Cluster hinzugefügt oder als eigenes Cluster definiert. Als lokale Gütebewertung zur Bildung von Clustern wird ebenfalls nicht die Modularität verwendet, sondern ein Maß, das auf Knotengraden und Nachbarknoten im selben sowie in anderen Clustern beruht. Die Laufzeit dieses Verfahrens beträgt aber $O(nm)$ und Comellas/Miralles (2010) [66] vergleichen ihre Lösungen nur mit dem divisiven Ansatz von Newman/Girvan (2004) [213] (vgl. Abschnitt 4.3).

4.6 Weitere Algorithmen

Dieser Abschnitt behandelt Methoden, welche zu keiner der bisher besprochenen Verfahrensklassen gehören. Zunächst wird ein Verfahren vorgestellt, das auf der Relaxation eines linearen Programms basiert (Abschnitt 4.6.1), während in Abschnitt 4.6.2 zwei Methoden erläutert werden, die den Informationsfluss in Netzwerken zum Clustern einsetzen.

4.6.1 LP Methode nach Agarwal/Kempe

Wie in Abschnitt 4.1.3.2 erwähnt, haben Agarwal/Kempe (2008) [3] neben der dort vorgestellten rekursiven Zweiteilungsmethode unter Verwendung von Vektor–Programmen einen weiteren auf mathematischer Programmierung basierenden Ansatz entwickelt, der in diesem Abschnitt erläutert wird. Konkret wird ein ganzzahliges Optimierungsproblem (integer program, IP) zu einem linearen Programm (LP) relaxiert.

Das Lösen der LP Relaxation ergibt in den meisten Fällen ein unscharfes Clustering der Knoten, da die Entscheidungsvariablen nicht binär sein müssen. Ausgehend von dieser unscharfen Zuordnung wird zwischen den Knoten ein Distanzmaß definiert. Dieses basiert darauf, zu welchen Teilen zwei Knoten zu gleichen Clustern gehören. Knotenpaare mit geringer Distanz werden im Anschluss einem gemeinsamen Cluster zugeordnet. Die Autoren setzen dabei eine Relaxierungsmethode von Charikar *et al.* (2005) [60] ein. Die Zielfunktion des LPs entspricht der Modularitätsberechnung in Formel (3.4), wobei vereinfacht $B_{ij} := A_{ij} - (d(i) \cdot d(j))/2m$ geschrieben wird (vgl. Abschnitt 4.1.3.2). Weiterhin definieren die Autoren eine Variable $x_{ij} \in \{0, 1\}$ für jedes Knotenpaar (i, j), die den Wert 1 annimmt, falls i und j in verschiedenen Clustern sind und sonst

0 ist. In Bezug auf das in (3.3) definierte Kronecker–Delta $\delta(C(i),C(j))$ gilt $x_{ij} = 1 - \delta(C(i),C(j))$. Als Nebenbedingung muss folgendes erfüllt sein: falls sich ein Knoten j sowohl im selben Cluster befindet wie ein Knoten i als auch im selben Cluster wie ein Knoten k, dann gehören i und k ebenfalls zu einem gemeinsamen Cluster. Das LP ergibt sich wie folgt:

$$max \quad \frac{1}{2m} \sum_i \sum_j B_{ij} \cdot (1 - x_{ij})$$
$$unter \quad x_{ik} \leq x_{ij} + x_{jk} \quad \forall i,j,k \in V$$
$$x_{ij} \in \{0,1\} \quad \forall i,j \in V.$$

Die dazugehörige Relaxation lautet $x_{ij} \in [0,1]$. Zunächst wird das relaxierte Problem gelöst. Da die möglicherweise nichtganzzahligen Werte x_{ij} per Definition reflexiv ($x_{ii} = 0$) und symmetrisch ($x_{ij} = x_{ji}$) sind und durch die gewählte Nebenbedingung die Dreiecksungleichung erfüllen, stellen sie eine metrische Distanz zwischen den Knoten dar. Mittels dieser Distanzwerte x_{ij} werden schrittweise Knoten mit geringer Distanz zu Clustern zusammengefasst. Konkret wird jeweils ein Knoten u aus der Menge der noch nicht geclusterten Knoten ausgewählt. Zu diesem wird die Menge T_u aller Knoten betrachtet, die zu u maximal die Distanz $1/2$ haben. Falls die durchschnittliche Distanz aller Knoten aus $T_u \setminus \{u\}$ untereinander kleiner als $1/4$ ist, wird T_u als Cluster gespeichert, andernfalls wird u als Einzelcluster definiert. Die Autoren stellen fest, dass die Komplexitätseinsparung einer zufälligen Wahl von u aufgrund der guten Ergebnisse in 1000 verschiedenen Durchläufen gerechtfertigt ist. Im Anschluss wird auf die ausgegebene Lösung die in Abschnitt 4.7 erläuterte, von Newman (2006a) [209] auf Modularitätsmaximierung übertragene Version des Verfahrens von Kernighan/Lin (1970) [154] als Nachbarschaftssuche angewandt. Die Autoren sehen die folgenden zwei Vorteile der Methode: Erstens stellt der Zielfunktionswert des relaxierten Programms eine obere Schranke für die Modularität dar und zweitens werden aufgrund der 1000 Durchläufe verschiedene Clusterings mit ähnlich guten Modularitätswerten ausgegeben. Das ist sinnvoll, da ein Clustering mit einem geringfügig schlechteren Modularitätswert als das nach Modularität beste gefundene Clustering für das betrachtete Netzwerk besser interpretierbar sein kann. Wie in Abschnitt 3.3.2 dargelegt, haben Good et al. (2010) [125] gezeigt, dass üblicherweise exponential viele Clusterings mit – bezogen auf das Netzwerk – hohen Modularitätswerten auftreten, die zum Teil sehr unterschiedlich sind und unter denen kein globales Maximum existiert, welches sich deutlich von den anderen Werten abhebt.

4.6.2 Clustern unter Verwendung von Informationstheorie

Rosvall/Bergstrom (2007) [239] geben einen Ansatz zum Clustern von Netzwerken an, der auf einem informationstheoretischen Kommunikationsprozess basiert (für eine Einführung in informationstheoretische Konzepte siehe z.B. Mackay (2003) [191]). Dabei ist einem Sender S die vollständige Linkstruktur X (d.h. alle Nachbarschaftsbeziehungen) des Netzwerks bekannt. S versucht, möglichst viel von der in X enthaltenen Information in einer verdichteten Form Y des Netzwerks durch einen störungsfreien Kommunikationskanal an einen Empfänger E zu übermitteln. Beim Decodieren der empfangenen Informationen Y stellt E Vermutungen Z an, wie X basierend auf Y aussehen könnte. In der verdichteten Darstellung Y sollen möglichst viele der in der Adjazenzmatrix enthaltenen topologischen Informationen codiert werden. In der Notation der Informationstheorie soll die sogenannte **Transinformation $I(X;Y)$**, welche den mittleren Informationsgehalt beschreibt, der vom Sender zum Empfänger gelangt, maximal sein. Für ein ungewichtetes, ungerichtetes Netzwerk X formulieren die Autoren Y unter Verwendung eines Clustervektors $c = (c_1, \ldots, c_n)$, der jedem Knoten $v_1, \ldots, v_n$ ein Cluster aus der Menge $\{1, 2, \ldots, |\mathcal{C}|\}$ zuordnet, und einer Clustermatrix $\tilde{M}$, deren Einträge $\tilde{m}_{xy}$ den Anzahlen der Kanten zwischen den Clustern x und y entsprechen. Die Ordnung eines Clusters x wird mit n_x bezeichnet. Die beste Zuordnung c^* ist diejenige mit maximaler Transinformation $I(X;Y)$. Im Rahmen der informationstheoretischen Darstellungsweise zeigen die Autoren, dass dieses Maximierungsproblem äquivalent zur Minimierung von $H(Z)$ ist, wobei $H(Z) := H(X|Y)$ die Information bezeichnet, die nötig ist, um X mit gegebenem Y zu beschreiben. Das bedeutet, die Mächtigkeit der Menge der aus Y konstruierbaren Netzwerke Z soll möglichst klein sein. Dadurch wäre die Anzahl aus Y decodierter Netzwerke, die nicht X entsprechen, minimal. Die Anzahl verschiedener Cluster, die aus n_x Knoten und $\tilde{m}_{xx}$ Kanten konstruiert werden können, ergibt sich aus dem Binomialkoeffizienten aus $n_x(n_x - 1)/2$ und $\tilde{m}_{xx}$ (siehe Formel (4.8)). Ein solcher Term muss für jedes der $|\mathcal{C}|$ Cluster einbezogen werden. Die Anzahl unterschiedlicher Arten, auf die zwei Cluster durch $\tilde{m}_{xy}$ Kanten miteinander verbunden sein können, lässt sich durch den Binomialkoeffizienten aus $n_x n_y$ und $\tilde{m}_{xy}$ ausdrücken (siehe 4.8). Das informationstheoretische Modell von Rosvall/Bergstrom (2007) [239] lautet unter Verwendung dieser Überlegungen

$$\min \quad H(Z) := \log_2 \left[\prod_{x=1}^{|\mathcal{C}|} \binom{n_x(n_x - 1)/2}{\tilde{m}_{xx}} \prod_{x>y} \binom{n_x n_y}{\tilde{m}_{xy}} \right]. \quad (4.8)$$

Dieser Ausdruck ist abhängig von der im Allgemeinen unbekannten Anzahl der Cluster $|\mathcal{C}|$. Für $|\mathcal{C}| = n$ wäre für jeden Knoten ein eigenes Cluster vorhanden und alle Adjazenzinformationen des Netzwerks wären in Y enthalten. Als Clustering wäre diese Lösung nicht sinnvoll und das Ziel des Senders ist es, die Informationen in verdichteter Form zu übermitteln. Daher muss eine optimale Balance zwischen der notwendigen Menge an Informationen Y und der Größe der Menge an daraus ableitbaren Netzwerken Z gefunden werden. Diese Fragestellung entspricht aus informationstheoretischer Sicht der Suche nach einer optimalen Codierung und kann mit der sogenannten **MDL–Methode** (Minimum Description Length, eingeführt von Rissanen (1978) [236], siehe z.B. auch Barron et al. (1998) [24]) ermittelt werden. Dabei werden Regelmäßigkeiten des Netzwerks X ausgewertet und zur Formulierung von Y verwendet. Es ergibt sich ein Minimierungsproblem, welches Rosvall/Bergstrom (2007) [239] unter Verwendung von Simulated Annealing lösen. **Simulated Annealing** ist eine Metaheuristik für globale – häufig diskrete – Optimierungsprobleme, die nach einem kontrollierten Abkühlungsprozess von Materialien benannt wurde und von Metropolis et al. (1953) [199] motiviert wurde (siehe z.B. Kirkpatrick et al. (1983) [156], van Laarhoven/Aarts (1987) [265]). Die Methode von Rosvall/Bergstrom (2007) [239] ist also relativ aufwändig, kann aber im Gegensatz zu der Maximierung der Modularität Cluster mit verschiedenen Ordnungen und heterogenen durchschnittlichen Knotengraden erkennen.

In einer späteren Veröffentlichung greifen Rosvall/Bergstrom (2008) [240] die Idee erneut auf, dass ein Netzwerk unter Verwendung eines Ansatzes aus der Informationstheorie beschrieben werden kann, welcher weniger Informationen als die in der Adjazenzmatrix enthaltenen Beziehungen verwendet. Daraus entwickeln die Autoren einen Ansatz zum Clustern von Netzwerken, der auch mit gerichteten und gewichteten Kanten umgehen kann. Diese Methode basiert auf dem Fluss von Informationen innerhalb des Netzwerks, wobei Knotengruppen, zwischen denen Informationen einfach und schnell fließen, als gut vernetzte Cluster identifiziert werden. Rosvall/Bergstrom (2008) [240] stellen den Fluss von Informationen als Zufallswege innerhalb des Netzwerks dar und formulieren diese als Codierungsproblem. Den Knoten werden mittels **Huffmann–Codierung** (siehe Huffmann (1952) [141]) Codebezeichnungen zugewiesen. Die Huffmann–Codierung ist ein Algorithmus, der Daten komprimiert, so dass häufig auftretende Objekte kurze Codewörter erhalten und seltene Objekte mit längeren Wörtern codiert sind. Alle auftretenden Objekte werden als Knoten eines Binärbaums betrachtet, der durch schrittweises Zusammenfassen der beiden Knoten mit der jeweils geringsten Auftrittshäufigkeit entsteht. Rosvall/Bergstrom (2008) [240] führen für ein Clustering eine Codierung auf zwei Ebenen ein: Den Knoten und den Clustern werden Codes zugewiesen, so dass alle Knoten innerhalb eines Clusters verschiedene Namen haben. Knoten aus unterschiedlichen Clustern können gleich benannt sein, da sie durch die Codes ihrer Cluster auseinanderzuhalten sind. Die Autoren vergleichen dieses Konzept mit der Vergabe von Straßennamen. Diese sind innerhalb einer Stadt alle verschieden, während Straßen in unterschiedlichen Städten gleich benannt sein können, da sie durch die Zugehörigkeit zu verschiedenen Städten unterscheidbar sind. Ausgehend von dieser Codierung kann der Verlauf eines zufälligen Weges innerhalb des Netzwerks durch die Namen der besuchten Knoten eindeutig beschrieben werden. Dabei werden nur die Codes der Knoten verwendet, falls der nächste Knoten in demselben Cluster liegt. Die Namen der Cluster kommen in dieser Beschreibung genau dann vor, wenn der Weg in ein anderes Cluster führt. Ähnlich der Idee von Kim et al. (2010) [155] (vgl. Abschnitt 3.5.2) sehen Rosvall/Bergstrom (2008) [240] eine Knotengruppe, innerhalb der ein zufälliger Wanderer überdurchschnittlich lange verweilt, als sinnvolles Cluster an. Ein optimales Clustering des Netzwerks entspricht einem unendlich langen Zufallsweg mit minimaler Codierungslänge. Rosvall/Bergstrom (2008) [240] lösen dieses Codierungsproblem, indem sie zunächst für jeden Knoten den Zeitanteil ermitteln, währenddessen er aufgrund der Linkstruktur des Netzwerks von einem zufälligen Wanderer besucht wird. Dazu setzen sie die **Power–Methode** (siehe z.B. Von Mises/Pollaczek–Geiringer (1929) [272]) ein, welche zur Bestimmung des größten Eigenwerts und des dazugehörigen Eigenvektors verwendet wird und beispielsweise von Brin/Page (1998) [48] innerhalb der PageRank Berechnung vorgeschlagen wurde (siehe Abschnitt 2.1.2.3). Diese Besuchsanteile der Knoten setzen Rosvall/Bergstrom (2008) [240] in den Greedy–Algorithmus von Wakita/Tsurumi (2007) [276] ein, der eine Verbesserung der Implementierung von Clauset et al. (2004) [65] des Verfahrens von Newman (2004a) [207] darstellt (vgl. Abschnitt 4.1.1). Konkret befinden sich bei der Adaption dieser Methode nach Rosvall/Bergstrom (2008) [240] zunächst alle Knoten in einzelnen Clustern und es werden schrittweise die beiden Cluster zusammengefasst, durch deren Vereinigung die Länge der Codierung des zugehörigen zufälligen Weges am stärksten abnimmt, bis die Codierungslänge durch keine weitere Clustervereinigung verkürzt werden kann. Die dadurch erhaltene Lösung wird mit einer von Newman/Barkema (1999) [212] beschriebenen Variante eines sogenannten **Heat Bath Algorithmus** aus dem Bereich des Simulated Annealing (siehe Seite 111) verfeinert. Die Vorgehensweise basiert auf dem Abkühlungsprozess eines Materials in einem Hitzebad. Rosvall/Bergstrom (2008) [240] starten den Algorithmus ausgehend von der Lösung des Greedy Verfahrens von mehreren Temperaturlevels aus. In einer nachfolgenden Veröffentlichung haben Rosvall et al. (2009) [241] die von Blondel et al. (2008) [33] (siehe Abschnitt 4.1.2.3) zur Maximierung der Modularität entwickelte Vorgehensweise durch einige Veränderungen für die Suche nach einem Clustering mit kürzester Codierungslänge angepasst. Die Methode von Rosvall/Bergstrom (2008) [240] bzw. Rosvall et *al.* (2009) [241] kann mit gewichteten und gerichteten Kanten umgehen. Bei der Anwendung auf gerichtete Netzwerke erweitern die Autoren den Verlauf der zufälligen Wege aufgrund eventuell auftretender Knoten ohne Nachfolger – wie von Brin/Page (1998) [48] (siehe Formel (2.3)) bzw. Kim *et al.* (2010) [155] (siehe Gleichung (3.20)) angegeben – um die Wahrscheinlichkeit, dass ein zufälliger Wanderer nicht der Linkstruktur des Netzwerks folgt, sondern zu einem beliebigen anderen Knoten des Netzwerks springt. Die Methoden von Rosvall/Bergstrom (2008) [240] und Rosvall *et al.* (2009) [241] finden in gerichteten Netzwerken andere Clusterings als Verfahren, welche die gerichtete Version der Modularität Q_{Ar}^{ger} von Arenas *et al.* (2007) [12] zu maximieren versuchen, da die Berechnung von Q_{Ar}^{ger} auf Intra–Cluster–Kanten basiert und keine Flussstrukturen berücksichtigt. In einem Verfahrensvergleich von Lancichinetti/Fortunato (2009b) [173] schneidet der Algorithmus von Rosvall/Bergstrom (2008) [240] bezüglich Laufzeit und Ergebnisqualität zusammen mit den Methoden von Blondel *et al.* (2008) [33] und Ronhovde/Nussinov (2009) [237] am besten ab.

4.7 Nachbearbeitung zur lokalen Verbesserung

Wie in der klassischen Clusteranalyse üblich, führen einige Autoren (beispielsweise Schuetz/Caflisch (2008a) [246] oder Ovelgönne *et al.* (2010) [221]) in der Clusteranalyse in Netzwerken im Anschluss an eine Clustermethode – ausgehend von dem Ergebnis der verwendeten Methode – ein Austauschverfahren durch. Dieses Vorgehen wird **Nachbearbeitung** oder **Postprocessing** genannt. Die in diesem Abschnitt vorgestellten Verfahren wurden entwickelt, um eine Lösung lokal hinsichtlich der Modularität zu verbessern. Selbstverständlich können auch andere Gütemaße eingesetzt werden.

Bei dem von Schuetz/Caflisch (2008a) [246] beschriebenen **Vertex Mover** werden zunächst alle Knoten aufsteigend nach ihrem Knotengrad in eine Knotenliste sortiert. Zu jedem Knoten v wird eine Nachbarschaftsliste seiner Nachbarcluster erstellt, wobei jedes Cluster, das mindestens einen Nachbarknoten von v enthält, als Nachbarcluster von v gilt. Im Anschluss wird schrittweise für jeden Knoten der Knotenliste eine Verschiebung in ein Nachbarcluster durchgeführt, welche die Modularität am stärksten verbessert. Das Verfahren endet, wenn keine weitere Verbesserung der Modularität auftritt. Der Rechenaufwand für jeden Durchlauf der Knotenliste entspricht der Summe aller Knotengrade, also $O(\sum_i d(i))$. Die Anzahl der Listendurchläufe können die Autoren nicht abschätzen, da sie stark von der Qualität der Ausgangslösung abhängt. Da der Vertex Mover in den von Schuetz/Caflisch (2008a) [246] getesteten Anwendungen in deutlich kürzerer Zeit als der maximalen Laufzeit Verbesserungen gefunden hat, erachten sie das Vorgehen als sinnvoll.

Das Vorgehen weist einige Parallelen zu der von Newman (2006a) [209] für Modularitätsmaximierung angepassten Variante des Kernighan–Lin–Verfahrens (1970) [154] auf, welches ursprünglich für das in Abschnitt 2.2.2 erläuterte Graph–Partitionierungs–Problem entwickelt wurde. Die Kernighan–Lin–Heuristik wird zur Verbesserung einer Partition einer Knotenmenge V eines Netzwerks in zwei gleichgroße Cluster A und B mit minimaler Summe der Kantengewichte (bzw. für ungewichtete Netzwerke die Anzahl der Kanten zwischen den Clustern) zwischen A und B verwendet. Die Summe der Kantengewichte bzw. die Anzahl der Kanten, die zwischen den Clustern verlaufen, werden auch als Kosten bezeichnet. Die Grundidee des Verfahrens besteht darin, diejenigen gleich großen Teilmengen $A_1 \subset A$ und $B_1 \subset B$ auszutauschen, deren Wechsel der Cluster die Kosten am stärksten verringert. Solange eine Kostenreduktion möglich ist, werden diese Teilmengen in jeder Iteration durch folgende Heuristik angenähert: Zunächst wird dasjenige Knotenpaar ermittelt, dessen Tausch die größte Kostenverbesserung zur Folge hat. Diese Knoten werden zum Tausch markiert und aus den übrigen Knoten wird erneut das am besten zum Tausch geeignete Knotenpaar bestimmt. Aus den $\lfloor n/2 \rfloor$ ermittelten Knotenpaaren werden die ersten x Knotenpaare mit maximaler Kostenverbesserung zu A_1 und B_1 vereinigt. Newman verwendet dieses Vorgehen wie folgt als Austauschheuristik zur Modularitätsmaximierung von 2–Cluster–Lösungen: In jedem Schritt wird – unter der Voraussetzung, dass jeder Knoten nur einmal behandelt wird – derjenige Knoten umsortiert, dessen Verschieben die größte Verbesserung oder kleinste Verschlechterung der Modularität der 2–Cluster–Lösung bewirkt. Nach dem Verschieben aller n Knoten wird die Zwischenlösung mit maximaler Modularität gewählt. Ausgehend von dieser Lösung wird das Verfahren erneut durchgeführt, bis sich keine weitere Verbesserung ergibt.

Offensichtlich ist der Vertex Mover im Gegensatz zum Kernighan–Lin–Algorithmus ausschließlich auf eine lokale Verbesserung ausgerichtet. Nacheinander wird jeder Knoten in das lokal beste Nachbarcluster verschoben, anstatt den Knoten mit der global besten Verschiebung zu bestimmen.

Wie in Abschnitt 4.2.4.1 dargelegt, haben Sun *et al.* (2009) [257] im Zusammenhang mit spektralen Clustermethoden eine andere Abwandlung des Kernighan–Lin–Verfahrens angegeben. Diese ist auf Clusterings mit beliebig vielen Clustern anwendbar und lässt auch das Verschieben von Knoten in vorher nicht vorhandene Cluster zu. Auch dieses Vorgehen hat einen globalen Charakter, da schrittweise aus den möglichen Verschiebungen jedes Knotens in jedes andere Cluster die beste ausgewählt wird.

Eine andere Art der Nachbearbeitung im Rahmen eines hierarchischen Clusterverfahrens, die bereits einen Schritt früher einsetzt als der Vertex Mover und das Kernighan–Lin–Verfahren, nutzt die Idee von Pons/Latapy (2011) [227].

Ausgehend von einem errechneten Dendrogramm zeigen die Autoren, dass das Maximieren einer additiven Gütefunktion über alle durch die entsprechende Hierarchie definierten Clusterings mit einem rekursiven Verfahren mit $O(n)$ Berechnungen der Gütefunktion möglich ist. Das rekursive Verfahren ist anwendbar, falls jede Teilpartition einer optimalen Partition für ein Teilnetzwerk des betrachteten Netzwerks optimal ist (ähnlich dem Bellmann'schen Optimalitätsprinzip in der dynamischen Optimierung, vgl. Bellman (1957) [29]). Pons/Latapy (2011) [227] diskutieren unterschiedliche Gütemaße, unter anderem Modularität, Performance (vgl. Abschnitt 2.2.2) und die von den Autoren vorgeschlagene Multilevel–Alternative zur Modularität (vgl. Abschnitt 3.4.2).

Natürlich kann jedes Verfahren, mit dem eine Anfangslösung verändert wird, als Postprocessingmethode eingesetzt werden. Rosvall/Bergstrom (2008) [240] verwenden z.B. einen Heat Bath Algorithmus aus dem Bereich des Simulated Annealing, um ihre Ergebnisse aus dem vorhergehenden Schritt zu verfeinern (vgl. Abschnitt 4.6.2). Der Aufwand des Postprocessing sollte im Vergleich zum Aufwand der gesamten Methode nicht unverhältnismäßig groß sein.

4.8 Andere Aspekte bezüglich Netzwerken und Clusteranalyse

Die bislang in diesem Kapitel vorgestellten Algorithmen verfolgen das Ziel, die Knotenmenge eines Netzwerks in Cluster einzuteilen, welche als eng vernetzte Knotengruppen definiert sind. Als Ergänzung dazu behandelt dieser Abschnitt weitere Fragestellungen, die bei der Untersuchung von Netzwerken im Zusammenhang mit der Bildung von clusterähnlichen Knotengruppen formuliert wurden. Inbesondere werden Blockmodelle (4.8.1.1) und Rollenzuweisungen (4.8.1.2), zweimodales Clustern als Clusteranalyse bipartiter Netzwerke (4.8.2), Kern und Peripherie von Netzwerken (4.8.3), das Clustern einer Menge von Netzwerken, so dass sich als ähnliche definierte Netzwerke in gemeinsamen Clustern befinden (4.8.4.1), sowie die Verwendung von Netzwerktheorie in der Clusteranalyse von (Un-)Ähnlichkeitsdaten (4.8.4.2) behandelt.

4.8.1 Blockmodelle und Rollenzuweisungen

Bei der Ermittlung von Blockmodellen oder Rollenzuweisungen für die Adjazenzmatrix eines Netzwerks werden anstelle eng vernetzter Knotencluster Mengen von Knoten gesucht, so dass die Relationen innerhalb und zwischen den einzelnen Knotengruppen durch Elemente einer Menge von Relationen approximiert werden können. Eine Relation R auf einer Knotenmenge V ist dabei definiert durch $R \subset V \times V$, so dass ein Element $v \in V$ in Relation zu einem Element $w \in V$ steht, in Zeichen vRw, wenn $vRw := (v, w) \in R$ erfüllt ist. Eine Relation R wird als Äquivalenzrelation bezeichnet, wenn sie reflexiv, symmetrisch und transitiv ist, d.h. wenn für alle $v, w, x \in V$ die Bedingungen vRv sowie $vRw \Rightarrow wRv$ und $(vRw \wedge wRx) \Rightarrow vRx$ gelten.

4.8.1.1 Blockmodelle

Wie bei einem nichtüberlappenden Clustering $\mathcal{C}$ der Knotenmenge $V(N)$ eines Netzwerks N handelt es sich bei einem **Blockmodell BM** von N um eine Partition $\mathcal{P} = (V_1, \ldots V_{|\mathcal{P}|})$ von $V(N)$, allerdings unter anderen Nebenbedingungen als den für die bislang behandelten Clusterings $\mathcal{C}$ üblichen. Doreian *et al.* (2005) [84] beschreiben die Aufgabe der Blockmodellierung wie folgt: Es werden Gruppen von Knoten gesucht, die bezüglich ihrer durch die Kanten des Netzwerks beschriebenen Relationen gemeinsame Eigenschaften aufweisen. Das heißt, erstens sollen Relationen von Knoten innerhalb einer Gruppe ein ähnliches Muster aufweisen und zweitens sollen die Gruppen untereinander in bestimmten Relationen zueinander stehen. Die Relationen werden durch sogenannte Blöcke dargestellt, welche die Teilmatrizen der anhand der Partition umsortierten Adjazenzmatrix approximieren. Das bedeutet, wenn die Zeilen und Spalten der Matrix A für ein gefundenes Blockmodell $\mathcal{P}$ so umgruppiert werden, dass zuerst alle Knoten aus V_1, danach alle Knoten aus V_2 und so weiter angeordnet sind, so entsteht die umgeordnete Adjazenzmatrix $\hat{A}$. Diese setzt sich aus $|\mathcal{P}|^2$ Teilmatrizen $B(V_{l_1}, V_{l_2})$ von A mit $1 \leq V_{l_1}, V_{l_2} \leq |\mathcal{P}|$ zusammen, welche die zwischen den Knoten aus V_{l_1} und V_{l_2} vorhandenen Kanten enthalten. Diese permutierte Form der Adjazenzmatrix besitzt eine sogenannte blockangulare Struktur (vgl. Abschnitt 4.2.4.3). Für jede Teilmatrix $B(V_{l_1}, V_{l_2})$ wird aus einer vorab definierten Menge von Relationen, die ebenfalls als Matrizen darstellbar sind, diejenige Relation ausgewählt, welche $B(V_{l_1}, V_{l_2})$ am nächsten kommt. Anders gesagt werden die Kanten zwischen je zwei Knotengruppen V_{l_1} und V_{l_2} in einer Relation zusammengefasst, welche als Matrix geschrieben werden kann. Diese wird als **Block** bezeichnet.

Die gefundene Partition der Knotenmenge eines Netzwerks hängt selbstverständlich von der vorab ausgewählten Menge an Blöcken ab, mit denen die Beziehungen zwischen den Partitionsmengen beschrieben werden sollen. Mögliche Arten von Blöcken werden z.B. bei Doreian *et al.* (2005) [84] angegeben. Zwei simple Sorten von Blöcken sind vollständige Blöcke und Nullblöcke. In vollständigen Blöcken steht jedes Element zu jedem anderen Element in Relation. Dabei gibt es die Varianten, in denen jedes oder kein Element zu sich selbst in Relation steht. Die dazugehörige Matrix hat also Nullen oder Einsen auf der Diagonalen und alle anderen Einträge sind eins. Nullblöcke entsprechen

Matrizen, die ausschließlich aus Nullen bestehen, in denen also kein Element zu einem anderen in Relation steht. Werden lediglich diese beiden Arten von Blöcken zugelassen, so bildet die ermittelte Partition eine sogenannte **strukturelle Äquivalenzrelation** (vgl. Lorrain/White (1971) [186]) auf der Knotenmenge. Zwei strukturell äquivalente Knoten haben genau dieselben Nachbarschaften (vgl. Abschnitt 4.8.1.2). Weitere Arten von Blöcken sind reguläre Blöcke, die in jeder Zeile und jeder Spalte mindestens eine Eins enthalten, sowie zeilen- und spaltenreguläre Blöcke, in denen in jeder Zeile bzw. in jeder Spalte mindestens ein Eintrag den Wert Eins hat. Partitionen, deren Relationen alle durch reguläre Blöcke oder Nullblöcke beschrieben werden, gelten als sogenannte **reguläre Äquivalenzrelation** (vgl. White/Reitz (1983) [281]) auf der Knotenmenge. Zwei regulär äquivalente Knoten haben Nachbarschaften, die wiederum regulär äquivalent sind (vgl. Abschnitt 4.8.1.2).

Doreian et al. (2005) [84] schlagen sogar vor, nicht nur die Arten von Blöcken, sondern sogar die konkreten Blöcke vorab festzulegen. Eine solche Präspezifizierung ist nur dann möglich, wenn die Art der innerhalb des Netzwerks gesuchten Strukturen bekannt ist, beispielsweise, wenn es sich um ein hierarchisches Netzwerk handelt und die entsprechenden Hierarchieebenen zu finden sind. Ein Clustering eines Netzwerks kann auf diese Weise als Spezialfall einer Blockmodellpartition angesehen werden: Ein Blockmodell, für das vollständige Blöcke zur Beschreibung der Relationen innerhalb der Partitionsmengen und Nullblöcke für die Beziehungen zwischen verschiedenen Knotengruppen vorab festgelegt wurden, entspricht einem Clustering.

Blockmodelle für gerichtete Netzwerke werden ebenfalls bei Doreian et al. (2005) [84] diskutiert, während Žiberna (2007) [295] die Verallgemeinerung von Blöcken für gewichtete Netzwerke betrachtet.

Die algorithmische Suche nach einem Blockmodell formulieren Doreian et al. (2005) [84] als kombinatorisches Optimierungsproblem, dessen Nebenbedingungen eine Partition beschreiben. Die Autoren geben die Minimierung der folgenden Anzahl Φ als mögliche Zielfunktion an: In wie vielen Einträgen unterscheiden sich die Teilmatrizen $B(V_{l_1}, V_{l_2})$ mit $1 \leq V_{l_1}, V_{l_2} \leq |\mathcal{P}|$, welche durch Umordnen der Adjazenzmatrix A entstanden sind, von den zur Verfügung stehenden Blöcken? In Abhängigkeit der gewählten Äquivalenz ergeben sich verschiedene Varianten dieser Zielfunktion. Im Falle struktureller Äquivalenz geben Doreian et al. (2005) [84] beispielsweise für Teilmatrizen, die nicht auf der Diagonalen angeordnet sind, also $B(V_{l_1}, V_{l_2})$ mit $V_{l_1} \neq V_{l_2}$, den folgenden Beitrag $\varphi(B(V_{l_1}, V_{l_2}))$ zu Φ an: $\varphi(B(V_{l_1}, V_{l_2})) = \sum_{x \in V_{l_1}} \sum_{y \in V_{l_2}} |B_{xy} - IB_{xy}|$. Dabei bezeichnet B_{xy} den Eintrag der Teilmatrix $B(V_{l_1}, V_{l_2})$ und IB_{xy} ist der entsprechende Wert in einem idealen Block. Bei der Betrachtung regulärer Äquivalenzrelationen muss $\varphi(B(V_{l_1}, V_{l_2}))$ anders definiert werden, da es verschiedene Arten regulärer Blöcke gibt. Eine konkrete neue Methode präsentieren Doreian *et al.* (2005) [84] nicht. Sie zeigen lediglich, dass wie bei der Clusteranalyse agglomerative und divisive hierarchische Verfahren eingesetzt werden können. Verschiedene konkrete Verfahren zur Bestimmung von Blockmodellen werden z.b. bei Nunkesser/Sawitzki (2005) [217] erläutert. Weiterhin werden dort nicht nur die von Doreian *et al.* (2005) [84] angesprochenen deterministischen Blockmodelle, sondern auch stochastische Blockmodelle behandelt. Anwendungen von Blockmodellen ergeben sich beispielsweise in der Analyse sozialer Netzwerke für die Fragestellung, welche Akteure äquivalente Beziehungen zu äquivalenten Personen pflegen. Doreian *et al.* (2005) [84] wenden Blockmodelle unter anderem auf die in Abschnitt 5.2.1 angegebenen Beispielnetzwerke an. Beispielsweise wird in einem von Drabek *et al.* (1981) [86] angegebenen Kommunikationsnetzwerk zwischen Organisationen im Katastrophenfall analysiert, welche Organisationen in einem äquivalenten Kontext stehen.

4.8.1.2 Rollenzuweisungen

Eine andere Formulierung derselben Fragestellung ist die Zuordnung von Rollen zu den Knoten eines Netzwerks. Das Ziel der **Rollenzuweisung** ist die Klassifikation der Knoten eines Netzwerks dergestalt, dass die Knoten einer Klasse dieselbe **Rolle** oder **Position** in dem zugrundeliegenden Netzwerk einnehmen. Knoten, welche dieselbe „Rolle" spielen, haben offenbar Gemeinsamkeiten in Bezug auf ihre Beziehungen zu anderen Knoten. Formell kann eine Rollenzuweisung $r : V \to \mathcal{R}$ als eine surjektive Abbildung von der Knotenmenge V auf eine Menge $\mathcal{R}$ von Rollen definiert werden. Dabei ist zu beachten, dass eine Partition der Knotenmenge einer Äquivalenzrelation entspricht. Zusätzlich zu der Rollenverteilung kann das Rollennetzwerk eines Netzwerks definiert werden. Dessen Knotenmenge entspricht den Rollen des ursprünglichen Netzwerks, wobei zwei Rollen–Knoten genau dann benachbart sind, wenn im Netzwerk mindestens eine Kante zwischen den jeweiligen Rollen existiert. Für die Rollen des Netzwerks muss entgegen den bei der Clusteranalyse gesuchten Clustern nicht gelten, dass die Knoten eng vernetzt sind. Es kann sogar nichtadjazente Knoten mit äquivalenten Rollen geben.

Zunächst ist zu definieren, welche Gemeinsamkeiten die Knoten in Bezug auf ihre Beziehungen zu anderen Knoten haben müssen, um dieselbe Rolle zugewiesen zu bekommen, bzw. um als „äquivalent" zu gelten. Eine einfache Definition von Äquivalenz nennt zwei Knoten äquivalent, die exakt dieselben Relationen zu genau denselben Knoten haben. Für gerichtete Netzwerke bedeutet dies, dass äquivalente Knoten die gleichen Vorgänger und Nachfolger besitzen, formell $r(u) = r(v) \Rightarrow V^+(u) = V^+(v) \land V^-(u) = V^-(v)$. Diese Form der Rollenzuweisung wird **strukturelle Äquivalenz** genannt (vgl. Lorrain/White

4. Clusteranalysemethoden für Netzwerke

(1971) [186], siehe Abschnitt 4.8.1.1). Sie ist die strikteste und dadurch restriktivste Definition von Äquivalenz. Netzwerktheoretisch ist eine Klasse strukturell äquivalenter Knoten entweder eine Clique (d.h. alle Knoten stehen paarweise untereinander und zu sich selbst in Relation) oder eine unabhängige Menge (es bestehen paarweise keine Relationen zwischen den Knoten). Die Länge eines kürzesten ungerichteten Weges zwischen zwei strukturell äquivalenten Knoten beträgt maximal zwei, weil die Nachbarschaften dieser Knoten gleich sind.

Auf der Knotenmenge V kann es mehrere Äquivalenzrelationen geben, die einer Rollenzuweisung mit struktureller Äquivalenz entsprechen. Dabei existiert eine maximale strukturelle Äquivalenzrelation, aus der alle anderen strukturellen Äquivalenzrelationen des Netzwerks abgeleitet werden können (siehe z.B. Lerner (2005) [182]). Eine solche maximale Partition kann beispielsweise mit einer Methode von Paige/Tarjan (1987) [224] ermittelt werden. Der Algorithmus beginnt mit einer Partition, in der alle Knoten zu einer Partitionsmenge gehören. Dann werden schrittweise für alle Knoten $v \in V$ diejenigen aktuellen Rollen betrachtet, welche Nachbarn von v enthalten. Innerhalb jeder dieser Rollen werden zwei neue Äquivalenzklassen erzeugt. In eine dieser werden die Vorgänger von v aus dieser aktuellen Rolle verschoben und in die andere die Nachfolger von v in dieser aktuellen Rolle.

Eine weniger restriktive Definition von Rollenzuweisungen nennt zwei Knoten äquivalent, die äquivalente Relationen zu ebenfalls äquivalenten Knoten haben, d.h. formell gilt $r(u) = r(v) \Rightarrow r(V^+(u)) = r(V^+(v)) \land r(V^-(u)) = r(V^-(v))$. Diese Form von Äquivalenz wird **reguläre Äquivalenz** genannt (vgl. White/Reitz (1983) [281], siehe Abschnitt 4.8.1.1). Offensichtlich sind strukturell äquivalente Knoten auch regulär äquivalent, die Umkehrung gilt jedoch nicht. Wie bei struktureller Äquivalenz können ebenfalls mehrere reguläre Äquivalenzrelationen auf der Knotenmenge eines Netzwerks existieren, wobei es eine maximale strukturelle Äquivalenzrelation gibt. Falls ein Netzwerk keine Quellen oder Senken besitzt, also Knoten ohne Vorgänger bzw. ohne Nachfolger (vgl. Abschnitt 2.1.2.2), so stellt die Zuweisung einer einzelnen Rolle für alle Knoten eine reguläre Äquivalenzrelation dar. Weiterhin entspricht eine Rollenzuordnung der Form, dass jeder Knoten einer anderen Rolle zugewiesen wird, einer regulären Äquivalenzrelation. Aus diesen trivialen regulären Rollenzuweisungen lassen sich in der Regel keine anderen regulären Äquivalenzrelationen erstellen. Daher gibt es, anders als bei struktureller Äquivalenz, bisher keinen einfachen Algorithmus, der für jedes Netzwerk Ergebnisse neben den beiden beschriebenen trivialen Rollenzuweisungen liefert. Falls mindestens eine Quelle oder eine Senke existiert, kann ein simples Verfahren von Everett/Borgatti (1997) [92] eingesetzt werden. Dabei erhalten zunächst alle Knoten dieselbe Rolle. Anschließend werden schrittweise für Knoten derselben Rolle, welche die reguläre Äquivalenzbedingung nicht erfüllen, neue Rollen eingeführt, bis alle Knoten jeder Rolle regulär äquivalent sind. Es ist offensichtlich, dass ohne Senken und Quellen nur die reguläre Äquivalenzrelation mit einer einzigen Rolle gefunden wird. Für diesen Fall gibt es Verfahren, die aus einer regulären Äquivalenzrelation der Knoten eines Netzwerks eine feinere reguläre Äquivalenzrelation ermitteln, z.B. RCPP (Relational Coarsest Partition Problem) von Tarjan/Paige (1987) [224] (Laufzeit $O(m \log n)$) oder CATREGE (CATegorial REGular Equivalence) von Everett/Borgatti (1993) [91] (Laufzeit $O(n^3)$). Beide verfeinern so lange schrittweise die ursprüngliche Rollenzuweisung durch das Trennen von aktuell als äquivalent gespeicherten Knoten mit nicht äquivalenten Nachbarschaften, bis alle als äquivalent bezeichneten Knoten äquivalente Nachbarschaften haben.

4.8.2 Zweimodales Clustern als Clustern bipartiter Netzwerke

Zweimodale Daten beinhalten Informationen (Beziehungen, Relationen, etc.) im Hinblick auf eine Menge von Objekten erster Modalität und eine Menge von Objekten zweiter Modalität. Dabei können beispielsweise die Objekte erster Modalität Personen sein und die Objekte zweiter Modalität Produkte, wobei die Daten Informationen enthalten, ob eine Person ein Produkt mag oder wie häufig eine Person ein Produkt kauft. Im ersten Fall sind die Daten binär, im zweiten Fall handelt es sich um ganzzahlige Werte. Als netzwerktheoretische Darstellung kann ein bipartites Netzwerk verwendet werden, in dem die beiden Teilknotenmengen den Mengen erster und zweiter Modalität entsprechen und Kanten ausschließlich zwischen den verschiedenen Teilknotenmengen bestehen. Praktische Anwendung finden zweimodale Daten unter anderem im Marketing (siehe z.B. Espejo/Gaul (1986) [90], Arabie *et al.* (1988) [10], Baier *et al.* (1997) [16]), in der Genetik (siehe z.B. Getz *et al.* (2000) [118], Jörnsten/Yu (2003) [146], Madeira/Oliveira (2009) [193]), in Nahrungsnetzen (siehe z.B. Williams/Martinez (2000) [282]) sowie in sozialen Netzwerken, beispielsweise in der wissenschaftlichen Zusammenarbeit (siehe z.B. Newman (2001) [205]).

Das Ziel der Clusteranalyse eines bipartiten Netzwerks besteht darin, sowohl die Objekte erster Modalität als auch die Objekte zweiter Modalität anhand der Verbindungen zwischen den beiden unterschiedlichen Objektarten in Cluster einzuteilen. Selbstverständlich kann das Clustern zweimodaler Daten als eine im vorangegangenen Abschnitt (siehe Abschnitt 4.8.1.1) vorgestellte Blockmodell–Problematik dargestellt werden. Die Beziehungen zwischen den Objekten erster und zweiter Modalität können in einer nicht notwendigerweise quadratischen Matrix gespeichert werden. Die Zeilen und Spalten dieser Matrix sind so umzuordnen, dass Blöcke der gewünschten Art entstehen. Ein früher Ansatz für binäre Daten stammt aus dem Bereich der Phyto–Ökologie (Teilgebiet der

Ökologie, das sich unter anderem mit der Interaktion zwischen Pflanzenarten und ihrer Umwelt befasst) von Lambert/Williams (1962) [168]. Diese Methode untersucht das Vorkommen von Pflanzenarten in bestimmten Vegetationen und liefert ein Clustering der Pflanzen und ein Clustering der Vegetationen. Zu späteren Methoden für reelle Daten gehören beispielweise ein Algorithmus von Gaul/Schader (1996) [115], in dem abwechselnd die Clusterzugehörigkeiten der Objekte erster und zweiter Modalität verändert werden, ein k–means–Ansatz von Vichi (2001) [269] sowie Methoden, die Simulated Annealing (z.B. Trejos/Castillo (2000) [262]) oder Tabusuche (z.B. Castillo/Trejos (2002) [58]) einsetzen. Einen Überblick über Verfahren bis 2004 geben Van Mechelen et al. (2004) [266]. Ein aktueller simulationsbasierter Vergleich zweimodaler Clustermethoden stammt von Van Rosmalen et al. (2009) [267], die außerdem einen Algorithmus zur Suche nach überlappenden zweimodalen Clusterings vorstellen. In ihrer Simulation zeigen zweimodale k–means Verfahren insgesamt die besten Ergebnisse.

Unter der Voraussetzung, dass sowohl die Clusteranzahlen der beiden gesuchten Clusterings bekannt sind als auch die Informationen, wie die Beziehungen zwischen den Objektclustern modelliert werden sollen (vgl. Präspezifizierung für Blockmodellierung nach Doreian et al. (2005) [84]), haben Brusco/Steinley (2006/2007) [50, 51] mehrere Verfahren zur Analyse binärer zweimodaler Daten entwickelt.

Zur Analyse sehr großer zweimodaler Netzwerke erweitern Latapy et al. (2008) [177] Begrifflichkeiten und Kennzahlen aus der Betrachtung sehr großer einmodaler Netzwerke auf den zweimodalen Fall. Die Relevanz der übertragenen Maße testen die Autoren unter Verwendung einer Menge repräsentativer realer zweimodaler Netzwerke sowie randomisierter Varianten dieser.

Wie in Abschnitt 3.5.3 erwähnt, ist die Modularität in der Form, wie sie von Newman/Girvan (2004) [213] eingeführt wurde, nicht für das Clustern zweimodaler Netzwerke geeignet. In der vorliegenden Arbeit werden Übertragungen des Modularitätsbegriffs auf bipartite Netzwerke von Guimerà et al. (2007) [129] und Barber (2007) [19] vorgestellt (siehe Abschnitt 3.5.3).

4.8.3 Kern und Peripherie von Netzwerken

Eine andere Zerlegungsweise eines Netzwerks stellt die Aufteilung in **Kern** und **Peripherie** des Netzwerks dar, also lediglich eine Einteilung in zwei Arten von Knoten. Dies ist ein Spezialfall der Untersuchung von Zentralitäten in Netzwerken (vgl. Abschnitt 2.1.2.3). Eine frühe Diskussion der Formalisierung von Kern und Peripherie eines Netzwerks, Methoden zur Bestimmung dieser Struktur sowie der Zusammenhang mit anderen Zentralitätsmaßen stammt von Borgatti/Everett (1999) [41]. Ein Maß zur Bestimmung, inwiefern eine Zweiteilung eines Netzwerks in Kern und Peripherie existiert, wurde von Holme (2005) [135] entwickelt, der außerdem verschiedene Arten von Netzwerken bezüglich der Existenz einer Kern–Peripherie–Struktur untersucht hat. Ein Resultat dieser Betrachtungen lautet, dass eine solche Einteilung der Objekte zum Beispiel in sozialen Netzwerken im Allgemeinen sehr schwach ausgeprägt ist.

Die Kern–Peripherie–Struktur realer Netzwerke wird unter anderem für Netzwerke aus dem Finanzbereich eingesetzt. Hoggarth *et al.* (2009) [134] untersuchen beispielsweise internationale Kapitalflüsse zwischen Banken während der Finanzkrise und analysieren die Veränderung der Kern–Peripherie–Einteilung im Zeitverlauf.

Eine Erweiterung der Kern–Peripherie–Fragestellung ist die Ermittlung sogenannter k–Kerne. Ein Teilnetzwerk H eines Netzwerks G, das aus der Knotenmenge W besteht sowie allen Kanten, deren Endknoten beide in W liegen, ist genau dann ein **Kern der Ordnung k oder k–Kern**, wenn jeder Knoten aus W innerhalb des Netzwerks H mindestens den Grad k hat und H das maximale Teilnetzwerk mit dieser Eigenschaft ist. Diese Definition ist für gerichtete und ungerichtete Netzwerke möglich. Bei gerichteten Netzwerken kann der Innen- oder der Außengrad der Knoten oder die Summe dieser verwendet werden. Die k–Kerne eines Netzwerks sind genestete Cluster, denn für einen k_1–Kern H_{k_1} und einen k_2–Kern H_{k_2} mit $k_1 < k_2$ gilt $H_{k_2} \subseteq H_{k_1}$. Dabei ist anzumerken, dass ein k–Kern nicht unbedingt ein zusammenhängendes Teilnetzwerk darstellt. Batagelj/Zaveršnik (2002) [26] haben einen Algorithmus mit Laufzeit $O(m)$ zur Bestimmung aller k–Kerne eines Netzwerks angegeben, der auf der Eigenschaft basiert, dass ein k–Kern eines Netzwerks durch rekursives Entfernen aller Knoten mit einem kleineren Grad als k und aller mit diesen Knoten inzidenten Kanten entsteht.

4.8.4 Weitere Fragestellungen

Dieser Abschnitt behandelt sonstige Konzepte im Zusammenhang mit Clusteranalyse und Netzwerktheorie. Zunächst wird die Art der Clusteranalyse vorgestellt, welche eine Menge von Netzwerken mit derselben Knotenmenge in Cluster mit möglichst ähnlichen Netzwerken einteilt (4.8.4.1). Anschließend werden zwei Ansätze basierend auf dem Einsatz von Netzwerktheorie zum Clustern von (Un-)Ähnlichkeitsdaten diskutiert (4.8.4.2).

4.8.4.1 Clusterweise Aggregation von Netzwerken

Die Fragestellung, in der kein Clustering der Knoten eines Netzwerks gesucht wird, sondern es sich bei den zu clusternden Objekten um Netzwerke handelt, nennen Gaul/Schader (1988) [114] **clusterweise Aggregation von Relatio-**

4. Clusteranalysemethoden für Netzwerke

nen (CAR). Eine Anwendungssituation sind beispielsweise paarweise Vergleiche, die eine Gruppe von Personen für eine Menge von Objekten angibt. Für jede Person entsteht daraus ein Netzwerk, das zeigt, welche Relationen diese Person zwischen den bewerteten Objekten sieht. Die Knoten eines Relations–Netzwerks stellen die bewerteten Objekte dar, und die gerichteten Kanten geben an, welches Objekt die Person in dem paarweisen Vergleich präferiert. Gesucht wird in dieser Anwendung eine Menge zentraler Relationen, welche die verschiedenen Präferenzarten der Personengruppe wiedergibt. Die Clusteranalyse bezieht sich darauf, die Netzwerke so zu clustern, dass möglichst ähnliche Netzwerke in einem Cluster sind, und für jedes Cluster ein zentrales Netzwerk zu ermitteln, das die Struktur der Netzwerke dieses Clusters bestmöglich repräsentiert. Formell sei V eine Objektmenge und $R \subset V \times V$ eine binäre Relation auf V, die als $R = (r_{ij})$ beschrieben werden kann, mit $r_{ij} = 1$, falls $i \in V$ in Relation R zu $j \in V$ steht, und $r_{ij} = 0$, sonst (vgl. Abschnitt 4.8.1). Das Netzwerk, welches R darstellt, wird mit N_R bezeichnet. Die Unähnlichkeit zweier Netzwerke N_{R_1} und N_{R_2} mit der gleichen Knotenmenge $V(N_{R_1}) = V(N_{R_2})$, welche die Relationen $R_1 = (r_{1ij})$ und $R_2 = (r_{2ij})$ darstellt, sei mit $dis(N_{R_1}, N_{R_2})$ bezeichnet. Diese Unähnlichkeit wird über die Kantenmengen $E(N_{R_1})$ und $E(N_{R_2})$ als

$$\begin{aligned} dis(N_{R_1}, N_{R_2}) &:= |E(N_{R_1}) \cup E(N_{R_2})| - |E(N_{R_1}) \cap E(N_{R_2})| \\ &= \sum_{i,j \in V} (r_{1ij} + r_{2ij} - 2 r_{1ij} \cdot r_{2ij}) \end{aligned}$$

definiert (vgl. Gleichung (2.2) auf Seite 13). Die Unähnlichkeit entspricht also der Anzahl an Kanten, die in genau einem der beiden Netzwerke auftreten. In Abbildung 2.4 auf Seite 14 ist ein Beispiel zu dieser Berechnungsweise dargestellt. Für eine gegebene Menge von Relationen $\{R_1, R_2, \ldots, R_L\}$ auf einer Objektmenge V sind Segmente (Cluster) von Relationen gesucht, so dass Relationen desselben Segments besonders ähnlich und Relationen aus verschiedenen Segmenten möglichst unähnlich sind. Die Relationen in Segment s sind mit $\{R_{t_s}, t_s = 1, \ldots, L_s\}$ bezeichnet, wobei $\sum_{s=1}^{S} L_s = L$ gilt. Für jedes Segment $s = 1, \ldots, S$ gibt es eine zentrale Relation R_s^{zen}, welche die Relationen des Segments bestmöglich widerspiegelt. Die Zielfunktion Z dieses Clusteranalyseproblems auf Relationen geben Gaul/Schader (1988) [114] wie folgt an:

$$\begin{aligned} Z &:= \sum_{s=1}^{S} \sum_{t_s=1}^{L_s} d(R_{t_s}, R_s^{zen}) = \sum_{s=1}^{S} \sum_{t_s=1}^{L_s} \sum_{i,j \in P} (r_{t_s ij} + r_{sij}^{zen} - 2 r_{t_s ij} \cdot r_{sij}^{zen}) \\ &= \sum_{s=1}^{S} \sum_{i,j \in P} (L_s - 2 \sum_{t_s=1}^{L_s} r_{t_s ij}) \cdot r_{sij}^{zen} + \sum_{s=1}^{S} \sum_{t_s=1}^{L_s} \sum_{i,j \in P} r_{t_s ij}. \end{aligned}$$

Z ist eine lineare Funktion in Abhängigkeit der unbekannten zentralen Relationen $R_s^{zen} = (\ldots, r_{sij}^{zen}, \ldots)$. Diese sind formell definiert durch $r_{sij}^{zen} = 1$, falls i in Relation r_{sij}^{zen} zu j steht, und $r_{sij}^{zen} = 0$, sonst. Als Nebenbedingungen können für die Relationen R_s^{zen} Eigenschaften wie Reflexivität ($r_{sii}^{zen} = 1$ für alle $i \in V$), Transitivität (($r_{sij}^{zen} = 1 \wedge r_{sjk}^{zen} = 1) \Rightarrow r_{sik}^{zen} = 1$ für alle $i, j, k \in V$) oder ähnliches gefordert werden. Im oben erwähnten Beispiel der paarweisen Vergleiche ist z.B. Symmetrie ($r_{sij}^{zen} = r_{sji}^{zen}$ für alle $i, i \in V$) keine sinnvolle Nebenbedingung, da die Relation besagt, welches Objekt im paarweisen Vergleich besser bewertet wird. Insgesamt ergibt sich ein kombinatorisches Optimierungsproblem, in dem Segmente von Relationen gesucht werden (beschrieben durch die zentrale Relation R_s^{zen}), für die Z minimiert wird.

Owsinski/Zadrożny (1992) [218] betrachten die von Gaul/Schader (1988) [114] formulierte CAR für Präferenzrelationen am Beispiel von Cognacwerbungen. Die Autoren geben eine alternative Formulierung des Optimierungsproblems an und schlagen für das dabei auftretende Optimierungsproblem eine Heuristik zur Approximation der Lösung vor, die zunächst die Relationen clustert und anschließend für jedes Segment eine zentrale Relation ermittelt.

4.8.4.2 Netzwerktheorie zum Clustern von (Un-)Ähnlichkeitsdaten

Dieser Abschnitt behandelt zwei Veröffentlichungen, die sich mit der Clusteranalyse von (Un-)Ähnlichkeitsdaten unter Verwendung von Netzwerktheorie befassen. In beiden Fällen werden die Daten zunächst in ein Netzwerk überführt. Hubert (1973) [138] verwendet dieses Netzwerk anschließend, um zwei Clustermethoden für symmetrische (Un-)Ähnlichkeitsdaten auf den asymmetrischen Fall zu erweitern (4.8.4.2.1), während Brás Silva et al. (2006) [47] eine Knotenfärbung des Netzwerks durchführen und diese Partition der Knotenmenge anschießend in ein Clustering der (Un-)Ähnlichkeitsdaten transformieren (4.8.4.2.2).

4.8.4.2.1 Asymmetrisches Single und Complete Linkage Verfahren

Hubert (1973) [138] überträgt die von Johnson (1967) [147] für symmetrische (Un-)Ähnlichkeitsdaten diskutierten hierarchischen Clustermethoden Single Linkage und Complete Linkage (vgl. Abschnitt A.2) unter Verwendung von netzwerktheoretischen Überlegungen auf asymmetrische (Un-)Ähnlichkeitsdaten. Eine Matrix $S = (s_{vw})$, in der paarweise verschiedene Ähnlichkeitswerte für eine Objektmenge gespeichert sind, wird in ein Netzwerk $N(V, E)$ überführt, dessen Knoten die Objekte darstellen. Dabei existiert zwischen zwei Knoten v und w genau dann eine Kante, wenn s_{vw} kleiner als eine Konstante c ist. Je größer c ist, desto mehr Kanten hat das konstruierte Netzwerk. Ist c größer als ein für die Ähnlichkeitsmatrix spezifischer Wert c^*, dann ist N zusammenhängend. Johnson (1967) [147] definiert S so, dass ein kleinerer Wert s_{vw} einer größeren Ähnlichkeit entspricht. Diese Art von Daten werden von anderen Autoren als Unähnlichkeitsdaten bezeichnet und nicht als Ähnlichkeitsdaten.

Für die Knotenmenge $V(N)$ eines Netzwerks N existiert eine eindeutige Zerlegung Z in **maximal zusammenhängende Teilnetzwerke** $N_1, \ldots, N_K$, so dass Z eine Partition von $V(N)$ bildet und jedes Teilnetzwerk N_k mit $1 \leq k \leq K$ zusammenhängend ist, und zwar mit der Eigenschaft, dass kein Knoten aus $V(N) \backslash V(N_k)$ mit einem Knoten aus $V(N_k)$ verbunden ist. Jede Partition der durch das Netzwerk dargestellten Objektmenge, das in einer Hierarchie des Single Linkage Verfahrens nach Johnson (1967) [147] auftritt, entspricht der Zerlegung von N in maximal zusammenhängende Teilnetzwerke für bestimmte Werte c.

Diese netzwerktheoretische Darstellung des Single Linkage Verfahrens erweitert Hubert (1973) [138] auf asymmetrische (Un-)Ähnlichkeitsdaten. Da in gerichteten Netzwerken drei verschiedene Definitionen von Zusammenhang existieren, ergeben sich drei Varianten des Single Linkage Verfahrens. Bei den drei Zusammenhangsarten handelt es sich um: 1. einen schwachen Zusammenhang (zwischen je zwei Knoten aus $V(N)$ gibt es mindestens einen Pfad, also eine Folge adjazenter Kanten mit beliebigen Richtungen (siehe Abschnitt 2.1.1, Seite 11)), 2. einen einseitigen Zusammenhang (zwischen je zwei Knoten v und w aus $V(N)$ existiert mindestens ein gerichteter Weg W_{v-w} oder W_{w-v}), und 3. einen starken Zusammenhang (zwischen je zwei Knoten v und w aus $V(N)$ existiert sowohl mindestens ein gerichteter Weg W_{v-w} als auch mindestens ein gerichteter W_{w-v}). Jedes stark zusammenhängende Netzwerk ist einseitig zusammenhängend und jedes einseitig zusammenhängende Netzwerk ist schwach zusammenhängend, während die Umkehrungen nicht gelten. Unter Verwendung dieser drei Definitionen des Zusammenhangs in gerichteten Netzwerken hat Hubert (1973) [138] drei Erweiterungen des Single Linkage Verfahrens entwickelt:

- Schwaches Single Linkage:
  Jede Partition Z_r mit $1 \leq r \leq n$ der (Un-)Ähnlichkeitsdaten innerhalb der agglomerativ erzeugten Hierarchie besteht aus den Knotenmengen $V(N_1^r), \ldots, V(N_{K(r)}^r)$ der maximal schwach zusammenhängenden Teilnetzwerke $N_1^r, \ldots, N_{K(r)}^r$, die sich jeweils für bestimmte Werte von c ergeben. (Eine Zerlegung in maximal schwach zusammenhängende Teilnetzwerke für ein gerichtetes Netzwerk ist eindeutig.)

- Einseitiges Single Linkage:
  Da eine Zerlegung der Knotenmenge eines Netzwerks in maximal einseitig schwach zusammenhängende Teilnetzwerke nicht eindeutig ist, be-

steht in diesem Fall jede Partition Z_r mit $1 \leq r \leq n$ der (Un-)Ähnlichkeitsdaten innerhalb der agglomerativ erzeugten Hierarchie aus den Knotenmengen $V(N_1^r), \ldots, V(N_{K(r)}^r)$ einer der Mengen maximal schwach zusammenhängender Teilnetzwerke $N_1^r, \ldots, N_{K(r)}^r$, die sich jeweils für bestimmte Werte von c ergeben.

- **Starkes Single Linkage:**
  Analog zum schwachen Single Linkage besteht jede Partition Z_r mit $1 \leq r \leq n$ der (Un-)Ähnlichkeitsdaten innerhalb der agglomerativ erzeugten Hierarchie aus den Knotenmengen $V(N_1^r), \ldots, V(N_{K(r)}^r)$ der maximal stark zusammenhängenden Teilnetzwerke $N_1^r, \ldots, N_{K(r)}^r$, die sich jeweils für bestimmte Werte von c ergeben. (Eine Zerlegung in maximal stark zusammenhängende Teilnetzwerke für ein gerichtetes Netzwerk ist eindeutig.)

Außerdem gibt Hubert (1973) [138] eine Erweiterung des Complete Linkage Verfahrens nach Johnson (1967) [147] unter Verwendung netzwerktheoretischer Definitionen an. Im symmetrischen Fall stimmt jede Partition der ursprünglichen Objektmenge, die in einer Hierarchie des Complete Linkage Verfahrens nach Johnson (1967) [147] auftritt, für bestimmte Werte c mit der eindeutigen Partition der Knotenmenge $V(N)$ des entsprechenden Netzwerks N in **maximal zusammenhängende Cliquen** N_k mit $1 \leq k \leq K$ überein. In jedem Teilnetzwerk N_k sind alle Knoten aus $V(N_k)$ paarweise adjazent und es gibt keinen Knoten aus $V(N)\backslash V(N_k)$, der zu allen Knoten aus $V(N_k)$ benachbart ist. Für gerichtete Netzwerke gibt es zwei unterschiedliche Erweiterungen dieses vollständigen Zusammenhangs: Für alle Knoten v und w eines schwachen vollständigen (Teil-)Netzwerks existiert mindestens eine der beiden Kanten vw und wv, während in einem vollständigen (Teil-)Netzwerk für alle Knoten v und w sowohl die Kante vw als auch die Kante wv vorhanden ist.

Basierend auf den vorangegangenen Überlegungen definiert Hubert (1973) [138] drei Single und zwei Complete Linkage Clustermethoden für asymmetrische (Un-)Ähnlichkeitsdaten.

Für die symmetrische Complete Linkage Hierarchie werden in der oben etablierten netzwerktheoretischen Notation diejenigen Cluster N_μ^r und N_ν^r mit $\mu \neq \nu$ zu $N_{\mu\nu}^{r+1}$ vereinigt, für die $v(N_\mu^r, N_\nu^r) = \min_{\alpha \neq \beta} v(N_\alpha^r, N_\beta^r)$ gilt. Dabei bezeichnet $v(N_\alpha^r, N_\beta^r)$ die Verschiedenheit zwischen den Clustern, was Hubert (1973) [138] als die maximale Ähnlichkeit s_{vw} zwischen zwei Objekten $v \in V(N_\alpha^r)$ und $w \in V(N_\beta^r)$ definiert. Formell gilt

$$v(N_\mu^r, N_\nu^r) := \min_{\alpha \neq \beta}\{\max\{s_{vw}|v \in V(N_\alpha^r), w \in V(N_\beta^r)\}\}. \tag{4.9}$$

4. Clusteranalysemethoden für Netzwerke

Diese Verschiedenheit v nennt der Autor Durchmesser, obwohl der Durchmesser eines Netzwerks dem Maximum der Längen der kürzesten Wege zwischen je zwei Knoten des Netzwerks entspricht, während Hubert (1973) [138] die ursprünglich für die Objektmenge angegebenen (Un-)Ähnlichkeitswerte verwendet. Für den asymmetrischen Fall definiert der Autor die Verschiedenheiten als Erweiterung von (4.9) wie folgt: Für starke Vollständigkeit gilt

$$v(N_\mu^r, N_\nu^r) := \min_{\alpha \neq \beta} \left\{ \max\{\max\{s_{vw}, s_{wv}\} | v \in V(N_\alpha^r), w \in V(N_\beta^r)\} \right\} \quad (4.10)$$

und für schwache Vollständigkeit

$$v(N_\mu^r, N_\nu^r) := \min_{\alpha \neq \beta} \left\{ \max\{\min\{s_{vw}, s_{wv}\} | v \in V(N_\alpha^r), w \in V(N_\beta^r)\} \right\}. \quad (4.11)$$

Für das Complete Linkage Verfahren von Johnson (1967) [147] für symmetrische (Un-)Ähnlichkeitsdaten gibt Hubert (1973) [138] also zwei Erweiterungen für asymmetrische (Un-)Ähnlichkeitsdaten an: Die Prozedur funktioniert wie im symmetrischen Fall mit dem Unterschied, dass zur Bestimmung der zu vereinigenden Cluster anstelle von (4.9) entweder (4.10) oder (4.11) eingesetzt wird.

Den Single Linkage Algorithmus für symmetrische (Un-)Ähnlichkeitsdaten erweitert Hubert (1973) [138] unter Verwendung der oben hergeleiteten Definitionen von drei Typen maximal zusammenhängender Teilnetzwerke theoretisch auf drei unterschiedliche Arten für asymmetrische (Un-)Ähnlichkeitsdaten. Allerdings kann lediglich die Erweiterung über den schwachen Zusammenhang unter Benutzung der (Un-)Ähnlichkeitsdaten formuliert werden. Die anderen beiden Varianten müssen unter Verwendung des hilfsweise konstruierten Netzwerks dargestellt werden, was in der Praxis zu aufwändig ist. Daher werden sie an dieser Stelle nicht weiter vertieft.

Im symmetrischen Fall wird als **Verschiedenheit** zweier Cluster N_α^r und N_β^r für Single Linkage Methoden anstelle der maximalen (Un-)Ähnlichkeit die minimale (Un-)Ähnlichkeit zwischen zwei Objekten $v \in V(N_\alpha^r)$ und $w \in V(N_\beta^r)$ eingesetzt. Die analoge Formulierung von (4.9) lautet also

$$v(N_\mu^r, N_\nu^r) := \min_{\alpha \neq \beta} \left\{ \min\{s_{vw} | v \in V(N_\alpha^r), w \in V(N_\beta^r)\} \right\}. \quad (4.12)$$

Die asymmetrische Erweiterung unter Verwendung des schwachen Zusammenhangs definiert Hubert (1973) [138] als

$$v(N_\mu^r, N_\nu^r) := \min_{\alpha \neq \beta} \left\{ \min\{\min\{s_{vw}, s_{wv}\} | v \in V(N_\alpha^r), w \in V(N_\beta^r)\} \right\}. \quad (4.13)$$

Das asymmetrische Single Linkage Verfahren von Hubert (1973) [138] läuft also so ab wie der symmetrischen Single Linkage Algorithmus von Johnson (1967) [147], aber es wird (4.13) anstelle von (4.12) verwendet.

Diese Clustermethode für (Un-)Ähnlichkeitdaten wurde unter Verwendung von Netzwerktheorie entwickelt. Auf Netzwerke ist sie nicht anwendbar, da zwischen nichtadjazenten Knoten kein entsprechender Ähnlichkeitswert existiert. Die Adjazenzmatrix eines Netzwerks ist keine geeignete Ähnlichkeitsmatrix, da Johnson (1967) [147] kleine Ähnlichkeitswerte für besonders ähnliche Objekte definiert und somit nichtbenachbarte Knoten maximal ähnlich wären. Obwohl Hubert (1973) [138] netzwerktheoretische Untersuchungen durchführt, werden die (Un-)Ähnlichkeitsdaten selbst nicht aus netzwerktheoretischer Sicht betrachtet.

4.8.4.2.2 Clusteranalyse mittels Knotenfärbung

Brás Silva et al. (2006) [47] geben eine Methode an, in der die Clusteranalyse von Unähnlichkeitsdaten unter Verwendung von Netzwerken durchgeführt wird. Allerdings werden die Knoten der aus den Unähnlichkeitsdaten erzeugten Netzwerke nicht mit bekannten Verfahren der Clusteranalyse von Netzwerken geclustert sondern mittels Knotenfärbung. Eine (zulässige) Knotenfärbung eines Netzwerks ist eine Abbildung, welche jedem Knoten des Netzwerks einen ganzzahligen, als Farbe bezeichneten Wert zuweist, so dass adjazente Knoten verschiedene Farben erhalten (siehe z.B. Diestel (2010) [78]). Das Ziel ist dabei, möglichst wenige Farben zu verwenden. Die kleinste Anzahl an Farben k, für die ein Netzwerk N eine Knotenfärbung besitzt, wird mit $\chi(N)$ bezeichnet und heißt **chromatische Zahl von N**. Eine allgemeine obere Schranke der chromatischen Zahl beliebiger Netzwerke hat Brooks (1941) [49] angegeben: Für Kreise mit ungerader Ordnung und vollständige Netzwerke gilt $\chi(N) = \Delta(N) + 1$ und andernfalls $\chi(G) \leq \Delta(G)$. Eine allgemeine untere Schranke für die chromatische Zahl $\chi(N)$ in Abhängigkeit des Maximalgrades $\Delta(N)$ existiert nicht, da beispielsweise die chromatische Zahl von bipartiten Netzwerken 2 beträgt.

Brás Silva et al. (2006) [47] übertragen zunächst die Objektmenge unter Berücksichtigung der dafür gegebenen Unähnlichkeitsdaten in ein Netzwerk N. Ähnlich wie bei Hubert (1973) [138] (vgl. Abschnitt 4.8.4.2.1) wird jedes Objekt durch einen Knoten von N dargestellt und zwei Knoten $u, v, \in N$ sind genau dann adjazent, wenn ihre Distanz mindestens so groß wie ein vom Anwender zu wählender Parameter α ist. Entspricht α der kleinsten auftretenden Distanz, so entsteht ein vollständiges Netzwerk. Falls ein größerer Wert als die größte vorkommende Distanz als α gewählt wird, gibt es keine Kanten. Durch diese Übertragung sind ähnliche Objekte in N nicht benachbart. Da in einer

Knotenfärbung ausschließlich nichtadjazente Knoten gleich gefärbt sind, sehen die Autoren eine durch eine Knotenfärbung definierte Partition als sinnvolles Clustering an, weil sich dadurch unähnliche Objekte in verschiedenen Clustern befinden. Zur Färbung der Knoten des entstandenen Netzwerks wird zunächst eine simple Heuristik angewandt, da die Bestimmung einer optimalen Färbung zu aufwändig ist. Konkret wird den Knoten nacheinander jeweils die erste für sie zulässige Farbe zugewiesen, mit der keiner ihrer Nachbarknoten bereits gefärbt ist. Anschließend wird die Anzahl $|\mathcal{F}|$ der in dieser Färbung verwendeten Farben unter Betrachtung der Dichte der $|\mathcal{F}|$ Cluster C_k ($k = 1, 2, \ldots, |\mathcal{F}|$), die jeweils n_k Objekte enthalten, und der jeweiligen Nachbarelemente der einzelnen Cluster reduziert. Die Dichte eines Clusters von Objekten bezeichnet die Anzahl von Objekten in einem bestimmten Gebiet. Für jedes Objekt v des Farbclusters C_k wird die Kugel $B(v, \alpha) \subset V$ mit Mittelpunkt v und Radius α betrachtet. Dabei bezeichnet $\tilde{n}_l$ die Anzahl der Objekte aus Farbcluster C_l mit $l \neq k$, die in $B(v, \alpha)$ liegen. Falls das Maximum $\tilde{n}_m$ aller $\tilde{n}_l$ größer ist als $\tilde{n}_k$, dann wird das Cluster C_k in das Cluster C_m aufgenommen. Wenn alle Knoten betrachtet wurden, endet das Verfahren.

Brás Silva et al. (2006) [47] bewerten dieses Vorgehen als sinnvoll für Unähnlichkeitsdaten, da durch den letzten Schritt auch Objekte mit einer Unähnlichkeit $d \geq \alpha$ in einem Cluster sein können und somit nicht ausschließlich konvexe Cluster in dem Raum der ursprünglichen Daten gefunden werden. Die ursprünglich gegebenen Datenwerte können – sofern sie metrisch sind – als Punkte in einem n–dimensionalen Vektorraum angegeben werden. Die Cluster sind somit als n–dimensionale Teilgebiete dieses Raumes darstellbar. Dabei kann es nach Angabe von Brás Silva et al. (2006) [47] sinnvoll sein, Cluster zu bilden, deren Darstellungen in diesem Raum nicht konvex sind. Methoden der Clusteranalyse von Netzwerken kommen in dem Verfahren von Brás Silva et al. (2006) [47] nicht zum Einsatz, aber der Ansatz unterstreicht die Bedeutung von Netzwerktheorie im Zusammenhang mit Clusteranalyse. Die Güte der gefundenen Clusterlösung $\mathcal{C}$, welche dem k–partiten Netzwerk $N_\mathcal{C}$ mit $k = |\mathcal{C}|$ entspricht, definieren Brás Silva et al. (2006) [47] als die Anzahl der Inter–Cluster–Kanten, die nicht in $N_\mathcal{C}$ vorhanden sind. Netzwerktheoretisch ist das ein Vergleich von $N_\mathcal{C}$ mit dem vollständig k–partiten Netzwerk mit denselben Partitionsmengen. Für Clusterings von Netzwerken ist dieses Maß nicht sinnvoll, weil dort eng vernetzte Cluster mit wenigen Kanten zwischen den Clustern gesucht werden.

4.9 Zusammenfassung und Fazit

In diesem Kapitel wurden bekannte Algorithmen vorgestellt, die im Zusammenhang mit Netzwerken und Clusteranalyse stehen. Die meisten der in der vorliegenden Arbeit besprochenen Verfahren ermitteln eng vernetzte Knotengruppen in Netzwerken, die untereinander weniger stark verbunden sind. Sehr viele der auf dieses Ziel ausgerichteten Methoden versuchen, zu diesem Zweck eine Partition der Knotenmenge des Netzwerks zu finden, für die das in Abschnitt 3.1 definierte Gütemaß Modularität maximal ist. Einheitliche Präferenzen für eine oder mehrere der erläuterten Vorgehensweisen sind in der Literatur nicht erkennbar. Einen Anhaltspunkt bietet diesbezüglich eine Untersuchung von Lancichinetti/Fortunato (2009b) [173]. Diese beinhaltet einen Vergleich von zwölf Clusteralgorithmen in Netzwerken bezüglich Güte und Schnelligkeit. Von den in diesem bzw. dem vorangegangenen Kapitel behandelten Ansätzen haben Lancichinetti/Fortunato (2009b) [173] die folgenden sieben Verfahren ausgewählt: den divisiven Algorithmus von Girvan and Newman (2004) [213] (siehe Abschnitt 4.3), die Abwandlung dieses Verfahrens nach Radicci *et al.* (2004) [230] (siehe ebenda), die agglomerative Modularitätsmaximierung nach Clauset *et al.* (2004) [65] (vgl. Abschnitt 4.1.1), die Verwendung einer Größenreduktion von Blondel *et al.* (2008) [33] (siehe Abschnitt 4.1.2.3), die informationstheoretischen Verfahren von Rosvall/Bergstrom (2007/2008) [239, 240] (vgl. Abschnitt 4.6.2) sowie den Potts Modell Ansatz nach Ronhovde/Nussinov (2009/2010) [237, 238] (vgl. Abschnitt 3.4.2). Weiterhin beinhaltet der Vergleich die weiteren Methoden: ein Verfahren unter Verwendung der rechten stochastischen Matrix (vgl. Abschnitt 4.2.4.2) der Adjazenmatrix des Netzwerks nach Enright *et al.* (2002) [88], eine spektrale Methode (siehe Abschnitt 4.2) von Donetti/Muñoz (2004) [83], eine Modularitätsoptimierung unter Verwendung von Simulated Annealing nach Guimerà/Amaral (2005) [128], einen lokalen Algorithmus, der auch überlappende Cluster finden kann, von Palla *et al.* (2005) [225] sowie eine statistische Vorgehensweise von Newman/Leicht (2007) [214].

Den Vergleich dieser Verfahren führen Lancichinetti/Fortunato (2009b) [173] unter Verwendung zweier Klassen von Benchmark Netzwerken durch. Dabei handelt es sich um eine von Girvan/Newman (2002) [119] verwendete Menge von Netzwerken (vgl. Abschnitt 6.2.2) sowie um die von Lancichinetti *et al.* (2008) [171] und Lancichinetti/Fortunato (2009a) [172] eingeführten LFR- bzw. LF–Benchmark–Netzwerke. Letztere werden auch in der vorliegenden Arbeit eingesetzt und sind in Kapitel 6 erläutert (konkret behandelt Abschnitt 6.2.2 ungerichtete, ungewichtete LFR–Netzwerke, während in den Abschnitten 6.3.2 und 6.4.3 LF–Netzwerke mit gewichteten bzw. gerichteten Kanten beschrieben werden).

Als Fazit der Vergleiche geben Lancichinetti/Fortunato (2009b) [173] an, dass drei dieser Verfahren sehr gute Ergebnisse liefern und sich gleichzeitig durch geringe Laufzeiten auszeichnen. Dabei handelt es sich um die Algorithmen von Blondel *et al.* (2008) [33], Ronhovde/Nussinov (2009/2010) [237, 238] und Rosvall/Bergstrom (2007/2008) [239, 240].

4. Clusteranalysemethoden für Netzwerke

Ein bislang in der Literatur nicht behandelter Aspekt stellt die Verwendung von Methoden und Erkenntnissen aus der Clusteranalyse von (Un-)Ähnlichkeits- und Distanzdaten für die Clusteranalyse von Netzwerken dar. Die beiden in Abschnitt 4.8.4.2 beschriebenen Methoden setzen zwar die Netzwerktheorie zur Clusteranalyse von (Un-)Ähnlichkeitsdaten ein, sie werden aber nicht dazu verwendet, eng vernetzte Knotencluster in Netzwerken zu finden. Dennoch sind die Ansätze aus netzwerktheoretischer Sicht interessant, da (Un-)Ähnlichkeitswerte in Kanten eines Netzwerks umgewandelt werden und unter Verwendung dieser Kanten ein Clustering entsteht. Die Existenz von Kanten in den erzeugten Netzwerken basiert auf der Größe der ursprünglichen (Un-)Ähnlichkeitsdaten. Weiterhin leitet Hubert (1973) [138] die Verschiedenheit zweier Cluster aus maximal zusammenhängenden bzw. vollständigen Teilnetzwerken her. Dabei verwendet er den Begriff des Durchmessers. Dieser bezeichnet das Maximum der Längen der kürzesten Wege zwischen je zwei Knoten des Netzwerks. Dies legt die Überlegung nahe, nicht nur Verschiedenheitswerte, sondern auch (Un-)Ähnlichkeitswerte unter Verwendung der Längen von Wegen in Netzwerken zu definieren. Auf diesem Ansatz basiert die im folgenden Kapitel vorgestellte Methode.

Kapitel 5

Clustermethode mit kürzesten Weglängen

Die in Kapitel 4 beschriebenen Methoden zur Clusterbildung in Netzwerken basieren auf den durch die Kanten des Netzwerks dargestellten Adjazenzbeziehungen der Knoten des Netzwerks. In ungewichteten Netzwerken ist dies eine binäre Relation: Entweder es existiert zwischen zwei Knoten i und j eine Kante ij und der entsprechende Eintrag der Adjazenzmatrix beträgt $A_{ij} = 1$ oder die Kante ij existiert nicht und es gilt $A_{ij} = 0$. Selbst wenn den Kanten Gewichte zugewiesen sind, also wenn $A_{ij} \in \mathbb{N}$ oder $A_{ij} \in \mathbb{R}$ gilt, hat die durch die Kanten beschriebene Relation in folgender Hinsicht einen binären Charakter: entweder es ist eine Kante vorhanden oder die Knoten sind nicht benachbart. Für nicht adjazente Knoten i und j lässt sich aus $A_{ij} = 0$ nicht unmittelbar ableiten, ob sie innerhalb des Netzwerks beispielsweise zu benachbarten Knoten adjazent sind oder in völlig anderen Bereichen des Netzwerks liegen.

Dies steht in deutlichem Gegensatz zu den in Anhang A vorgestellten klassischen Clusteranalysemethoden, welche (Un-)Ähnlichkeits- oder Distanzdaten innerhalb einer Menge von Objekten auswerten. Generell liegt für jedes Objektpaar ein (Un-)Ähnlichkeits- oder Distanzwert vor. Dabei kann das Problem fehlender Werte berücksichtigt werden, aber der Anteil dieser fehlenden Werte ist wesentlich geringer als der Anteil von nicht benachbarten Knotenpaaren in einem realen Netzwerk. Dadurch, dass in einem Netzwerk für nicht adjazente Knoten keine Informationen über ihre Ähnlichkeit vorliegen, gehen wertvolle Informationen verloren. Es ist naheliegend, eine Adjazenzmatrix als Datengrundlage für ein klassisches Clusterverfahren zu verwenden, da der Forschungsbereich der Clusteranalyse von (Un-)Ähnlichkeits- und Distanzdaten sowohl theoretisch als auch praktisch eingehender untersucht wurde als die Clusteranalyse in Netzwerken (vgl. unter anderem Bock (1974) [35], Arabie *et al.* (1996) [9]). Die direkte Anwendung von für (Un)-Ähnlichkeits- oder Distanzdaten entwickelten Clusterverfahren für Netzwerke ist allerdings nicht zielführend, weil jeder Eintrag $A_{ij} = 0$ der Adjazenzmatrix als fehlender Wert der (Un-)Ähnlichkeits- bzw. Distanzbeschreibung gewertet werden müsste. Die Tatsache, dass sich außerdem viele Knotenpaare gleich (un-)ähnlich wären bzw. die gleiche Distanz hätten, da im ungewichteten Fall $A_{ij} \in \{0, 1\}$ gilt, wird in den Abschnitten 5.1.2.1 und 5.1.5 thematisiert.

Aus diesem Grund ist es sinnvoll, aus der Adjazenzmatrix neben den einzelnen Nachbarschaftsbeziehungen der Knoten weitere Informationen über Relationen zwischen nichtbenachbarten Knotenpaaren zu gewinnen. Eine geeignete Methode stellt die Verwendung kürzester Wege zwischen Knotenpaaren in Netzwerken dar. Das bedeutet, die Distanz eines nicht benachbarten Knotenpaares entspricht der Länge eines kürzesten Weges zwischen den beiden Knoten innerhalb des Netzwerks. Der kürzeste Weg ist eine klassische Größe in der Betrachtung von Netzwerken. Anwendungsbeispiele für kürzeste Weglängen in Netzwerken sind unter anderem die Berechnung kürzester Routen in Transport- oder Verkehrsnetzwerken (vgl. Abschnitt 2.1.2). Die in Abschnitt 5.1 vorgestellte Methode zum Clustern ungewichteter, ungerichteter Netzwerke basiert auf der Idee, die in der Adjazenzmatrix gespeicherten Informationen in Distanzdaten umzuwandeln und darauf eine für (Un-)Ähnlichkeits- bzw. Distanzdaten konstruierte Clusteranalyse anzuwenden. Grundlagen der Clusteranalyse für (Un-)Ähnlichkeits- bzw. Distanzdaten werden in Anhang A behandelt. Erweiterungen auf gewichtete und gerichtete Netzwerke werden in den Abschnitten 5.2 und 5.3 hergeleitet, während die Ergebnisse von Anwendungen dieser Methoden auf verschiedene reale sowie konstruierte Benchmark–Netzwerke in Kapitel 6 dargestellt sind. Alle in diesem Kapitel beschrieben Verfahrensvarianten konstruieren Partitionen der Knotenmenge.

Im folgenden werden ausschließlich zusammenhängende Netzwerke untersucht. Im Falle unzusammenhängender Netzwerke kann die Einteilung in die Komponenten als Clustering angesehen werden. Für Verfeinerungen dieser Cluster-Lösung kann das im folgenden erläuterte Verfahren für jede Komponente des Netzwerks eingesetzt werden.

5.1 Kürzeste–Wege–Cluster–Methode für ungewichtete, ungerichtete Netzwerke

Das Verfahren zum Finden von Partitionen der Knotenmengen ungewichteter, ungerichteter Netzwerke unter Verwendung von Längen kürzester Wege in Netzwerken und Clusteralgorithmen, welche ursprünglich für (Un-)Ähnlichkeits- bzw. Distanzdaten entwickelt wurden, wird im folgenden als Kürzeste–Wege–Cluster–

Methode, kurz **KWC–Methode** bezeichnet. Der KWC–Algorithmus besteht aus den folgenden vier Phasen: Zunächst wird die Adjazenzmatrix unter Verwendung der kürzesten Wege innerhalb des Netzwerks in eine Distanzmatrix umgewandelt (siehe Abschnitt 5.1.1). Auf diese werden anschließend Verfahren der hierarchischen Clusteranalyse für Unähnlichkeits- bzw. Distanzdaten angewendet (vgl. Abschnitt 5.1.2). Für alle dabei auftretenden, als Lösung infrage kommenden Clusterings werden danach die Modularitätswerte ermittelt (Abschnitt 5.1.3). Aus dieser Menge von Clusterings werden – nach Wahl des Anwenders – entweder ein Clustering mit maximaler Modularität oder zwei Clusterings mit dem einen oder den beiden größten Modularitätswerten oder drei Clusterings mit den höchsten auftretenden Modularitäten ausgewählt. Für diese eine, zwei oder drei Lösung(en) wird schließlich mit dem in Abschnitt 4.7 beschriebenen Vertex Mover von Schuetz/Caflisch (2008a) [246] eine Nachbarschaftssuche durchgeführt (Abschnitt 5.1.4). Die Durchführung des KWC–Verfahrens wird in Abschnitt 5.1.5 an einem Beispiel verdeutlicht. Wie bereits angesprochen, werden im folgenden ausschließlich zusammenhängende Netzwerke betrachtet. Nicht zusammenhängende Komponenten eines Netzwerks werden stets getrennt betrachtet, da nichtzusammenhängende Cluster in der vorliegenden Arbeit nicht als sinnvoll erachtet werden.

5.1.1 Die Bestimmung aller kürzesten Wege

Wie in Abschnitt 2.1.2 erwähnt, gibt es verschiedene Aufgabenstellungen, zwischen welchen Knotenmengen eines Netzwerks kürzeste Wege zu berechnen sind. Im vorliegenden Fall ist für jedes Knotenpaar ein kürzester Weg innerhalb des Netzwerks und dessen Länge zu bestimmen, damit für je zwei Knoten ein Distanzwert vorliegt, der anschließend als Unähnlichkeitswert in ein klassisches Clusteranalyseverfahren eingeht. Ein Algorithmus zur Bestimmung aller kürzesten Wege von jedem Knoten in einem Netzwerk zu jedem anderen Knoten dieses Netzwerks ist der in Abschnitt 2.1.2 vorgestellte All Pairs Shortest Path (APSP) Algorithmus von Floyd (1962) [99] und Warshall (1962) [278]. Die kürzesten Wege werden unter Verwendung zweier Matrizen ausgegeben: In der Matrix MD sind die kürzesten Weglängen zwischen jedem Knotenpaar gespeichert, während die Matrix MV die jeweiligen Vorgänger der Endknoten auf den entsprechenden kürzesten Wegen zwischen jedem Knotenpaar enthält. Aus der Matrix MV können die konkreten Wege schrittweise rückwärts vom Endknoten zum Startknoten abgelesen werden. Für die KWC–Methode sind lediglich die Weglängen interessant. Der APSP überprüft schrittweise für jeden Knoten, ob es ein Knotenpaar gibt, dessen Distanz durch einen Weg über diesen Knoten verkürzt werden kann und aktualisiert ggf. die Distanzwerte, bis die Matrix MD nach Durchführung aller Iterationen die kürzesten Distanzen zwischen jedem Knotenpaar des Netzwerks enthält.

5.1.2 Anwendung hierarchischer Verfahren

Die mit dem APSP–Algorithmus berechnete Distanzmatrix MD wird im folgenden Schritt mit verschiedenen hierarchischen Clusterverfahren zur Analyse von Unähnlichkeitsdaten untersucht. Die Hintergründe dieses Ansatzes werden in Abschnitt 5.1.2.1 erläutert. Die Implementierung in MATLAB wird in Abschnitt 5.1.2.2 dargestellt.

5.1.2.1 Lösungsansatz

Wie zu Beginn des Kapitels beschrieben, besteht die Grundidee dieser neuen Methode darin, bekannte und bewährte, für Distanzdaten entwickelte Clusterverfahren auf Netzwerkdaten anzuwenden. Die im vorangegangenen Schritt bestimmten Längen kürzester Wege werden als Input für diese distanzbasierten Clusterverfahren verwendet. Eine Einführung in die Clusteranalyse von (Un-)Ähnlichkeits- und Distanzdaten wird in Anhang A gegeben. In MATLAB sind die folgenden hierarchischen agglomerativen Clustermethoden implementiert: Single, Complete, Average, Centroid, Median und Weighted Average Linkage sowie das Ward–Verfahren. Als erste Herangehensweise wurden diese sieben Methoden alle auf die Distanzmatrix MD angewendet, um zu bewerten, wie sinnvoll die einzelnen Ergebnisse sind. Für Centroid Linkage, Median Linkage und das Ward–Verfahren sollten die verwendeten Distanzen euklidisch sein, was bei der Verwendung der Längen kürzester Wege innerhalb eines Netzwerks nicht der Fall sein muss. Daher kann eine Anwendung dieser drei Methoden zu unangemessenen Clusterings führen. Außerdem können bei der Durchführung des Centroid und des Median Linkage Verfahrens nichtmonotone Dendrogramme auftreten. Das ist genau dann der Fall, wenn die Distanz zwischen der Vereinigung zweier Cluster $I \cup J$ und einem dritten Cluster K kleiner ist als die Distanzen von I zu K oder von J zu K. Für Distanzdaten mit dieser Eigenschaft sind daher andere Linkage–Methoden zu verwenden. Bei der Anwendung aller sieben agglomerativen Varianten auf die mittels APSP gewonnenen Distanzdaten des Netzwerks wurden mit dem Average Linkage und dem Weighted Average Linkage Verfahren in den in Kapitel 6 dargestellten Testreihen die besten Clusterings gefunden. In einigen Fällen funktioniert auch das Ward–Verfahren, obwohl die Distanzdaten nicht euklidisch sein müssen. Es ist nicht verwunderlich, dass das Single und das Complete Linkage Verfahren keine guten Ergebnisse liefern, da diese beiden Verfahren auch in der klassischen Clusteranalyse von Unähnlichkeitsdaten Schwächen aufweisen (vgl. Anhang A). Das Complete Linkage Verfahren wird beispielsweise in vielen Fällen lediglich angewendet, um Ausreißerobjekte zu identifizieren. Das ist bei Daten, die wie oben beschrieben aus der Analyse von Netzwerken stammen, nicht notwendig, da die hier betrachteten ungewichteten, ungerichteten Netzwerke zusammenhängend sind und somit keine Ausreißer auftreten. Bei der Verwendung des Single Linkage Verfahrens für die aus Netzwerken gewonnenen Distanzdaten fällt auf, dass vor allem bei kleinen Netzwerken häufig alle Knoten für denselben Verschiedenheitsindex (vgl. Anhang A.1), also in dem dazugehörigen Dendrogramm auf derselben Höhe (siehe Anhang A.2), zu einem einzigen Cluster zusammengefasst werden. Ein Grund dafür ist, dass alle benachbarten Knoten die Distanz 1 haben. Außerdem wird beim Zusammenfassen zweier Cluster I und J als neue Distanz zwischen einem anderen Cluster K und dem neuen Cluster $I \cup J$ jeweils das Minimum der Distanzen D_{IK} und D_{JK} gebildet, wodurch für viele Cluster die Distanz 1 bestehen bleibt. Daher ist innerhalb der KWC–Methode das Average oder das Weighted Average Linkage Verfahren zu empfehlen, wobei es dem Anwender überlassen bleibt, auch andere Varianten auszuprobieren.

5.1.2.2 Implementierung in MATLAB

In MATLAB liefert die Funktion *linkage(y,method)* ausgehend von den in y gespeicherten Distanzen einen agglomerativen hierarchischen Clusterbaum. Dabei ist y ein Vektor, der durch Aufruf der Funktion *squareform(D)* aus der Distanzmatrix MD entsteht und die kürzesten Wege zwischen allen Knotenpaaren enthält. Der errechnete Clusterbaum wird als $(n-1) \times 3$ Matrix Z ausgegeben, wobei n die Anzahl der in der Distanzmatrix auftretenden Objekte – also die Anzahl der Knoten – ist. Jede Zeile von Z entspricht dem Zusammenfassen von zwei Clustern innerhalb der agglomerativen hierarchischen Vorgehensweise. Da sich zu Beginn jeder Knoten in einem eigenen Cluster befindet und am Ende alle Knoten ein gemeinsames Cluster bilden, besteht Z aus $n-1$ Zeilen. Dabei enthalten die ersten beiden Spalten von Z die Indizes der beiden in dem entsprechenden Schritt vereinigten Cluster und in der dritten Spalte wird die Verschiedenheit dieser beiden Cluster gespeichert. Die ursprünglichen n Cluster sind jeweils mit dem Index desjenigen Knotens markiert, den sie enthalten. Die im Laufe des Verfahrens gebildeten Cluster erhalten die natürlichen Zahlen $n+1, \ldots, 2n-1$ als Indizes, wobei in Zeile $\tilde{n} \in \{1, 2, \ldots, n-1\}$ das Cluster $n + \tilde{n}$ entsteht. Werden in der ersten Zeile beispielsweise die Cluster 1 und 2 zusammengefasst, d.h. die Cluster mit den Knoten 1 und 2, so erhält das Cluster $\{1, 2\}$ den Index $n+1$. Wenn das Cluster $\{1, 2\}$ in einem späteren Schritt mit einem anderen Cluster vereinigt wird, steht in der entsprechenden Zeile in der ersten oder zweiten Spalte der Index $n+1$ (siehe Abschnitt 5.1.5 für eine Beispielrechnung).

Nach der Durchführung von *linkage(y,method)* kann der Anwender optional ein Dendrogramm ausgeben lassen. Dazu wird die MATLAB–Funktion *dendro-*

gram(Z,0) verwendet, wobei der Parameter 0 sicherstellt, dass die n ursprünglichen Cluster alle abgebildet werden. Bei dem Aufruf *dendrogram(Z,·)* werden von MATLAB standardmäßig nur die ersten 30 Objekte in das Dendrogramm eingezeichnet.

5.1.3 Bestimmung der Clusterings mit maximaler Modularität

Aus den als Lösung infrage kommenden Clusterings, die in den gefundenen Hierarchien auftreten, werden diejenigen Lösungen mit maximalen Modularitätswerten bestimmt.

5.1.3.1 Lösungsansatz

Alle Clusterings, welche in den ermittelten Hierarchien der vom Anwender ausgewählten Linkage–Methoden vorkommen, werden als mögliche Lösungen betrachtet. Diese Clusterings werden alle ausgelesen und es werden die dazugehörigen Modularitätswerte bestimmt. Das Programm überlässt dem Anwender die Auswahl, ob lediglich ein Clustering mit dem höchsten Modularitätswert ermittelt und ausgegeben werden soll, oder ob im folgenden zwei oder drei Clusterings mit den größten auftretenden Modularitätswerten berücksichtigt werden. Ist die Auswertungszeit nicht kritisch, so kann es sinnvoll sein, auch die zweit- und drittbesten Clusterings zu betrachten. Dies vermittelt einen Eindruck darüber, ob diese Clusterings ähnlich große oder deutlich geringere Modularitätswerte besitzen, und ob sich die Anzahl der Cluster bei den Lösungen stark unterscheidet. So können gegebenenfalls sehr verschiedene, von der Modularität ähnlich gut bewertete Clusterings gefunden werden. Bei der Betrachtung mehrerer Clusterings ist es auch angebracht, mit dem Vertex Mover (siehe Abschnitt 4.7) für alle diese Lösungen eine Nachbarschaftssuche durchzuführen, um die gefundenen Clusterings alle lokal zu optimieren.

5.1.3.2 Implementierung in MATLAB

In MATLAB wurde diese Vorgehensweise wie folgt umgesetzt: Für die vom Anwender gewählten hierarchischen Methoden wird zunächst aus den entsprechenden Matrizen Z ausgelesen, wie viele Cluster die in den jeweiligen Hierarchien auftretenden Clusterings enthalten. Die dazu implementierte Funktion *clusteranzahlen(Z)* liest die Anzahl der Cluster aller Clusterings aus der dritten Spalte der Linkage–Matrix Z ab, in der die Linkage–Distanzen der durchgeführten Vereinigungen gespeichert sind. Da nur diejenigen Linkage–Verfahren verwendet werden, die monotone Dendrogramme liefern, sind die Einträge der dritten Spalte von Z monoton steigend. Steht also in Zeile i an dritter Stelle

5. Clustermethode mit kürzesten Weglängen

ein anderer Eintrag als in Zeile $i+1$, so hat das in den Zeilen 1 bis i gebildete Clustering $n-i$ Cluster (siehe Abschnitt 5.1.5 für eine Beispielrechnung). Im Dendrogramm kann jedes dieser Clusterings durch eine waagerechte Linie zwischen der dazugehörigen Linkage–Distanz und der zum nächstgröberen Cluster gehörenden Distanz veranschaulicht werden. Die entsprechenden Distanzen sind in der Zeile i der dritten Spalte von Z gespeichert. Als Output liefert *clusteranzahlen(Z)* einen Vektor nz, der die Clusteranzahlen aller in der Hierarchie gefundenen Clusterings enthält. Da Z mit einem agglomerativen Verfahren konstruiert wurde, sind die in zn gespeicherten Clusteranzahlen streng monoton fallend. Im Gegensatz zu Dendrogrammen, die aus Unähnlichkeitsdaten entstanden sind, gibt es beim Clustern der oben beschriebenen Netzwerk–Distanzdaten häufig Vereinigungen mehrerer Cluster für dieselben Verschiedenheitsindizes. Somit entsteht in der Hierarchie zu vielen Clusteranzahlen kein Clustering. Das ist der Fall, wenn mehrere Cluster auf derselben Ebene im Dendrogramm zusammengefasst werden (vgl. Abbildung A.1 (a) in Anhang A.2) und nicht nach jeder Vereinigung von zwei Clustern ein neues Clustering entsteht. Das liegt daran, dass es sich bei den aus Netzwerkdaten gewonnenen Distanzdaten um ganze Zahlen handelt, deren Maximum dem Durchmesser des Netzwerks entspricht. Somit treten bereits in der Matrix MD im Allgemeinen weniger verschiedene Distanzwerte auf als in einer herkömmlichen Unähnlichkeitsmatrix. Diese Aussage lässt sich selbstverständlich nicht pauschal verallgemeinern, aber sie wird in den durchgeführten Testreihen mit Netzwerkdaten (vgl. Kapitel 6) deutlich. Der Clusteranzahlenvektor nz wird der MATLAB–Funktion *cluster(Z,'maxclust',nz)* übergeben. Diese erzeugt eine Matrix C, die in jeder Spalte für jeweils einen Eintrag von nz einen Clustervektor enthält, der ein Clustering der Hierarchie beschreibt. Ein Clustering wird dabei auf folgende Weise in einem Clustervektor c gespeichert: Der i–te Eintrag von c entspricht demjenigen durch eine natürliche Zahl dargestellten Cluster, in welches der i–te Knoten des Netzwerks eingeordnet ist. Die Reihenfolge ergibt sich aus der Anordnung der Knoten in dem zu untersuchenden Adjazenzdatensatz. Ein Clustering kann somit durch verschiedene Clustervektoren dargestellt werden, aber jeder Clustervektor bildet genau ein Clustering ab. Das Clustering $\{\{1,3\},\{2,4,5\}\}$ wird beispielsweise durch die Clustervektoren $c_1 = (1,2,1,2,2)$ und $c_2 = (2,1,2,1,1)$ beschrieben. Die Funktion *cluster(Z,'maxclust',nz)* liest dabei für jede Clusteranzahl $nz(i)$ die kleinste Linkage–Distanz aus Z ab, auf dessen Höhe ein horizontaler Schnitt im Dendrogramm bis zu $nz(i)$ Cluster erzeugt. Dabei bezeichnet $nz(i)$ die i–te Komponente der Vektors nz, in dem Clusteranzahlen der in der Hierarchie auftretenden Clusterings gespeichert sind. Somit enthält C die Clustervektoren aller auftretenden Clusterings. Anschließend erfolgt die Berechnung der Modularität für alle Clusterings, die in den Matrizen Z vorkommen. Optional kann sich der Anwender für jede der von ihm ausgewählten Linkage–Varianten in einem 2–dimensionalen Koordinatensystem ausgeben lassen, für welche Clusteranzahl welcher Modularitätswert auftritt. Anders als die in der Regel für Unähnlichkeitsdaten verwendeten Gütefunktionen – wie beispielsweise die in Anhang A.1 dargestellte Familie von Gütefunktionen – gilt bei Verwendung der Modularität als Gütemaß kein monotoner Zusammenhang zwischen der Güte der einzelnen Clusterings der Hierarchie und ihrer Clusteranzahlen. Stattdessen dient ein maximaler Modularitätswert direkt als Indikator für ein bestes Clustering. Die Anwendung eines Ellenbogenkriteriums ist in diesem Fall nicht zielführend. Je nach Wahl des Anwenders werden anschließend die ein bis drei besten Modularitätswerte mit der Clusteranzahl des entsprechenden Clusterings ausgegeben. Dazu können, falls gewünscht, die dazugehörigen Clusterings angezeigt werden. Dies ist selbstverständlich nur für eine überschaubare Anzahl von Knoten empfehlenswert. Falls die Durchführung mehrerer Linkage–Varianten in einem Durchlauf ausgewählt wurde, kann ebenfalls ausgegeben werden, bei welcher der verwendeten Methoden die entsprechenden Modularitätswerte auftreten.

5.1.4 Nachbarschaftssuche

Im Anschluss an die Berechnung der ein bis drei besten Modularitätswerte wird auf die dazugehörigen Clusterings das in Abschnitt 4.7 vorgestellte Austauschverfahren **Vertex Mover** von Schuetz/Caflisch (2008a) [246] angewendet. Wie in Abschnitt A.3 erwähnt, ist es in der Clusteranalyse von Unähnlichkeitsdaten üblich, zunächst ein hierarchisches Clusterverfahren anzuwenden und ausgehend von dessen Lösung anschließend ein Austauschverfahren durchzuführen. Auch in der Clusteranalyse von Netzwerkdaten wird dieses Postprocessing einer hierarchischen Clusterlösung von einigen Autoren angewendet (vgl. Abschnitt 4.7). Die Implementierung des Vertex Mover in MATLAB erfolgte nach der Vorgehensbeschreibung von Schuetz/Caflisch (2008a) [246]. Der Input der Funktion $vertexmover(A, c^*, Q^*)$ besteht aus der in der Adjazenzmatrix angegebenen Nachbarschaftsrelation des Netzwerks und dem Clustervektor c^* sowie dem Modularitätswert Q^* des betrachteten Clusterings. Als Output liefert die Funktion den durch Anwendung der Austauschmethode entstandenen Clustervektor und den dazugehörigen Modularitätswert.

5.1.5 Beispiel zur Veranschaulichung

Das folgende Beispiel verdeutlicht die in den vorigen Abschnitten erläuterte Vorgehensweise. Es sei das in Abbildung 5.1 dargestellte Netzwerk gegeben.

5. Clustermethode mit kürzesten Weglängen

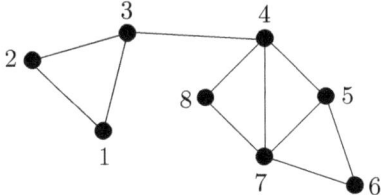

Abbildung 5.1: Ein ungerichtetes, ungewichtetes Beispielnetzwerk.

Die dazugehörige Adjazenzmatrix A und die Matrix der kürzesten Weglängen MD lauten

$$A = \begin{pmatrix} 0 & 1 & 1 & 0 & 0 & 0 & 0 & 0 \\ 1 & 0 & 1 & 0 & 0 & 0 & 0 & 0 \\ 1 & 1 & 0 & 1 & 0 & 0 & 0 & 0 \\ 0 & 0 & 1 & 0 & 1 & 0 & 1 & 1 \\ 0 & 0 & 0 & 1 & 0 & 1 & 1 & 0 \\ 0 & 0 & 0 & 0 & 1 & 0 & 1 & 0 \\ 0 & 0 & 0 & 1 & 1 & 1 & 0 & 1 \\ 0 & 0 & 0 & 1 & 0 & 0 & 1 & 0 \end{pmatrix}, \quad MD = \begin{pmatrix} 0 & 1 & 1 & 2 & 3 & 4 & 3 & 3 \\ 1 & 0 & 1 & 2 & 3 & 4 & 3 & 3 \\ 1 & 1 & 0 & 1 & 2 & 3 & 2 & 2 \\ 2 & 2 & 1 & 0 & 1 & 2 & 1 & 1 \\ 3 & 3 & 2 & 1 & 0 & 1 & 1 & 2 \\ 4 & 4 & 3 & 2 & 1 & 0 & 1 & 2 \\ 3 & 3 & 2 & 1 & 1 & 1 & 0 & 1 \\ 3 & 3 & 2 & 1 & 2 & 2 & 1 & 0 \end{pmatrix}.$$

Die sieben implementierten Verfahren Single (S), Complete (C), Average (A), Centroid (Ce), Median (M) und Weighted Average Linkage (We) sowie das Ward–Verfahren (W) ergeben die folgenden Cluster–Matrizen Z:

$$Z_S = \begin{pmatrix} 7 & 8 & 1 \\ 6 & 9 & 1 \\ 1 & 2 & 1 \\ 3 & 11 & 1 \\ 4 & 10 & 1 \\ 12 & 13 & 1 \\ 5 & 14 & 1 \end{pmatrix}, \quad Z_C = \begin{pmatrix} 7 & 8 & 1 \\ 5 & 6 & 1 \\ 4 & 9 & 1 \\ 1 & 3 & 1 \\ 2 & 12 & 1 \\ 10 & 11 & 2 \\ 13 & 14 & 4 \end{pmatrix}, \quad Z_A = \begin{pmatrix} 7 & 8 & 1 \\ 5 & 6 & 1 \\ 4 & 9 & 1 \\ 1 & 3 & 1 \\ 2 & 12 & 1 \\ 10 & 11 & 1,5 \\ 13 & 14 & 2,666 \end{pmatrix},$$

$$Z_{Ce} = \begin{pmatrix} 7 & 8 & 1 \\ 4 & 9 & 0,866 \\ 5 & 6 & 1 \\ 1 & 3 & 1 \\ 2 & 12 & 0,866 \\ 10 & 11 & 1,384 \\ 13 & 14 & 2,577 \end{pmatrix}, \quad Z_M = \begin{pmatrix} 7 & 8 & 1 \\ 4 & 9 & 0,866 \\ 5 & 6 & 1 \\ 1 & 3 & 1 \\ 2 & 12 & 0,866 \\ 10 & 11 & 1,392 \\ 13 & 14 & 2,678 \end{pmatrix},$$

$$\mathbf{Z_{We}} = \begin{pmatrix} 7 & 8 & 1 \\ 5 & 6 & 1 \\ 4 & 9 & 1 \\ 1 & 3 & 1 \\ 2 & 12 & 1 \\ 10 & 11 & 1,5 \\ 13 & 14 & 2,75 \end{pmatrix}, \mathbf{Z_W} = \begin{pmatrix} 7 & 8 & 1 \\ 5 & 6 & 1 \\ 4 & 9 & 1 \\ 1 & 3 & 1 \\ 2 & 12 & 1 \\ 10 & 11 & 2,145 \\ 13 & 14 & 4,990 \end{pmatrix}.$$

Bei der Matrix Z_S fällt auf, dass die dritte Spalte nur Einsen enthält. Das bedeutet, alle Knoten werden gleichzeitig bei einem Unähnlichkeitswert von 1 zu einem einzigen Cluster zusammengefasst. Diese Problematik des Single Linkage Verfahrens wurde in Abschnitt 5.1.2.1 angesprochen und dieses Netzwerk liefert ein Beispiel dafür, dass Single Linkage ungeeignet sein kann. Daher wird die Matrix Z_S für dieses Beispiel nicht weiter betrachtet. Die Matrizen Z_C, Z_A, Z_{We} und Z_W unterscheiden sich nur in den letzten beiden Einträgen der dritten Spalte. Das bedeutet, beim Complete, beim Average, beim Weighted Average Linkage und beim Ward–Verfahren werden dieselben Hierarchien gefunden, lediglich die Distanzen der letzten beiden Vereinigungen sind unterschiedlich. In Abbildung 5.2 ist exemplarisch das durch die Anwendung des Complete Linkage Verfahrens erzeugte Dendrogramm dargestellt.

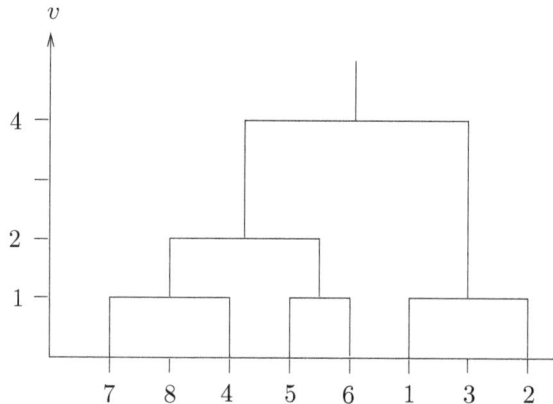

Abbildung 5.2: Das bei Verwendung des Complete Linkage Verfahrens erstellte Dendrogramm.

Aus dieser Hierarchie ergeben sich zwei Clusterings, die weiter zu untersuchen sind. Die Mächtigkeiten dieser beiden Clusterings sind in den Vektoren $nz_C = nz_A = nz_{We} = nz_W = (3,2)$ gespeichert. Es handelt sich um ein

5. Clustermethode mit kürzesten Weglängen

Clustering mit drei Clustern und ein Clustering mit zwei Clustern. Die beiden dazugehörigen Clustervektoren stehen in den entsprechenden Matrizen

$$\mathbf{C_C} = \mathbf{C_A} = \mathbf{C_{We}} = \mathbf{C_W} = \begin{pmatrix} C_2 & C_1 \\ 1 & 3 \\ 1 & 3 \\ 1 & 3 \\ 2 & 2 \\ 2 & 1 \\ 2 & 1 \\ 2 & 2 \\ 2 & 2 \end{pmatrix}.$$

Die beiden Spalten dieser Matrizen entsprechen den folgenden Clusterings: $\mathcal{C}_1 = \{\{1,2,3\},\{5,6\},\{4,7,8\}\}$ und $\mathcal{C}_2 = \{\{1,2,3\},\{4,5,6,7,8\}\}$. Die Modularitätswerte lauten $Q(\mathcal{C}_1) = 0,277$ und $Q(\mathcal{C}_2) = 0,343$. Eine Ausgabe in einem 2–dimensionalen Koordinatensystem, für welche Clusteranzahl welcher Modularitätswert auftritt, ist für eine Hierarchie mit zwei Clusterings nicht interessant.

Bei der Durchführung des Centroid und des Median Linkage Verfahrens tritt die bereits erwähnte Problematik auf, dass nichtmonotone Dendrogramme entstehen. Dies ist in den Matrizen Z_{Ce} und Z_M zu erkennen, da die Knoten 7 und 8 im ersten Schritt mit einer Distanz von 1 zu Cluster 9 zusammengefasst werden und der Knoten 4 im zweiten Schritt mit einer Distanz von $0,866$ mit diesem Cluster 9 vereinigt wird. Somit sind diese Verfahren für dieses Beispiel nicht weiter interessant. Das nichtmonotone Dendrogramm, das unter Verwendung der Median Linkage Methode erstellt wurde, ist in Abbildung 5.3 dargestellt.

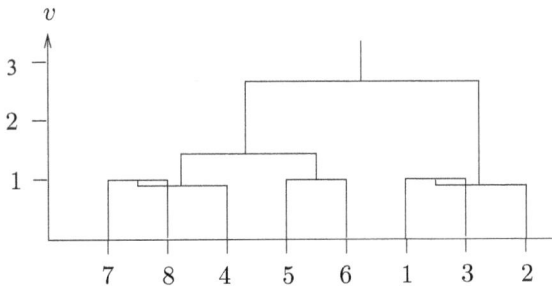

Abbildung 5.3: Ein nichtmonotones Dendrogramm.

Nach den ersten drei Schritten der KWC–Methode werden also zwei Clusterings mit verschiedenen Modularitätswerten gefunden. Eine Anwendung des

Vertex Movers auf das Clustering mit der größten gefundenen Modularität ergibt keine Verbesserung. Das Clustering mit der zweitbesten ermittelten Modularität ist das Clustering $\mathcal{C}_1$. Der Vertex Mover findet durch Verschieben des Knotens 7 das Clustering $\mathcal{C}_3 = \{\{1,2,3\},\{5,6,7\},\{4,8\}\}$, welches mit $Q(\mathcal{C}_3) = 0,293$ einen besseren Modularitätswert hat als das Clustering $\mathcal{C}_1$, für das $Q(\mathcal{C}_1) = 0,277$ gilt. Größer als die Modularität von $\mathcal{C}_2$ ist dieser Wert aber nicht, also handelt es sich um eine uninteressante Verbesserung. Somit wird die 2–Cluster–Lösung $\{\{1,2,3\},\{4,5,6,7,8\}\}$ mit $Q = 0,343$ als Optimallösung ausgegeben.

Die Ergebnisse des KWC–Verfahrens bei der Anwendung auf verschiedene aus der Literatur bekannte Netzwerke sind in Kapitel 6 dargestellt.

5.2 Erweiterung der KWC–Methode auf gewichtete Netzwerke

Die Kanten eines ungewichteten Netzwerks beschreiben eine binäre Relation zwischen den Knoten des Netzwerks. Dabei bedeutet das Vorhandensein einer Kante, also ein Eintrag $A_{ij} = 1$ in der Adjazenzmatrix A, dass zwischen den entsprechenden Knoten i und j eine Relation besteht. Die KWC–Methode überführt diese Informationen in Unähnlichkeitsdaten bzw. in Distanzdaten und zwei benachbarte Knoten werden als „nah" bzw. als „ähnlich" bezeichnet. Je größer die Länge eines kürzesten Weges zwischen zwei Knoten in einem Netzwerk ist, desto weniger nah sind sie einander und als desto unähnlicher werden sie in dem KWC–Verfahren behandelt. Dieser Abschnitt stellt die Übertragung der KWC–Vorgehensweise auf Netzwerke mit gewichteten Kanten dar, wobei zwischen Netzwerken mit nichtnegativen Kantengewichten (Abschnitt 5.2.1) und Netzwerken mit positiven und negativen Kantengewichten (Abschnitt 5.2.2) unterschieden wird.

5.2.1 Netzwerke mit nichtnegativen Kantengewichten

Bei der Übertragung der KWC–Methode auf gewichtete Netzwerke mit einer gewichteten Adjazenzmatrix W mit nichtnegativen Kantengewichten W_{ij} ist die Bedeutung der Gewichtung zu betrachten. Falls die Kanten eines Netzwerks beispielsweise Konfliktpotential zwischen den durch die Knoten des Netzwerks dargestellten Personen oder Parteien modellieren und eine Gruppierung der Knoten mit möglichst geringem Konfliktpotential innerhalb der Gruppen gesucht wird, ist folgende Betrachtung der Kantengewichte angemessen: Die vorhandenen Kantengewichte werden als Distanzen betrachtet, so dass hohe Konfliktpotentiale als große Distanzen modelliert werden. Das KWC–Verfahren bildet

5. Clustermethode mit kürzesten Weglängen

Cluster aus Knoten, die kleine Distanzen zueinander haben und daher der Fragestellung entsprechen. Nicht benachbarte Knoten in diesem Szenario müssen anstelle der Länge des kürzesten Weges innerhalb des Netzwerks einen kleinen Wert zugeordnet bekommen, beispielsweise den Eintrag $A_{ij} = 0$ der entsprechenden Adjazenzrelation, da zwischen ihnen kein Konfliktpotential existiert und sie daher in gemeinsame Cluster gruppiert werden sollten. In einem solchen Szenario ist es also sinnvoll, die gewichtete Adjazenzmatrix W direkt als Distanzmatrix zu verwenden und diese als Input an das in Abschnitt 5.1.2 dargestellte agglomerative Clusterverfahren zu übergeben. Adjazenzmatrizen realer Netzwerke enthalten deutlich mehr Nullen als aus Unähnlichkeitsdaten gewonnene Distanzmatrizen. Somit existieren im ersten Schritt der agglomerativen Clustermethode sehr viele Objektpaare, die mit einem Verschiedenheitsindex von 0 zusammengefasst werden können. Aus dem Grund sind in diesem Fall mehrere Durchläufe für eine Reihe verschiedener Permutationen der ursprünglichen Adjazenzmatrix angebracht. Falls in einem Schritt mehrere Clusterpaare die gleiche Verschiedenheit aufweisen, wählt die Funktion *linkage(y,method)* in Abhängigkeit der Indizes zwei Cluster zur Vereinigung. Wird eine permutierte gewichtete Adjazenzmatrix als Input übergeben, können aus einer Menge von Clusterpaaren mit den gleichen Verschiedenheiten andere Cluster zur Vereinigung ausgewählt werden. Dadurch kann eine andere Lösung entstehen, was für die oben beschriebenen Daten mit vielen Nullen sinnvoll sein kann. In realen gewichteten Netzwerken tritt die oben beschriebene Art der Bedeutung der Kantengewichte eher selten auf. Für die meisten realen gewichteten Relationen sowie in allen gewichteten Netzwerken, die in den Abschnitten 6.3 und 6.5 untersucht werden, bedeutet ein großes Kantengewicht W_{ij} eine enge Verbindung und sollte somit einer kleinen Distanz entsprechen. Eine adäquate Umkodierung der Kantengewichte vor der Anwendung des APSP–Algorithmus (vgl. Abschnitt 5.1.1) ist also notwendig, da die Gewichte innerhalb des APSP bereits als Distanzen interpretiert werden. Beispiele für derartige Relationen haben unter anderem Doreian *et al.* (2005) [84] zusammengetragen. Die dort beschriebenen gewichteten Netzwerke betrachten Doreian *et al.* (2005) [84] allerdings unter dem in Abschnitt 4.8.1 erläuterten Aspekt des Blockmodeling und geben daher keine Benchmark–Lösungen für Clusteranalysemethoden an. Beim Blockmodeling werden Objekte mit äquivalenten Positionen in einem Netzwerk zu sogenannten Blöcken zusammengefasst. Einige der bei Doreian *et al.* (2005) [84] angesprochenen gewichteten Netzwerke sollen an dieser Stelle als Beispiele dafür herangezogen werden, dass hohe Kantengewichte als enge Verbindungen zwischen den entsprechenden Knoten interpretiert werden und nicht als große Unähnlichkeitswerte: Bei Krivošić (1990) [163] entsprechen die Kantengewichte der Anzahl an Vermählungen zwischen noblen Familien aus Ragusan (heute bekannt als Dubrovnik, Kroatien) im 16. bzw. 18. Jahrhundert, während Drabek *et al.* (1981) [86] ein Kommunikationsnetzwerk im Katastrophenfall zwischen Organisationen beobachtet haben, in dem größere Kantengewichte eine intensivere Kommunikation zwischen den Parteien darstellen. Innerhalb eines sozialen Netzwerks von Mönchen hat Sampson (1968) [244] verschiedene Relationen wie Respekt und Einfluss untereinander untersucht. Doreian *et al.* [84] (2005) haben einen zweimodalen Datensatz (vgl. Abschnitt 4.8.2) von Davis *et al.* (1941) [72] als einmodales soziales Netzwerk zwischen Frauen umformuliert, in dem die Kantengewichte der Anzahl sozialer Veranstaltungen entsprechen, an denen zwei Frauen gemeinsam teilgenommen haben. Sowohl in dem Netzwerk der Mönche als auch in dem der Frauen wird eine stärkere Intensität der Beziehung durch ein größeres Kantengewicht modelliert. Dies gilt allgemein für die Bedeutungen der Kanten in sozialen Kommunikations- und Interaktionsnetzwerken, in denen beispielsweise das Ausmaß an E–Mail–Verkehr, gemeinsamen Publikationen, gegenseitigen Zitationen oder Kooperationen untersucht werden. Hohe Kantengewichte aus einem solchen Kontext müssen in geringe Distanzen überführt werden und niedrige Kantengewichte in große Distanzen. Für das KWC–Verfahren wurden drei Ansätze implementiert, für die es jeweils zwei verschiedene Varianten gibt (siehe Formeln (5.1) bis (5.6)). Die ursprünglichen Versionen der drei verschiedenen Ansätze für alle $i, j \in V(N)$ lauten

$$W_{ij}^{neu} := \max_{i,j}\{W_{ij}^{alt}\} - W_{ij}^{alt} + 1, \qquad (5.1)$$

$$W_{ij}^{neu} := \frac{1}{W_{ij}^{alt}}, \qquad (5.2)$$

und

$$W_{ij}^{neu} := e^{-W_{ij}^{alt}}. \qquad (5.3)$$

Durch Ausdruck (5.1) wird eine lineare Umkehrung der Gewichte im Intervall zwischen 1 und dem ursprünglichen Maximalgewicht plus 1 vorgenommen. Formel (5.2) bildet den Kehrwert und in Vorschrift (5.3) wird die natürliche Exponentialfunktion verwendet, wobei die ursprünglichen Kantengewichte mit negativem Vorzeichen als Exponenten eingesetzt werden.

Bei der Verwendung von (5.2) wird zwischen einem Knotenpaar, das im Ausgangsnetzwerk nicht benachbart ist, in dem geänderten Netzwerk eine Kante mit Gewicht ∞ eingefügt. Stattdessen könnte auch eine Konstante M verwendet werden, die größer als die übrigen umkodierten Gewichte ist. Diese Variante ist in Formel (5.4) angegeben. Sind die ursprünglichen Gewichte ganzzahlig und tritt das Gewicht 1 auf, beträgt der größte Kehrwert 1. Für diesen Fall wurde für die Testreihen in Kapitel 6 bei der Anwendung von (5.4) stets $M = 2$ gewählt.

5. Clustermethode mit kürzesten Weglängen

$$W_{ij}^{neu} := \begin{cases} \frac{1}{W_{ij}^{alt}} & \text{, falls } W_{ij}^{neu} > 0, \\ M > \max_{i,j}\left\{\frac{1}{W_{ij}^{alt}}\right\} & \text{, sonst.} \end{cases} \quad (5.4)$$

In den Umkodierungen aus (5.1) bzw. (5.3) erhalten ursprünglich nicht vorhandene Kanten im angepassten Netzwerk das ursprüngliche Maximalgewicht plus 1 bzw. den Wert $e^0 = 1$. Allerdings kann es inhaltlich als sinnvoll angesehen werden, Knotenpaaren, die im Ausgangsnetzwerk nicht adjazent sind, sehr große Distanzen zuzuweisen, zum Beispiel ∞ oder eine genügend große endliche Konstante, um nicht vorhandene Nachbarschaften des Ursprungsnetzwerks in Verbindungen mit besonders großer Distanz umzuwandeln. Die entsprechenden alternativen Umkodierungen für alle $i,j \in V(N)$ lauten:

$$W_{ij}^{neu} := \begin{cases} \max_{i,j}\{W_{ij}^{alt}\} - W_{ij}^{alt} + 1 & \text{, falls } W_{ij}^{neu} > 0, \\ \infty & \text{, sonst,} \end{cases} \quad (5.5)$$

und

$$W_{ij}^{neu} := \begin{cases} e^{-W_{ij}^{alt}} & \text{, falls } W_{ij}^{neu} > 0, \\ \infty & \text{, sonst.} \end{cases} \quad (5.6)$$

Zur Veranschaulichung werden die sechs beschriebenen Arten der Umkodierung auf das in Abbildung 5.4 (a) dargestellte Beispielnetzwerk angewendet. In Teil (b) der Abildung ist angegeben, welche Gewichte durch die Umrechnungen nach den Formeln (5.1) und (5.5)) entstehen. Teil (c) und (d) der Abbildung zeigen die umkodierten Gewichte, die sich bei der Verwendung der Vorschriften (5.2) und (5.4) bzw. (5.3) und (5.6) ergeben.

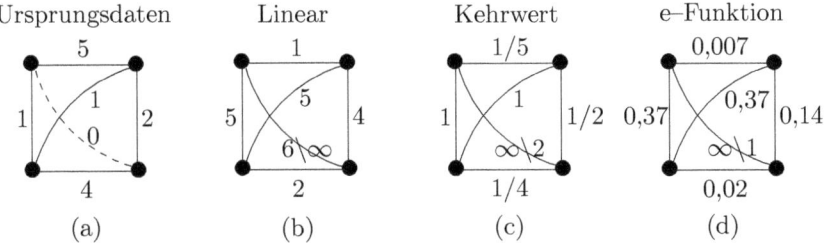

Abbildung 5.4: Verschiedene Arten der Anpassung von Kantengewichten.

Bereits in diesem Beispiel ist erkennbar, dass der Einsatz der e–Funktion nicht sinnvoll ist, falls das Ausgangsnetzwerk große Kantengewichte enthält, da die umgerechneten Werte in diesem Fall sehr klein sind. Die Umkodierung unter Verwendung der e–Funktion wird lediglich für Netzwerke empfohlen, deren größtes Kantengewicht maximal 4 beträgt. In dem Fall sind die veränderten Gewichte nicht kleiner als $e^{-4} \approx 0,018$. Für größere Kantengewichte ist auch die Verwendung des Kehrwerts problematisch, aber Netzwerke mit einem maximalen Kantengewicht bis zu 100 können damit umkodiert werden. Selbstverständlich ist die Wahl der Umkodierung abhängig von der Bedeutung des Verhältnisses der Kantengewichte. Durch eine Umrechnung nach (5.1) bleiben die Differenzen zwischen verschiedenen Kantengewichten gleich groß bei umgekehrtem Vorzeichen, während bei der Bildung des Kehrwerts nach (5.2) die Vielfachheiten erhalten bleiben. Damit ist gemeint, dass eine vorher doppelt so stark bewertete Relation später halb so stark bewertet wird.

Die Frage, ob nicht benachbarte Knoten die Distanz ∞ oder einen endlichen Wert zugewiesen bekommen, ist in Abhängigkeit der Interpretation der Adjazenzrelation zu entscheiden. Werden die Gewichte nicht in Relation zueinander stehender Objekte als ∞ modelliert, erhalten die entsprechenden Knotenpaare nach der Durchführung des APSP–Algorithmus als Distanz die Länge des kürzesten Weges, der in dem Netzwerk zwischen ihnen existiert. Werden hingegen endliche Werte eingesetzt (vgl. Formeln (5.1), (5.4) und (5.3)) können ursprünglich nicht benachbarte Knoten nach der Umkodierung und der Anwendung des APSP eine kleinere Distanz haben als die Länge des entsprechenden kürzesten Weges. Konkret hat ein nicht adjazentes Knotenpaar (q,s), zwischen dem im Ausgangsnetzwerk x Wege $p^{(1)},\ldots,p^{(i)},\ldots,p^{(x)}$ verlaufen, nach einer Umkodierung und des anschließenden Einsatzes des APSP die in Tabelle 5.1 angegebenen Distanzen.

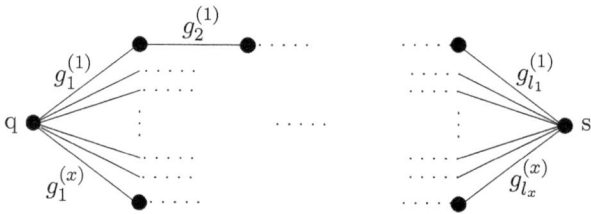

Abbildung 5.5: Visualisierung der in Tabelle 5.1 verwendeten Notation.

Das Gewicht der j–ten Kante auf dem Weg $p^{(i)}$ zwischen s und q wird mit $g_j^{(i)}$ bezeichnet und die Anzahl der Kanten des Weges $p^{(i)}$ mit l_i (siehe Abbildung 5.5). Weiterhin werden die Notationen $max := \max_{i,j \in V(N)}\{W_{ij}^{alt}\}$ und $M > \max_{i,j \in V(N)}\{1/W_{ij}^{alt}\}$ verwendet.

Für zusammenhängende, ungerichtete Netzwerke werden die auf ∞ gesetzen Distanzen bei der Anwendung des APSP durch endliche Weglängen er-

5. Clustermethode mit kürzesten Weglängen

setzt. Lediglich in gerichteten Netzwerken kann es vorkommen, dass zwischen zwei Knoten nicht in beide Richtungen ein Weg existiert und somit nicht benachbarte Knotenpaare die Distanz ∞ erhalten. Die in der vorliegenden Arbeit eingesetzten asymmetrischen hierarchischen Clusterverfahren (siehe Abschnitt 5.3.2) können mit der theoretischen Distanz ∞ umgehen, ggf. werden Cluster erst bei einem Verschiedenheitsindex von ∞ zusammengefasst. Alternativ können nach der Durchführung des APSP die als ∞ gespeicherten Distanzen auf eine große endliche Konstante gesetzt werden (vgl. Abschnitt 5.3.1).

Formel	neues Gewicht von qs	Distanz von qs nach APSP
(5.1)	$max + 1$	$\min_{p^{(i)}} \left\{ max + 1 \; ; \; l_i \cdot max + l_i - \sum_{k=1}^{l_i} g_k^{(i)} \right\}$
(5.5)	∞	$\min_{p^{(i)}} \left\{ l_i \cdot max + l_i - \sum_{k=1}^{l_i} g_k^{(i)} \right\}$
(5.2)	∞	$\min_{p^{(i)}} \left\{ \sum_{k=1}^{l_i} \frac{1}{g_k^{(i)}} \right\}$
(5.4)	M	$\min_{p^{(i)}} \left\{ M \; ; \; \sum_{k=1}^{l_i} \frac{1}{g_k^{(i)}} \right\}$
(5.3)	1	$\min_{p^{(i)}} \left\{ 1 \; ; \; \sum_{k=1}^{l_i} e^{-g_k^{(i)}} \right\}$
(5.6)	∞	$\min_{p^{(i)}} \left\{ \sum_{k=1}^{l_i} e^{-g_k^{(i)}} \right\}$

Tabelle 5.1: Verschiedene Distanzen für nicht benachbarte Knotenpaare.

5.2.2 Netzwerke mit negativen Kantengewichten

Die meisten in Kapitel 3 vorgestellten Verfahren suchen Cluster in Netzwerken mit nichtnegativen Kantengewichten. Wie in Abschnitt 3.5.1 beschrieben, hat Newman (2004b) [208] die Definition der Modularität direkt auf (ungerichtete) Netzwerke mit nichtnegativen Kantengewichten übertragen. Anstelle der binären Adjazenzmatrix eines ungewichteten Netzwerks wird die gewichtete Adjazenzmatrix verwendet.

Falls lediglich negative Kantengewichte in einem Netzwerk auftreten, ist es möglich, diese unter Beibehaltung ihres ursprünglichen Verhältnisses zueinander in positive Gewichte zu überführen. Dabei sind unter anderem die folgenden Überlegungen wichtig: Sollen negative Zahlen mit großem Absolutbetrag in große positive Zahlen oder in kleine positive Zahlen übertragen werden? Soll das Verhältnis zwischen den Gewichten beibehalten werden?

Drei triviale Übertragungen sind beispielsweise die folgenden: dem ursprünglichen negativen Gewicht $-x$ wird

(1.) das positive Gewicht x,

(2.) das positive Gewicht $1/x$ oder

(3.) das positive Gewicht $M - x$ mit $M \in \mathbb{R}$, $M > x$

zugeordnet. Bei der Übertragung nach (1.) bleibt das Verhältnis zweier ursprünglich negativer Gewichte $-W_1$ und $-W_2$ gleich, da $-W_1/-W_2 = W_1/W_2$ gilt, während sich das Vorzeichen der Differenz umkehrt: $-W_1 - (-W_2) = -(W_1 - W_2)$. Durch Übertragungsart (2.) wird das Verhältnis von $-W_1$ und $-W_2$ umgekehrt und es entsteht eine völlig andere Differenz. Wird (3.) eingesetzt, so ist das Verhältnis zweier Gewichte nach der Übertragung ganz anders, aber die Differenz bleibt gleich groß bei gleichem Vorzeichen. In allen drei Fällen ist außerdem zu definieren, ob nicht benachbarten Knotenpaaren, deren Relation in der Adjazenzmatrix als 0 gespeichert ist, ein anderer Wert zuzuordnen ist. Die Art der Übertragung ist in Abhängigkeit der Bedeutung der ursprünglichen negativen Relation so zu wählen, dass eine äquivalente Relation mit nichtnegativen oder positiven Kantengewichten daraus entsteht. Dies ist eine Fragestellung, die in den Bereich der sozialen Netzwerkanalyse aus soziologischer Sicht fällt. Ohne Kenntnis der Interpretation der Gewichte kann in diesem Fall keine sinnvolle Analyse erfolgen. Grundlagen der soziologischen Netzwerkanalyse werden beispielsweise bei Weyer (2000) [280] und Beckert (2005) [27] besprochen.

Für Netzwerke, in denen sowohl positive als auch negative Kantengewichte auftreten, haben unter anderem Gómez et al. (2009) [124] eine Übertragung der Modularität angegeben (vgl. Abschnitt 3.5.1). Dabei werden die Kanten mit positiven Gewichten und die Kanten mit negativen Gewichten in zwei getrennten Kopien des Netzwerks betrachtet. In beiden Kopien werden unabhängig voneinander Modularitätswerte Q^{gew+} und Q^{gew-} berechnet, die im Verhältnis aller positiven und negativen Gewichte in einen Gesamt–Modularitätswert des Netzwerks eingehen. Somit ergeben sich zwei grundsätzlich verschiedene Möglichkeiten zum Clustern in Netzwerken, die sowohl positive als auch negative Kantengewichte enthalten. Entweder werden alle Kantengewichte so umkodiert, dass sie nichtnegativ sind, oder die positiven und die negativen Kantengewichte werden zunächst getrennt betrachtet. Bei der Übertragung aller negativen Kantengewichte auf nichtnegative Werte besteht das oben beschriebene Problem, dass die Bedeutung der Relation durch die Transformation nicht verändert werden darf. Hier kommt hinzu, dass positive und negative Werte einer Relation gegenteilige Bedeutungen haben, was nach der Übertragung der Gewichte durch nichtnegative Werte dargestellt werden müsste. Die von Sampson (1968) [244] erhobenen

5. Clustermethode mit kürzesten Weglängen

Daten beschreiben beispielsweise verschiedene Relationen wie Respekt, Zuneigung, Einfluss und Unterstützung innerhalb einer Gruppe von Mönchen. Eine große Unterstützung mit positivem Vorzeichen zwischen Person X und Y ist dabei so definiert, dass Person X Person Y stark unterstützt, lobt oder hilft, weil X das Verhalten von Y für vorbildlich hält. Ein großer Betrag mit negativem Vorzeichen bedeutet, Person X verbessert, hilft oder animiert, weil X mit dem Verhalten von Y nicht einverstanden ist. In diesem Fall könnten u.a. die drei folgenden Clusteranalyse–Fragestellungen interessant sein: (1.) Welche Gruppen von Mönchen interagieren unabhängig von ihrer Sichtweise stärker miteinander als andere? (2.) Welche Gruppen von Mönchen mit gleichen Sichtweisen unterstützen und helfen sich und welche mit verschiedenen Sichtweisen berichtigen, animieren und helfen sich gegenseitig stärker als andere? (3.) Welche Gruppen von Mönchen mit gleichen Verhaltensweisen unterstützen sich stärker als andere, wobei sich helfende Mönche mit unterschiedlichen Sichtweisen nicht in gemeinsame Gruppen gehören? Im ersten Fall können die Vorzeichen ignoriert werden, da die Fragestellung die Sicht- und Verhaltensweisen der Mönche nicht berücksichtigt. Für die zweite Untersuchung sollten die negativen getrennt von den positiven Kantengewichten betrachtet werden, da zwei Arten von Clusterings gesucht sind. In der dritten Problemstellung sollten die negativen Kantengewichte so umkodiert werden, dass ein großer negativer Betrag als sehr kleines positives Gewicht in die Betrachtung eingeht. Dieser Wert muss sogar kleiner sein als das Gewicht, das Knotenpaaren zugewiesen wird, die vorher nicht in Relation standen, da Mönche ohne Interaktion nach dieser Fragestellung eher zusammen in ein Cluster gehören als Mönche mit einer Interaktion aufgrund verschiedener Verhaltensweisen.

Aus diesem Grund müssen in einem Netzwerk mit negativen Kantengewichten – unabhängig davon, ob ebenfalls positive Gewichte vorhanden sind – vor dem Einsatz einer Clustermethode die Kantengewichte an die Fragestellung angepasst werden. Selbstverständlich sind generell die Bedeutung der durch das Netzwerk dargestellten Relation und die Fragestellung bezogen auf die Relation auf Kompatibilität mit der verwendeten Methode zu überprüfen. Ansonsten ist keine sinnvolle Interpretation der Ergebnisse möglich. Die KWC–Methode wurde für Netzwerke entwickelt, in denen das Vorhandensein einer Kante bzw. ein großes Kantengewicht eine (starke) Interaktion darstellt und in denen eng vernetzte Cluster gesucht werden, die als Gruppen zu interpretieren sind, innerhalb derer eine stärkere Interaktion vorliegt als zwischen ihnen.

5.3 Erweiterung der KWC–Methode auf gerichtete Netzwerke

In den vorhergehenden beiden Abschnitten wurden Clusteranalyseverfahren, die ursprünglich zur Untersuchung von Unähnlichkeitsdaten entwickelt wurden, auf Netzwerkdaten übertragen. Dazu war eine Transformation der Datengrundlage notwendig, um zwischen allen Knotenpaaren des Netzwerks einen Unähnlichkeitswert zu erzeugen. Eine naheliegende Definition der Unähnlichkeit eines Knotenpaares in einem Netzwerk ist die Länge des kürzesten Weges zwischen den beiden Knoten in dem entsprechenden Netzwerk. Dies gilt ebenso, wenn die Kanten des Netzwerks gerichtet sind. Der in Abschnitt 5.1.1 erläuterte All Pairs Shortest Path Algorithmus von Floyd (1962) [99] und Warshall (1962) [278] ist unverändert auf gerichtete Netzwerke anwendbar. Die Matrix der berechneten kürzesten Wege zwischen allen Knotenpaaren muss in diesem Fall allerdings nicht symmetrisch sein, da die entsprechenden Wege gerichtete Kanten enthalten können, wodurch die Länge eines kürzesten Weges von Knoten i zu Knoten j anders sein kann als die Länge eines kürzesten Weges von j nach i. In der Realität tritt dieser Fall beispielsweise ein, wenn die kürzeste Fahrtroute zwischen zwei Punkten einer Stadt in die eine Richtung durch eine Einbahnstraße führt und der Weg in die umgekehrte Richtung dadurch länger wird. Wie bereits in Abschnitt 3.5.2 motiviert, ist die Verwendung gerichteter Netzwerke zur Darstellung gewisser realer Zusammenhänge sinnvoll.

5.3.1 Asymmetrische Distanzdaten

In der Clusteranalyse von Unähnlichkeitsdaten tritt der Fall einer asymmetrischen (Un-)Ähnlichkeitsmatrix wesentlich seltener auf als in Netzwerken. Meistens handelt es sich bei dem verwendeten Distanzindex – wie in Abschnitt A.1 dargelegt – entweder um eine Metrik oder um eine Distanz mit metrik–ähnlichen Eigenschaften, für die gewöhnlich Reflexivität und Symmetrie gelten. Aus diesem Grund gibt es – anders als für symmetrische Unähnlichkeitsdaten – keine ebenso weit verbreiteten Algorithmen für die Bildung von Clustern für asymmetrische Unähnlichkeitsdaten. Das bedeutet jedoch nicht, dass die Clusteranalyse asymmetrischer Distanzdaten unerforscht ist. Takeuchi *et al.* (2007) [258] geben eine Übertragung der für symmetrische Unähnlichkeitsdaten entwickelten Linkage–Verfahren auf asymmetrische Datenmatrizen an. Diese asymmetrischen, agglomerativen Clusteralgorithmen werden innerhalb der gerichteten Version der KWC–Methode verwendet. Ein früher Ansatz, asymmetrische Unähnlichkeitsdaten hierarchisch zu clustern, stammt von Hubert (1973) [138]. In Abschnitt 4.8.4.2.1 ist beschrieben, wie Hubert (1973) [138] die von Johnson (1967) [147] für symmetrische Daten diskutierten hierarchischen Clustermethoden Single Linkage und Complete Linkage für asymmetrische Daten modifiziert. Ozawa (1983) [223] hingegen betrachtet ein asymmetrisches Clusterverfahren, das auf einer schrittweise entwickelten Folge genesteter Nearest–Neighbor–Relationen basiert. Genestete Clusterings werden beispielsweise in Anhang A.1 behandelt. In einer Nearest–Neighbor–Relation steht jeder Knoten lediglich zu seinem nächsten Nachbarn, also zu dem Objekt, das ihm am ähnlichsten ist, in Relation. Einen weitergefassten Überblick über Methoden, Theorien und Anwendungen im Bereich der Analyse asymmetrischer Daten geben Saito/Yadohisa (2005) [243]. Sie behandeln neben der Clusteranalyse Konzepte wie Multidimensionale Skalierung und Multivariate Analyse asymmetrischer Werte. Takumi/Miyamoto (2011) [259] vergleichen die Verwendung zweier Verschiedenheitsindizes für asymmetrische Ähnlichkeitsdaten in agglomerativen hierarchischen Clustermethoden.

Für die Übertragung der KWC–Methode auf gerichtete Netzwerke ändert sich im Gegensatz zu der Anwendung auf ungerichtete Netzwerke hauptsächlich der Einsatz von hierarchischen Clusteranalyseverfahren, da die in Abschnitt 5.1.2 beschriebenen Algorithmen im asymmetrischen Fall nicht geeignet sind. Die vorangehende Umwandlung der Adjazenzmatrix in eine Distanzmatrix erfolgt – wie oben angesprochen – ebenso wie für ungerichtete Netzwerke mit dem APSP–Algorithmus. Im Falle gerichteter Kanten kann es vorkommen, dass es zwischen zwei Knoten keinen gerichteten Weg gibt, was bei ungerichteten, zusammenhängenden Netzwerken nicht möglich ist. In diesem Fall treten unendlich lange Weglängen auf. Damit auch diesen Knotenpaaren ein ganzzahliger Unähnlichkeitswert zugeordnet wird, können die unendlichen Distanzen durch eine große Konstante M ersetzt werden, die deutlich größer als die auftretenden endlichen kürzesten Weglängen ist. Beispielsweise kann die doppelte Summe aller übriger kürzester Weglängen, der doppelte Durchmesser des Netzwerks oder die doppelte Ordnung des Netzwerks verwendet werden. Als hierarchische Clustermethoden wurden innerhalb des KWC–Verfahrens – wie oben erwähnt – die Ansätze von Takeuchi et al. (2007) [258] umgesetzt (siehe Abschnitt 5.3.2). Im Anschluss erfolgt bei der Durchführung des KWC–Algorithmus die Bestimmung der – nach Wahl des Anwenders – ein bis drei Clusterings mit den größten Modularitätswerten aus allen in den Hierarchien auftretenden Clusterings. Dabei wird für gerichtete Netzwerke die Modularität Q durch die gerichtete Version der Modularität Q_{Ar}^{ger} nach Arenas et al. (2007) [12] (siehe Formel (3.18)) ersetzt. Die anschließende Nachbarschaftssuche mit dem Vertex Mover ist nach den folgenden geringfügigen Änderungen des MATLAB–Programmes auf gerichtete Netzwerke anwendbar: Die Matrixeinträge A_{ij} und A_{ji} müssen unterschieden werden und als Gütemaß wird anstelle von Q wie im vorigen Schritt Q_{Ar}^{ger} eingesetzt.

Zur Clusteranalyse der aus gerichteten Netzwerkdaten gewonnenen asymmetrischen Distanzdaten werden innerhalb der gerichteten Variante der KWC–Methode mehrere der von Takeuchi *et al.* (2007) [258] angegebenen asymmetrischen, agglomerativen hierarchischen Verfahren eingesetzt. Takeuchi *et al.* (2007) [258] definieren klassische agglomerative Verfahren wie beispielsweise Single, Complete und Average Linkage für asymmetrische Daten, indem sie von Lance/Williams (1966/1967) [169, 170] für symmetrische Daten angegebene Distanzberechnungen (vgl. Anhang A.2) verallgemeinern.

5.3.2 Die Idee von Takeuchi *et al.*

Die Grundidee von Takeuchi *et al.* (2007) [258] besteht darin, aus der Clusteranalyse von symmetrischen Unähnlichkeitsdaten bekannte hierarchisch agglomerative Verfahren wie Single, Complete und Average Linkage an die Verwendung asymmetrischer Distanzdaten anzupassen. Das grundlegende Vorgehen für symmetrische Daten, welches in Anhang A.2 beschrieben ist, wird dabei so weit wie möglich übernommen. Das bedeutet, zunächst wird jedes Objekt – hier jeder Knoten – in ein einzelnes Cluster eingeordnet. Anschließend werden in jedem Schritt in Abhängigkeit des verwendeten Verschiedenheitsindexes jeweils die beiden am wenigsten unähnlichen Cluster vereinigt. Dabei wird eine Kombination der beiden für zwei Cluster existierenden Distanzen verwendet. Dies ist in Formel (5.9) angegeben (siehe Seite 157). Danach erfolgt eine Neuberechnung der Verschiedenheiten des neu erzeugten Clusters zu den bestehenden Clustern des aktuellen Clusterings. Im ersten Schritt entsprechen die Verschiedenheiten der einzelnen Objekte jeweils ihren Distanzen. Das kann für den asymmetrischen Fall ebenfalls übernommen werden. Somit ist insbesondere die Update–Formel der asymmetrischen Verschiedenheitsindizes zwischen einem neu gebildeten Cluster und den vorhandenen Clustern anzupassen. Im symmetrischen Fall wird häufig die folgende, in Formel (A.7) angegebene Update–Vorschrift verwendet, wie sie beispielsweise bei Lance/Williams (1967) [170] zu finden ist (vgl. Anhang A.2). Die symmetrische Verschiedenheit $(d_{(IJ)K} = d_{K(IJ)})$ zwischen zwei disjunkten Clustern $I \cup J$ und K wird aus den symmetrischen Distanzen zwischen den Clustern I, J und K nach Formel (A.7) wie folgt berechnet:

$$d_{(IJ)K} := \alpha_I d_{IK} + \alpha_J d_{JK} + \beta d_{IJ} + \gamma |d_{IK} - d_{JK}|.$$

Dabei bestimmt die Wahl der Parameter α_I, α_J, β und γ die Methode, beispielsweise entspricht $\alpha_I = \alpha_J = \gamma = 1/2$ und $\beta = 0$ dem Complete Linkage Verfahren (vgl. Tabelle A.1). Die Parameter sind entweder Konstanten oder Funktionen in Abhängigkeit der Mächtigkeiten der Cluster I, J und K.

Takeuchi *et al.* (2007) [258] verwenden die in den Gleichungen (5.7) und

(5.8) angegebene Verallgemeinerung dieser Update–Vorschrift auf asymmetrische Daten von Yadohisa (2002) [285]. Zwischen einem neuen Cluster $I \cup J$ und jedem bestehenden Cluster K sind die zwei Distanzen $d_{(IJ)K}$ und $d_{K(IJ)}$ zu bestimmen. Dabei fließen in beide Berechnungen die Werte d_{IJ}, d_{JI}, d_{IK}, d_{KI}, d_{JK} und d_{KJ} aus dem vorausgegangenen Clustering ein. Die Distanz von einem neu gebildeten Cluster $I \cup J$ zu einem bereits vorhandenen Cluster K beträgt:

$$d_{(IJ)K} := \alpha_I^{(1)} f^{(1)}(d_{IK}, d_{KI}) + \alpha_J^{(1)} f^{(1)}(d_{JK}, d_{KJ}) + \beta^{(1)} g^{(1)}(d_{IJ}, d_{JI})$$
$$+ \gamma^{(1)} |f^{(1)}(d_{IK}, d_{KI}) - f^{(1)}(d_{JK}, d_{KJ})| \qquad (5.7)$$

Die umgekehrte Distanz von einem bereits vorhandenen Cluster K zu einem neu gebildeten Cluster $I \cup J$ beträgt:

$$d_{K(IJ)} := \alpha_I^{(2)} f^{(2)}(d_{IK}, d_{KI}) + \alpha_J^{(2)} f^{(2)}(d_{JK}, d_{KJ}) + \beta^{(2)} g^{(2)}(d_{IJ}, d_{JI})$$
$$+ \gamma^{(2)} |f^{(2)}(d_{IK}, d_{KI}) - f^{(2)}(d_{JK}, d_{KJ})| \qquad (5.8)$$

Die verwendeten Distanzen d_{IJ}, d_{JI}, d_{IK}, d_{KI}, d_{JK} und d_{KJ} sind in Abbildung 5.6 veranschaulicht.

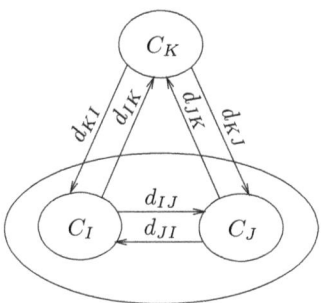

Abbildung 5.6: Bezeichnungen der asymmetrischen Distanzen nach Takeuchi *et al.* (2007) [258].

Die Parameter $\alpha_I^{(1)}$, $\alpha_J^{(1)}$, $\beta^{(1)}$, $\gamma^{(1)}$, $\alpha_I^{(2)}$, $\alpha_J^{(2)}$, $\beta^{(2)}$ und $\gamma^{(2)}$ sind entweder Konstanten oder Funktionen in Abhängigkeit der Mächtigkeiten der Cluster I, J und K. Die Funktionen $f^{(1)}$, $f^{(2)}$, $g^{(1)}$ und $g^{(2)}$ bestimmen, wie mit jeweils zwei entgegengesetzten Distanzen d_{AB} und d_{BA} umgegangen wird. Die Wahl der Parameter und der Funktionen legt also die Variante des verwendeten agglomerativen Verfahrens fest. Takeuchi *et al.* (2007) [258] geben eine zusätzliche Erweiterung der in (5.7) und (5.8) angegebenen Update–Formeln analog zu einer für den symmetrischen Fall entwickelten Distanzberechnung nach Jambu (1978)

[145] um weitere Terme an, die von den Werten h_I, h_J und h_K abhängen. Dabei entspricht h_I dem Distanzwert, bei dem das Cluster C_I zusammengefasst wurde, also der Höhe der zu C_I gehörigen horizontalen Linie im Dendrogramm und h_J und h_K sind analog definiert. Diese Erweiterung ist für die KWC–Methode nicht notwendig, da bereits unter Verwendung der Update–Vorschriften (5.7) und (5.8) gute Ergebnisse erzielt werden. (Die in den Abschnitten 6.4 und 6.5 angegebenen Resultate wurden unter Verwendung der Formeln (5.7) und (5.8) ermittelt.) Natürlich gibt es Fälle, in denen eine der erweiterten Varianten von Takeuchi et al. (2007) [258] besser geeignet sein könnte, aber das Testen zusätzlicher Alternativen erhöht den Rechenaufwand der KWC–Methode. Daher ist es für große Netzwerke ohnehin zu empfehlen, nicht alle der implementierten Linkage–Varianten durchzuführen. Bereits die Wahl der Parameter $\alpha_I^{(1)}$, $\alpha_J^{(1)}$, $\beta^{(1)}$, $\gamma^{(1)}$, $\alpha_I^{(2)}$, $\alpha_J^{(2)}$, $\beta^{(2)}$ sowie $\gamma^{(2)}$ und der Funktionen $f^{(1)}$, $f^{(2)}$, $g^{(1)}$ sowie $g^{(2)}$ führt zu einer Vielzahl von Varianten. Takeuchi et al. (2007) [258] schränken die Vielfalt unter anderem dadurch ein, dass sie stets $\alpha_I^{(1)} = \alpha_I^{(2)}$, $\alpha_J^{(1)} = \alpha_J^{(2)}$, $\beta^{(1)} = \beta^{(2)}$ und $\gamma^{(1)} = \gamma^{(2)}$ setzen. Weiterhin beschränken sie durch die Wahl der Funktionen $f^{(1)}(x,y) = x$ und $f^{(2)}(x,y) = y$ die Formel (5.7) auf Distanzen der Richtung von I und J nach K und Ausdruck (5.8) auf Distanzen von K nach I und J. Für die Funktionen $g^{(1)}$ und $g^{(2)}$ schlagen Takeuchi et al. (2007) [258] die Verwendung grundlegender Funktionen wie Maximum-, Minimum- oder Mittelwertbildung vor. Außerdem verwenden sie für beide Richtungen dieselbe Funktion als g, formell bedeutet das $g^{(1)}(x,y) = g^{(2)}(x,y) = W(x,y)$, wobei $W(x,y) = \max(x,y)$, $W(x,y) = \min(x,y)$ oder $W(x,y) = (x+y)/2$ gilt. Innerhalb des KWC–Algorithmus wurden die folgenden vier in Tabelle 5.2 angegebenen Alternativen implementiert: asymmetrisches Single Linkage, asymmetrisches Complete Linkage, asymmetrisches Weighted Average Linkage und asymmetrisches Median Linkage.

Variante	$\alpha_I^{(1)} = \alpha_I^{(2)}$	$\alpha_J^{(1)} = \alpha_J^{(2)}$	$\beta^{(1)} = \beta^{(2)}$	$\gamma^{(1)} = \gamma^{(2)}$
SINGLE	1/2	1/2	0	-1/2
COMPLETE	1/2	1/2	0	1/2
W. AVERAGE	1/2	1/2	0	0
MEDIAN	1/2	1/2	-1/4	0

Tabelle 5.2: Parameterwerte der Formeln (5.7) und (5.8) für bestimmte Verschiedenheitsindizes.

Dabei ersetzen diese vier Verfahren die in der KWC–Methode für ungerichtete Netzwerke eingesetzten Clusteralgorithmen für symmetrische Unähnlichkeitsdaten (vgl. Abschnitt 5.1.2).

5. Clustermethode mit kürzesten Weglängen

Wie für symmetrische Daten wird bei der Verwendung des asymmetrischen Single Linkage als neue Distanz das Minimum der beiden alten Distanzen, beim asymmetrischen Complete Linkage das Maximum dieser und beim asymmetrischen Average Linkage der Durchschnitt dieser verwendet. Die Update–Formel des asymmetrischen Median Linkage Verfahrens ist abhängig von der Wahl der W–Funktion.

Die Clusteranalyse asymmetrischer Unähnlichkeitsdaten führen Takeuchi et al. (2007) [258] analog zum symmetrischen Fall unter Verwendung der Update–Vorschriften für asymmetrische Verschiedenheitsindizes durch: Für eine asymmetrische Unähnlichkeitsmatrix werden in jedem Schritt die beiden Cluster C_I und C_J vereinigt, die bezüglich der als Funktionen $g^{(1)}$ und $g^{(2)}$ eingesetzten Funktion W minimal unähnlich sind. Für $W(x, y)$ wählen die Autoren wie oben erwähnt das Maximum, das Minimum oder den Mittelwert von x und y. Formell ausgedrückt wird der minimale Verschiedenheitsindex v_{IJ} wie folgt ermittelt:

$$v_{IJ} := W(d_{IJ}, d_{JI}) = \min_{S<R} W(d_{SR}, d_{RS}). \tag{5.9}$$

Die dabei entstehende Hierarchie bilden Takeuchi et al. (2007) [258] in einem asymmetrischen Dendrogramm ab, wie es von Saito/Yadohisa (2005) [243] definiert wurde. Wie bei den für symmetrische Daten verwendeten Dendrogrammen (vgl. Anhang A.2) sind auf der x–Achse die Objekte erfasst und auf der y–Achse wird die Distanz abgetragen. Das Zusammenfassen zweier Cluster I und J wird durch eine horizontale Linie auf Höhe der Verschiedenheit v_{IJ} der beiden Cluster eingezeichnet. Im asymmetrischen Fall vermerken Saito/Yadohisa (2005) [243] zusätzlich mit gestrichelten Linien die einzelnen Distanzen d_{IJ} und d_{JI} zwischen den Clustern. Für $d_{IJ} > d_{JI}$ zeigt Abbildung 5.7 ein asymmetrisches Dendrogramm.

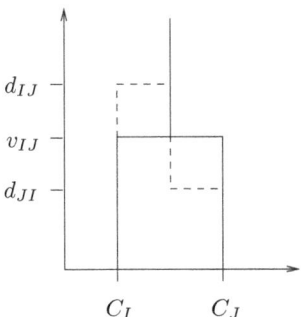

Abbildung 5.7: Asymmetrisches Dendrogramm nach Saito/Yadohisa (2005) [243].

Zur Auswahl eines der in der Hierarchie erzeugten Clusterings verwenden Takeuchi et al. (2007) [258] ebenfalls aus der symmetrischen Clusteranalyse abgeleitete Gütemaße. Diese sind für die KWC–Methode nicht relevant, da innerhalb dieser bei der Bewertung der Clusterings auf die Netzwerkdaten zurückgegriffen wird und die gerichtete Version der Modularität nach Arenas et al. (2007) [12] (siehe Formel (3.18)) eingesetzt wird.

Zusammenfassend gilt, dass Takeuchi et al. (2007) [258] das grundlegende Vorgehen einer Clusteranalyse für symmetrische Unähnlichkeitsdaten so weit wie möglich für die Clusteranalyse asymmetrischer Daten übernehmen. Lediglich die Update–Formel der asymmetrischen Verschiedenheitsindizes zwischen einem neu gebildeten Cluster und den vorhandenen Clustern sowie die Wahl der zwei am wenigsten unähnlichen Cluster wird angepasst.

5.3.3 Implementierung in MATLAB

Wie im vorangegangenen Abschnitt dargelegt, wurden die vier von Takeuchi et al. (2007) [258] angegebenen asymmetrischen agglomerativen Verfahren Single, Complete und Weighted Average sowie Median Linkage implementiert und in der in Abschnitt 5.1 beschriebenen KWC–Methode anstelle der in MATLAB vorhandenen, symmetrischen Linkage–Verfahren aufgerufen. Der Anwender hat dabei die Wahl, welche der vier Methoden durchgeführt werden sollen. Weiterhin kann für jede der vier agglomerativen Varianten entschieden werden, ob als W–Funktion das Maximum, das Minimum oder der Durchschnitt eingesetzt werden soll. Somit stehen zwölf unterschiedliche agglomerative Verfahren zur Verfügung. Wie bei der Untersuchung symmetrischer Netzwerke und bei der Clusteranalyse symmetrischer Unähnlichkeitsdaten beobachtet, liefert das Single Linkage Verfahren unabhängig von der Wahl der W–Funktion im Allgemeinen keine sinnvollen Ergebnisse. Die in den Abschnitten 6.4 und 6.5 angegebenen Resultate wurden bei der Verwendung des Average Linkage Verfahrens mit Max als W–Funktion ermittelt.

Die für die gerichtete Variante des KWC–Verfahrens implementierte asymmetrische Clusterfunktion $asymlinkage(D, method, s)$ ist an die in Abschnitt 5.1.2.2 erläuterte Funktion $linkage(y, method)$ angelehnt. Als erster Input wird eine asymmetrische Distanzmatrix D übergeben, die der innerhalb des KWC–Verfahrens von dem APSP–Algorithmus ermittelten Matrix MD der kürzesten Weglängen entspricht. Da in diesem Fall asymmetrische Daten vorliegen, sind alle Einträge relevant und eine Speicherung der Matrix als Vektor reduziert den Speicherplatz kaum. Mit dem Input $method$ wird eine der Varianten Single, Complete, Weighted Average oder Median Linkage ausgewählt. Der Input $s \in \{1, 2, 3\}$ legt die verwendete W–Funktion fest, wobei für $s = 1$ das Minimum, für $s = 2$ das Maximum und für $s = 3$ der Durchschnitt gebildet wird.

5. Clustermethode mit kürzesten Weglängen

Der Output entspricht dem Output der Funktion $linkage(y, method)$. Das bedeutet, in einer Matrix Z mit drei Spalten werden in jeder Zeile in den ersten beiden Spalten die Clusternummern der in dem entsprechenden Schritt vereinigten Cluster I und J gespeichert und in der dritten Spalte der dazugehörige Verschiedenheitsindex v_{IJ}. Eine zusätzliche Speicherung der Distanzen d_{IJ} und d_{JI} zur Erstellung eines asymmetrischen Dendrogramms, wie von Takeuchi et al. (2007) [258] vorgeschlagen (vgl. Abbildung 5.7), wird nicht als sinnvoll erachtet. Erstens sind Dendrogramme für Netzwerke mit mehr als etwa 50 Knoten zu unübersichtlich und die meisten der in Kapitel 6 untersuchten Netzwerke haben größere Ordnungen. Zweitens können anstelle der asymmetrischen Dendrogramme auch symmetrische Dendrogramme verwendet werden. Die Hierarchie ist in diesen ebensogut abzulesen, es werden lediglich die asymmetrischen Verschiedenheiten vernachlässigt.

In der Funktion $asymlinkage(D, method, s)$ werden in jedem Schritt zur Berechnung einer Clustervereinigung für die aktuell in der Input–Matrix D gespeicherten Distanzen die Verschiedenheiten zwischen allen Clusterpaaren in Abhängigkeit der gewählten W–Funktion berechnet. Dabei kann D nicht mit den Verschiedenheitswerten überschrieben werden, weil die Distanzen nach der Vereinigung zweier Cluster auf Basis der vorherigen Distanzen aktualisiert werden. Für die neuen Distanzen werden dann in einem nächsten Schritt wieder die Werte der entsprechenden W–Funktion ermittelt. Die minimale Verschiedenheit v_{IJ} bestimmt, welche beiden Cluster I und J zusammengefasst werden (vgl. Gleichung (5.9)). Die einfachste Methode zur Speicherung der Verschiedenheitswerte ist die Matrixform, die allerdings für große Netzwerke viel Speicherplatz benötigt. Dabei ist anzumerken, dass es sich bei der dazugehörigen Matrix V um eine symmetrische Matrix handelt, da $v_{IJ} = W(d_{IJ}, d_{JI}) = W(d_{JI}, d_{IJ}) = v_{JI}$ gilt. Für größere Matrizen können die Unterschiede zwischen den Matrizen MD und MV als Vektor gespeichert werden. In der Implementierung der gerichteten Variante der KWC–Methode wird V als Matrix gespeichert. Daher wird an dieser Stelle das Vorgehen beschrieben, wie aus der Matrix V die minimal unähnlichen Cluster I und J abgelesen werden. Um die in MATLAB vorhandene Minimumbestimmung zu verwenden, werden alle Diagonaleinträge von V sowie alle Einträge unterhalb der Diagonalen auf einen großen Wert M gesetzt. Der Befehl $[y, X] = min(V)$ liefert die Spaltenminima von V in dem Vektor y. Die dazugehörigen Zeilenindizes, in denen die in y gespeicherten Spaltenminima stehen, wird als Vektor X. Beispielsweise lauten für die Matrix

$$\mathbf{V} = \begin{pmatrix} M & 2 & 3 & 1 \\ M & M & 2 & 3 \\ M & M & M & 3 \\ M & M & M & M \end{pmatrix}$$

die Spaltenminima $y = (M, 2, 2, 1)$. Die Indizes dieser sind $X = (1, 1, 2, 1)$, da bei mehreren Minima pro Spalte stets der kleinste Index angegeben wird. Anschließend wird dasselbe für den Vektor y durchgeführt, um die Indizes der dazugehörigen Cluster zu ermitteln. Der Aufruf $[a, j] = min(y)$ gibt als Output a das Minimum von y zurück, in diesem Fall 1, und als Output j den Index, an welcher Stelle diese 1 steht, in diesem Fall 4. Das gesuchte Clusterpaar (I, J) ist $(X(j), j)$ und die dazugehörige Verschiedenheit beträgt $v_{IJ} = a$, denn j ist der Spaltenindex des Minimums und in X ist an der Stelle j der entsprechende Zeilenindex gespeichert. In der entsprechenden Zeile r der Output–Matrix Z, in der die Clustervereinigung in Schritt r gespeichert ist, werden die folgenden Werte eingetragen: $Z(r, 1) = X(j)$, $Z(r, 2) = j$ und $Z(r, 3) = a$. Im Anschluss werden die Distanzen unter Verwendung der Formeln (5.7) und (5.8) entsprechend der gewählten Verfahrensvariante aktualisiert.

Wie bereits erwähnt, verläuft die nachfolgende Auswahl von Clusterings mit maximalen Modularitätswerten aus den berechneten Hierarchien und die Durchführung einer Nachbarschaftssuche analog zu der KWC–Methode für ungerichtete Netzwerke.

5.3.4 Beispiel zur Veranschaulichung

Zur Veranschaulichung der Variante der KWC–Methode für gerichtete Netzwerke wird diese auf das in Abbildung 5.8 dargestellte gerichtete, ungewichtete Beispielnetzwerk angewandt.

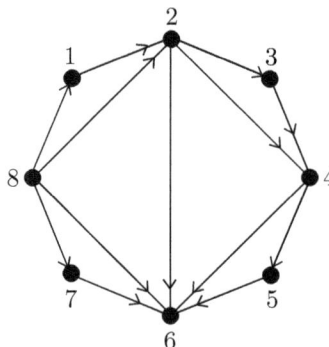

Abbildung 5.8: Ein gerichtetes, ungewichtetes Beispielnetzwerk.

Die dazugehörige asymmetrische Adjazenzmatrix A und die Matrix der kürzesten Weglängen MD lauten:

5. Clustermethode mit kürzesten Weglängen

$$A = \begin{pmatrix} 0 & 1 & 0 & 0 & 0 & 0 & 0 & 0 \\ 0 & 0 & 1 & 1 & 0 & 1 & 0 & 0 \\ 0 & 0 & 0 & 1 & 0 & 0 & 0 & 0 \\ 0 & 0 & 0 & 0 & 1 & 1 & 0 & 0 \\ 0 & 0 & 0 & 0 & 0 & 1 & 0 & 0 \\ 0 & 0 & 0 & 0 & 0 & 0 & 0 & 0 \\ 0 & 0 & 0 & 0 & 0 & 1 & 0 & 0 \\ 1 & 1 & 0 & 0 & 0 & 1 & 1 & 0 \end{pmatrix} \quad MD = \begin{pmatrix} 0 & 1 & 2 & 2 & 3 & 2 & \infty & \infty \\ \infty & 0 & 1 & 1 & 2 & 1 & \infty & \infty \\ \infty & \infty & 0 & 1 & 2 & 2 & \infty & \infty \\ \infty & \infty & \infty & 0 & 1 & 1 & \infty & \infty \\ \infty & \infty & \infty & \infty & 0 & 1 & \infty & \infty \\ \infty & \infty & \infty & \infty & \infty & 0 & \infty & \infty \\ \infty & \infty & \infty & \infty & \infty & 1 & 0 & \infty \\ 1 & 1 & 2 & 2 & 3 & 1 & 1 & 0 \end{pmatrix}$$

Die Matrix MD spiegelt unter anderem wider, dass der Knoten 8 keine Nachfolger hat und Knoten 6 keine Vorgänger. Dies ist daran zu sehen, dass von 8 zu jedem anderen Knoten ein kürzester Weg existiert, aber kein Weg bei 8 ankommt, während Knoten 6 von jedem anderen Knoten über einen Weg erreichbar ist, von 6 aber kein Weg wegführt. Vor dem Aufruf der Funktion $asymlinkage(D, method, s)$ werden die ∞–Einträge von MD auf einen großen Wert $M \in \mathbb{R}$ gesetzt. Wird M im KWC–Verfahren als doppelte Ordnung des Netzwerks gewählt, gilt hier $M = 16$. Bei der Verwendung des Single Linkage Verfahrens ergeben sich für die drei Varianten der W–Funktion folgende Matrizen Z_S^{min}, Z_S^{max} und Z_S^{mean}:

$$\mathbf{Z_S^{min}} = \begin{pmatrix} 1 & 2 & 1 \\ 3 & 4 & 1 \\ 5 & 6 & 1 \\ 7 & 8 & 1 \\ 9 & 10 & 1 \\ 11 & 12 & 1 \\ 13 & 14 & 1 \end{pmatrix}, \mathbf{Z_S^{max}} = \begin{pmatrix} 1 & 2 & 16 \\ 3 & 4 & 16 \\ 5 & 6 & 16 \\ 7 & 8 & 16 \\ 9 & 10 & 16 \\ 11 & 12 & 16 \\ 13 & 14 & 1 \end{pmatrix}, \mathbf{Z_S^{mean}} = \begin{pmatrix} 1 & 2 & 8,5 \\ 3 & 4 & 8,5 \\ 5 & 6 & 8,5 \\ 7 & 8 & 8,5 \\ 9 & 10 & 8,5 \\ 11 & 12 & 8,5 \\ 13 & 14 & 1 \end{pmatrix}.$$

Zur Bildung von Z_S^{min} wird als Verschiedenheitsindex zwischen zwei Clustern I und J die Länge eines kürzesten Weges zwischen I und J verwendet, unabhängig davon, ob dieser von I nach J gerichtet ist oder umgekehrt. Da das vorliegende Netzwerk zusammenhängend ist, betragen die Verschiedenheitswerte zwischen zwei Clustern in allen Fällen 1. Wie in Abschnitt 5.1.2.1 angesprochen, liegt dies an der Netzwerkstruktur der Daten. Für die Berechnung von Z_S^{max} und Z_S^{mean} entsprechen die Verschiedenheitsindizes zweier Cluster I und J dem Maximum bzw. dem Durchschnitt der Länge eines kürzesten Weges zwischen I und J. Das in diesem Abschnitt untersuchte Beispiel–Netzwerk hat die Eigenschaft, dass alle Kanten von Knoten 8 in Richtung von Knoten 6 verlaufen. Es gibt somit kein Knotenpaar (u, v), für das sowohl ein Weg von u nach v als auch ein Weg von v nach u in dem Netzwerk vorhanden ist. Dies ist somit ein sehr spezielles Netzwerk. Daher ergibt sich in Z_S^{max} beim Zusammenfassen von Clustern als Distanz 16, falls in die eine Richtung ein Weg beliebiger Länge existiert, es aber in die andere Richtung keinen Weg gibt und diese Distanz in der Matrix D somit auf $M = 16$ gesetzt wurde. Aus dem gleichen Grund ergeben sich in Z_S^{mean} Distanzen von 8,5 als Durchschnitt zwischen der Weglänge 1 und der theoretischen Distanz $M = 16$. Im letzten Schritt beträgt die Verschiedenheit in beiden Fällen 1, da sowohl von der Knotenmenge $\{1,2,3,4\}$ in die Knotenmenge $\{5,6,7,8\}$ eine Kante existiert als auch umgekehrt. Aus diesen drei mit dem Single Linkage Verfahren erzeugten Hierarchien ergeben sich keine aussagekräftigen Clusterings, daher werden die Matrizen Z_S^{min}, Z_S^{max} und Z_S^{mean} in diesem Beispiel nicht weiter betrachtet. Die Anwendung des Single Linkage Verfahrens ist wie im symmetrischen Fall nicht sinnvoll. Wie in Anhang A erwähnt, ist dies auch bei klassischen (Un-)Ähnlichkeitsdaten häufig der Fall. Wird das Complete Linkage Verfahren eingesetzt, ergeben sich für die drei Varianten der W–Funktion folgende Matrizen Z_C^{min}, Z_C^{max} und Z_C^{mean}:

$$\mathbf{Z_C^{min}} = \begin{pmatrix} 1 & 2 & 1 \\ 3 & 4 & 1 \\ 5 & 6 & 1 \\ 7 & 8 & 1 \\ 9 & 10 & 2 \\ 11 & 13 & 3 \\ 12 & 14 & 16 \end{pmatrix}, \mathbf{Z_C^{max}} = \begin{pmatrix} 1 & 2 & 16 \\ 3 & 4 & 16 \\ 5 & 6 & 16 \\ 7 & 8 & 16 \\ 9 & 10 & 16 \\ 11 & 12 & 16 \\ 13 & 14 & 16 \end{pmatrix}, \mathbf{Z_C^{mean}} = \begin{pmatrix} 1 & 2 & 8,5 \\ 3 & 4 & 8,5 \\ 5 & 6 & 8,5 \\ 7 & 8 & 8,5 \\ 9 & 10 & 9 \\ 11 & 13 & 9,5 \\ 12 & 14 & 16 \end{pmatrix}.$$

Alle Einträge der dritten Spalte der Matrix Z_C^{max} sind 16, da – wie bereits erwähnt – für kein Knotenpaar (u, v) sowohl ein Weg von u nach v als auch von v nach u existiert und da bei der Berechnung von Z_C^{max} sowohl als Verschiedenheitsindex als auch in der Update–Formel das Maximum der Weglängen gebildet wird. Die Matrizen Z_C^{min} und Z_C^{mean} ergeben dieselben Hierarchiestrukturen. Sie unterscheiden sich lediglich in der Größe der Distanzen, bei denen die Cluster zusammengefasst werden. Die Linkage–Matrizen Z_A^{min} und Z_A^{mean}, die bei der Durchführung des asymmetrischen Average Linkage Verfahrens entstehen, ähneln den Matrizen Z_C^{min} und Z_C^{mean}, während die Struktur von Z_A^{max} der von Z_S^{max} und Z_S^{mean} gleicht:

$$\mathbf{Z_A^{min}} = \begin{pmatrix} 1 & 2 & 1 \\ 3 & 4 & 1 \\ 5 & 6 & 1 \\ 7 & 8 & 1 \\ 9 & 10 & 1,5 \\ 11 & 13 & 1,75 \\ 12 & 14 & 7 \end{pmatrix}, \mathbf{Z_A^{max}} = \begin{pmatrix} 1 & 2 & 16 \\ 3 & 4 & 16 \\ 5 & 6 & 16 \\ 7 & 8 & 16 \\ 9 & 10 & 16 \\ 11 & 12 & 16 \\ 13 & 14 & 12,375 \end{pmatrix} \text{ und}$$

5. Clustermethode mit kürzesten Weglängen

$$\mathbf{Z}_A^{\text{mean}} = \begin{pmatrix} 1 & 2 & 8,5 \\ 3 & 4 & 8,5 \\ 5 & 6 & 8,5 \\ 7 & 8 & 8,5 \\ 9 & 10 & 8,75 \\ 11 & 13 & 8,875 \\ 12 & 14 & 11,5 \end{pmatrix}.$$

Die Werte der dritten Spalte von Z_A^{max} sind nicht monoton steigend. Daher werden aus dieser Matrix keine Clusterings ausgelesen, die weiter untersucht werden. Bei Anwendung des asymmetrischen Median Linkage Verfahrens entstehen unabhängig von der Wahl der W-Funktion ebenfalls nichtmonotone Hierarchien. Wie im symmetrischen Fall ist das asymmetrische Median Linkage Verfahren nicht für nichteuklidische Distanzen geeignet. Daher kann der Einsatz für aus Netzwerken gewonnenen Distanzdaten zu nichtmonotonen Clusterhierarchien führen. Für das Beispielnetzwerk ergeben sich lediglich aus den Matrizen Z_C^{min}, Z_C^{mean}, Z_A^{min} und Z_A^{mean} sinnvolle Dendrogramme. In den entsprechenden Hierarchien ergeben sich in allen Fällen die gleichen Clusterings, lediglich die dazugehörigen Verschiedenheitsindizes sind unterschiedlich. In Abbildung 5.9 ist exemplarisch das aus Z_A^{min} erzeugte Dendrogramm dargestellt.

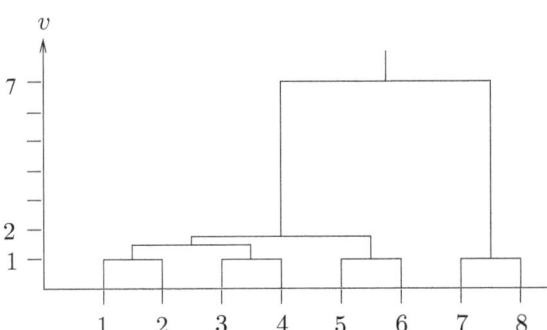

Abbildung 5.9: Das durch die Matrix Z_A^{min} beschriebene Dendrogramm.

Aus dieser Hierarchie ergeben sich drei Clusterings, deren Clusteranzahlen in den Vektoren $nz_C^{min} = nz_C^{mean} = nz_A^{min} = nz_A^{mean} = (4, 3, 2)$ gespeichert sind. Die dazugehörigen Clustervektoren stehen in den entsprechenden Matrizen

$$C_\mathcal{C}^{\min} = C_\mathcal{C}^{\mathrm{mean}} = C_\mathcal{A}^{\min} = C_\mathcal{A}^{\mathrm{mean}} = \begin{pmatrix} 1 & 2 & 2 \\ 1 & 2 & 2 \\ 2 & 2 & 2 \\ 2 & 2 & 2 \\ 3 & 1 & 2 \\ 3 & 1 & 2 \\ 4 & 3 & 1 \\ 4 & 3 & 1 \end{pmatrix}.$$

Die Spalten dieser Matrizen beschreiben die in der Hierarchie auftretenden Clusterings $\mathcal{C}_1 = \{\{1,2\},\{3,4\},\{5,6\},\{7,8\}\}$, $\mathcal{C}_2 = \{\{1,2,3,4\},\{5,6\},\{7,8\}\}$ und $\mathcal{C}_3 = \{\{1,2,3,4,5,6\},\{7,8\}\}$. Die dazugehörigen Werte der gerichteten Modularität nach Arenas *et al.* (2007) [12] betragen $Q_{Ar}^{dir}(\mathcal{C}_1) = 0,1183$, $Q_{Ar}^{dir}(\mathcal{C}_2) = 0,1479$ und $Q_{Ar}^{dir}(\mathcal{C}_3) = 0,947$.

Eine Anwendung der gerichteten Variante des Austauschverfahrens auf die Clusterings $\mathcal{C}_1$ und $\mathcal{C}_2$ ergibt das Clustering $\mathcal{C}_4 = \{\{1,7,8\},\{2,3,4\},\{5,6\}\}$ mit $Q_{Ar}^{dir}(\mathcal{C}_4) = 0,1775$ und ausgehend von $\mathcal{C}_3$ wird $\mathcal{C}_5 = \{\{1,2,7,8\},\{3,4,5,6\}\}$ mit $Q_{Ar}^{dir}(\mathcal{C}_5) = 0,1893$ gefunden. Als Lösung wird demnach $\mathcal{C}_5$ ausgegeben. Der Modularitätswert ist nicht besonders groß, weil das Netzwerk keine deutliche Clusterstruktur besitzt.

Werden die Richtungen der Kanten in diesem Beispiel ignoriert, so ergibt die in Abschnitt 5.1 beschriebene ungerichtete Version der KWC–Methode für dieses Netzwerk das Clustering $\mathcal{C}_{ung} = \{\{1,2,6,7,8\},\{3,4,5\}\}$ mit $Q(\mathcal{C}_{ung}) = 0,1183$. Der ungerichtete Modularitätswert von $\mathcal{C}_5$ beträgt $Q(\mathcal{C}_5) = 0,1154$. Im ungerichteten Fall bewertet die Modularität die Clusterings $\mathcal{C}_5$ und $\mathcal{C}_{ung}$ fast gleich, während ihre Qualität nach Beurteilung mit Q_{Ar}^{dir} als verschieden gilt. In dem gerichteten Netzwerk hat Knoten 8 keine Vorgänger und Knoten 6 keine Nachfolger, wobei alle Wege von Knoten 8 zu Knoten 6 gerichtet sind. Daher ist eine Trennung dieser beiden Knoten sinnvoll, obwohl in $\mathcal{C}_5$ eine Inter–Cluster–Kante mehr auftritt als in $\mathcal{C}_{ung}$. Durch die Betrachtung der Richtungen der Kanten wird die Netzwerkstruktur also besser berücksichtigt.

Kapitel 6

Testreihen

Im vorangegangenen Kapitel wurde ein Verfahren mit dem Namen Kürzeste–Wege–Clusteranalyse, kurz KWC, zum Finden eng vernetzter Knotengruppen in Netzwerken erläutert. Die Längen kürzester Wege zwischen Knoten innerhalb eines Netzwerks werden dabei als Distanzen bzw. Unähnlichkeitswerte verwendet. Die zugrundeliegende Idee, auf diese Distanzwerte Clustermethoden anzuwenden, welche für die Clusteranalyse von Unähnlichkeitsdaten entwickelt wurden, ist naheliegend, da es für die Clusteranalyse symmetrischer Distanz– und (Un–)Ähnlichkeitsdaten eingehend untersuchte Algorithmen gibt. Für asymmetrische Daten, welche im Fall von gerichteten Netzwerken auftreten, wurden Modifikationen der für symmetrische Daten bekannten Verfahren eingesetzt. Die Anwendung der KWC–Methode liefert praktikable Ergebnisse auf realen und künstlich generierten Netzwerken. Die Resultate dieser Testreihen werden in diesem Kapitel präsentiert. Zunächst werden in Abschnitt 6.1 einige Maße zum Vergleich von verschiedenen Clusterlösungen vorgestellt. Abschnitt 6.2 enthält Ergebnisse für ungerichtete, ungewichtete Netzwerke, während die Anwendung des KWC–Verfahrens auf ungerichtete Netzwerke mit Kantengewichten in Abschnitt 6.3 beschrieben wird. Ergebnisse für gerichtete Netzwerke ohne Kantengewichte werden in Abschnitt 6.4 dargelegt. Tests auf Netzwerken, deren Kanten gerichtet und gewichtet sind, werden in Abschnitt 6.5 behandelt. Abschließend erfolgt in Abschnitt 6.6 eine Zusammenfassung und ein Fazit der in diesem Kapitel präsentierten Resultate.

6.1 Maße zum Vergleich von Clusterlösungen

Der Vergleich unterschiedlicher Clusterings spielt eine zentrale Rolle bei der Untersuchung, wie gut ein Verfahren mit Daten umgehen kann, deren Clusterstruktur bekannt ist. Sowohl für die Klassifikation von (Un-)Ähnlichkeits- oder

Distanzdaten als auch für die Clusteranalyse in Netzwerken wurden zahlreiche Maße entwickelt. Ein Überblick ist unter anderem bei Fortunato (2010) [103] zu finden. In diesem Abschnitt werden zwei Arten von Konzepten unterschieden, auf denen die meisten Indizes zum Vergleich von Clusterings basieren. Dabei handelt es sich einerseits um das Betrachten der Zuordnungen aller Knotenpaare (Abschnitt 6.1.1) sowie andererseits um Maße, welche den Vergleich als informationstheoretisches Decodierungsproblem formulieren (Abschnitt 6.1.2).

6.1.1 Anzahlen gleich geclusterter Objektpaare

Mehrere Maße vergleichen zwei unterschiedliche Clusterings anhand der Anzahl an Objektpaaren, die in beiden Clusterings auf die gleiche Weise eingeordnet sind. Für eine Objektmenge bzw. im Falle von Netzwerken eine Knotenmenge $V = \{v_1, \ldots, v_n\}$ und zwei Partitionen $\mathcal{X}$ und $\mathcal{Y}$ von V mit $\mathcal{X} = \{X_1, \ldots, X_x, \ldots, X_{|\mathcal{X}|}\}$ und $\mathcal{Y} = \{Y_1, \ldots, Y_y, \ldots, Y_{|\mathcal{Y}|}\}$ mit nicht notwenigerweise gleich vielen Clustern $|\mathcal{X}|$ und $|\mathcal{Y}|$ seien folgende Anzahlen definiert: Die Anzahl n_{gg} der Objektpaare, die in beiden Clusterings in einem gemeinsamen Cluster liegen, die Anzahl n_{gu} der Objektpaare, die in $\mathcal{X}$ zu demselben Cluster gehören, aber in $\mathcal{Y}$ zu verschiedenen Clustern, die Anzahl n_{ug} der Objektpaare, die in $\mathcal{X}$ zu unterschiedlichen Clustern gehören, aber in $\mathcal{Y}$ zusammen in einem Cluster liegen, und die Anzahl der Objektpaare n_{uu}, die in beiden Clusterings verschiedenen Clustern angehören.

Ein früher Ansatz, welcher diese Bezeichnungen verwendet, stammt von Jaccard (1901) [143]. Der sogenannte **Jaccard Index J** ermittelt den Anteil gemeinsam geclusterter Objektpaare an der Menge aller Objektpaare, die in mindestens einer der verglichenen Partitionen zu demselben Cluster gehören:

$$J(\mathcal{X}, \mathcal{Y}) := \frac{n_{gg}}{n_{gg} + n_{gu} + n_{ug}}.$$

Da ein Anteil gemessen wird, gilt $J(\mathcal{X}, \mathcal{Y}) \in [0, 1]$ für alle Partitionen $\mathcal{X}$ und $\mathcal{Y}$ der zugrundeliegenden Objektmenge. Je größer $J(\mathcal{X}, \mathcal{Y})$ ist, desto ähnlicher werden $\mathcal{X}$ und $\mathcal{Y}$ bewertet. Dieser Index vernachlässigt die Tatsache, dass zwei Objekte, welche in beiden Clusterings in getrennten Clustern liegen, ebenfalls beide Male auf die gleiche Weise geclustert sind. Eine in der klassischen Clusteranalyse oft eingesetzte Vergleichsgröße, welche dies berücksichtigt, ist der **Rand Index RI** (siehe Rand (1971) [233]). Dieser misst den Anteil aller Objektpaare, die in den zu vergleichenden Clusterlösungen auf dieselbe Art geclustert sind. Unter Verwendung der oben eingeführten Notationen ergibt sich

$$RI(\mathcal{X}, \mathcal{Y}) := \frac{n_{gg} + n_{uu}}{n_{gg} + n_{gu} + n_{ug} + n_{uu}} = \frac{n_{gg} + n_{uu}}{\binom{n}{2}}. \tag{6.1}$$

6. Testreihen

Es gilt $RI(\mathcal{X}, \mathcal{Y}) \in [0,1]$ für alle Partitionen $\mathcal{X}$ und $\mathcal{Y}$ der zugrundeliegenden Objektmenge. Je größer $RI(\mathcal{X}, \mathcal{Y})$ ist, desto ähnlicher werden $\mathcal{X}$ und $\mathcal{Y}$ beurteilt. Bereits ein Jahr früher als Rand haben Mirkin/Chernyi (1970) [200] den im folgenden angegebenen **Mirkin Index MI** definiert:

$$MI(\mathcal{X}, \mathcal{Y}) := \sum_{x=1}^{|\mathcal{X}|} n_{x\bullet}^2 + \sum_{y=1}^{|\mathcal{Y}|} n_{\bullet y}^2 - \sum_{x=1}^{|\mathcal{X}|}\sum_{y=1}^{|\mathcal{Y}|} n_{xy}^2. \quad (6.2)$$

Für n Objekte entspricht n_{xy} der Anzahl der Objekte, welche in $\mathcal{X}$ zu Cluster X_x und in $\mathcal{Y}$ zu Cluster Y_y gehören. Die Mächtigkeiten der Cluster X_x und Y_y werden mit $n_{x\bullet}$ bzw. $n_{\bullet y}$ bezeichnet. Meilă (2007) [198] formuliert die Berechnung des Mirkin Index unter Verwendung der oben eingeführten Notationen:

$$MI(\mathcal{X}, \mathcal{Y}) := 2(n_{gu} + n_{ug}).$$

In Abhängigkeit der Ordnung n des Netzwerks ergibt sich folgender Zusammenhang zwischen $RI(\mathcal{X}, \mathcal{Y})$ und $MI(\mathcal{X}, \mathcal{Y})$:

$$MI(\mathcal{X}, \mathcal{Y}) := n(n-1)[1 - RI(\mathcal{X}, \mathcal{Y})].$$

Es gilt $MI(\mathcal{X}, \mathcal{Y}) \in [0, n(n-1)]$. Je kleiner der Mirkin Index ist, desto ähnlicher sind sich die beiden verglichenen Clusterings.

Sowohl für den Jaccard Index als auch für den Rand Index gibt es Weiterentwicklungen, die auf der Definition eines Nullmodells für zwei Clusterings basieren. Wie bei der Modularität wird in der erweiterten Version des Rand Index zunächst die Differenz zwischen dem Rand Index der realen Clusterings und dem entsprechenden in einem Nullmodell erwarteten Wert gebildet. Diese Differenz wird anschließend durch die Größe des Bereichs dividiert, in dem sie liegen kann. Hubert/Arabie (1985) [139] verwenden das folgende Nullmodell: Unter Beibehaltung der Clusteranzahlen sowie der Mächtigkeiten der Cluster werden zufällige Clusterings gebildet. Formell lautet der sogenannte **Adjusted Rand Index ARI**

$$ARI(\mathcal{X}, \mathcal{Y}) := \frac{\sum_{x=1}^{|\mathcal{X}|}\sum_{y=1}^{|\mathcal{Y}|} \binom{n_{xy}}{2} - \binom{n}{2}^{-1} \sum_{x=1}^{|\mathcal{X}|} \binom{n_{x\bullet}}{2} \sum_{y=1}^{|\mathcal{Y}|} \binom{n_{\bullet y}}{2}}{\frac{1}{2}\left[\sum_{x=1}^{|\mathcal{X}|} \binom{n_{x\bullet}}{2} + \sum_{y=1}^{|\mathcal{Y}|} \binom{n_{\bullet y}}{2}\right] - \binom{n}{2}^{-1} \sum_{x=1}^{|\mathcal{X}|} \binom{n_{x\bullet}}{2} \sum_{y=1}^{|\mathcal{Y}|} \binom{n_{\bullet y}}{2}}, \quad (6.3)$$

Die Notationen n, n_{xy}, $n_{x\bullet}$ und $n_{\bullet y}$ entsprechen den in Ausdruck (6.2) verwendeten Bezeichnungen.

Es gilt $ARI(\mathcal{X}, \mathcal{Y}) \in [0,1]$ für alle Partitionen $\mathcal{X}$ und $\mathcal{Y}$ der zugrundeliegenden Objektmenge. Als Vorteil des ARI gegenüber dem RI gilt, dass der Rand Index in der Praxis sehr nah bei 1 liegt, also nah an dem RI–Wert, welcher sich für zwei identische Clusterings ergibt (vgl. z.B. Fowlkes/Mallows (1983) [106]). Dadurch ist die Aussagekraft, wie stark Clusterings voneinander abweichen, geringer als beim ARI. Allerdings gibt es auch Kritik an der Anwendung von Indizes wie dem ARI, die unter Verwendung der oben beschriebenen Erweiterungen entwickelt wurden. Beispielsweise zweifelt Wallace (1983) [277] das von Hubert/Arabie (1985) [139] verwendete Nullmodell an. Außerdem erwähnt Meilă (2007) [198] unter Verweis auf Untersuchungen von Fowlkes/Mallows, dass die Größe des Bereichs, in dem der Nenner des ARI liegen kann, stark variiert. Da diese Größe zur Normierung verwendet wird, stellt sich die Frage der Vergleichbarkeit verschiedener ARI–Werte für unterschiedliche Größen dieses Bereichs.

6.1.2 Informationstheoretische Maße

In diesem Abschnitt werden zwei Indizes zum Vergleich von Clusterings vorgestellt, welche auf ein Codierungsproblem aus dem Bereich der Informationstheorie zurückgreifen. Einen umfassenderen aktuellen Überblick über informationstheoretische Maße geben z.B. Vinh *et al.* (2010) [270]. Einige Begriffe aus der Informationstheorie wurden bereits in Abschnitt 4.6.2 behandelt. Die beiden an dieser Stelle erläuterten Maße basieren darauf, dass beim Decodieren wenige Informationen gebraucht werden, um ähnliche Partitionen auseinander herzuleiten. Aus dem Umfang dieser notwendigen Informationen werden Größen für die Ähnlichkeit der Clusterings abgeleitet.

In Abschnitt 4.6.2 wird die sogenannte **Transinformation $I(X;Y)$** eingesetzt, welche die Stärke des statistischen Zusammenhangs zweier Zufallsgrößen X und Y beschreibt. Eine andere Bezeichnung dieser Größe lautet **Mutual Information**. Die Clusterzuweisungen x und y der Knoten der zu vergleichenden Clusterings $\mathcal{X}$ und $\mathcal{Y}$ können als Werte von zwei Zufallsvariablen X und Y angesehen werden (vgl. z.B. Strehl/Ghosh (2002) [256], Fred/Jain (2003) [107]). Die Zufallsvariable X nimmt Werte aus der Menge der Cluster von $\mathcal{X}$ an, also aus $\{X_1, \ldots, X_x \ldots, X_{|\mathcal{X}|}\}$ und die Zufallsvariable Y Werte aus der Menge $\{Y_1, \ldots, Y_y, \ldots, Y_{|\mathcal{Y}|}\}$. In dieser Formulierung können die Verteilungen von X und Y als $P(x) = n_{x\bullet}/n$ und $P(y) = n_{\bullet y}/n$ ausgedrückt werden. Dabei bezeichnen $n_{x\bullet}$ bzw. $n_{\bullet y}$, wie schon beim MI und beim ARI verwendet, die Mächtigkeiten der Cluster X_x bzw. Y_y. Weiterhin nehmen Strehl/Ghosh (2002) [256] eine gemeinsame Verteilung der Clusterzuweisungen x und y als $P(x,y) = n_{xy}/n$ an, mit der Anzahl aller Knoten n_{xy}, die sowohl zu X_x als auch zu Y_y gehören. Die Mutual Information bzw. Transinformation lautet

6. Testreihen

$$I(X;Y) := \sum_x \sum_y log_2 \frac{P(x,y)}{P(x)P(y)}$$

(vgl. Strehl/Ghosh (2002) [256]). Die Größe gibt jedoch keine allgemeingültige Aussage über die Ähnlichkeit von Partitionen. Alle Clusterings $\mathcal{X}'$, die aus einer Partition $\mathcal{X}$ durch weiteres Zerlegen der Cluster von $\mathcal{X}$ entstehen, haben verglichen mit $\mathcal{X}$ dieselbe Transinformation $I(X;X')$. Das bedeutet, selbst für zwei Partitionen $\mathcal{X}'_1$ und $\mathcal{X}'_2$, welche durch unterschiedliche Zerlegungen der Cluster von $\mathcal{X}$ aus $\mathcal{X}$ entstanden sind, gilt $I(X;X'_1) = I(X;X'_2)$. Dies widerspricht der Tatsache, dass Clusterings $\widehat{\mathcal{X}'}$, die aus $\mathcal{X}$ durch wenige Teilungen von Clustern entstanden sind, ähnlicher zu $\mathcal{X}$ sind als Clusterings $\mathcal{X}'$, bei denen viele Cluster geteilt wurden. Aus diesem Grund verwenden einige Autoren (u.a. Danon et al. (2005) [69], Lancichinetti et al. (2008) [171]) die von Fred/Jain (2003) [107] definierte normierte Transinformation bzw. **Normalized Mutual Information NMI**:

$$NMI(\mathcal{X}, \mathcal{Y}) := \frac{2I(X;Y)}{H(X) + H(Y)}.$$

Dabei bezeichnet $H(X) := -\sum_x P(x)log_2 P(x)$ die Information, die zur Beschreibung von X notwendig ist. $H(Y)$ ist analog definiert. Es gilt $NMI(\mathcal{X}, \mathcal{Y}) \in [0,1]$, wobei für identische Clusterings $\mathcal{X}$ und $\mathcal{Y}$ der Wert $NMI(\mathcal{X}, \mathcal{Y}) = 1$ angenommen wird. Dieses Maß wurde für Partitionen, also Clusterings ohne Überlappungen, eingeführt. Eine Übertragung auf Netzwerke mit überlappender Clusterstruktur stammt von Lancichinetti et al. (2009) [174].

Im Zusammenhang mit Codierungsproblemen verwendet Meilă (2007) [198] die Summe der Größen $H(X|Y)$ und $H(Y|X)$ (vgl. Abschnitt 4.6.2) als Maß für die Verschiedenheit zweier Clusterings. $H(X|Y)$ entspricht der Information, die nötig ist, um X mit gegebenem Y zu beschreiben, $H(Y|X)$ ist analog definiert. Diese sogenannte **Variation of Information VI** lautet

$$VI(\mathcal{X}, \mathcal{Y}) := H(X|Y) + H(Y|X). \tag{6.4}$$

Es gilt $VI(\mathcal{X}, \mathcal{Y}) \in [0,n]$, wobei für identische Clusterings $\mathcal{X}$ und $\mathcal{Y}$ der Wert $VI(\mathcal{X}, \mathcal{Y}) = 0$ angenommen wird. Meilă (2007) [198] motiviert die Verwendung der VI durch die Herleitung gewisser Merkmale dieser Größe. Beispielsweise handelt es sich bei der VI um eine Metrik in dem Raum aller Partitionen. Somit sind für Verschiedenheitsindizes sinnvolle Eigenschaften wie die Dreiecksungleichung erfüllt. Weiterhin wird gezeigt (siehe Meilă (2007) [198]), dass das Teilen oder das Vereinigen kleinerer Cluster eine geringere Änderung der VI zur Folge hat als das Teilen oder das Vereinigen größerer Cluster. Außerdem ist die VI in der folgenden Hinsicht ein lokales Maß: Der Einfluss des

Aufspaltens oder des Zusammenfassens von Clustern auf die VI ist unabhängig von den restlichen Clustern der betrachteten Partitionen. Meilă (2007) [198] betont, dass sich dadurch solche Teile der Clusterstruktur, die in den zu vergleichenden Clusterings gleich sind, nicht auf die Größe der Verschiedenheit dieser Clusterings auswirken. Die obere Schranke der VI beträgt $log(n)$ und ist somit abhängig von der Ordnung n des Netzwerks. Aus diesem Grund diskutiert Meilă (2007) [198] verschiedene Möglichkeiten zur Normierung. Die Verwendung von $VI(\mathcal{X}, \mathcal{Y})/log(n)$ ergibt ein Maß, dessen Wertebereich dem Intervall $[0, 1]$ entspricht. Es wird beispielsweise von Karrer et al. (2008) [151] befürwortet. Allerdings setzen diese es nach eigenen Angaben nicht ein, weil sie lediglich Netzwerke mit denselben Knotenanzahlen n vergleichen. Meilă (2007) [198] hält durch unterschiedliche Größen (wie z.B. $log(n)$ für Netzwerke mit unterschiedlicher Ordnung n) dividierte VI–Werte für schlechter vergleichbar und empfiehlt diese Normierung nicht. Außerdem werden bei Meilă (2007) [198] weitere Eigenschaften der VI angegeben, wie z.B. Schranken unter gewissen Bedingungen, die an dieser Stelle nicht weiter ausgeführt werden sollen.

Für die vorliegende Arbeit wird aus jedem der beiden vorgestellten Bereiche (siehe 6.1.1 bzw. 6.1.2) ein Vergleichsmaß verwendet. Die in den folgenden Abschnitten vorgestellten Clusterings werden einerseits mit dem Rand Index und andererseits mit der Variation of Information verglichen. Der RI wurde als klassisches Maß aus der Clusteranalyse von (Un-)Ähnlichkeits- bzw. Distanzdaten ausgewählt und die VI als neuere Größe, die in der Clusteranalyse in Netzwerken zum Einsatz kommt.

6.2 Ungewichtete, ungerichtete Netzwerke

Dieser Abschnitt behandelt die Anwendung der in Kapitel 5 vorgestellten KWC–Methode auf Netzwerke mit binären, symmetrischen Adjazenzmatrizen. Alle Kanten der Netzwerke sind also ungewichtet und ungerichtet. Als Testdaten wurden sowohl reale (siehe Abschnitt 6.2.1) als auch computergenerierte Netzwerke (siehe Abschnitt 6.2.2) verwendet, die in der Literatur als Benchmark–Netzwerke verbreitet sind.

6.2.1 Reale Benchmark–Netzwerke

In verschiedenen Wissenschaftsdisziplinen, wie zum Beispiel der Soziologie oder der Biologie (vgl. Anhang C), wird das Beziehungsgeflecht realer Objekte untersucht, wobei die Objekte als Knoten eines Netzwerks und die Beziehungen als entsprechende Kanten modelliert werden. Verschiedene solcher Beispiele haben sich im Gebiet der Clusteranalyse in Netzwerken als Benchmark–Netzwerke zum Test von Clusteralgorithmen etabliert. Daher wurde die in der vorliegenden Arbeit präsentierte KWC–Methode auf einige reale Netzwerke angewandt. Dieser Abschnitt enthält Ergebnisse für ungewichtete, ungerichtete, reale Netzwerke, deren Adjazenzdaten größtenteils auf Webseiten von Newman [211] und Arenas [15] zur Verfügung gestellt werden.

6.2.1.1 Freundschaften von Karatekas

Das Karate–Netzwerk von Zachary (1977) [288] ist ein bekanntes soziales Netzwerk, das unter anderem von Newman/Girvan (2004) [213] und Schuetz/Caflisch (2008a/2008b) [246, 247] zum Testen von Algorithmen verwendet wurde. Beide Autorenpaare setzen die Modularität als Gütemaß im Rahmen einer Clusteranalyse auf Netzwerkdaten ein. Für die vorliegende Arbeit wurde die von Newman [211] online bereitgestellte Datei verwendet.

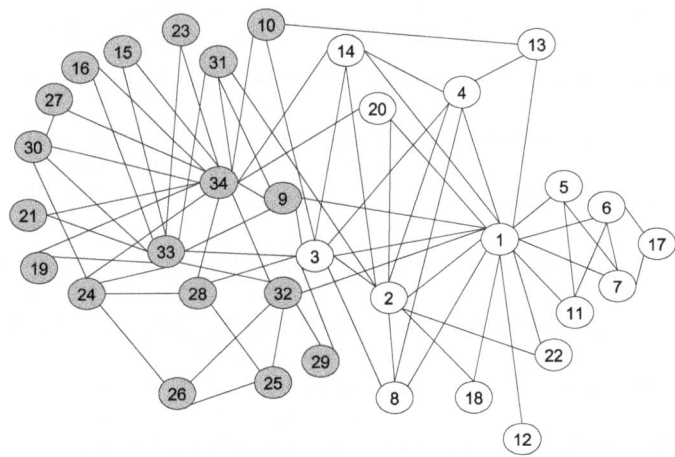

Abbildung 6.1: Das von Zachary (1977) [288] beobachtete Karate–Club–Netzwerk.

Zachary (1977) [288] konstruierte und untersuchte das Netzwerk ursprünglich im Rahmen einer Studie über Beziehungen in sozialen Netzwerken. Dazu beobachtete er in den frühen 1970er Jahren zwei Jahre lang die Interaktionen innerhalb einer Gruppe von 34 Studenten, die an einer amerikanischen Universität gemeinsam einem Karate–Club angehörten. Die Knoten des Netzwerks repräsentieren dabei die Personen, wobei zwei Knoten genau dann adjazent sind, wenn sie entweder innerhalb des Karate–Clubs oder außerhalb miteinander Kontakt pflegen. Während Zachary (1977) [288] dieses Netzwerk studierte, ergab sich zufällig eine Auseinandersetzung zwischen dem Gruppenleiter und dem Cheftrainer des Karate–Clubs. Durch diesen Streit zerfiel der Club letztendlich in zwei Gruppen. Abbildung 6.1 zeigt die Relationen zwischen den Studenten, wobei die reale Trennung in zwei Lager durch die verschiedenfarbige Markierung der Knoten dargestellt ist. Knoten 1 entspricht dem Gruppenleiter, während Knoten 33 den Cheftrainer repräsentiert.

Newman/Girvan (2004) [213] haben unter Verwendung ihres in Abschnitt 4.3 dargestellten, hierarchisch divisiven Algorithmus eine 2–Cluster–Lösung $\mathcal{C}_{NG}^2$ des Karate–Netzwerks mit Modularität $Q = 0,381$ ermittelt. Unsere Nachberechnung ergibt für dieses Clustering allerdings einen Wert von $Q = 0,3718$. Diese Clusterlösung entpricht bis auf eine Person dem realen Zerfall $\mathcal{C}_{real}^2$ des Netzwerks (vgl. Abbildung 6.1). Knoten 10 gehört in dem Clustering von Newman/Girvan (2004) [213] zu dem Cluster, das sich um den Gruppenleiter (Knoten 1) gebildet hat, während sich Student 10 in der Realität für die Gruppe des Cheftrainers (Knoten 33) entschieden hat. Die Modularität der realen Teilung beträgt $Q = 0,3715$. Wird die Modularität als Gütemaß eingesetzt, so ist $\mathcal{C}_{real}^2$ geringfügig schlechter als die von Newman/Girvan (2004) [213] angegebene Lösung. Dieses Beispiel zeigt, wie gut ein unter Verwendung der Modularität gefundenes Clustering den realen Zerfall einer Personengruppe vorhersagen kann. Die in Kapitel 5 eingeführte KWC–Methode liefert unter der Vorgabe, dass eine Trennung in genau zwei Cluster gesucht wird, vor der Anwendung des Vertex Movers ebenfalls ein Clustering, das nur in einer Person von dem realen Zerfall abweicht. Bei dieser Zwischenlösung $\mathcal{C}_{zwisch}^2$ mit zwei Clustern befindet sich Knoten 3 in der Gruppe des Cheftrainers (Knoten 33) statt wie in der Realität innerhalb der Anhängerschaft des Gruppenleiters (Knoten 1). Person 10 wird in $\mathcal{C}_{zwisch}^2$ im Gegensatz zur Lösung nach Newman/Girvan (2004) [213] so eingruppiert, wie es real der Fall war. Die Modularität dieser Zwischenlösung beträgt $Q = 0,360$. Der Vertex Mover tauscht genau die Knoten 3 und 10 aus, so dass der KWC–Algorithmus am Ende die Lösung $\mathcal{C}_{NG}^2$ mit $Q = 0,3718$ liefert. Dies ist unseres Wissens nach die im Sinne der Modularität beste in der Literatur bekannte Lösung mit zwei Clustern. Sowohl die Zwischenlösung $\mathcal{C}_{zwisch}^2$ der KWC–Methode als auch die optimale 2–Cluster–Lösung $\mathcal{C}_{NG}^2$ unterscheiden sich in genau einer Person von der realen Lösung. Die Rand Indizes, welche die Abweichung von $\mathcal{C}_{NG}^2$ und $\mathcal{C}_{zwisch}^2$ zum tatsächlich aufgetretenen Clustering $\mathcal{C}_{real}^2$ bewerten, sind gleich groß. Sie betragen $RI(\mathcal{C}_{NG}^2, \mathcal{C}_{real}^2) = RI(\mathcal{C}_{zwisch}^2, \mathcal{C}_{real}^2) = 0,9412$ und der Rand Index $RI(\mathcal{C}_{NG}^2, \mathcal{C}_{zwisch}^2) = 0,8859$. Die Bewertung der Verschiedenheiten mittels Variation of Information ergibt $VI(\mathcal{C}_{zwisch}^2, \mathcal{C}_{real}^2) = 0,2252$, $VI(\mathcal{C}_{NG}^2, \mathcal{C}_{real}^2) =$

0,2254 und $VI(\mathcal{C}^2_{NG}, \mathcal{C}^2_{zwisch}) = 0,3691$. Die Zwischenlösung $\mathcal{C}^2_{zwisch}$ und die beste bekannte 2–Cluster–Lösung $\mathcal{C}^2_{NG}$ sind am unterschiedlichsten und werden von der VI dementsprechend am höchsten bewertet. Im Gegensatz zum Rand Index bezeichnet die VI die Zwischenlösung $\mathcal{C}^2_{zwisch}$ als geringfügig ähnlicher zu der realen Trennung $\mathcal{C}^2_{real}$ als die beste 2–Cluster–Lösung $\mathcal{C}^2_{NG}$. Dadurch wird deutlich, dass der Rand Index lediglich auf der Anzahl gleichartig geclusterter Knotenpaare beruht. Die Abweichung zwischen den beiden VI–Werten tritt jedoch erst in der vierten Nachkommastelle auf.

Höhere Modularitätswerte als $Q = 0,3718$ hat die KWC–Methode zunächst als Zwischenlösung ohne Einsatz des Vertex Movers für eine 4–Cluster–Lösung und für eine 5–Cluster–Lösung gefunden. Der Vertex Mover optimiert diese beiden Lösungen dahingehend, dass jeweils das in Abbildung 6.2 angegebene Clustering mit vier Clustern entsteht, dessen Modularität $Q = 0,4198$ beträgt. Dabei handelt es sich um den von Duch/Arenas (2005) [87] angegebenen Modularitätswert, der die maximale bisher veröffentlichte Modularität für dieses Netzwerk darstellt.

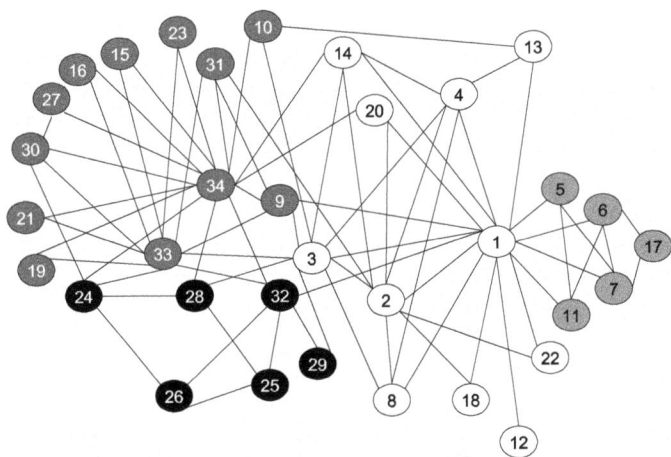

Abbildung 6.2: 4–Cluster–Lösung der KWC–Methode des Karate–Netzwerks mit $Q = 0,4198$.

Interessanterweise enthält diese 4–Cluster–Lösung die reale Trennung der Gruppe in zwei Cluster. Alle mit weißen Knotennummern dargestellten Personen schlossen sich der Gruppe des Cheftrainers (Knoten 33) an, während alle mit schwarzen Knotennummern abgebildeten Studenten das Cluster des Gruppenleiters (Knoten 1) wählten. Das bedeutet, der reale Zerfall in zwei Gruppen kann in einem hierarchischen Verfahren durch eine Vereinigung von je zwei Clustern der besten bekannten 4–Cluster–Lösung entstehen. Für die Zwischenlösung mit zwei Clustern $\mathcal{C}^2_{zwisch}$ und die 2–Cluster–Lösung mit maximaler Modularität $\mathcal{C}^2_{NG}$ ist dies nicht der Fall, da in beiden Clusterings Person 3 bzw. Person 10 in anderen Gruppen sind als in der optimalen 4–Cluster–Lösung. Das veranschaulicht die Tatsache, dass die jeweils für feste Clusteranzahlen optimalen Lösungen nicht genestet sein müssen (vgl. Anhang A.1).

6.2.1.2 Interaktion unter Delphinen

Ein von Lusseau (2003) [188] und Lusseau et al. (2003) [189] angegebenes soziales Netzwerk beschreibt die Interaktionen innerhalb einer Gruppe von 62 Delphinen, die vor Doubtful Sound, New Zealand, leben. Lusseau (2003) [188] hat diese Schar Großer Tümmler (Tursiops truncatus) über einen Zeitraum von sieben Jahren beobachtet. Dabei hat er vermerkt, dass einige Delphine zeitweise keinen Kontakt zu der Gemeinschaft hatten und sich die Gruppe dadurch in dieser Zeit in zwei Untergruppen teilte. Die hier beschriebene Analyse basiert auf den von Newman [211] zugänglich gemachten Daten. Von Newman/Girvan (2004) [213] wurde eine 2–Cluster–Lösung $\mathcal{C}^2_{NG}$ mit dem in Abschnitt 4.3 erläuterten, divisiven hierarchischen Algorithmus gefunden. In dieser Lösung enthält ein Cluster 21 Delphine und das andere Cluster 41 Delphine. Die Modularität dieses Clusterings beträgt $Q = 0,3799$. Die KWC–Methode liefert eine Teilung in 2 Cluster ($\mathcal{C}^2_{KWC}$) mit einem etwas höheren Modularitätswert von $Q = 0,3816$. Die Cluster unterscheiden sich dahingehend, dass die von Lusseau SN89 und SN100 getauften Delphine (siehe Newman [211]) zu dem kleineren Cluster gehören statt zu dem größeren. Dabei sind also 23 Delphine in der einen Gruppe und 39 in der anderen. Der Rand Index dieser beiden Lösungen lautet $RI(\mathcal{C}^2_{NG}, \mathcal{C}^2_{KWC}) = 0,9365$ und die Variation of Information $VI(\mathcal{C}^2_{NG}, \mathcal{C}^2_{KWC}) = 0,2385$.

Der maximale in der Literatur veröffentlichte Modularitätswert für dieses Netzwerk beträgt $Q = 0,52$. Newman/Girvan (2004) [213] haben eine 5–Cluster–Lösung $\mathcal{C}^5_{NG}$ mit diesem Modularitätswert gefunden, bei der die bereits in der 2–Cluster–Lösung $\mathcal{C}^2_{NG}$ auftretende Gruppe von 21 Delphinen ein Cluster bildet und die übrigen Delphine in verschieden große Cluster mit 2, 7, 12 und 20 Tieren gruppiert sind. Laut Newman/Girvan (2004) [213] ist es unter Berücksichtigung konkreter Informationen über die Delphine naheliegend, dass diese Unterteilung realen Untergruppen entspricht. Die Gruppe mit 20 Delphinen besteht nur aus weiblichen Tieren, während sich innerhalb der drei kleinen Cluster offenbar männliche Delphine befinden, die jeweils von anderen Gruppen von Müttern abstammen. Aus rein netzwerktheoretischer Sicht, wenn die biologischen Hintergründe nicht bekannt sind, gibt es andere 5–Cluster–Lösungen des Delphin–Netzwerks mit ähnlich großen Modularitätswerten. Mit der KWC–Methode wurde ein Clustering mit 5 Clustern gefunden ($\mathcal{C}^5_{KWC}$), dessen Modularität nach Anwendung des Vertex Movers $Q = 0,5241$ beträgt. Die Mächtigkeiten der einzelnen Cluster lauten dabei 7, 8, 12, 17 und 18, also ergeben sich etwas homogenere Clustergrößen als in der Lösung von Newman/Girvan (2004) [213]. Dies ist aufgrund der Verwendung der Modularität innerhalb des KWC–Verfahrens nicht verwunderlich, da die Modularität dazu neigt, Clusterings mit ähnlich großen Clustern höher zu bewerten (vgl. Holmström et al. (2009) [136], Abschnitt 3.2.2).

Weiterhin wurde das Netzwerk im Rahmen der vorliegenden Arbeit mit dem in Abschnitt 2.1.3 vorgestellten Netzwerk–Visualisierungstool *Gephi* untersucht, das die maximale Modularität eines Netzwerks mit der in Abschnitt 4.1.2.3 vorgestellten Heuristik von Blondel et al. (2008) [33] annähert. Dabei wurde eine weitere 5–Cluster–Lösung $\mathcal{C}^5_{Gephi}$ mit Modularität $Q = 0,52$ ermittelt, deren Clustergrößenverteilung 7, 7, 12, 17 und 19 beträgt. Bezogen auf die Homogenität der Clustergrößen ist sie der Lösung des KWC–Verfahrens ähnlich, allerdings wurden insgesamt acht Delphine in andere Gruppen eingeordnet. Der Rand Index dieser beiden Lösungen beträgt $RI(\mathcal{C}^5_{KWC}, \mathcal{C}^5_{Gephi}) = 0,9318$ und der VI–Wert lautet $VI(\mathcal{C}^5_{KWC}, \mathcal{C}^5_{Gephi}) = 0,5996$. Die 5–Cluster–Lösung von Newman ist uns nicht konkret bekannt. Laut Rand Index ist der Unterschied zwischen $\mathcal{C}^2_{NG}$ und $\mathcal{C}^2_{KWC}$ ähnlich groß wie die Verschiedenheit zwischen $\mathcal{C}^5_{Gephi}$ und $\mathcal{C}^5_{KWC}$. Wird die VI als Vergleichsmaß herangezogen, gelten die beiden genannten 5–Cluster–Lösungen als verschiedener. Dies ist auf die unterschiedlichen Konzepte zur Bewertung der Verschiedenheiten zurückzuführen. Aus diesem Grund werden in der vorliegenden Arbeit zwei verschiedene Maße eingesetzt. In dieser Größenordnung (62 Knoten und 318 Kanten) ist die Veranschaulichung eines Beziehungsgeflechts als Netzwerk bereits relativ unübersichtlich, daher wird für die nachfolgend in diesem Abschnitt beschriebenen Netzwerke darauf verzichtet.

An diesem Beispielnetzwerk wird die in Abschnitt 3.2.2 erwähnte Problematik deutlich, dass häufig verschiedene Lösungen mit ähnlich hohen Modularitätswerten existieren. Dies bestärkt die erstmals in Abschnitt 2.2 gegebene Empfehlung, dass in die Untersuchung der Gruppenstruktur eines Netzwerks neben der Kantenstruktur weitere Daten über die durch die Knoten dargestellten Objekte eingehen sollten. Auf diese Weise entspricht die Clusterlösung der Struktur des betrachteten Netzwerks wesentlich besser.

6.2.1.3 Verkauf politischer Bücher

Anstelle einer sozialen Interaktion zwischen Lebewesen beschreibt das von Valdis Krebs [162] konstruierte und auf seiner Webseite (siehe [162]) zugänglich gemachte Netzwerk Relationen zwischen Büchern über politische Themen in den USA. Die Knoten des Netzwerks repräsentieren 105 Bücher mit politischem Hintergrund, die zur Zeit der Präsidentschaftswahl 2004 auf dem Markt waren. Zwei Bücher sind durch eine Kante verbunden, falls sie häufig gemeinsam bei Amazon gekauft wurden. Als häufig gilt dabei der Hinweis von Amazon („Kunden, die dieses Produkt wählten, kauften ebenfalls..."). Somit sind die Kanten ungerichtet und ungewichtet, denn die konkrete Anzahl der gemeinsamen Käufe wird nicht berücksichtigt. Newman [211] hat neben der Bereitstellung der Adjazenzdaten anhand der Beschreibungen und Bewertungen der Bücher eine inhaltliche Einteilung aller Bücher in liberal (43 Bücher), neutral (13 Bücher) und konservativ (49 Bücher) angegeben. Die Modularität dieser 3–Cluster–Lösung $\mathcal{C}^3_{Inhalt}$ beträgt $Q = 0,4149$. Die KWC–Methode ermittelt $Q = 0,5272$ als besten Modularitätswert eines Clusterings $\mathcal{C}^5_{KWC}$ der Büchermenge in fünf Cluster. Wird präspezifiziert, dass eine Einteilung in 3 Gruppen erwünscht ist, so findet das KWC–Verfahren eine 3–Cluster–Lösung $\mathcal{C}^3_{KWC}$ mit $Q = 0,4907$. In beiden Lösungen des KWC–Algorithmus ist ein Großteil der liberalen sowie der konservativen Bücher jeweils in einem Cluster. Die Vergleiche dieser Lösungen mit der inhaltlichen Einteilung nach Newman [211] finden sich in den Tabellen 6.1 bzw. 6.2.

	# Bücher	C^3_A	C^3_B	C^3_C
# Bücher	105	16	40	49
neutral	13	5	2	6
liberal	43	5	**38**	0
konservativ	49	6	0	**43**

Tabelle 6.1: Vergleich der 3–Cluster–Lösung der KWC–Methode mit der inhaltlichen Einteilung nach Newman.

	# Bücher	C^5_A	C^5_B	C^5_C	C^5_D	C^5_E
# Bücher	105	10	40	40	12	3
neutral	13	6	1	1	4	1
liberal	43	0	0	**38**	5	0
konservativ	49	4	**39**	1	3	2

Tabelle 6.2: Vergleich der 5–Cluster–Lösung der KWC–Methode mit der inhaltlichen Einteilung nach Newman.

Der Rand Index zum Vergleich der inhaltlichen Einteilung nach Newman [211] mit der 3–Cluster–Lösung des KWC–Verfahrens beträgt $RI(\mathcal{C}^3_{Inhalt}, \mathcal{C}^3_{KWC})$ $= 0,8317$ und die Variation of Information $VI(\mathcal{C}^3_{Inhalt}, \mathcal{C}^3_{KWC}) = 0,8620$. Die

Verschiedenheit zwischen dem von der KWC–Methode als Optimallösung angegebenen Clustering und der thematischen Gruppierung wird durch einen Rand Index von $RI(\mathcal{C}^3_{Inhalt}, \mathcal{C}^5_{KWC}) = 0,8423$ und eine VI von $VI(\mathcal{C}^3_{Inhalt}, \mathcal{C}^5_{KWC}) = 1,0064$ beschrieben. Hier werden die Verschiedenheiten der beiden Vergleiche von RI und VI unterschiedlich beurteilt: Während die RI die KWC–5–Cluster–Lösung als ähnlicher zu der inhaltlichen Einteilung bezeichnet, bewertet die VI den Unterschied der KWC–3–Cluster–Lösung zum inhaltlichen Clustering als geringer. Da die beiden Verschiedenheitsmaße auf unterschiedlichen Konzepten beruhen, kann eine verschiedene Beurteilung auftreten. Wie schon in Abschnitt 6.2.1.2 angesprochen, zeigt auch dieses Beispiel, dass es kein einheitliches Maß gibt, um Verschiedenheiten von Clusterings zu vergleichen, weshalb in dem vorliegenden Kapitel die beiden ausgewählten unterschiedlichen Größen verwendet werden.

Die Cluster C^3_B (siehe Tabelle 6.1) aus der 3–Cluster–Lösung des KWC–Verfahrens und C^5_C (siehe Tabelle 6.2) aus der 5–Cluster–Lösung der KWC–Methode bestehen fast vollständig aus liberalen Büchern, während die Cluster C^3_C und C^5_B fast nur konservative Bücher enthalten. Ein gut sichtbares Cluster mit neutralen Büchern gibt es in beiden Fällen nicht. Das liegt daran, dass die neutralen Bücher sowohl mit Büchern mit liberalem Inhalt als auch mit Büchern mit konservativem Inhalt gemeinsam gekauft wurden, da neutrale Themen zu beiden dieser gegensätzlichen Sichtweisen passen. Somit kommen diese Cluster durch eine Analyse der Modularität weniger deutlich zum Vorschein. Eine Einteilung mit einem höheren Modularitätswert als die von der KWC–Methode gefundene 5–Cluster–Lösung wurde unseres Wissens nach nicht publiziert.

6.2.1.4 American College Football Spielplan

Girvan/Newman (2002) [119] haben den Spielplan einer American Football College Liga aus dem Jahr 2000 als Netzwerk interpretiert und untersucht. Die Knoten entsprechen dabei den 115 Teams der Colleges und die Kanten repräsentieren die 613 regulären Saisonspiele zwischen den Teams, deren entsprechende Knoten sie verbinden. Jeweils 8 bis 12 Teams bilden in diesem Spielplan eine sogenannte *Conference*. Die Teams innerhalb einer Conference treten dabei im Durchschnitt etwa sieben Mal gegeneinander an, während sie gegen Teams der anderen Conferences nur circa vier Spiele zu absovieren haben. Die Einteilung der Teams in die Conferences stellt also die reale Clusterstruktur $\mathcal{C}^{12}_{real}$ des Netzwerks dar. Allerdings gehören einige Teams zu keiner Conference. Außerdem sind die Spiele zwischen Teams verschiedener Conferences nicht gleichmäßig verteilt, da Teams aus geographisch näher beieinander liegenden Orten häufiger gegeneinander spielen als Teams aus weiter entfernten Orten. In dem von

Newman [211] bereitgestellten Datensatz ist die Zuweisung der Teams in 12 Conferences angegeben. Nach unserer Berechnung beträgt die Modularität dieser Gruppierung $Q = 0,5540$.

Die höchste veröffentlichte Modularität dieses Netzwerks beträgt $Q = 0,603$. Dieser Wert wurde von Schuetz/Caflisch (2008a/2008b) [246, 247] mit dem Multistep Greedy Algorithmus (siehe Abschnitt 4.1.1) in Kombination mit dem Vertex Mover (siehe Abschnitt 4.7) ermittelt. Das KWC-Verfahren findet eine Lösung $\mathcal{C}_{KWC}^{10}$ mit 10 Clustern, für die $Q = 0,6044$ gilt. Der Rand Index zwischen diesem Clustering und der realen Einteilung ist $RI(\mathcal{C}_{KWC}^{10}, \mathcal{C}_{real}^{12}) = 0,9707$ und die VI beträgt $VI(\mathcal{C}_{KWC}^{10}, \mathcal{C}_{real}^{12}) = 0,5110$. Die konkrete Lösung von Schuetz/Caflisch (2008a/2008b) [246, 247] ist uns nicht bekannt. Auch in diesem Fall entspricht die reale Lösung nicht dem Clustering mit dem höchsten Modularitätswert. Daher sollten neben der Linkstruktur des Netzwerks weitere Informationen über die einzelnen Teams zur Interpretation der Clusterstruktur herangezogen werden. Teams aus verschiedenen Conferences spielen beispielsweise seltener gegeneinander, wenn die Orte weit voneinander entfernt sind. Dies geht somit in die Kantenverteilung ein und wird beim Clustern berücksichtigt, ist aber in der Einteilung in die Conferences nicht sichtbar.

6.2.1.5 Musiker in Jazz–Bands

Gleiser/Danon (2003) [121] haben ein Netzwerk aus 198 Jazzbands konstruiert, die in den Jahren zwischen 1912 und 1940 aktiv waren. Jede Band entspricht genau einem Knoten des Netzwerks und zwei Knoten sind genau dann adjazent, wenn sie mindestens einen Musiker gemeinsam haben. Dabei entstehen 2742 Kanten. Die Adjazenzdaten wurden von Arenas [15] zugänglich gemacht. Gleiser/Danon (2003) [121] haben das Netzwerk zunächst hinsichtlich der Knotengradverteilungen untersucht und anschließend mit einer Vorversion (siehe Girvan/Newman (2002) [119]) der divisiven Methode von Newman/Girvan (2004) [213] (siehe Abschnitt 4.3) die Clusterstruktur betrachtet. Die Zwischenschritte zeigen, dass sich in der divisiven Hierarchie zunächst ein paar kleine Gruppen abspalten und das Netzwerk anschließend in zwei größere Cluster zerfällt. Gleiser/Danon (2003) [121] haben durch die Betrachtung der einzelnen Musiker in den Bands gezeigt, dass diese beiden Gruppen durch die Rassentrennung zwischen schwarzen und weißen Jazzmusikern entstanden sind. Eine erste Untersuchung dieses Netzwerk unter Verwendung der Modularität stammt von Newman/Girvan (2004) [213], die ein Clustering mit $Q = 0,405$ angeben. Clauset *et al.* (2004) [65] finden mit der in Abschnitt 4.1.1 vorgestellten verbesserten Variante des agglomerativen Verfahrens von Newman (2004a) [207] eine Lösung mit $Q = 0,439$. Der größte bislang veröffentlichte Modularitätswert ist $Q = 0,445$ und wurde erstmals von Duch/Arenas (2005) [87] unter Verwendung extremaler Optimierung gefunden. Das entsprechende Clusterverfahren ist in Abschnitt 4.1.3.1 dargestellt. Die KWC–Methode gibt eine 3–Cluster–Lösung aus, deren Modularität ebenfalls $Q = 0,445$ beträgt. Die drei Cluster enthalten 63, 67 und 68 Bands, also sind die Clustergrößen sehr homogen. Die von Gleiser/Danon (2003) [121] entdeckte Rassentrennung der Bands in zwei Cluster hat offenbar einen geringeren Modularitätswert.

6.2.1.6 Kommunikation per E–Mail

Guimerà et al. (2003) [127] betrachteten den E–Mail–Verkehr als ein soziales Netzwerk. Konkret wurde die E–Mail–Kommunikation zwischen 1669 E–Mailadressen von Personen der Universitat Rovira i Virgili (URV) in Spanien untersucht. Rundmails an mehr als 50 Empfänger wurden dabei nicht betrachtet. Aus diesen Daten wurde ein ungerichtetes, ungewichtetes Netzwerk konstruiert, in dem die Knoten, die zwei Nutzern entsprechen, genau dann adjazent sind, falls E–Mails in beide Richtungen verschickt wurden. Das erzeugte Netzwerk besteht aus einer großen Komponente mit 1133 Personen, während die übrigen Zusammenhangskomponenten jeweils maximal zwei Knoten enthalten. Im folgenden wird lediglich die größte Komponente mit 1133 Knoten betrachtet.

Unter Verwendung der Modularität haben Duch/Arenas (2005) [87] mit extremaler Optimierung (vgl. Abschnitt 4.1.3.1) für diese Komponente ein Clustering mit Modularität $Q = 0,5738$ gefunden. Die KWC–Methode ermittelt eine 14–Cluster–Lösung, welche einen Modularitätswert von $Q = 0,5745$ besitzt. Der unseres Wissen nach maximale bekannte Modularitätswert $Q = 0,583$ stammt von Ovelgönne/Geyer–Schulz (2010) [222] und wurde mit der in Abschnitt 4.1.1 vorgestellten Erweiterung ihres randomisierten agglomerativen Verfahrens (vgl. Ovelgönne et al. (2010) [221]) durch Aggregation von Clusterkernen berechnet. Dennoch ist die Modularität der KWC–Lösung vergleichbar mit anderen aus der Literatur bekannten Partitionen dieses Datensatzes (siehe z.B. Duch/Arenas (2005) [87], Newman (2006b) [210], Schuetz/Caflisch (2008a/2008b) [246, 247]).

6.2.1.7 Zusammenfassung

Die in Abschnitt 6.2.1 vorgestellten Ergebnisse der KWC–Methode auf ungewichteten, ungerichteten, realen Benchmark–Netzwerken sind in Tabelle 6.3 zusammengefasst. Lediglich für das in Abschnitt 6.2.1.6 beschriebene E–Mail–Netzwerk findet das KWC–Verfahren ein Clustering mit einer geringeren Modularität als dem besten bislang veröffentlichten Wert Q_{pub}. Im Vergleich zu weiteren publizierten Modularitätswerten ist die KWC–Lösung dennoch als gut zu bewerten. Die Modularitätswerte für die Clusterings der Bücher mit politischem Inhalt und der 2–Cluster–Lösung der Delphingruppe sind größer als die für diese Netzwerke bekannten Beträge. Die politischen Bücher wurden jedoch ursprünglich nicht mit dem Ziel der Maximierung der Modularität kategorisiert. Die von dem KWC–Algorithmus berechnete Einteilung der Delphine in zwei Gruppen ist nach dem Gütekriterium Modularität besser als die zuvor angegebene. In fünf der betrachteten Fälle (Karate–Beispiel mit zwei und mit vier Clustern, Delphin–Beispiel mit fünf Clustern, Football- und Jazz–Beispiel) ermittelt die KWC–Methode Clusterings, welche die besten für diese Datensätze bekannten Modularitätswerte haben.

Netzwerk	n	m	Q_{pub}	$|\mathcal{C}_{pub}|$	Quelle	Q_{KWC}	$|\mathcal{C}_{KWC}|$	RI	VI
Karate „2"	34	78	0,3718	2	[213]	0,3718	2	1	0
Karate „4"	34	78	0,4198	n.a.	[87]	0,4198	4	n.a.	n.a.
Delphin „2"	62	159	0,3799	2	[213]	0,3816	2	0,9365	0,2385
Delphin „5"	62	159	0,5241	5	[213]	0,5241	5	n.a.	n.a.
Bücher „3"	105	882	0,4149	3	[211]	0,4907	3	0,8317	0,8620
Bücher „5"	105	882	0,4149	3	[211]	0,5272	5	0,8423	1,0064
Football	115	613	0,603	n.a.	[247]	0,603	11	n.a.	n.a.
Jazz	189	2742	0,445	n.a.	[87]	0,445	3	n.a.	n.a.
E–Mail	1133	5451	0,583	n.a.	[222]	0,5745	14	n.a.	n.a.

Tabelle 6.3: Zusammenfassung der Ergebnisse für ungewichtete, ungerichtete, reale Netzwerke.

Das bedeutet: Der KWC–Algorithmus bestimmt für fast alle untersuchten ungewichteten, ungerichteten Netzwerke Clusterlösungen mit den höchsten publizierten Modularitätswerten. Für ein Netzwerk wird bezüglich der Modularität eine geringere Güte ermittelt und für eines der Netzwerke eine höhere Güte.

6.2.2 Computergenerierte Benchmark–Netzwerke

In der Literatur werden Algorithmen auf sehr unterschiedlichen Netzwerken getestet, was den Vergleich der Verfahren schwierig macht. Einige bekannte reale Benchmark–Netzwerke wurden in den vorigen Abschnitten vorgestellt, aber eine Überprüfung der Methode auf weiteren Netzwerken mit bekannter Clusterstruktur ist zusätzlich sinnvoll. Eine große Klasse realer Benchmark–Netzwerke ist nicht bekannt, daher haben einige Autoren (z.B. Girvan/Newman (2002)

[119], Lancichinetti *et al.* (2008) [171], Lancichinetti/Fortunato (2009a) [172]) künstliche Netzwerke mit konstruierter Clusterstruktur zum Testen von Clusterverfahren entwickelt. Ein frühes Beispiel für eine solche Klasse von Netzwerken stammt von Girvan/Newman (2002) [119]. Jedes Netzwerk besteht aus 128 Knoten, die in vier Gruppen mit jeweils 32 Knoten zerfallen. Alle Knoten haben dabei ungefähr den durchschnittlichen Knotengrad 16. Über einen Parameter wird reguliert, wie viele Nachbarn ein Knoten in seinem eigenen und wie viele er in anderen Clustern besitzt. Diese Klasse von Netzwerken hat allerdings zwei sehr unrealistische Eigenschaften: Die Cluster sind alle gleich groß, und die Knoten haben alle in etwa denselben Grad. Außerdem ist eine Ordnung von 128 Knoten im Vergleich zu realen Netzwerken (vgl. Anhang C) recht klein.

Eine Klasse computergenerierter Netzwerke ohne diese Nachteile haben Lancichinetti *et al.* (2008) [171] zum Testen von Algorithmen entwickelt. In der vorliegenden Arbeit werden diese Netzwerke nach den Autoren Lancichinetti, Fortunato und Radicchi als LFR–Netzwerke oder LFR–Benchmarks bezeichnet. Auf einer Webseite eines der Co–Autoren (Fortunato [104]) wird zum Generieren dieser Netzwerke ein öffentliches Softwarepaket zur Verfügung gestellt. Die Autoren konstruieren die Netzwerke so, dass die optimalen Partitionen C_{Bench} bekannt sind. Diese können ebenfalls durch die bei Fortunato [104] erhältliche Software ausgegeben werden. Der Anwender kann für beliebige Knotenanzahlen n, durchschnittliche Knotengrade d_{av}, maximale Knotengrade Δ und so genannte Mixing–Parameter $\mu \in [0, 1]$ Benchmark–Netzwerke mit heterogenen Knotengraden und heterogenen Clustergrößen sowie das dazugehörige optimale Clustering erzeugen lassen. Der Mixing–Parameter μ gibt an, wie groß der Anteil der Nachbarn jedes Knotens v ist, die in einem anderen Cluster als v sind. Somit entspricht der Wert $1 - \mu$ dem Anteil an Nachbarn von v, die in demselben Cluster liegen wie v. Von Lancichinetti *et al.* (2008) [171] wird zum Testen von Algorithmen empfohlen, μ zwischen 0,1 und 0,6 zu variieren. Für $\mu = 0,1$ ist die Clusterstruktur sehr stark ausgeprägt, da durchschnittlich 90 Prozent der Nachbarn jedes Knotens zu demselben Cluster gehören wie dieser Knoten. Die Verteilungen von Knotengraden und Clustergrößen in realen Netzwerken – teilweise in Fällen, in denen Clusterings unter Verwendung der Modularität ermittelt wurden – haben unter anderem Newman *et al.* (2001) [206], Newman (2004a) [207] und Arenas *et al.* (2004) [11] untersucht. Generell können beide Größen am besten durch Potenzverteilungen modelliert werden, wobei für die Clustergrößen ein Exponent $\tau_1 \in [2, 3]$ und für die Knotengrade ein Exponent $\tau_2 \in [1, 2]$ die Realität am besten abbildet. Lancichinetti *et al.* (2008) [171] haben die vier gewählten Extremfälle der Wahl dieser Parameter $(\tau_1; \tau_2) \in \{(2; 1), (2; 2), (3; 1), (3; 2)\}$ betrachtet und in allen Fällen ähnliche Ergebnisse erhalten. Daher können τ_1 und τ_2 bei der Erzeugung von Benchmarks jeweils auf einen Wert fixiert werden. Die Konstruktion der Netzwerke läuft wie folgt ab: Zuerst wird jedem Knoten nach einer Potenzverteilung mit einem vom Anwender bestimmten Exponenten $\tau_1 \in [2,3]$ ein Knotengrad zugewiesen. Der Minimalgrad δ wird in Abhängigkeit des Maximalgrades Δ so festgelegt, dass der durchschnittliche Knotengrad dem gewählten Wert d_{av} entspricht. Dabei wird, falls der Nutzer es nicht anders festgelegt hat, außerdem beachtet, dass die minimale und die maximale Clustergröße s_{min} und s_{max} im Zusammenhang mit δ, Δ und μ in allen Kombinationen so gewählt werden, dass bei der Konstruktion der Cluster keine Widersprüche auftreten. Konkret werden $s_{max} > \Delta$ und $s_{min} > \delta$ angestrebt, damit sogar für $\mu = 0$ selbst für die Knoten mit Minimalgrad und Maximalgrad mindestens ein Cluster existiert, in dem alle ihre Nachbarn enthalten sind. Anschließend werden die Knoten mit einem Konfigurationsmodell von Molloy/Reed (1993) [202] enstprechend ihrer Knotengrade verbunden. Die Clustergrößen werden gemäß einer Potenzverteilung mit Exponent $\tau_2 \in [1,2]$ modelliert, so dass das erzeugte Netzwerk die gewünschte Knotenanzahl n erhält.

Die Zuordnung zu den Clustern führen die Autoren wie folgt durch: Zunächst ist kein Knoten zugeordnet. Im ersten Schritt wird für einen Knoten v ein zufälliges Cluster C_{zuf} ausgewählt. Falls die Clustergröße von C_{zuf} größer als die Anzahl der Nachbarn von v ist, wird v diesem Cluster zugeordnet, andernfalls bleibt der Knoten unzugeordnet. Anschließend werden noch nicht einsortierte Knoten iterativ in zufällig ausgewählte Cluster eingeordnet, bis alle Knoten geclustert sind. Falls ein Cluster, in das ein weiterer Knoten eingeordnet werden soll, voll ist, wird ein zufällig ausgesuchter Knoten aus diesem Cluster entfernt. Damit für alle Knoten v ein Anteil von $1 - \mu$ ihrer Nachbarn im selben Cluster wie v ist, werden anschließend einige Kanten umgeordnet, so dass die Knotengrade bestehen bleiben, während der Anteil der Nachbarn im selben Cluster angepasst wird. Nach Angabe der Autoren beträgt die Laufzeit des Konstruktionsverfahrens $O(m)$.

Die KWC–Methode wurde für die vorliegende Arbeit unter Verwendung von Netzwerken mit den folgenden Parametern getestet: Die Knotenanzahl n stammt aus der Menge $\{1000; 2000\}$ und der durchschnittliche Knotengrad d_{av} aus der Menge $\{15; 20; 25\}$. Als Mixing–Parameter wurde $\mu \in \{0,1; 0,2; 0,3; 0,4; 0,5; 0,6\}$ verwendet. Die Exponenten der Potenzverteilungen zur Modellierung der Verteilungen der Knotengrade und der Clustergrößen wurden als $\tau_1 = 2$ und $\tau_2 = 1$ gewählt, da – wie oben erwähnt – sogar jede Kombination der gewählten Extremwerte von τ_1 und τ_2 in den Tests von Lancichinetti *et al.* (2008) [171] sehr ähnliche Ergebnisse liefert. Der maximale Knotengrad wurde – wie von den Autoren in der auf der Webseite von Fortunato [104] bereitgestellten ReadMe–Datei vorgeschlagen – auf $\Delta = 50$ gesetzt. Die untere Schranke s_{min} und die obere Schranke s_{max} für die Clustergrößen wurden – ebenfalls in Anlehnung an die Ausführungen in der ReadMe–Datei – nicht vorgegeben. In diesem Fall wählt das Programm diese passend. Häufig liegen sie nach Angabe der Autoren (vgl. Fortunato [104]) in den Größenordnungen des gewählten Maximal- und des angepassten Minimalgrades. In den meisten Netzwerken, die für den Test des KWC–Verfahrens verwendet wurden, befinden sich die Mächtigkeiten der Cluster in dem Intervall [7, 50].

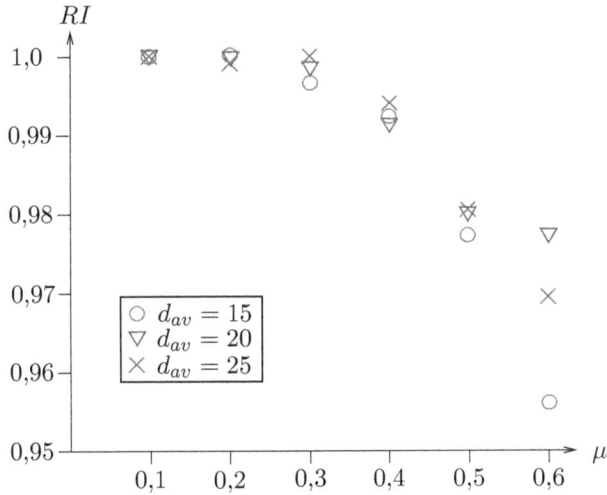

Abbildung 6.3: Durchschnittliche Rand Indizes von $\mathcal{C}_{KWC}$ im Vergleich zu $\mathcal{C}_{Bench}$ für LFR–Netzwerke mit 1000 Knoten.

Für jede Parameterkombination (n, d_{av}, μ) wurden 10 Netzwerke generiert und mit dem KWC–Verfahren geclustert. In den Tabellen E.1 und E.2 in Anhang E sind für jede Kombination der Parameter die durchschnittlichen Modularitätswerte Q_{Bench} der immanenten Benchmark–Lösungen und die durchschnittlichen Modularitätswerte Q_{KWC} der mit dem KWC–Algorithmus ermittelten Lösungen angegeben. Die dazugehörigen durchschnittlichen Clusteranzahlen $|\mathcal{C}_{Bench}|$ und $|\mathcal{C}_{KWC}|$ werden ebenfalls aufgeführt. Weiterhin wurden für jede Parameterkombination (n, d_{av}, μ) die durchschnittlichen Verschiedenheiten der eingebauten Clusterings und der KWC–Lösungen unter Verwendung der in Abschnitt 6.1 erläuterten Gütemaße Rand Index (RI) sowie Variation of Information (VI) berechnet. Diese werden ebenfalls in den Tabellen genannt. Die Abbildungen 6.3 und 6.4 zeigen die entsprechenden Ergebnisse für die Netzwerke mit $n = 1000$ Knoten in der von Lancichinetti et al. (2008) [171] gewählten

Form: Für die drei gewählten durchschnittlichen Knotengrade $d_{av} \in \{15; 20; 25\}$ werden jeweils die gemittelten Verschiedenheitsindizes der KWC–Lösungen im Vergleich zu den Benchmark–Lösungen in Abhängigkeit der Mixing–Parameter $\mu \in \{0,1; 0,2; 0,3; 0,4; 0,5; 0,6\}$ eingezeichnet. Abbildung 6.3 stellt dar, welche durchschnittlichen Rand Indizes sich für die Wahl von μ für die Vergleiche der KWC–Clusterings zu den Benchmark–Lösungen ergeben. In Abbildung 6.4 sind die entsprechenden Werte der Variation of Information derselben Vergleiche wiedergegeben. Die Resultate der Tests mit $n = 2000$ Knoten sind in Anhang E abgebildet. Auf eine Darstellung an dieser Stelle wird verzichtet, da sie den Abbildungen 6.3 und 6.4 ähneln. Die Darstellung der Ergebnisse für $n = 1000$ Knoten wurde stellvertretend ausgewählt, weil Lancichinetti *et al.* (2008) [171] diesen Parameter verwenden.

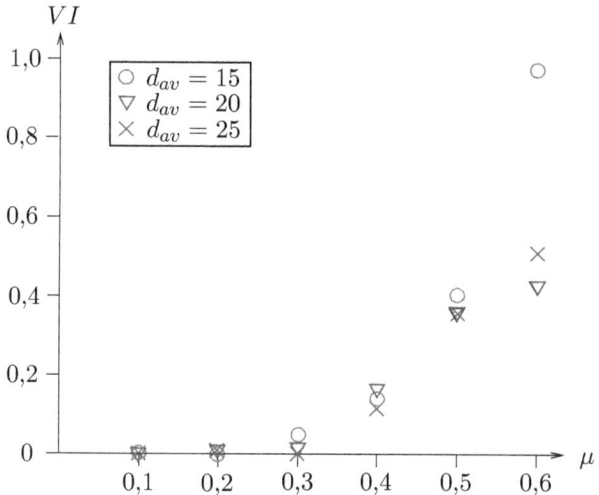

Abbildung 6.4: Durchschnittliche Variation of Information von $\mathcal{C}_{KWC}$ im Vergleich zu $\mathcal{C}_{Bench}$ für LFR–Netzwerke mit 1000 Knoten.

Für $\mu = 0,1$ ermittelt die KWC–Methode in allen Netzwerken die eingebauten Benchmark–Clusterings. Bei der Wahl von $\mu = 0,2$ werden für $d_{av} = 20$ und $d_{av} = 25$ in wenigen Fällen Clusterings ausgegeben, die eine geringfügig kleinere Modularität haben und sich leicht von den Benchmark–Lösungen unterscheiden. Mittlere Rand Indizes von $0,9998$ bzw. $0,9990$ und durchschnittliche Werte der Variation of Information von $0,0064$ bzw. $0,0164$ zeigen, wie ähnlich die wenigen abweichenden KWC–Lösungen den eingebauten Gruppierungen sind. Größere Werte von μ bewirken aufgrund der höheren Anteile von

Inter–Cluster–Kanten, dass der KWC–Algorithmus für weniger Netzwerke die optimalen Clusterings findet und sich die berechneten Lösungen stärker von den Benchmark–Einteilungen unterscheiden (vgl. Lancichinetti *et al.* (2008) [171]). Wie in den Testreihen der Autoren ist beim Einsatz des KWC–Verfahrens folgendes zu beobachten: Für $d_{av} = 15$ ergeben sich außer im Fall von $\mu = 0,4$ die ausgeprägtesten Abweichungen und bis auf die Untersuchungen mit $\mu = 0,6$ für $d_{av} = 25$ die geringsten Unterschiede zwischen den KWC–Ergebnissen und den eingebauten Clusterings. Dieses Verhalten ist sowohl bei der Verwendung des Rand Index als auch bei dem Einsatz der Variation of Information als Maß für die Verschiedenheit von Clusterings erkennbar.

Diese Testreihen ergeben, dass die KWC–Methode für $\mu \in \{0,1; 0,2; 0,3\}$ fast ausschließlich die Benchmark–Lösungen ermittelt. Für $\mu = 0,4$ ergeben sich mittlere Abweichungen von bis zu $RI = 0,991$ (siehe Tabelle E.1 bzw. Abbildung 6.3) und $VI = 0,166$ (siehe Tabelle E.1 bzw. Abbildung 6.4). Die durchschnittlichen Verschiedenheiten zwischen den KWC- und den Benchmark–Clusterings betragen $RI \geq 0,977$ und $VI \leq 0,408$ im Fall von $\mu = 0,5$. Bei der Wahl von $\mu = 0,6$ hat jeder Knoten mehr Nachbarn außerhalb als innerhalb seines Benchmark–Clusters. Wird in diesen Netzwerken $d_{av} = 15$ gesetzt, so ergeben sich wie in den Betrachtungen von Lancichinetti *et al.* (2008) [171] deutliche Abweichungen. Die gemittelten Verschiedenheiten in den Fällen $d_{av} = 20$ und $d_{av} = 25$ liegen in den Bereichen $RI \in (0,969; 0,977)$ und $VI \in (0,418; 0,514)$. Derartige Abweichungen beobachten die Autoren in allen ihren Testreihen. Die Güte der Ergebnisse existierender Verfahren verschlechtert sich also mit steigendem Mixing–Parameter. Dies ist mithin keine Besonderheit der hier vorgestellten Testergebnisse.

In der Tabelle E.1 sind weiterhin die Clusteranzahlen der Clusterings $\mathcal{C}_{Bench}$ und $\mathcal{C}_{KWC}$ angegeben. Dabei lässt sich beobachten, dass für wachsendes μ die Differenzen zwischen diesen Werten steigen. Die Benchmark–Lösungen bestehen unabhängig von μ in etwa aus 30 Clustern. Die KWC–Lösungen enthalten für $\mu \in \{0,1; 0,2; 0,3\}$ ebenfalls circa 30 Cluster. Für $\mu = 0,4$ existieren im Mittel ungefähr 27 Cluster, für $\mu = 0,5$ in etwa 23 Cluster und für $\mu = 0,6$ setzen sich die KWC–Clusterings im Mittel aus circa 20 Clustern zusammen. Das KWC–Verfahren fasst für höhere Anteile an Inter–Cluster-Kanten offenbar einzelne Cluster der Benchmarks zu größeren Clustern zusammen. Die Tendenz, Lösungen mit weniger Clustern zu bevorzugen, ist ebenfalls ein Kritikpunkt der Modularität (vgl. Abschnitt 3.3.1).

Insgesamt zeigen diese Resultate, dass der KWC–Algorithmus für ungewichtete, ungerichtete LFR–Netzwerke sehr gute Clusterings findet, die den eingebauten Lösungen ähneln oder gleichen. Die Modularitätswerte der KWC–Ergebnisse sind geringfügig kleiner als die der Benchmark–Lösungen. Lancichinetti *et al.* (2008) [171] geben die in ihren Testreihen erhaltenen Modularitätswerte nicht an, sondern betrachten ausschließlich die Verschiedenheiten der Clusterings. In diesem Vergleich sind die Resultate der KWC–Methode sehr zufriedenstellend.

6.3 Gewichtete, ungerichtete Netzwerke

Der vorliegende Abschnitt beinhaltet die Vorstellung von Ergebnissen, welche sich bei der Anwendung des KWC–Verfahrens auf ungerichtete Netzwerke mit gewichteten Kanten ergeben. Für die meisten in der Literatur verwendeten Benchmark–Netzwerke mit realem Hintergrund existieren keine Kantengewichte, daher liegt der Fokus in diesem Fall auf computergenerierten Netzwerken.

6.3.1 Les Miserables

Aus den Interaktionen der 77 wichtigsten Charaktere aus dem Buch Les Misérables von Victor Hugo (siehe Hugo (1862) [142]) hat Knuth (1993) [159] ein gewichtetes, ungerichtetes soziales Netzwerk gebildet. Die Knoten entsprechen den Akteuren. Zwei Knoten sind genau dann adjazent, wenn die Charaktere im selben Kapitel des Buches auftauchen. Dadurch enstehen 254 Kanten. Die Kantengewichte entsprechen der Anzahl der gemeinsamen Auftritte der zugehörigen Personen. Die in der vorliegende Arbeit vorgestellten Untersuchungen basieren auf dem Datensatz, welcher auf einer Webseite von Newman [211] zugänglich gemacht wurde. Newman/Girvan (2004) [213] geben eine 11–Cluster–Lösung $\mathcal{C}_{NG}^{11}$ mit einem Modularitätswert von $Q = 0,54$ an. Die gewichtete, ungerichtete Variante des KWC–Verfahrens ermittelt eine 8–Cluster–Lösung $\mathcal{C}_{KWC}^{8}$ mit Modularität $Q = 0,5483$. Der Rand Index zwischen diesen beiden Clusterings beträgt $RI = 0,9149$ und die Variation of Information lautet $VI = 0,8864$. In $\mathcal{C}_{NG}^{11}$ gibt es zwei Cluster mit je einem Knoten, zwei Cluster mit je zwei Knoten und ein Cluster mit drei Knoten. Vier dieser fünf sehr kleinen Cluster sind in $\mathcal{C}_{KWC}^{8}$ in größeren Clustern enthalten. Dies führt offensichtlich zu einer Verbesserung der Modularität. Ein Grund dafür kann sein, dass die Modularität Clusterings mit kleineren Clustern in mehreren Fällen schlechter bewertet (siehe Abschnitt 3.3.1). Ob Cluster mit nur einem Knoten sinnvoll sind, kann nur durch Betrachtung weiterer Informationen über die Knoten des Netzwerks entschieden werden.

6.3.2 Computergenerierte Benchmark–Netzwerke

Die Klasse der in Abschnitt 6.2.2 vorgestellten Benchmark–Netzwerke von Lancichinetti *et al.* (2008) [171] besitzt ungerichtete und ungewichtete Kanten. Zum

Test von Algorithmen für Netzwerke mit anderen Eigenschaften haben Lancichinetti/Fortunato (2009a) [172] diese LFR–Benchmarks auf gerichtete und gewichtete Netzwerke und auf Netzwerke mit überlappenden Clusterstrukturen erweitert, welche nach den Autoren in der vorliegenden Arbeit als LF–Netzwerke bzw. LF–Benchmarks bezeichnet werden. Die in diesem Abschnitt präsentierten Ergebnisse wurden auf gewichteten, ungerichteten Netzwerken ohne überlappende Cluster erzielt. Für die Konstruktion gewichteter Benchmark–Netzwerke erzeugen die Autoren zunächst ungewichtete Netzwerke und ordnen den Kanten anschließend positive relle Gewichte zu. Bei den Parametern, die zur Erstellung ungewichteter Netzwerke notwendig sind, handelt es sich um die folgenden in Abschnitt 6.2.2 erläuterten Größen: Knotenanzahl n, durchschnittlicher Knotengrad d_{av}, maximaler Knotengrad Δ, Mixing–Parameter $\mu \in [0,1]$, der in diesem Fall μ_t genannt wird, die Exponenten $\tau_1 \in [2,3]$ und $\tau_2 \in [1,2]$ der Potenzverteilungen, welche die Verteilungen der Clustergrößen bzw. der Knotengrade modellieren, sowie die minimalen und maximalen Clustergrößen s_{min} und s_{max}. Im Falle gewichteter Kanten verwenden die Autoren zusätzlich die Parameter β und μ_w. Durch β wird jedem Knoten v ein Wert $d_w(v) := d(v)^\beta$ in Abhängigkeit seines Knotengrades $d(v)$ im ungewichteten Fall zugewiesen. Die Autoren verweisen diesbezüglich auf Barrat et $al.$ (2004) [23]. Dort wird gezeigt, dass in realitätsnahen Netzwerken der Zusammenhang zwischen den ungewichteten Knotengraden $d(v)$ und der Summe der Gewichte der mit den entsprechenden Knoten inzidenten Kanten $d_w(v)$ einer solchen Potenzverteilung entspricht. Der für die Verteilung der Gewichte verwendete Mixing–Parameter μ_w bezeichnet den Anteil an $d_w(v)$, welcher zu den mit v inzidenten Kanten gehört, die v mit einem Knoten in anderen Clustern verbinden. Entsprechend bezeichnet $(1-\mu_w)d_w(v)$ die Summe der Gewichte aller Kanten, die zwischen v und einem Knoten aus demselben Cluster verlaufen. Unter Verwendung der Größen $d_w(v) := d(v)^\beta$, $d_w^{in}(v) := (1-\mu_w)d_w(v)$ und $d_w^{zw}(v) := \mu_w d_w(v)$, die sich aus $d(v)$ und μ_w ergeben, haben Lancichinetti/Fortunato (2009a) [172] einen Algorithmus entwickelt. Dieser weist den Kanten $e = vu$ Gewichte w_{vu} zu, so dass die Werte $w(v) = \sum_u w_{vu}$, $w^{in}(v) = \sum_u w_{vu}\delta(C(v),C(v))$ und $w^{zw}(v) = \sum_u w_{vu}(1-\delta(C(v),C(v)))$ möglichst nah an den zuvor ermittelten Daten $d_w(v)$, $d_w^{zw}(v)$ und $d_w^{in}(v)$ liegen. Dabei bezeichnet $C(v)$ das Cluster, zu dem Knoten v gehört und $\delta(C(v),C(v))$ ist das in Formel (3.3) definierte Kronecker–Symbol, das 1 beträgt, falls u und v in einem Cluster liegen, und andernfalls den Wert 0 annimmt. Formell ist der Ausdruck

$$\sum_v \left(\left(d_w(v) - w(v)\right)^2 + \left(d_w^{in}(v) - w^{in}(v)\right)^2 + \left(d_w^{zw}(v) - w^{zw}(v)\right)^2 \right) \qquad (6.5)$$

zu minimieren. Lancichinetti/Fortunato (2009a) [172] gehen dazu folgendermaßen vor: Zunächst gilt $w_{vu} := 0$ für alle Knoten $v, u \in V$ und somit $w(v) =$

$w^{in}(v) = w^{zw}(v) = 0$ für alle $v \in V$. Danach werden die Gewichte der Nachbarkanten eines Knotens v auf $(d_w(v) - w(v))/d(v)$ gesetzt. Da vorher $w(v) = 0$ gilt, erhalten sie den Wert $d_w(v)/d(v)$. Der gewichtete Knotengrad $w(v)$ von v beträgt anschließend wie gewünscht $w(v) = d_w(v)$. Nach einem Update der Daten w, w^{in} und w^{zw} für v und seine Nachbarn werden die Gewichte der zu v inzidenten Kanten so umverteilt, dass $w^{in}(v) = d_w^{in}(v)$ und $w^{wz}(v) = d_w^{zw}(v)$ gelten. Die Gewichte der von v ausgehenden Intra–Cluster–Kanten werden um $(d_w^{in}(v) - w^{in}(v))/d^{in}(v)$ erhöht. Die Gewichte der zu v inzidenten Inter–Cluster–Kanten werden um $(d_w^{in}(v) - w^{in}(v))/d^{zw}(v)$ verringert. Dabei sind $d^{in}(v)$ und $d^{zw}(v)$ die Anzahlen der Intra–Cluster– bzw. Inter–Cluster–Kanten, die sich in Abhängigkeit des ursprünglichen Mixing–Parameters μ_t ergeben haben, d.h. $d^{in}(v) := (1 - \mu_t)d(v)$ und $d^{zw}(v) := \mu_t d(v)$. In Anhang D wird gezeigt, dass durch die Wahl dieser Werte nach der Durchführung der Methode $d_w(v) = w(v)$, $d_w^{in}(v) = w^{in}(v)$ und $d_w^{zw}(v) = w^{zw}(v)$ für den Knoten v gilt. Nachfolgend werden für alle anderen Knoten die Gewichte der zu ihnen inzidenten Kanten auf die für v beschriebene Weise festgelegt. Da die Anpassungen für einen Knoten Auswirkungen auf seine Nachbarknoten haben, wird die gesamte Prozedur mehrmals durchgeführt, bis sich die Gewichte entweder nicht mehr ändern oder der Wert der in Formel (6.5) angegebenen Funktion kleiner als ein vorgegebener Grenzwert ist. Außerdem ist anzumerken, dass Updates von Gewichten nur dann erfolgen, wenn sich positive Werte ergeben, da $w_{uv} > 0$ für alle $u, v \in V$ gelten soll. Nach Angabe von Lancichinetti/Fortunato (2009a) [172] sinkt der Wert der zu minimierenden Funktion exponentiell, so dass die Festlegung der Gewichte die Laufzeit nicht erhöht. Wie für die ursprüngliche Methode liegt die Komplexität somit in $O(m)$ (vgl. Lancichinetti *et al.* (2008) [171] sowie Lancichinetti/Fortunato (2009a) [172]).

Zum Testen der gewichteten Version des KWC–Verfahrens wurden Benchmark–Netzwerke mit den folgenden Parametern eingesetzt: Die bereits im ungewichteten Fall verwendeten Größen (Knotenanzahlen n, durchschnittliche Knotengrade d_{av}, maximale Knotengrade Δ, ursprüngliche Mixing–Parameter μ_t, die Exponenten τ_1 und τ_2, die untere Schranke s_{min} und die obere Schranke s_{max} für die Clustergrößen) wurden ebenso gewählt wie für die Tests in Abschnitt 6.2.2. Der Mixing–Parameter μ_w für die Gewichte wurde gleich dem ursprünglichen Mixing–Parameter μ_t gesetzt. Dies ist die Default–Einstellung des zugehörigen Programms (online bereitgestellt von Fortunato [104]). Lancichinetti/Fortunato (2009a) [172] untersuchen zwei Fälle zur Wahl von μ_w: Im ersten Fall setzen sie $\mu_w = \mu_t \in \{0,1; 0,2; 0,3; 0,4; 0,5; 0,6\}$. Im zweiten Fall wird $\mu_t = 0,5$ festgelegt und μ_w aus $\{0,1; 0,2; 0,3; 0,4; 0,5; 0,6\}$ gewählt. Für $\mu_w < 0,5$ ist μ_t im ersten Fall kleiner als im zweiten. Wenn $\mu_t < \mu_w$ gilt, haben die Inter–Cluster–Kanten durchschnittlich größere Gewichte als die

Kanten innerhalb von Clustern. Nach Aussage von Lancichinetti/Fortunato (2009a) [172] ist dadurch die Wahrscheinlichkeit höher, dass kleine Cluster zusammengefasst werden und größere Modularitätswerte entstehen (vgl. Fortunato/Barthélemy (2007) [105] bzw. Abschnitt 3.3.1 der vorliegenden Arbeit). In den von Lancichinetti/Fortunato (2009a) [172] durchgeführten Tests bestätigt sich dies, da Heuristiken zur Maximierung der Modularität für $\mu_t = 0,5$ und $\mu_w \in \{0,1; 0,2; 0,3; 0,4; 0,5; 0,6\}$ bessere Ergebnisse liefern. Eine interessantere Herausforderung ist also der Fall $\mu_w = \mu_t$. Daher wurde die KWC–Methode auf Daten mit dieser Eigenschaft getestet. Für jede Parameterkombination (n, d_{av}, μ_t) wurden 10 Netzwerke generiert und mit dem KWC–Verfahren geclustert. In den Tabellen F.1 und F.2 in Anhang F sind die durchschnittlichen Modularitätswerte der eingebauten Benchmark–Lösungen Q_{Bench} und der mit dem KWC–Algorithmus berechneten Lösungen Q_{KWC} sowie die dazugehörigen durchschnittlichen Clusteranzahlen $|\mathcal{C}_{Bench}|$ und $|\mathcal{C}_{KWC}|$ angegeben. Die durchschnittlichen Unterschiede der eingebauten und der KWC–Lösungen werden wie in Abschnitt 6.2.2 für jede Kombination der drei variablen Parameter durch die in Abschnitt 6.1 vorgestellten Gütemaße Rand Index (RI) sowie Variation of Information (VI) beurteilt.

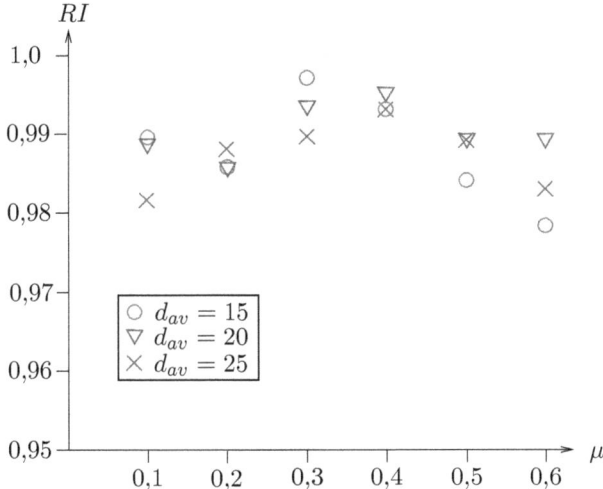

Abbildung 6.5: Durchschnittliche Rand Indizes von $\mathcal{C}_{KWC}$ im Vergleich zu $\mathcal{C}_{Bench}$ für LF–Netzwerke mit 1000 Knoten.

In den Abbildungen 6.5 und 6.6 sind die Verschiedenheitswerte für die Netzwerke mit $n = 1000$ Knoten zu sehen. Für die drei mittleren Innengrade $d_{av}^- \in \{15; 20; 25\}$ sind jeweils die durchschnittlichen Rand Indizes und die

Werte der Variation of Information zwischen den KWC–Lösungen und den Benchmark–Clusterings in Abhängigkeit der Mixing–Parameter $\mu_t = \mu_w \in \{0,1; 0,2; 0,3; 0,4; 0,5; 0,6\}$ eingezeichnet. Die Ergebnisse für Netzwerke mit $n = 2000$ Knoten werden in Anhang H abgebildet.

Im Gegensatz zu den Ergebnissen für ungewichtete, ungerichtete Netzwerke fällt auf, dass die KWC–Methode für gewichtete, ungerichtete Netzwerke besonders für $\mu := \mu_w = \mu_t \in \{0,1; 0,2\}$ Clusterings ermittelt, die sich stärker von den Benchmark–Lösungen unterscheiden als die KWC–Clusterings im ungewichteten, ungerichteten Fall. Für $\mu = 0,3$ und $\mu = 0,4$ sind die Resultate für die gewichteten Netzwerke nur etwas schlechter als für die ungewichteten. In den Fällen $\mu = 0,5$ und $\mu = 0,6$ hingegen sind die Clusterings teilweise sogar näher an den Benchmarks als für ungewichtete Netzwerke.

Das Phänomen, dass in den gewichteten, ungerichteten Netzwerken stärkere Abweichungen von den eingebauten Lösungen auftreten als für die Clusterings der ungewichteten, ungerichteten Netzwerke, tritt in den Testreihen von Lancichinetti/Fortunato (2009a) [172] für einen mittleren Knotengrad von $d_{av} = 15$ ebenfalls auf, allerdings in deutlich schwächerer Form. Durch das Einfügen von Gewichten werden die stark ausgeprägten Clusterstrukturen für kleine Werte von μ durch die KWC–Methode schlechter entdeckt. Eventuell sind die Konzepte der Gewichtstransformation (siehe Abschnitt 5.2.1) besser für ganzzahlige Gewichte geeignet (siehe Ergebnisse aus Abschnitt 6.3.1).

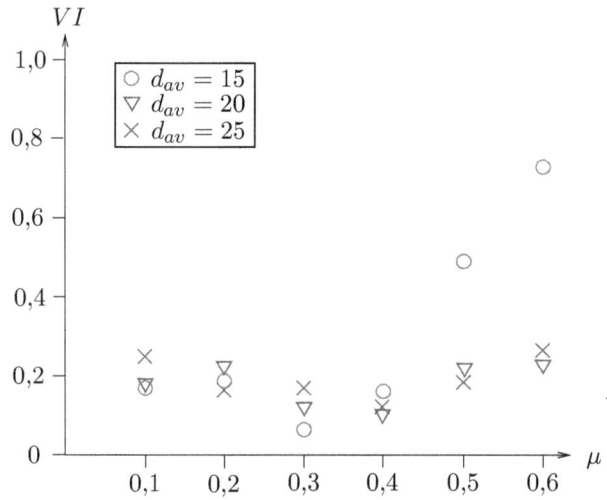

Abbildung 6.6: Durchschnittliche Variation of Information von $\mathcal{C}_{KWC}$ im Vergleich zu $\mathcal{C}_{Bench}$ für LF–Netzwerke mit 1000 Knoten.

In Tabelle F.1 sind außerdem die Clusteranzahlen $|\mathcal{C}_{Bench}|$ und $|\mathcal{C}_{KWC}|$ der Lösungen $\mathcal{C}_{Bench}$ und $\mathcal{C}_{KWC}$ zu finden. Im Gegensatz zu ungewichteten, ungerichteten Netzwerken beinhalten die Clusterings der gewichteten, ungerichteten Netzwerke (sowohl die Benchmarks als auch die von der KWC–Methode berechneten Lösungen) im Durchschnitt mehr Cluster. Weiterhin unterscheiden sich die Clusteranzahlen in Abhängigkeit der drei gewählten mittleren Knotengrade: Im Fall $d_{av} = 15$ haben die Benchmark–Lösungen durchschnittlich 46, 5 Cluster, bei $d_{av} = 20$ im Mittel 39, 8 Cluster und für $d_{av} = 25$ durchschnittlich 34 Cluster. Die Clusteranzahlen der KWC–Lösungen sind wie im ungewichteten, ungerichteten Fall kleiner als die der Benchmarks und die Differenzen steigen auch hier für wachsendes μ. Wie in Abschnitt 6.2.2 festgestellt, werden durch die KWC–Methode anscheinend einzelne Cluster der Benchmarks zu größeren Clustern zusammengefasst.

Bei der Wahl von $\mu \in \{0, 4; 0, 5; 0, 6\}$ sind die Verschiedenheiten zwischen $\mathcal{C}_{Bench}$ und $\mathcal{C}_{KWC}$ für $d_{av} = 15$ wie bei den ungewichteten, ungerichteten Netzwerken am größten. Für kleinere Werte von μ gilt nicht, dass die Abweichungen von $\mathcal{C}_{Bench}$ für kleinere mittlere Knotengrade höher sind. Außerdem ergeben sich – anders als bei Lancichinetti/Fortunato (2009a) [172] – nicht immer im Fall von $d_{av} = 25$ die ähnlichsten Clusterings. Die Ergebnisse lassen keine allgemeine Schlussfolgerung zu, dass die KWC–Methode für Netzwerke mit mehr Kanten Clusterings ausgibt, die näher an den Benchmarks sind.

6.4 Ungewichtete, gerichtete Netzwerke

In diesem Abschnitt wird die Verwendung der KWC–Methode für verschiedene gerichtete, ungewichtete Netzwerke untersucht. Innerhalb der Clusteranalyse für gerichtete Netzwerke wurden deutlich weniger reale Benchmark–Netzwerke veröffentlicht als im ungerichteten Fall. Daher beruhen die meisten Tests in diesem Abschnitt auf computergenerierten Benchmark–Netzwerken.

6.4.1 Ringnetzwerke

Kim et al. (2010) [155] konstruieren zum Vergleich des von ihnen eingeführten LinkRanks (vgl. Abschnitt 3.5.2.2) eine sehr spezielle Klasse gerichteter Netzwerke. Diese sogenannten Ringnetzwerke bestehen aus k Teilnetzwerken, welche untereinander durch jeweils eine gerichtete Kante mit Gewicht w verbunden sind. Bei den k Teilnetzwerken handelt es sich um Kreise mit n_k Knoten, deren Kanten alle einheitlich mit oder gegen den Uhrzeigersinn gerichtet sind. Diese Netzwerke haben nicht die Eigenschaften von realen Netzwerken, sondern stellen einen Spezialfall dar. Daher liegt der Fokus der in Abschnitt 6.4 beschriebenen Untersuchungen ungewichteter, gerichteter Netzwerke auf den LF–Benchmarks von Lancichinetti/Fortunato (2009a) [172] (siehe Abschnitt 6.4.3). Die KWC–Methode wird auf einen von Kim et al. (2010) hervorgehobenen einzelnen Fall dieser Netzwerkklasse angewendet. Dabei handelt es sich um das Ringnetzwerk bestehend aus $k = 8$ Ringen mit jeweils $n_k = 8$ Knoten. Die optimalen Partitionsmengen entsprechen den einzelnen Ringen. Die Modularität dieses Clusterings lautet $Q = 0,7639$. Diese Lösung wird von dem KWC–Verfahren ausgegeben.

6.4.2 Netzwerk von Rosvall/Bergstrom (ohne Flussstruktur)

Rosvall/Bergstrom (2008) [240] verwenden zur Veranschaulichung ihres Konzepts (vgl. Abschnitt 4.6.2) zwei gerichtete Netzwerke. Durch die Richtungen der Kanten des einen Netzwerks ergibt sich eine Flussstruktur. Man spricht von Flussstruktur, wenn innerhalb eines gerichteten Netzwerks gerichtete Wege existieren, auf denen – wie in Abschnitt 2.1.2.2 angesprochen – Einheiten durch das Netzwerk transportiert werden können. Da einige Kanten des Netzwerks von Rosvall/Bergstrom (2008) [240], welches eine Flussstruktur besitzt, gewichtet sind, wird es in Abschnitt 6.5.1 behandelt. Das in diesem Abschnitt betrachtete Netzwerk von Rosvall/Bergstrom (2008) [240] hat ungewichtete, gerichtete Kanten, welche keine einheitliche Richtung besitzen (siehe Abbildung 6.7). Dieses Netzwerk besteht aus vier Kreisen mit je vier Knoten. Innerhalb dieser Kreise zeigen jeweils zwei nichtadjazente Kanten in Richtung des Uhrzeigersinns, während die beiden anderen Kanten in die entgegengesetzte Richtung zeigen. Dasselbe gilt für die vier Kanten zwischen den Kreisen. Durch diese werden die vier Kreise ihrerseits zu einem Kreis verbunden. Die Kanten sind so angeordnet, dass jeder Knoten entweder eine Quelle oder eine Senke darstellt. Somit existiert in diesem Netzwerk keine Flussstruktur.

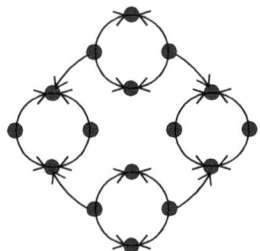

Abbildung 6.7: Ein von Rosvall/Bergstrom (2008) [240] konstruiertes Netzwerk.

Die höchste Modularität beträgt $Q = 0,56$ für das Clustering, in dem jeder der vier kleinen Kreise ein Cluster bildet. Diese Lösung findet die KWC–Methode bereits vor der Anwendung der Nachbarschaftssuche.

Die in den Abschnitten 6.4.1 und 6.4.2 betrachteten Spezialfälle stellen erste Anhaltspunkte dafür dar, dass der KWC–Algorithmus auch in gerichteten Netzwerken die gewünschten Clusterings findet. Im folgenden werden Ergebnisse diskutiert, welche die KWC–Methode für gerichtete, computergenerierte Netzwerke ausgibt.

6.4.3 Computergenerierte Benchmark–Netzwerke

Wie in Abschnitt 6.3.2 erwähnt, haben Lancichinetti/Fortunato (2009a) [172] die in Abschnitt 6.2.2 beschriebenen Benchmark–Netzwerke von Lancichinetti *et al.* (2008) [171] für ungerichtete, ungewichtete Netzwerke auf gerichtete und gewichtete Netzwerke und auf Netzwerke mit überlappenden Clustern erweitert. Die in diesem Abschnitt beschriebenen Tests basieren auf ungewichteten, gerichteten Netzwerken mit einer nichtüberlappenden Clusterstruktur. Für gerichtete, ungewichtete Netzwerke verläuft die Konstruktion der Benchmark–Netzwerke sehr ähnlich wie für ungerichtete, ungewichtete Netzwerke. Ein wesentlicher Unterschied besteht darin, dass die Verteilungen der Innengrade $d^-(v)$ und der Außengrade $d^+(v)$ der Knoten getrennt betrachtet werden. Lancichinetti/Fortunato (2009a) [172] haben die Innengrade mit einer Potenzverteilung modelliert und die Außengrade unter Verwendung einer Delta–Verteilung. Dabei muss $\sum_v d^-(v) = \sum_v d^+(v)$ gelten, da jede Kante genau einen Anfangs- und genau einen Endknoten besitzt. Die Anteile der Vorgänger und Nachfolger jedes Knotens v, die in anderen Clustern als v sind, werden durch zwei Mixing–Parameter μ^- und μ^+ modelliert. Der Knoten v hat analog zum ungerichteten Fall $d^{-in}(v) := (1 - \mu^-) \cdot d^-(v)$ Vorgänger und $d^{+in}(v) := (1 - \mu^+) \cdot d^+(v)$ Nachfolger im selben Cluster sowie $d^{-zw}(v) := \mu^- \cdot d^-(v)$ Vorgänger und $d^{+zw}(v) := \mu^+ \cdot d^+(v)$ Nachfolger in anderen Clustern. Zur Vereinfachung setzen Lancichinetti/Fortunato (2009a) [172] $\mu^- = \mu^+$. Dieser gemeinsame Parameter wird im Weiteren auch mit μ bezeichnet. Die Konstruktion der Benchmark–Netzwerke erfolgt mit einer für gerichtete Netzwerke angepassten Version des in Abschnitt 6.2.2 verwendeten Konfigurationsmodells. Falls es dabei notwendig ist, $d^-(v)$ oder $d^+(v)$ zu verändern, damit die Bedingung $\sum_v d^-(v) = \sum_v d^+(v)$ erfüllt ist, wird stets $d^+(v)$ angepasst. Eventuell müssen am Ende der Prozedur – analog zum ungerichteten Fall – unter Beibehaltung der Innen- und Außengrade aller Knoten einige Kanten umverteilt werden, um dem gewählten Mixing–Parameter $\mu = \mu^- = \mu^+$ gerecht zu werden. Lancichinetti/Fortunato (2009a) [172] weisen darauf hin, dass die auf diese Weise erstellten Benchmark–Netzwerke auf folgender Balance basieren: Die Anzahl an Kanten, die in ein Cluster hineinführen, und die Anzahl an Kanten, die aus einem Cluster herausgehen, sind in etwa gleich groß. Um mit der hier vorgestellten Methode gerichtete Netzwerke mit Flussstruktur zu erzeugen, müssen die Flüsse explizit modelliert werden. Heuristiken zur Maximierung der gerichteten Modularität finden auf einer Flussstruktur basierende Clusterings im Normalfall nicht. Daher ist es für die KWC–Methode ausreichend, Benchmark–Netzwerke ohne Flussstruktur zu verwenden. Die dazugehörige Software hat Fortunato [104] auf seiner Homepage zugänglich gemacht. Damit können gerichtete Benchmark–Netzwerke nach Lancichinetti/Fortunato (2009a) [172] mit den aus Abschnitt 6.2.2 bekannten Parametern (Knotenanzahl n, Exponenten für die Verteilungen der Knotengrade τ_1 und der Clustergrößen τ_2, minimalen und maximalen Clustergrößen s_{min} und s_{max}) sowie – spezifisch für gerichtete Netzwerke – einem durchschnittlichen Innengrad d_{av}^-, einem maximalen Innengrad Δ^- sowie Mixing–Parametern $\mu^- = \mu^+$ generiert werden.

Für die Tests der gerichteten Variante der KWC–Methode wurden gerichtete Netzwerke mit folgenden Parametern erzeugt: Die in Abschnitt 6.2.2 gewählten Größen wurden beibehalten, d.h. $n \in \{1000; 2000\}$, $\tau_1 = 2$ und $\tau_2 = 1$, während – wie in Abschnitt 6.2.2 beschrieben – passende s_{min} und s_{max} durch das Programm ermittelt wurden. Die durchschnittlichen Innengrade d_{av}^- wurden wie in den Tests von Lancichinetti/Fortunato (2009a) [172] nacheinander auf 15, 20 und 25 gesetzt. Dabei ist zu beachten, dass durch die Wahl dieser Innengrade in den ungewichteten, gerichteten Netzwerken etwa doppelt so viele Kanten existieren wie in den ungewichteten, ungerichteten Netzwerken, für welche dieselben Werte als Knotengrade gewählt wurden. Der durchschnittliche Gesamtknotengrad in den ungewichteten, ungerichteten Netzwerken beträgt d_{av}, während in den ungewichteten, gerichteten Netzwerken zu jedem Knoten im Mittel $d_{av}^- + d_{av}^+$ Kanten adjazent sind. Lancichinetti/Fortunato (2009a) [172] begründen die Festlegung der Werte jedoch nicht. Die Wahl des maximalen Innengrades $\Delta^- = 50$ wird in Anlehnung an das Beispiel getroffen, das in der ReadMe–Datei zu der entsprechenden Software angegeben ist. Als Mixing–Parameter wurden $\mu^- = \mu^+ \in \{0,1; 0,2; 0,3; 0,4; 0,5; 0,6\}$ verwendet. Pro Parameterkombination (n, d_{av}^-, μ^-) wurden 10 Netzwerke generiert und mit dem KWC–Algorithmus geclustert. Die Tabellen G.1 und G.2 in Anhang G enthalten die jeweiligen mittleren Modularitätswerte der eingebauten Benchmark–Lösungen Q_{Bench} und der mit dem KWC–Verfahren ermittelten Clusterings Q_{KWC} sowie die dazugehörigen durchschnittlichen Clusteranzahlen $|\mathcal{C}_{Bench}|$ und $|\mathcal{C}_{KWC}|$. Die gemittelten Verschiedenheiten der eingebauten Clusterings zu den ermittelten KWC–Lösungen werden – wie in den vorangegangenen Abschnitten – mit dem Rand Index (RI) und der Variation of Information (VI) bewertet. In den Abbildungen 6.8 und 6.9 werden analog zu den in Abschnitt 6.2.2 beschriebenen Darstellungsweisen die Verschiedenheitswerte für die Netzwerke mit $n = 1000$ Knoten dargestellt. Für die drei durchschnittlichen Innengrade $d_{av}^- \in \{15; 20; 25\}$ wurden jeweils die gemittelten Rand Indizes und die gemittelten Werte der Variation of Information zwischen den KWC–Lösungen und den Benchmark–Clusterings in Abhängigkeit der Mixing–Parameter $\mu^- = \mu^+ \in \{0,1; 0,2; 0,3; 0,4; 0,5; 0,6\}$ eingetragen. Die Ergebnisse für Netzwerke mit $n = 2000$ Knoten werden in Anhang G abgebildet.

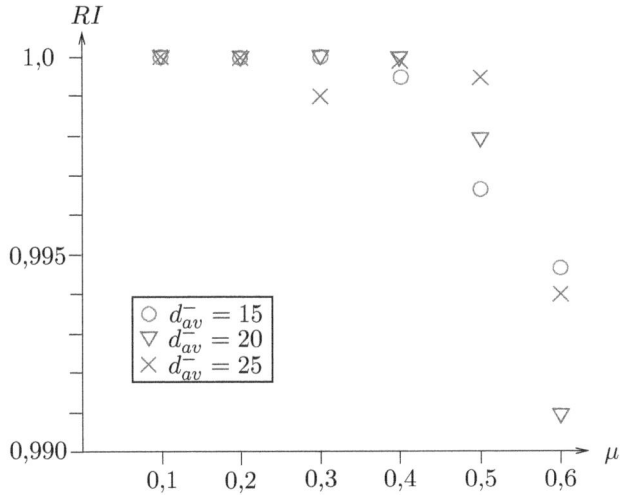

Abbildung 6.8: Durchschnittliche Rand Indizes von $\mathcal{C}_{KWC}$ im Vergleich zu $\mathcal{C}_{Bench}$ für LF–Netzwerke mit 1000 Knoten.

Im ungewichteten, gerichteten Fall lässt sich für die KWC–Methode nicht die zum ungewichteten, ungerichteten Fall analoge Aussage treffen, dass die Abweichungen für kleinere gemittelte Innengrade der Knoten am größten seien. Dies verhält sich bei den von Lancichinetti/Fortunato (2009a) [172] durchgeführten Testreihen anders. Dort treten wie im ungewichteten, ungerichteten Fall in Netzwerken mit dem kleinsten getesteten durchschnittlichen Innengrad Clusterings auf, die im Durchschnitt am stärksten von den Benchmark–Clusterings abweichen. Offenbar sind Netzwerke mit weniger Kanten durch die Berechung der gerichteten kürzesten Weglängen innerhalb des KWC–Verfahrens nicht unbedingt schwieriger zu clustern. Auch in den Tests mit ungewichteten, gerichteten LF–Netzwerken ist zu beobachten, dass die Abweichungen unabhängig von d_{av}^- mit steigendem μ wachsen. Da ein größerer Wert μ einem kleineren Anteil an Intra–Cluster–Kanten entspricht, ist dieser Zusammenhang einleuchtend (siehe auch Lancichinetti/Fortunato (2009a) [172]).

Weiterhin sind die von der ungewichteten, gerichteten Variante der KWC–Methode ermittelten Clusterings für ungewichtete, gerichtete LF–Netzwerke deutlich näher an den eingebauten Benchmark–Lösungen als bei den Ergebnissen für ungewichtete, ungerichtete LFR–Benchmarks. Der minimale durchschnittliche Rand Index lautet $RI = 0,9908$ (vgl. Tabelle G.1 bzw. Abbildung 6.8) und die maximale mittlere Variation of Information beträgt $VI = 0,2007$ (vgl. Tabelle G.1 bzw. Abbildung 6.9). Daher wurden die Skalen in den Abbildungen anders gewählt, so dass diese kleineren Unterschiede zwischen den Werten erkennbar sind.

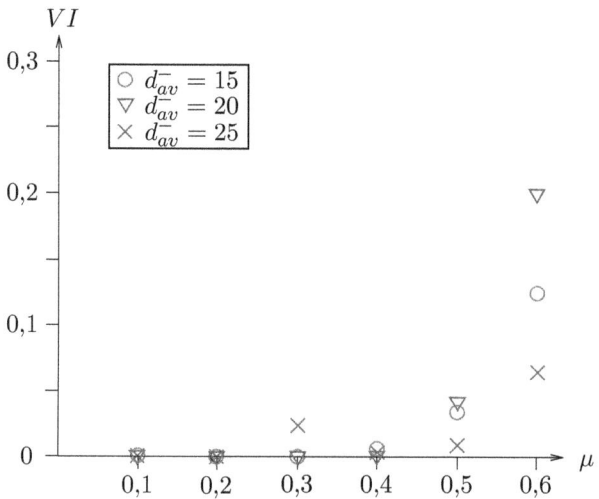

Abbildung 6.9: Durchschnittliche Variation of Information von $\mathcal{C}_{KWC}$ im Vergleich zu $\mathcal{C}_{Bench}$ für LF–Netzwerke mit 1000 Knoten.

Für $\mu = 0,1$ und $\mu = 0,2$ bestimmt das KWC–Verfahren für alle Netzwerke die Benchmark–Clusterings. Bei der Kombination $\mu = 0,3$ und $d_{av}^- = 25$ gibt es gemittelte Abweichungen von $RI = 0,9989$ (vgl. Tabelle G.1 bzw. Abbildung 6.8) und $VI = 0,0246$ (vgl. Tabelle G.1 bzw. Abbildung 6.9), während bei gleichem μ und $d_{av}^- = 15$ und $d_{av}^- = 20$ stets die Benchmark–Lösungen gefunden werden. Im Fall von $\mu = 0,4$ beträgt die maximale mittlere Verschiedenheit $RI = 0,9995$ (vgl. Tabelle G.1 bzw. Abbildung 6.8) und $VI = 0,0066$ (vgl. Tabelle G.1 bzw. Abbildung 6.8). Diese Abweichungen im Fall $\mu = 0,4$ treten für $d_{av}^- = 15$ auf. Für $d_{av}^- = 25$ werden bei $\mu = 0,4$ Clusterings ermittelt, die den Benchmarks ähnlicher sind als im Fall $d_{av}^- = 15$. In Netzwerken mit $d_{av}^- = 20$ werden bei $\mu = 0,4$ stets die eingebauten Clusterings entdeckt. Für $\mu = 0,5$ und $\mu = 0,6$ ergeben sich die größten Abweichungen. Wie oben erläutert, sind die Verschiedenheiten unabhängig von d_{av} für höhere Werte von

μ größer. Allerdings verläuft der Anstieg der Abweichungen mit wachsendem μ erheblich schwächer als für ungewichtete, ungerichtete Netzwerke. Die Tendenz, dass im ungewichteten, gerichteten Fall geringere Verschiedenheiten auftreten als für ungewichtete, ungerichtete Netzwerke, beobachten Lancichinetti/Fortunato (2009a) [172] ebenfalls, allerdings in deutlich geringer ausgeprägter Form. Für den KWC–Algorithmus tritt dieser Effekt stärker auf. Offensichtlich werden durch die Einbeziehung der gerichteten kürzesten Weglängen für die ungewichteten, gerichteten LF–Netzwerke mit einem höheren Anteil an Inter–Cluster–Kanten nicht unbedingt Clusterings gefunden, die sich deutlicher von den Benchmarks unterscheiden als bei LF–Netzwerken mit einem niedrigeren Anteil an Inter–Cluster–Kanten.

Die Clusteranzahlen $|\mathcal{C}_{Bench}|$ und $|\mathcal{C}_{KWC}|$ der Lösungen $\mathcal{C}_{Bench}$ und $\mathcal{C}_{KWC}$ sind in Tabelle G.1 angegeben. Wie für ungewichtete, ungerichtete sowie gewichtete, ungerichtete Netzwerke steigen die Differenzen zwischen diesen Größen bei wachsendem μ. Die Benchmark–Lösungen bestehen wie im ungewichteten, ungerichteten Fall unabhängig von μ in etwa aus 30 Clustern. Die KWC–Lösungen umfassen für $\mu \in \{0,1;\ldots;0,5\}$ ebenfalls circa 30 Cluster, aber für $\mu = 0,6$ setzen sich die KWC–Clusterings im Mittel durchschnittlich aus 26,8 Clustern zusammen. Die Steigung der Abweichung ist wesentlich geringer als in den beiden vorigen Fällen (siehe Abschnitte 6.2.2 und 6.3.2). Dies stimmt mit der Beobachtung überein, dass das KWC–Verfahren für ungewichtete, gerichtete Netzwerke die besten Clusterings dieser Testreihe erzeugt.

Insgesamt zeigen die Ergebnisse, dass der KWC–Algorithmus in ungewichteten, gerichteten LF–Netzwerken Clusterings ermittelt, die den eingebauten Lösungen häufig gleichen bzw. für höhere Anteile an Inter–Cluster–Kanten den Benchmark–Lösungen zumeist stark ähneln. Die Modularitätswerte Q_{Ar}^{ger} der KWC–Lösungen sind etwas geringer als die der Benchmark–Lösungen. Für die Größenordnung dieses Unterschieds gibt es keinen Benchmarkwert, da Lancichinetti/Fortunato (2009a) [172] diesen Vergleich nicht für aussagekräftig halten und nicht betrachten. Sie beziehen die Gütebewertung ausschließlich auf die Abweichungen der Lösungen von den eingebauten Clusterings. In dieser Untersuchung sind die Resultate der KWC–Methode – wie bereits dargelegt – ausgezeichnet.

6.5 Gewichtete, gerichtete Netzwerke

In den vorangegangenen Abschnitten wurde die KWC–Methode auf ungewichtete, ungerichtete Netzwerke angewandt sowie auf Netzwerke, deren Kanten entweder Gewichte oder Richtungen zugeordnet sind. Dieser Abschnitt behandelt Ergebnisse der Anwendung des KWC–Verfahrens auf gewichtete, gerichtete Netzwerke.

6.5.1 Netzwerk mit Flussstruktur von Rosvall/Bergstrom

Rosvall/Bergstrom (2008) [240] verwenden zur Veranschaulichung ihres Konzepts (vgl. Abschnitt 4.6.2) unter anderem das in Abbildung 6.10 (a) angegebene, gerichtete, gewichtete Netzwerk, in dem sich durch die Richtungen der Kanten eine Flussstruktur ergibt. Das Netzwerk besteht aus vier gerichteten Kreisen mit je vier Knoten. Die vier gerichteten Kanten innerhalb eines Kreises haben alle das Gewicht 1 und verlaufen in Abhängigkeit der Darstellung des Netzwerks alle mit oder alle gegen den Uhrzeigersinn. Die Kanten zwischen den vier Kreisen haben dieselbe Richtung wie die Kanten innerhalb der Kreise und das doppelte Gewicht dieser Kanten.

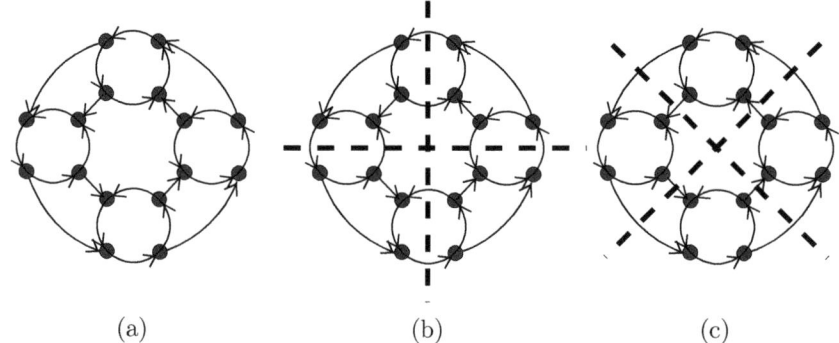

(a) (b) (c)

Abbildung 6.10: Netzwerk von Rosvall/Bergstrom und zwei mögliche Clusterings.

Die maximale Modularität innerhalb dieses Netzwerks beträgt $Q = 0,5$ für das in Teil (b) von Abbildung 6.10 eingezeichnete Clustering. Rosvall/Bergstrom halten allerdings unter Berücksichtigung der Flussstruktur dieses Netzwerks eine Teilung in die vier gerichteten Kreise (Teil (c) der Abbildung 6.10) mit einem Modularitätswert von $Q = 0,25$ für sinnvoller. Dieses zweite Clustering findet die gewichtete, gerichtete Variante des KWC–Verfahrens als Zwischenergebnis. Unter Verwendung der Transformation der Kantengewichte durch die Formeln (5.2), (5.5) und (5.6) (in diesen Gewichtstransformationen werden zwischen nichtadjazente Knoten Kanten mit dem theoretischen Gewicht ∞ eingeführt) entspricht dieses Clustering der endgültigen Lösung des KWC–Algorithmus. Beim Einsatz der Gewichtstransformationen nach einer der Formeln (5.1), (5.3) und (5.4) (d.h. Kanten, die ursprünglich nicht vorhanden sind, werden in Kanten mit endlichem Gewicht überführt) wird als Optimum die Lösung aus Abbildung 6.10 (b) mit maximaler Modularität $Q = 0,5$ ausgegeben. Durch die Überlegungen von Rosvall/Bergstrom wird die von Kim et al. (2010) [155] geäußerte Kritik (siehe Abschnitt 3.5.2.2) bezüglich der in Formel (3.18) definierten gerichteten Version der Modularität Q_{Ar}^{ger} nach Arenas *et al.* (2007) [12] unterstrichen. An diesem Beispiel wird die in Abschnitt 6.4.3 erwähnte Aussage von Lancichinetti/Fortunato (2009a) [172] deutlich: Auf Flussstrukturen basierende Clusterings werden durch Q_{Ar}^{ger} nicht unbedingt besser bewertet als Gruppierungen, welche die Flussstruktur nicht berücksichtigen. Die gewichtete, gerichtete Variante des KWC–Verfahrens ist eine Heuristik zur Maximierung von Q_{Ar}^{ger}. Sie findet unter Verwendung einer der Vorschriften (5.1), (5.3) oder (5.4) die gesuchte Lösung mit maximalem Q_{Ar}^{ger}.

6.5.2 Computergenerierte Benchmark–Netzwerke

Lancichinetti/Fortunato (2009a) [172] haben die Konstruktion von Benchmark–Netzwerken nach Lancichinetti *et al.* (2008) [171] unter anderem für Netzwerke erweitert, deren Kanten sowohl gewichtet als auch gerichtet sind. Diese besteht aus einer Kombination der in den Abschnitten 6.3.2 und 6.4.3 angegebenen Verfahren zur Erzeugung gewichteter, ungerichteter sowie ungewichteter, gerichteter Netzwerke. Zunächst wird unter Verwendung der in Abschnitt 6.4.3 erläuterten Parameter ein ungewichtetes, gerichtetes Netzwerk konstruiert. Anschließend werden analog zu der in Abschnitt 6.3.2 vorgestellten Methode Kantengewichte eingefügt. Den Zusammenhang zwischen dem gewichteten Knotengrad $d_w(v)$ und dem ungewichteten Innengrad $d^-(v)$ sowie dem ungewichteten Außengrad $d^+(v)$ eines Knotens v modellieren die Autoren als $d_w(v) := (d^-(v) + d^+(v))^\beta$. Dabei wird nicht berücksichtigt, welcher Anteil von $d_w(v)$ den bei v ankommenden bzw. den von v abgehenden Kanten zugewiesen werden soll. Die Software ist ebenfalls auf der Webseite von Fortunato [104] verfügbar.

Die Version des KWC–Verfahrens für gewichtete, gerichtete Netzwerke wurde auf Benchmarks mit den in den Abschnitten 6.3.2 und 6.4.3 gewählten Parametern getestet. Diese lauten $n \in \{1000; 2000\}$, $d_{av}^- \in \{15; 20; 25\}$, $\Delta^- = 50$, $\mu_t^- = \mu_t^+ = \mu_w^- = \mu_w^+ \in \{0,1; 0,2; 0,3; 0,4; 0,5; 0,6\}$, $\beta = 1,5$, $\tau_1 = 2$ und $\tau_2 = 1$. Die Festlegung von s_{min} und s_{max} wurde durch das Programm durchgeführt (vgl. Abschnitt 6.2.2). Wie in Abschnitt 6.4.3 ist an dieser Stelle anzumerken, dass durch diese Wahl der Innengrade in den gewichteten, gerichteten Netzwerken etwa doppelt so viele Kanten existieren wie in den gewichteten, ungerichteten Netzwerken. Im gerichteten Fall ergibt sich der mittlere Gesamtknotengrad aus der Summe der durchschnittlichen Innen- und Außengrade. Lancichinetti/Fortunato (2009a) [172] begründen die Festlegung der Werte jedoch nicht.

Wie in den beiden vorangegangenen Testreihen mit den LF–Netzwerken wurden für jede Kombination (n, d_{av}^-, μ_t^-) insgesamt 10 Netzwerke generiert und unter Verwendung des KWC–Verfahrens geclustert. Die Tabellen H.1 und H.2

in Anhang H enthalten die jeweiligen durchschnittlichen Modularitätswerte der eingebauten Benchmark–Lösungen Q_{Bench} und der mit dem KWC–Algorithmus bestimmten Clusterings Q_{KWC} sowie die dazugehörigen mittleren Clusteranzahlen $|\mathcal{C}_{Bench}|$ und $|\mathcal{C}_{KWC}|$. Die durchschnittlichen Verschiedenheiten zwischen den jeweiligen eingebauten Lösungen und den KWC–Clusterings wurden mit dem Rand Index (RI) und der Variation of Information (VI) (siehe Abschnitt 6.1) evaluiert. In den Abbildungen 6.11 und 6.12 werden die Resultate für die Netzwerke mit $n = 1000$ Knoten dargestellt. Für die drei durchschnittlichen Innengrade $d_{av}^{-} \in \{15; 20; 25\}$ werden jeweils die mittleren Verschiedenheiten der KWC–Ergebnisse im Vergleich zu den Benchmark–Clusterings in Abhängigkeit der Mixing–Parameter $\mu_t^{-} = \mu_t^{+} = \mu_w^{-} = \mu_w^{+} \in \{0,1; 0,2; 0,3; 0,4; 0,5; 0,6\}$ angegeben. Die Abbildungen, welche die Ergebnisse für Netzwerke mit $n = 2000$ Knoten beinhalten, sind in Anhang H enthalten.

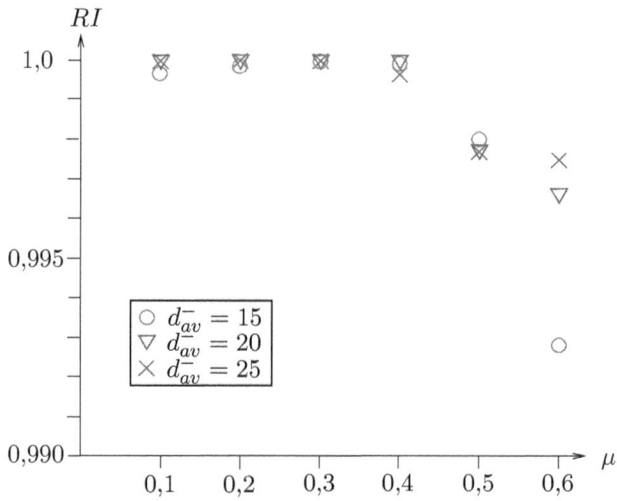

Abbildung 6.11: Durchschnittliche Rand Indizes von $\mathcal{C}_{KWC}$ im Vergleich zu $\mathcal{C}_{Bench}$ für LF–Netzwerke mit 1000 Knoten.

Die Verschiedenheiten zwischen den Benchmark–Lösungen und den von der gewichteten, gerichteten Variante des KWC–Verfahrens ermittelten Clusterings sind geringer als für gewichtete, ungerichtete Netzwerke und vergleichbar mit den Ergebnissen im ungewichteten, gerichteten Fall. Aus diesem Grund wurden in den Abbildungen 6.11 bzw. 6.12 dieselben Skalen gewählt wie in den Abbildungen 6.8 bzw. 6.9. Verglichen mit den Resultaten für ungewichtete, ungerichtete LFR–Netzwerke sind die KWC–Clusterings im gewichteten, gerichteten

Fall – außer für die Kombination der Knotengrade $d_{av} = 15$ bzw. $d_{av}^- = 15$ mit den Mixing–Parametern $\mu \in \{0,1; 0,2\}$ – näher oder gleich nah an den jeweiligen Benchmark–Clusterings. Für die Parameter–Kombinationen $d_{av}^- = 15$ und $\mu \in \{0,1; 0,2\}$ wurden für gewichtete, gerichtete LF–Benchmark–Netzwerke Ergebnisse ermittelt, die von den übrigen Resultaten dieser Testreihe dahingehend abweichen, dass die Verschiedenheiten zu den Benchmark–Werten größer sind als für $d_{av}^- = 15$ bei $\mu = 0,3$. Abgesehen von dieser Ausnahme gilt wie in den vorangegangenen Testreihen, dass die Abweichungen von den eingebauten Clusterings mit steigendem Anteil an Inter–Cluster–Kanten zunehmen. Die Beobachtung, dass für $d_{av}^- = 15$ die größten und für $d_{av}^- = 25$ die geringsten Verschiedenheitswerte auftreten, gilt für alle Parameter–Kombinationen außer für $d_{av}^- = 25$ und $\mu = 0,4$.

Wie bereits erwähnt, ergeben sich in den Kombinationen $d_{av}^- = 15$ mit $\mu \in \{0,1; 0,2\}$ größere Abweichungen als für $d_{av}^- = 15$ mit den Mixing–Parametern $\mu \in \{0,3; 0,4\}$. Konkret liegen alle dazugehörigen mittleren Rand Indizes zwischen $RI(\mathcal{C}_{Bench}, \mathcal{C}_{KWC}) = 0,9996$ für $\mu = 0,1$ und $RI(\mathcal{C}_{Bench}, \mathcal{C}_{KWC}) = 1$ für $\mu = 0,3$ (siehe Abbildung 6.11 sowie Tabelle H.1). Die entsprechenden VI–Werte liegen zwischen $VI(\mathcal{C}_{Bench}, \mathcal{C}_{KWC}) = 0$ für $\mu = 0,3$ und $VI(\mathcal{C}_{Bench}, \mathcal{C}_{KWC}) = 0,0201$ für $\mu = 0,1$ (vgl. Abbildung 6.12 und Tabelle H.1). Für $\mu = 0,5$ und $\mu = 0,6$ ergeben sich im Fall $d_{av}^- = 15$ die größten in dieser Testreihe auftretenden Verschiedenheiten zu den Benchmarks. Dieser Tatbestand tritt sowohl in den vorangegangenen Testreihen mit den LFR- und LF–Netzwerken in den Abschnitten 6.2.2, 6.3.2 und 6.4.3 sowie bei den Untersuchungen von Lancichinetti/Fortunato (2009a) [172] auf.

Für $\mu \in \{0,1; 0,2; 0,3; 0,4\}$ bestimmt die KWC–Methode im Fall von $d_{av}^- = 20$ in allen Netzwerken die Benchmark–Clusterings als Lösungen. Bei der Wahl größerer Mixing–Parameter für $d_{av}^- = 20$ ergeben sich mittlere Rand Indizes bis zu $RI(\mathcal{C}_{Bench}, \mathcal{C}_{KWC}) = 0,9966$ für $\mu = 0,6$ (siehe Abbildung 6.11 sowie Tabelle H.1) und durchschnittliche VI–Werte bis zu $VI(\mathcal{C}_{Bench}, \mathcal{C}_{KWC}) = 0,0814$ für $\mu = 0,6$ (vgl. Abbildung 6.12 und Tabelle H.1).

Im Falle von Netzwerken mit durchschnittlichen Innengraden von $d_{av}^- = 25$ ermittelt der KWC–Algorithmus für $\mu \in \{0,1; 0,2; 0,3\}$ stets die eingebauten Lösungen. Für steigende Mixing–Parameter wachsen auch bei $d_{av}^- = 25$ die Abweichungen zwischen den KWC–Clusterings und den Benchmarks. Die größten gemittelten Verschiedenheiten treten also bei $\mu = 0,6$ auf: Dort gilt $RI(\mathcal{C}_{Bench}, \mathcal{C}_{KWC}) = 0,9975$ (siehe Abbildung 6.11 sowie Tabelle H.1) und $VI(\mathcal{C}_{Bench}, \mathcal{C}_{KWC}) = 0,0623$ (vgl. Abbildung 6.12 und Tabelle H.1).

Die Clusteranzahlen $|\mathcal{C}_{Bench}|$ und $|\mathcal{C}_{KWC}|$ der Lösungen $\mathcal{C}_{Bench}$ und $\mathcal{C}_{KWC}$ sind in Tabelle H.1 angegeben. Wie in den vorangegangenen Testreihen (vgl. Abschnitte 6.2.2, 6.3.2 und 6.4.3) steigen die Differenzen zwischen $|\mathcal{C}_{Bench}|$

und $|\mathcal{C}_{KWC}|$ tendenziell bei wachsendem μ. Die Clusteranzahlen sind nicht für alle gemittelten Innengrade gleich, sondern sie sinken für steigende Werte von d_{av}^-. Weiterhin sinken die gemittelten Differenzen zwischen $|\mathcal{C}_{Bench}|$ und $|\mathcal{C}_{KWC}|$ für steigende durchschnittliche Innengrade d_{av}^-. Konkret ergeben sich im Fall von $d_{av}^- = 15$ mittlere Clusteranzahlen $|\mathcal{C}_{Bench}|$ von etwa $45,3$ und $|\mathcal{C}_{KWC}|$ von circa $43,7$. Für $d_{av}^- = 20$ betragen die Werte ungefähr $|\mathcal{C}_{Bench}| \approx 40,4$ und $|\mathcal{C}_{KWC}| \approx 39,7$. In den Netzwerken mit $d_{av}^- = 25$ haben die Benchmark–Lösungen durchschnittlich in etwa 34 Cluster und die KWC–Clusterings im Mittel circa $33,6$ Cluster. Insbesondere im Vergleich zu den Unterschieden in den Clusteranzahlen bei ungewichteten, ungerichteten LFR–Netzwerken sowie gewichteten, ungerichteten LF–Netzwerken sind die mittleren Differenzen zwischen $|\mathcal{C}_{Bench}|$ und $|\mathcal{C}_{KWC}|$ in dieser Testreihe deutlich geringer.

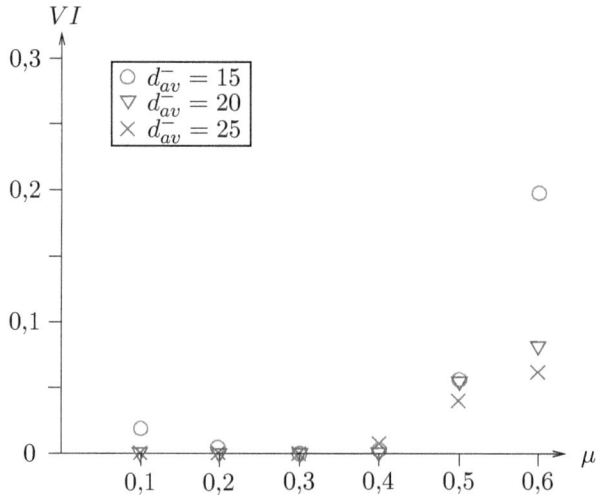

Abbildung 6.12: Durchschnittliche Variation of Information von $\mathcal{C}_{KWC}$ im Vergleich zu $\mathcal{C}_{Bench}$ für LF–Netzwerke mit 1000 Knoten.

Zusammenfassend lässt sich aus den Ergebnissen für gewichtete, gerichtete LF–Netzwerke ablesen, dass die KWC–Methode häufig die Benchmark–Lösungen ausgibt und dass sie für $\mu \in \{0,5;0,6\}$ sowie in den bereits angesprochenen Ausnahmefällen $d_{av}^- = 15$ mit $\mu \in \{0,1;0,2\}$ Clusterings ermittelt, welche den Benchmarks ähneln. Die Modularitätswerte Q_{Ar}^{ger} der KWC–Lösungen sind in mehreren Fällen geringfügig kleiner als die Q_{Bench}–Werte, aber ein Benchmark für den Vergleich der Modularitätswerte wird von Lancichinetti/Fortunato (2009a) [172] – wie in den vorangegangenen Testreihen gleichermaßen erwähnt

– nicht angegeben. Im Vergleich der Verschiedenheitswerte zwischen $\mathcal{C}_{KWC}$ und $\mathcal{C}_{Bench}$ schneidet die gewichtete, gerichtete Variante des KWC–Verfahrens ähnlich gut ab wie die ungewichtete, gerichtete Version der KWC–Methode und – bis auf die oben genannten Ausnahmefälle – geringfügig besser als im ungewichteten, ungerichteten Fall und besser als im gewichteten, ungerichteten Fall. Für gewichtete, gerichtete Netzwerke ist der KWC–Algorithmus also ebenfalls empfehlenswert.

6.6 Zusammenfassung aller Testreihen

In diesem Kapitel wurden die Ergebnisse der Anwendung der unterschiedlichen Varianten der KWC–Methode auf vier verschiedenen Arten von Netzwerken dargestellt: ungewichtete, ungerichtete Netzwerke (Abschnitt 6.2) gewichtete, ungerichtete Netzwerke (Abschnitt 6.3), ungewichtete, gerichtete Netzwerke (Abschnitt 6.4) und gewichtete, gerichtete Netzwerke (Abschnitt 6.5). Dabei wurden jeweils reale sowie computergenerierte Benchmarks verwendet. Insbesondere für Netzwerke, deren Kanten Richtungen zugewiesen sind aber keine Gewichte, liefert das KWC–Verfahren sehr gute Ergebnisse. Analog zu den Beobachtungen von Lancichinetti *et al.* (2008) [171] und Lancichinetti/Fortunato (2009a) [172] sind die Resultate des KWC–Algorithmus für ungewichtete, ungerichtete Netzwerke ebenfalls hochwertig, aber nicht ganz so gut wie für den ungewichteten, gerichteten Fall. Weiterhin liefert die KWC–Methode für gewichtete, ungerichtete Netzwerke Clusterings, welche den Benchmark–Lösungen weniger ähneln als im ungewichteten, ungerichteten Fall. Dies entspricht ebenfalls den Befunden von Lancichinetti *et al.* (2008) [171] und Lancichinetti/Fortunato (2009a) [172]. In Netzwerken mit schwächer ausgeprägten Clusterstrukturen ist die gewichtete, ungerichtete Version des KWC–Verfahrens sogar besser als aufgrund der Resultate von Lancichinetti/Fortunato (2009a) [172] erwartet: Die Abweichungen zu den Benchmark–Lösungen wachsen für steigende Anteile an Inter–Cluster–Kanten nicht so stark an wie beispielsweise im Fall von ungewichteten, ungerichteten Netzwerken. Für Netzwerke, deren Kanten sowohl Gewichte als auch Richtungen zugewiesen sind, ergeben sich bessere Ergebnisse als für gewichtete, ungerichtete Netzwerke. Diese sind vergleichbar mit den Resultaten für ungewichtete, gerichtete Netzwerke.

Insgesamt ergibt die KWC–Methode gute Clusterings. Insbesondere für ungewichtete, gerichtete Netzwerke ist die Anwendung des KWC–Verfahrens zu empfehlen.

Kapitel 7

Zusammenfassung und Ausblick

Das zentrale Ziel der vorliegenden Arbeit ist die Vorstellung und Diskussion einer neuen Methode zur Bestimmung eng vernetzter Knotengruppen, sogenannter Cluster, in Netzwerken. Konkret ist bei der betrachteten Clusteranalyse in Netzwerken eine Partition der Knotenmenge des Netzwerks gesucht, die auch als Clustering bezeichnet wird. Zunächst wurden in Kapitel 3 Gütemaße zur Bewertung der Qualität von Clusterings dargelegt. Ein Fokus lag dabei auf der von Newman/Girvan (2004) [213] eingeführten Modularität. Dieses Maß war ursprünglich für ungewichtete, ungerichtete Netzwerke definiert worden. Eine triviale Übertragung auf Netzwerke mit gewichteten Kanten stammt von Newman (2004b) [208] selbst. Erweiterungen der Modularität auf gerichtete Netzwerke wurden ebenfalls angegeben, aber die Ansätze sind umstritten. In der vorliegenden Arbeit wurden die gerichtete Modularität von Arenas *et al.* (2007) [12] und der LinkRank von Kim *et al.* (2010) [155] dargelegt. Außerdem wurden Kritikpunkte, Erweiterungen und Alternativen für die ursprüngliche Variante der Modularität vorgestellt. Trotz bekannter Schwächen der Modularität (siehe Abschnitt 3.3), ist diese Größe weiterhin sehr populär (vgl. Fortunato (2010) [103]). Anschließend wurden in Kapitel 4 diverse Ansätze aus verschiedenen Wissenschaftsdisziplinen zum Clustern in Netzwerken erläutert. Die meisten dieser Methoden wurden für ungewichtete, ungerichtete Netzwerke konzipiert. Häufig sind sie unmittelbar für Netzwerke mit gewichteten Kanten einsetzbar, während die Verwendung für gerichtete Netzwerke nicht sinnvoll ist. Eine Vielzahl dieser Verfahren hat die Bestimmung eines Clusterings mit möglichst großer Modularität zum Ziel. Bereits für ungewichtete, ungerichtete Netzwerke gibt es keinen Konsens, welcher der zahlreichen entwickelten Algorithmen zur Bestimmung einer Partition der Knotenmenge am besten geeignet ist. In vielen Anwendungen existieren Gewichte und/oder Richtungen für die Kanten der Netzwerke (siehe Anhang C und Kapitel 6), die das ursprüngliche Problem der Clusteranalyse in ungewichteten, ungerichteten Netzwerken verkomplizieren. Das Ignorieren dieser zusätzlichen Informationen ist zwar möglich, aber nicht sinnvoll, da sie wichtige Inhalte der Struktur des Netzwerks enthalten.

Die Präsentation der neu entwickelten Methode erfolgte in Kapitel 5. In der Grundform des sogenannten Kürzeste–Wege–Clusterverfahrens (kurz KWC–Verfahren) für ungewichtete, ungerichtete Netzwerke werden zunächst die Adjazenzbeziehungen zwischen den Knoten eines Netzwerks in Distanzdaten überführt. Dazu werden die Längen kürzester Wege innerhalb des Netzwerks als Distanzen definiert. Im Anschluss werden agglomerative, hierarchische Algorithmen auf die Distanzdaten angewendet. Aus den entsprechenden Hierarchien wird ein Clustering mit maximaler Modularität ausgewählt, welches abschließend einem Austauschverfahren unterzogen wird. Weiterhin wird die Erweiterung des KWC–Algorithmus auf gewichtete Netzwerke diskutiert. Zu diesem Zweck sind Gewichtstransformationen notwendig, da hohe Kantengewichte in den meisten Anwendungen als geringe Distanzen interpretiert werden und große Gewichte somit in kleine Distanzen umgewandelt werden müssen. Das restliche Verfahren wird unter Verwendung der Modularität für gewichtete Netzwerke analog zum ungewichteten Fall durchgeführt. Bei der Übertragung der KWC–Methode auf gerichtete Netzwerke ergeben sich asymmetrische Distanzdaten. Aus diesem Grund wurde eine Klasse asymmetrischer Clusterverfahren nach Takeuchi et al. (2007) [258] für die Clusterbildung eingesetzt. Die restlichen Schritte des Algorithmus verlaufen unter Einsatz der gerichteten Variante der Modularität nach Arenas et al. (2007) [12] analog zum ungerichteten Fall.

Ergebnisse der Anwendung des KWC–Verfahrens auf reale sowie künstlich erzeugte, (un-)gewichtete und (un-)gerichtete Netzwerke wurden in Kapitel 6 dargelegt. Für ungewichtete, ungerichtete ebenso wie für gewichtete, gerichtete Netzwerke entsprechen die von der KWC–Methode ermittelten Clusterings häufig den besten bekannten oder – im Falle computergenerierter Netzwerke – den Benchmark–Lösungen. Für gewichtete, ungerichtete Netzwerke sind die Resultate, welche für die künstlich erzeugten Benchmark–Netzwerke nach Lancichinetti/Fortunato (2009a) [172] erzielt wurden, nicht so gut wie in den anderen Testreihen. Eventuell treten in diesem Fall Probleme mit der Gewichtstransformation für relle Gewichte auf. Für gewichtete, gerichtete Netzwerke kommt dies allerdings nicht vor. Besonders gute Ergebnisse liefert die KWC–Methode für ungewichtete, gerichtete Netzwerke, dort werden – insbesondere für Netzwerke mit einen kleineren Anteil an Inter–Cluster–Kanten – fast immer die Benchmark–Clusterings ermittelt.

7. Zusammenfassung und Ausblick

Die von dem KWC–Algorithmus ausgegebenen Clusterings haben also eine hochwertige Qualität. Ein Nachteil des Verfahrens bei größeren Netzwerken wäre der hohe Aufwand, die Längen aller kürzesten Wege zwischen allen Knoten des Netzwerks zu ermitteln. Da innerhalb der agglomerativen Clusterverfahren Cluster mit minimalen Distanzen vereinigt werden, ist die Kenntnis aller kürzester Weglängen jedoch nicht notwendig, so dass auf die vollständige Berechnung aller Distanzen verzichtet werden kann. Vergleichbar mit Crawling, einem Prinzip, das bei der Analyse von Verlinkungsstrukturen im Internet eingesetzt wird (vgl. z.B. Gaul (2011) [113]), genügt die Bestimmung von kürzester Weglängen bis zu einer festen Länge. Das KWC–Verfahren liefert mithin Clusterings mit hoher Qualität bei vertretbarem Aufwand.

Anhang A

Clusteranalyse von Distanz- und (Un-)Ähnlichkeitsdaten

An dieser Stelle werden Grundlagen und Methoden aus dem Bereich der Clusteranalyse von Distanz- und (Un-)Ähnlichkeitsdaten eingeführt. Eine umfassendere Betrachtung der Clusteranalyse bieten beispielsweise Bock (1974) [35], Arabie *et al.* (1996) [9] und Tuma *et al.* (2011) [263].

A.1 Begriffliche Grundlagen

Verfahren der Clusteranalyse dienen der Zerlegung einer bekannten Objektmenge in möglichst homogene Klassen, die untereinander weitestgehend heterogen sind. In Datensätzen, die aus in diesem Abschnitt betrachteten klassischen Distanzdaten bestehen, gilt folgendes: Für jedes Objektpaar (i,j) der Objektmenge O ist eine symmetrische, reflexive Distanz $d_{i,j}$ bekannt, d.h. es gilt $d_{i,i} = 0$ und $d_{i,j} = d_{j,i}$ für alle Objekte i und j aus O. Falls außerdem die Äquivalenzbedingung $(d_{i,j} = 0) \Rightarrow (i = j)$ sowie die Dreiecksungleichung $d_{i,k} \leq d_{i,j} + d_{j,k}$ erfüllt sind, handelt es sich bei d um eine **Metrik**. Die an dieser Stelle beschriebenen Grundlagen und Methoden beziehen sich auch auf nichtmetrische Datensätze.

Bei der Clusteranalyse wird zwischen scharfen und unscharfen Klassifikationen unterschieden. Eine **(scharfe) Klassifikation** $\mathcal{K}$ ist eine Menge nichtleerer, als **Klassen** bezeichneter Teilmengen $K_1, K_2, \ldots, K_K$ der betrachteten Objektmenge O. Formell gilt

$$\mathcal{K} := \{K_1, K_2, \ldots, K_t, \ldots, K_T\} \subset \wp(O) \quad \text{mit} \quad \emptyset \neq K_t \subset O \quad \forall K_t \in \mathcal{K},$$

wobei $\wp(O)$ die Potenzmenge der Menge O beschreibt. Jedes Objekt aus O ist dabei eindeutig einer oder mehreren Klassen von $\mathcal{K}$ zugeordnet. Bei einer unscharfen Klassifikation können Objekte teilweise zu unterschiedlichen Klassen gehören. Jedes Objekt kann durch Anteilswerte beschrieben werden, die den Grad der Zugehörigkeit zu verschiedenenen Klassen, denen das Objekt zugeordnet ist, angeben. In der vorliegenden Arbeit werden lediglich scharfe Klassifikationen betrachtet, in denen jedes Objekt einer Klasse entweder vollständig oder gar nicht zugeordnet ist. In Anlehnung an englische Begriffe wird eine Klassifikation auch **Clustering** $\mathcal{C}$ genannt und die dazugehörigen Teilmengen $C_1, C_2, \ldots, C_K$ heißen **Cluster**.

Clusterings können verschiedene Eigenschaften haben, beispielsweise kann gelten, dass alle Objekte mindestens einem Cluster zugeordnet sind. Ein solches Clustering nennt man **exhaustives Clustering**. Gilt zusätzlich, dass kein Cluster vollständig in einem anderen enthalten ist und dass mindestens ein Objekt zu zwei verschiedenen Clustern gehört, spricht man von einem **überlappenden Clustering**. Falls jedes Objekt in genau ein Cluster eingeordnet wird, liegt eine **Partition** vor. Eine **Hierarchie** (auch **genestetes Clustering**) besteht aus einer Vereinigung von Partitionen mit den folgenden beiden Voraussetzungen: Falls ein Cluster $C_y \in \mathcal{C}$ echte Teilmengen $C_x \in \mathcal{C}$ enthält, überdeckt die Vereinigung dieser das Cluster C_y. Das bedeutet, jedes Objekt aus C_y ist in mindestens einer der echten Teilmengen $C_x \in \mathcal{C}$ enthalten. Die zweite Bedingung für eine Hierarchie ist, dass jedes Clusterpaar aus $\mathcal{C}$ entweder vollständig ineinander enthalten oder disjunkt ist.

Ein sinnvolles Clustering – unabhängig davon, welche der oben genannten Eigenschaften erfüllt sind – zeichnet sich erstens durch weitestgehend homogene Cluster aus, die zweitens untereinander möglichst heterogen sind. Wie verschieden zwei Cluster sind, wird mittels eines **Verschiedenheitsindexes** $v(C_1, C_2)$ gemessen (siehe z.B. Johnson (1967) [147]). Dieser ist für die in diesem Abschnitt betrachteten symmetrischen Distanzdaten symmetrisch, d.h. $v(C_1, C_2) = v(C_2, C_1)$. Die Verschiedenheit zweier Cluster, in denen jeweils nur ein Objekt enthalten ist, entspricht der Distanz der beiden Objekte. Je verschiedener zwei Cluster sind, desto größer ist v. Als Verschiedenheitsindex zwischen zwei disjunkten Clustern kann beispielsweise die minimale, die maximale oder die durchschnittliche Distanz zwischen allen Objektpaaren aus den beiden Clustern herangezogen werden. Formell lauten diese

$$v(C_1, C_2) := \min_{i \in C_1,\ j \in C_2} \{d_{i,j}\} \text{ (single linkage),} \tag{A.1}$$

$$v(C_1, C_2) := \max_{i \in C_1,\ j \in C_2} \{d_{i,j}\} \text{ (complete linkage),} \tag{A.2}$$

$$v(C_1, C_2) := \frac{1}{|C_1||C_2|} \sum_{i \in C_1, j \in C_2} d_{i,j} \text{ (average linkage).} \tag{A.3}$$

Weitere Verschiedenheitsindizes werden unter anderem bei Bock (1974) [35] besprochen. Außerdem wird die Heterogenität innerhalb eines Clusters unter Verwendung eines **Heterogenitätsindexes** $h(C)$ beurteilt. Je kleiner h ist, desto weniger heterogen ist das Cluster und für ein Cluster C mit nur einem Objekt gilt $h(C) = 0$. Da die Cluster möglichst homogen sein sollen, werden Cluster mit kleinem Heterogenitätsindex gesucht. Beispiele für einfach zu berechnende Heterogenitätsindizes sind ähnlich wie bei Verschiedenheitsindizes die maximale oder die durchschnittliche Distanz aller Objektpaare innerhalb des betrachteten Clusters.

Jede Objektmenge mit mehr als einem Objekt kann auf verschiedene Arten geclustert werden. Dabei stellt sich die Frage, wie gut ein Clustering die Struktur der betrachteten Objektmenge wiedergibt. Unter Verwendung des Heterogenitätsindexes $h(C)$ zur Messung der Heterogenität innerhalb der Cluster eines Clusterings und des Verschiedenheitsindexes $v(C_1, C_2)$ zur Bestimmung der Heterogenität zwischen den Clustern kann die Güte eines Clusterings bewertet werden. Einfach zu berechnende Gütemaße b eines Clusterings $\mathcal{C}$ sind beispielsweise die maximale Innerclusterheterogenität (Formel (A.4)), die Summe aller Innerclusterheterogenitäten (Formel (A.5)) oder der Quotient aus Summe aller Innerclusterheterogenitäten und der Summe der Verschiedenheitsindizes zwischen allen Clustern (Formel (A.6)). Ein kleiner Gütewert entspricht in diesen Fällen einem guten Clustering.

$$b(\mathcal{C}) := \max_{C \in \mathcal{C}} h(C) \qquad (A.4)$$

$$b(\mathcal{C}) := \sum_{C \in \mathcal{C}} h(C) \qquad (A.5)$$

$$b(\mathcal{C}) := \frac{\sum_{C \in \mathcal{C}} h(C)}{\sum_{C_1, C_2 \in \mathcal{C}} v(C_1, C_2)} \qquad (A.6)$$

A.2 Hierarchische Verfahren

Eine bekannte Klasse von Clusterverfahren bilden die hierarchischen Verfahren, die eine Hierarchie von Clusterings einer Objektmenge erstellen. Dabei wird zwischen agglomerativen und divisiven Methoden unterschieden. Agglomerative Verfahren fügen ausgehend von dem Clustering, in dem jedes Objekt in einem eigenen Cluster ist, schrittweise Cluster zusammen, bis alle Objekte in einem Cluster sind. Die meisten Verfahren erlauben dabei in jedem Schritt das Zusammenfassen von genau zwei Clustern, in einigen Methoden können mehrere Cluster gleichzeitig vereinigt werden (vgl. z.B. Abschnitt 4.1.1). Unter Verwendung einer Gütefunktion wird anschließend das beste Clustering der Hierarchie ermittelt. Divisive Verfahren gehen umgekehrt vor: Sie beginnen bei dem Cluster, das alle Objekte enthält und teilen in jedem Schritt ein Cluster in zwei Cluster, bis jeder Knoten ein eigenes Cluster bildet. An dieser Stelle werden ausschließlich agglomerative Verfahren behandelt, da diese deutlich weiter verbreitet sind. Der Grund dafür ist, dass eine solche schrittweise Vergröberung von Clusterings in agglomerativen Methoden weniger aufwändig ist als die in divisiven Verfahren verwendete schrittweise Verfeinerung. Für jeden agglomerativen Schritt werden zwei zu vereinigende Cluster ausgewählt, während für jeden divisiven Schritt nicht nur entschieden werden muss, welches Cluster zu teilen ist, sondern auch, in welche Teilcluster es zerlegt wird.

In jeder Iteration eines agglomerativen Verfahrens werden in Abhängigkeit des verwendeten Verschiedenheitsindexes jeweils die beiden am wenigsten unähnlichen Cluster zusammengefasst. Danach erfolgt eine Neuberechnung der Verschiedenheiten des neu erzeugten Clusters zu den bestehenden Clustern des aktuellen Clusterings. Im ersten Schritt entsprechen die Verschiedenheiten der einzelnen Cluster jeweils den Distanzen der entsprechenden Objekte. Eine Familie von Aktualisierungsvorschriften geben beispielsweise Lance/Williams (1966/1967) [169, 170] an: Die Verschiedenheit $v(I \cup J, K)$ zwischen zwei disjunkten Clustern $I \cup J$ und K wird aus den Verschiedenheiten zwischen den Clustern I, J und K wie folgt bestimmt:

$$v(I \cup J, K) := \alpha_I v(I, K) + \alpha_J v(J, K) + \beta v(I, J) + \gamma |v(I, K) - v(J, K)| \quad (A.7)$$

Die Wahl der Parameter α_I, α_J, β und γ bestimmt den verwendeten Verschiedenheitsindex und somit die Verfahrensvariante. Die in (A.1), (A.2) und (A.3) angegebenen Indizes werden durch die in Tabelle A.1 genannten Parameterwerte erreicht.

Die jeweilige Variante des agglomerativen Verfahrens ist nach dem gewählten Verschiedenheitsindex benannt. Das **Single Linkage Verfahren** (Florek et al. (1951) [98]), das **Complete Linkage Verfahren** (McQuitty (1957) [197]) und das **Average Linkage Verfahren** (Sokal/Mitchener (1958) [254]) sind drei grundlegende Verfahrensvarianten. Weitere Ansätze werden beispielsweise bei Bock (1974) [35] angegeben.

Ein Nachteil des Single Linkage Verfahrens ist die häufig auftretende Bildung sogenannter Ketten. Da lediglich die kleinste Distanz zwischen zwei Clustern als Verschiedenheit betrachtet wird, können auch Cluster vereinigt werden, zwischen deren Objekten große Distanzen liegen. In der Regel werden wenige große Cluster gebildet. Ein Vorteil des Single Linkage Verfahrens besteht in der Identifikation von Objekten, die weiter von allen anderen entfernt liegen

A. Clusteranalyse von Distanz- und (Un-)Ähnlichkeitsdaten

und als Ausreißer bezeichnet werden. Daher wird es häufig zur Erkennung von Ausreißerobjekten verwendet, aber nicht als einziges Verfahren eingesetzt. Mit dem Complete Linkage Verfahren werden generell kleine Cluster gefunden, da Cluster mit einzelnen weit voneinander entfernten Objekten durch die Wahl der maximalen Distanz als Verschiedenheitsindex erst in einem der letzten Schritt der agglomerativen Methode zusammengefasst werden.

	$v(I \cup J, K)$	α_I	α_J	β	γ
Single Linkage	$\min_{i \in I \cup J,\ j \in K} \{d_{i,j}\}$	0,5	0,5	0	-0,5
Complete Linkage	$\max_{i \in I \cup J,\ j \in K} \{d_{i,j}\}$	0,5	0,5	0	0,5
Average Linkage	$\dfrac{1}{|I \cup J||K|} \sum_{i \in I \cup J, j \in K} d_{i,j}$	$\dfrac{|I|}{|I \cup J|}$	$\dfrac{|J|}{|I \cup J|}$	0	0

Tabelle A.1: Parameterwerte der Formel (A.7) für bestimmte Verschiedenheitsindices.

Anschaulich kann die entstandene Hierarchie in einem **Dendrogramm** dargestellt werden. Dabei handelt es sich um einen Clusterbaum, dessen Wurzel dem Cluster entspricht, zu dem alle Objekte gehören, und dessen Blätter mit den einzelnen Objekten übereinstimmen, die alle in einzelnen Clustern sind. Die Kindknoten eines Clusters C innerhalb des Dendrogramms stellen die Cluster dar, durch deren Vereinigung C entstanden ist. Außerdem ist jedem Cluster C der Verschiedenheitswert derjenigen Cluster zugeordnet, welche zu C zusammengefasst wurden. Das Dendrogramm kann in ein Koordinatensystem eingezeichnet werden, auf dessen Ordinatenachse die Verschiedenheitswerte abgetragen werden. In Abbildung A.1 (a) ist ein fiktives Dendrogramm der Objektmenge $\{A, B, C, D, E\}$ dargestellt.

Aus der erzeugten Hierarchie ist anschließend das beste Clustering zu ermitteln. Die drei in Abschnitt A.1 als Beispiele genannten Gütefunktionen (siehe Formeln (A.4), (A.5) und (A.6)) können nicht direkt verwendet werden, da sie bezogen auf die Clusteranzahl monoton fallen. Die Summe der Heterogenitäten innerhalb der Cluster steigt durch die Vereinigung zweier Cluster, während die Summe der Verschiedenheiten sinkt. Daher hat das Clustering, in dem alle Objekte in einzelnen Clustern sind, den besten Gütewert, obwohl es keine sinnvolle Aussage über die Struktur der Objektmenge liefert. Zur Auswahl des besten Clusterings wird das **Ellenbogenkriterium** verwendet. Anschaulich werden dabei die Gütewerte in Abhängigkeit der Clusteranzahl in ein zweidimensionales Koordinatensystem gezeichnet. Dasjenige Clustering, bei dem die Erhöhug der Klassenanzahl nur eine geringe Verbesserung der Güte bewirkt, wird als Lösung ausgegeben. Die monoton fallende Kurve ähnelt einem gebeugten Arm und der Punkt des gewählten Clusterings entspricht einem Knick, der wie ein Ellenbogen aussieht. Abbildung A.1 (b) zeigt die Anwendung des Ellenbogenkriteriums für eine fiktive Gütefunktion.

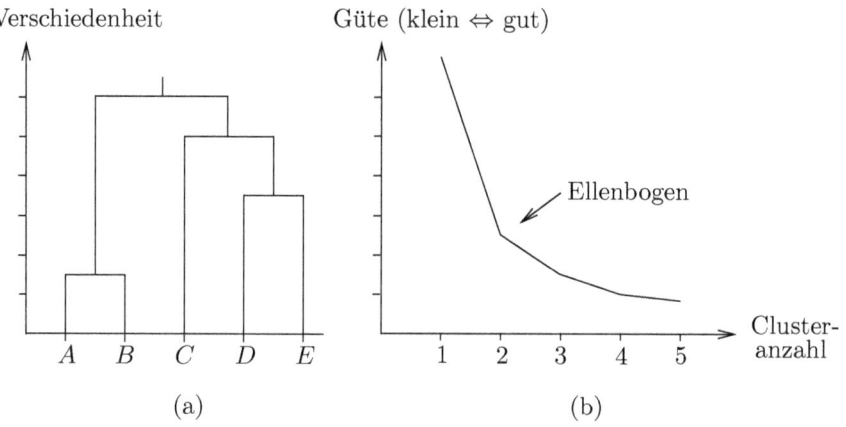

Abbildung A.1: Ein Dendrogramm und das Ellenbogenkriterium.

Um die durch das hierarchische Verfahren gefundene Lösung lokal zu verbessern, wird häufig im Anschluss eine Nachbarschaftssuche bzw. ein Austauschverfahren durchgeführt. Diese Verfahrensklasse ist im folgenden Abschnitt dargestellt.

A.3 Austauschverfahren und weitere Methoden

Die Lösung einer hierarchischen Clustermethode muss weder global noch lokal optimal sein. Daher wird auf die Lösung des hierarchischen Verfahrens häufig eine **Nachbarschaftssuche** – auch **Austauschverfahren** genannt – (siehe beispielsweise Rubin (1966) [242], MacQueen (1976) [192]) angewandt, die ein lokales oder sogar globales Optimum in der Umgebung der bisherigen Lösung findet. Die **Nachbarschaft** einer Clusterlösung $\mathcal{C}$ bezeichnet diejenigen Clusterings, die durch das Verschieben eines Objekts aus einem Cluster $C_1 \in \mathcal{C}$ in ein anderes Cluster $C_2 \in \mathcal{C}$ entstehen. Falls eine dieser Lösungen bzgl. der verwendeten Gütefunktion besser ist als das ursprüngliche Clustering, so wird die Nachbarschaft dieser besseren Lösung auf noch bessere Lösungen untersucht. Dabei kann entweder die erste gefundene bessere Lösung als neues Ausgangsclustering verwendet werden oder unter allen Nachbarschaftslösungen diejenige mit dem besten Gütewert. In Alternativen des Austauschverfahrens werden nicht nur einzelne Objekte in vorhandene Cluster verschoben, sondern Objekte in neu erzeugte Cluster eingeordnet oder zwei Objekte aus verschiedenen Clustern miteinander getauscht. Austauschverfahren brechen nach endlich vielen Schritten ab, weil es nur endlich viele Partitionen gibt. Wird zum Clustern von metrischen Daten das sogenannte Varianzkriterium (siehe MacQueen (1976) [192]) zur Gütemessung eingesetzt, so heißt die Methode **k–Means–Verfahren**. Ist als Startclustering eines Austauschverfahrens keine Lösung aus einer hierarchischen Methode bekannt, so ergeben sich mehrere Fragen zur Konstruktion einer Anfangslösung. Vor allem ist die Anzahl der Cluster zu bestimmen, die sich bei der Durchführung einer hierarchischen Methode durch die Verwendung des Ellenbogenkriteriums in Abhängigkeit der eingesetzten Gütefunktion ergibt. Daher ist eine Kombination aus hierarchischem Verfahren und Austauschalgorithmus sinnvoll.

Eine weitere Klasse von Clusteranalysemethoden sind **Minimal–Distanz–Verfahren** (siehe beispielsweise Forgey (1965) [102]), in denen ausgehend von einer Anfangslösung schrittweise alle Objekte in das Cluster sortiert werden, dem sie am nächsten liegen. Von Donath/Hoffman (1973) [85] sowie Fiedler (1973) [95] entwickelte **spektrale Clusterverfahren** basieren auf Ähnlichkeitsdaten statt auf Distanzen und verwenden die Eigenwerte einer vorliegenden Ähnlichkeitsmatrix (siehe Anhang 4.2).

Zwei wichtige Verfahrensklassen zur unscharfen Clusteranalyse, auch fuzzy Clustering genannt, sind Expectation Maximation (EM) Algorithmen aus der Statistik (siehe beispielsweise Dempster *et al.* (1977) [75]) sowie fuzzy c–means Verfahren (siehe zum Beispiel Bezdek (1981) [32]).

Anhang B

Die Verfahren von Dantzig und Dijkstra

Zwei sehr bekannte Vorgehensweisen zur Berechnung der kürzesten Wege zwischen einem Startknoten q und einem oder mehreren beliebigen Endknoten in einem Netzwerk mit ungerichteten oder gerichteten sowie ungewichteten oder nichtnegativ gewichteten Kanten sind die Verfahren von Dantzig (1960) [71] bzw. von Dijkstra (1959) [79]. Beide werden an dieser Stelle vorgestellt. Sind Gewichte der Kanten vorhanden, so werden diese als Distanzen oder Weglängen zwischen den Knoten interpretiert. Es werden die folgenden Notationen eingesetzt: Der Startknoten, von dem ausgehend kürzeste Wege und deren Längen zu bestimmen sind, wird q genannt. Die Menge der Vorgängerknoten eines Knotens u wird – wie es für gerichtete Netzwerke üblich ist – mit $V^-(u)$ bezeichnet, selbst wenn die betrachteten Netzwerke ungerichtet sein können. Die Menge aller Nachfolgerknoten wird an dieser Stelle sowohl für gerichtete als auch für ungerichtete Netzwerke als $V^+(u)$ dargestellt, obwohl für ungerichtete Netzwerke $V^-(u) = V^+(u)$ gilt. Gesucht ist in beiden Algorithmen die Länge eines kürzesten Weges – auch als Distanz bezeichnet – zwischen q und einem oder mehreren Knoten u. Die dazugehörige Variable lautet in der hier verwendeten Notation $D_{q,u}$. Allgemein werden alle Distanzen zwischen allen Knotenpaaren v und w als $D_{v,w}$ bezeichnet. Diese Variablen können zu Beginn der beiden Verfahrens auf bestimmte Werte – beispielsweise ∞ – gesetzt werden, welche noch nicht den Längen der kürzesten Wege entsprechen. Sie werden im Laufe der Methode schrittweise aktualisiert, bis sie am Ende die gesuchten Werte annehmen. In diesem Teil des Anhangs wird die Bezeichnung $[v,w]$ für ungerichtete und gerichtete Kanten verwendet. Im Falle von gerichteten Kanten sind die Richtungen dieser wichtig. Ist ein Knoten w ein Nachfolger eines Knotens v, entspricht die Distanz $D_{v,w}$ der Länge der Kante $[v,w]$.

Im Algorithmus von Dantzig (1960) [71] werden nacheinander Knoten u des Netzwerks markiert. Für diese werden die entsprechenden kürzesten Weglängen $D_{q,u}$ vom Startknoten q sowie ihre Vorgängerknoten $V^-(u)$ auf den zugehörigen Wegen notiert. Im ersten Schritt erhält der Startknoten q die Markierungen $D_{q,q} = 0$ und $V^-(q) = \emptyset$, da die Distanz eines Knotens zu sich selbst als 0 definiert ist und eventuelle Vorgänger von q für einen Weg von q zu anderen Knoten nicht von Interesse sind. Für Knoten v und w, zwischen denen es die Kante $[v,w]$ gibt, wird als Distanz $D_{v,w}$ das Kantengewicht von $[v,w]$ gespeichert. Es sei M die Menge der Kanten $[v,w]$, bei denen v markiert und w nicht markiert ist. Dann wird die folgende iterative Vorgehensweise durchgeführt:

(i) Falls $M = \emptyset$, dann STOP

(ii) Falls $M \neq \emptyset$, so wird die Kante $[v^*, w^*] \in M$ gewählt, deren Endknoten w^* über ihren Anfangsknoten v^* von q aus in minimaler Distanz erreichbar ist: $D_{q,v^*} + D_{v^*,w^*} := min_{[v,w] \in M}\{D_{q,v} + D_{v,w}\}$. Der Knoten w^* wird mit $D_{q,w^*} := D_{q,v^*} + D_{v^*,w^*}$ und $V^-(w^*) := v^*$ markiert bzw. mit $V^-(w^*)$ als Menge der Vorgängerknoten, falls die Minimumbildung nicht eindeutig ist. Nach einer Anpassung der Menge M wird erneut bei (i) begonnen.

Beim Algorithmus von Dijkstra (1959) [79] werden schrittweise die Knoten des Netzwerks zunächst vorübergehend und anschließend permanent markiert. Für jeden permanent markierten Knoten u werden sowohl die endgültigen kürzesten Weglängen $D_{q,u}$ vom Startknoten q sowie deren Vorgängerknoten $V^-(u)$ gespeichert. Die Menge der markierten Knoten wird mit M bezeichnet und die Menge der nicht markierten Knoten mit $N := V \setminus M$. Zunächst sind keine Knoten markiert, das bedeutet $M = \emptyset$ und $N = V$. Zu Beginn werden die Distanzen zwischen q und allen anderen Knoten auf ∞ gesetzt, also $D_{q,v} := \infty$ für $v \in V \setminus \{q\}$. Die Distanz von q zu sich selbst wird als $D_{qq} := 0$ gespeichert und seine Vorgängermenge als leere Menge: $V^-(q) := \emptyset$. Für Knoten v und w, zwischen denen die Kante $[v,w]$ existiert, wird als Distanz $D_{v,w}$ der Länge der Kante gespeichert. Für Knoten u und v, zwischen denen es keine Kante $[u,v]$ gibt, werden die Distanzen auf $D_{u,v} := \infty$ gesetzt. Solange nicht alle Knoten markiert sind, wird einer derjenigen Knoten $v^* \in N$ markiert, die von q in kürzester Distanz $D_{q,v^*} = \min_{v \in N}\{D_{q,v}\}$ erreichbar sind. Für alle Nachfolgerknoten $w \in V^+(v^*)$ von v^* wird überprüft, ob die bisher von q nach w gespeicherte Distanz $D_{q,w}$ über einen Weg von q über v^* nach w verringert werden kann. Das bedeutet, falls $D_{q,w} > D_{q,v^*} + D_{v^*,w}$ gilt, wird $D_{q,w} := D_{q,v^*} + D_{v^*,w}$ ersetzt und v^* als Vorgänger von w gespeichert: $V^-(w) = \{v^*\}$.

Die Verfahren von Dantzig und Dijkstra können nur auf Netzwerke angewandt werden, in denen alle Kanten nichtnegative Gewichte haben, da beide Vorgehensweisen darauf basieren, dass der Weg von q zu einem Knoten w länger

B. Die Verfahren von Dantzig und Dijkstra

ist als der Weg von q zu einem Vorgängerknoten v von w. Für Netzwerke mit negativen Kantengewichten ist der Algorithmus von Ford (1956) [100] geeignet. Das Vorgehen ähnelt dem Algorithmus von Dijkstra. Allerdings werden nicht nur für die Nachfolger w eines bisher unmarkierten Knotens v^* mit minimaler Distanz von q die Distanzen $D_{q,w} := D_{q,v^*} + D_{v^*,w}$ gespeichert, falls vorher $D_{q,w} > D_{q,v^*} + D_{v^*,w}$ galt, sondern diese Überprüfung und eventuelle Umspeicherung wird $n-1$ mal für alle Kanten des Netzwerks durchgeführt. Falls in Netzwerken gerichtete Kreise (vgl. Abschnitt 2.1.1) auftreten, deren Kantensumme negativ ist, kann die Methode von Ford (1956) [100] nicht zur Berechung kürzester Weglängen zwischen Knoten des Netzwerks verwendet werden, da diese Kreise unendlich oft durchlaufen werden können. Dadurch würden Werte von $-\infty$ als Weglängen gespeichert werden. Die in der vorliegenden Arbeit betrachteten Netzwerke besitzen keine negativen Kantengewichte, daher wird an dieser Stelle nicht weiter darauf eingegangen.

Anhang C

Weitere Anwendungsbeispiele

Das Ziel der in der vorliegenden Arbeit erläuterten KWC–Methode besteht darin, die Knotenmenge eines Netzwerks in Gruppen einzuteilen, die untereinander nur durch wenige Kanten verbunden sind, während die Knoten innerhalb jeder Gruppe stark vernetzt sind. In Kapitel 4 wurden verschiedene Herangehensweisen vorgestellt, welche aus diversen Wissenschaftsdisziplinen stammen und durch unterschiedliche Anwendungsgebiete motiviert sind. Dies zeigt einerseits die Bedeutung dieser Fragestellung sowohl in der Wissenschaft als auch in der Anwendung auf Probleme mit stärkerem Praxisbezug und andererseits, dass es keine allgemein akzeptierte Menge von Methoden gibt, welche für alle Arten von Netzwerken schnell als sinnvoll erachtete Lösungen liefern.

In den Abschnitten 4.1 bis 4.7 wurde die Fragestellung aus wissenschaftlicher Sicht beleuchtet: Es wurden vorhandene Algorithmen vorgestellt, deren Tauglichkeit jeweils auf einzelnen Benchmark–Netzwerken getestet wurde. Im Gegensatz dazu gibt dieser Anhang eine kurze Einführung in die anwendungsorientierte Seite der Fragestellung. In Anbetracht der Literatur ergibt sich der Eindruck, dass Clusteranalyse insbesondere für soziale und biologische Netzwerke angewandt wird.

Die Analyse biologischer Netzwerke bezieht sich auf die Untersuchung genomischer Daten, wie beispielsweise Interaktionen zwischen Proteinen und Genen sowie Stoffwechselprozesse. Für einen Überblick siehe z.B. Junker/Schreiber (2008) [149].

Das Clustern sozialer Netzwerke ist ein wichtiger Bestandteil ihrer Analyse, welche ihren Ursprung in der Soziologie hat. Die historische Entwicklung der **Sozialen Netzwerkanalyse (SNA)** wird beispielsweise von Freeman (2004) [108] dargelegt.

Bekannte moderne soziale Netzwerke, für welche der Einsatz von Clustermethoden interessant ist, stammen unter anderem von Webseiten, auf denen

Nutzer ein Profil erstellen, diese untereinander verbinden und auf unterschiedlichen Wegen miteinander kommunizieren. Populäre Beispiele sind unter anderem Facebook (www.facebook.com), Myspace (www.myspace.com) und Friendster (www.friendster.com). Die verschiedenen Kommunikationswege auf diesen Seiten beinhalten z.b. private und öffentliche Nachrichten, Kommentare und Verlinkungen. Weiterhin gibt es Netzwerke, welche die Kommunikation von Personen (beispielsweise über (Mobil-)Telefon, Email, Chat, Twitter (www.twitter.com)) abbilden. Dabei kann es sich um sehr große Netzwerke mit mehreren Millionen Nutzern handeln, in denen als Cluster beispielsweise eng vernetzte Freundeskreise oder Personen mit ähnlichen Interessen oder übereinstimmenden Meinungen gesucht werden.

Eine Analyse anonymer Facebook–Daten zum Vergleich von online und offline bestehenden Freundschaften zwischen Studenten verschiedener amerikanischer Universitäten stammt von Traud et al. (2008) [261]. Unter Verwendung demografischer Zusatzinformationen konnten die Autoren zeigen, dass die online gefundenen Cluster beispielsweise offline vorhandenen Wohnheimen, Studienfächern und -jahrgängen entsprechen.

Weiterhin haben Blondel et al. (2008) [33] Cluster in einem Kommunikationsnetzwerk gebildet, welches aus 2.5 Millionen Handynutzern eines belgischen Telefonanbieters besteht. Dieses Netzwerk wurde von Lambiotte et al. (2008) [167] erhoben. Für die anonymisierten Nutzer sind Alter, Geschlecht, Sprache (in Belgien wird sowohl Französisch als auch Flämisch gesprochen) und Postleitzahl bekannt. Die 5.4 Millionen ungerichteten und ungewichteten Kanten des Netzwerks basieren auf 810 Millionen Anrufen und sms–Botschaften innerhalb eines Zeitraums von 6 Monaten. Wie erwartet ist eine Einteilung der Nutzer hinsichtlich der beiden Landessprachen Flämisch und Französisch erkennbar. Neben Clusteranalyseaspekten haben Lambiotte et al. weitere Eigenschaften des Netzwerks betrachtet. Unter anderem sind sie zu dem Ergebnis gekommen, dass die durchschnittliche Gesprächdauer mit der Entfernung der Wohnorte der Nutzer steigt. Bei Distanzen zwischen 0 und 40 km ist dies besonders deutlich erkennbar.

Ein weiteres Anwendungsgebiet der Clusteranalyse in sozialen Netzwerken ist die Untersuchung der Zusammenarbeit von Personen, beipielsweise im Wissenschaftsbereich. Die Kanten eines solchen Netzwerks können unter anderem gemeinsame Veröffentlichungen oder die Kooperation bei Projekten zweier Wissenschaftler modellieren. Diese Art von Netzwerken wird sehr häufig betrachtet, unter anderem von Girvan/Newman (2002) [119], Radicchi et al. (2004) [230] oder Shen et al. (2009a) [249]. Neben der Zusammenarbeit von Wissenschaftlern liefert die Betrachtung von Zitationsnetzwerken eine Aussage über die Einteilung der Autoren in wissenschaftliche Communities sowie über den

C. Weitere Anwendungsbeispiele 223

Zusammenhang verschiedener Disziplinen. Eine Anwendung stammt beispielsweise von Rosvall/Bergstrom (2008) [240], die ein Zitationsnetzwerk aus über 6000 Journalen aufgestellt und untersucht haben.

Eine andere Art von Zusammenarbeit bildet das in Abschnitt 6.2.1.5 verwendete Netzwerk von Jazzmusikern, das Gleiser/Danon (2003) [121] untersucht haben.

Die Netzwerke, welche zur Überprüfung der in Kapitel 5 eingeführten Methode zum Einsatz kommen, werden im Zusammenhang mit den entsprechenden Tests in Kapitel 6 vorgestellt.

Anhang D

Ergänzung zu Abschnitt 6.3.2

An dieser Stelle wird dargelegt, dass der in Abschnitt 6.3.2 vorgestellte Algorithmus von Lancichinetti/Fortunato (2009a) [172] gewichtete, ungerichtete Benchmark Netzwerke mit den gewünschten Eigenschaften der Kantengewichte erzeugt. Konkret wird gezeigt, dass die Werte $w(v) = \sum_u w_{vu}$, $w^{in}(v) = \sum_u w_{vu} \delta(c_v, c_u)$ und $w^{zw}(v) = \sum_u w_{vu}(1 - \delta(c_v, c_u))$ durch die Methode von Lancichinetti/Fortunato den zuvor ermittelten Daten $d_w(v)$, $d_w^{zw}(v)$ und $d_w^{in}(v)$ gleichen, durch welche die Verteilungen der Gewichte beschrieben werden.

In dem zunächst erzeugten ungewichteten Netzwerk hat der Knoten v den Grad $d(v)$ und in Abhängigkeit des Mixing Parameters μ_t innerhalb seines Clusters $d^{in}(v) = (1-\mu_t)d(v)$ Nachbarn und außerhalb seines Clusters $d^{zw}(v) = \mu_t d(v)$ Nachbarn. Der gewichtete Knotengrad von v soll $w(v) = d_w(v) = d(v)^\beta$ betragen und die Anteile dieser Gewichte, welche zu Kanten innerhalb bzw. außerhalb des Clusters gehören, sollen $w^{in}(v) = d_w^{in}(v) = (1-\mu_w)d_w(v)$ bzw. $w^{zw}(v) = d_w^{zw}(v) = \mu_w d_w(v)$ ergeben. Dazu werden die Gewichte der zu v inzidenten Kanten zunächst auf $d_w(v)/d(v)$ gesetzt. Somit gilt bereits $w(v) = d_w(v)$, aber $w^{in}(v) = (1-\mu_t)d(v)\bigl(d(v)^\beta/d(v)\bigr) = (1-\mu_t)d(v)^\beta$ muss nicht $(1-\mu_w)d(v)^\beta$ sein, da μ_t und μ_w unterschiedlich gewählt werden können. Analog kann $w^{zw}(v) = \mu_t d(v)\bigl(d(v)^\beta/d(v)\bigr) = \mu_t d(v)^\beta$ von $\mu_w d(v)^\beta$ verschieden sein. Daher werden die Gewichte der zu v inzidenten Intra–Cluster–Kanten um $(d_w^{in}(v) - w^{in}(v))/d^{in}(v) = [(1-\mu_w)d_w(v) - (1-\mu_t)d_w(v)]/[(1-\mu_t)d(v)]$ erhöht. Weiterhin werden die Gewichte der zu v benachbarten Inter–Cluster–Kanten um $(d_w^{zw}(v) - w^{in}(v))/d^{zw}(v) = [(1-\mu_w)d_w(v) - (1-\mu_t)d_w(v)]/[\mu_t d_w(v)]$ verringert. Der Knoten v hat $(1-\mu_t)d(v)$ Nachbarn im selben Cluster und $\mu_t d(v)$ Nachbarn in anderen Clustern. Somit ändert sich $w(v)$ dadurch um

$$\begin{aligned}
\Delta(w(v)) &= \frac{(1-\mu_t)d(v)\cdot[(1-\mu_w)d_w(v)-(1-\mu_t)d_w(v)]}{(1-\mu_t)d(v)} \\
&\quad -\frac{\mu_t d(v)\cdot[(1-\mu_w)d_w(v)-(1-\mu_t)d_w(v)]}{\mu_t d(v)} \\
&= 0.
\end{aligned}$$

Für die Anteile der Gewichte innerhalb desselben Clusters und für Kanten zu anderen Clustern ergibt sich wie gewünscht

$$\begin{aligned}
w^{in}(v) &= (1-\mu_t)d_w(v)+\frac{(1-\mu_t)d(v)\cdot[(1-\mu_w)d_w(v)-(1-\mu_t)d_w(v)]}{(1-\mu_t)d(v)} \\
&= (1-\mu_w)d_w(v) = d_w^{in}(v)
\end{aligned}$$

sowie

$$\begin{aligned}
w^{zw}(v) &= \mu_t d_w(v)-\frac{\mu_t d(v)\cdot[(1-\mu_w)d_w(v)-(1-\mu_t)d_w(v)]}{\mu_t d(v)} \\
&= \mu_t d_w(v)-d_w(v)+\mu_w d_w(v)+d_w(v)-\mu_t d_w(v) \\
&= \mu_w d_w(v) = d_w^{zw}(v).
\end{aligned}$$

Anhang E

Tabellen: Ungewichtete, ungerichtete Netzwerke

n	k_{av}	μ	Q_{Bench}	$|\mathcal{C}_{Bench}|$	Q_{KWC}	$|\mathcal{C}_{KWC}|$	RI	VI
1000	15	0,1	0,8597	29,6	0,8597	29,6	1	0
1000	15	0,2	0,7608	30,3	0,7608	30,3	1	0
1000	15	0,3	0,6639	31,4	0,6615	30,5	0,9968	0,0545
1000	15	0,4	0,5632	30,1	0,5598	27,1	0,9922	0,1485
1000	15	0,5	0,4642	30,6	0,4570	22,4	0,9770	0,4084
1000	15	0,6	0,3638	29,8	0,3476	19,7	0,9558	0,9671
1000	20	0,1	0,8592	30,2	0,8592	30,2	1	0
1000	20	0,2	0,7620	30,9	0,7619	30,7	0,9998	0,0064
1000	20	0,3	0,6618	29,6	0,6611	29,0	0,9985	0,0139
1000	20	0,4	0,5645	30,8	0,5610	27,0	0,9912	0,1659
1000	20	0,5	0,4641	30,2	0,4573	23,1	0,9801	0,3511
1000	20	0,6	0,3638	29,7	0,3577	21,6	0,9763	0,4186
1000	25	0,1	0,8591	29,9	0,8591	29,9	1	0
1000	25	0,2	0,7607	29,2	0,7599	28,9	0,9990	0,0164
1000	25	0,3	0,6629	30,4	0,6629	30,4	1	0
1000	25	0,4	0,5642	30,9	0,5619	28,1	0,9941	0,1236
1000	25	0,5	0,4659	31,9	0,4600	24,1	0,9806	0,3663
1000	25	0,6	0,3640	30,2	0,3561	20,0	0,9695	0,5135

Tabelle E.1: Ergebnisse der KWC–Methode für ungewichtete, ungerichtete Benchmark–Netzwerke von Lancichinetti *et al.* (2008) [171] mit 1000 Knoten.

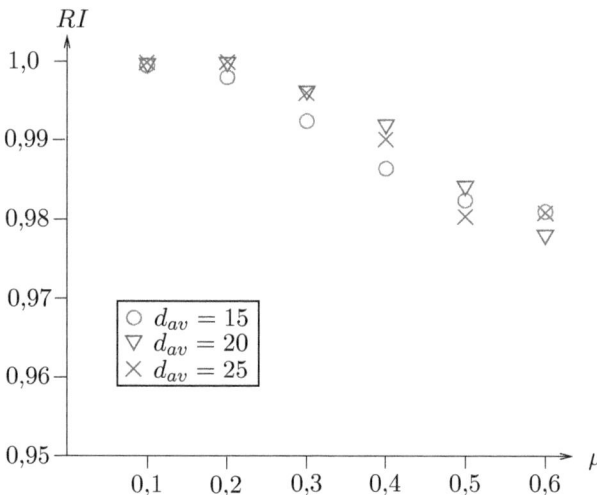

Abbildung E.1: Durchschnittliche Rand Indizes von $\mathcal{C}_{KWC}$ im Vergleich zu $\mathcal{C}_{Bench}$ für LFR–Netzwerke mit 2000 Knoten.

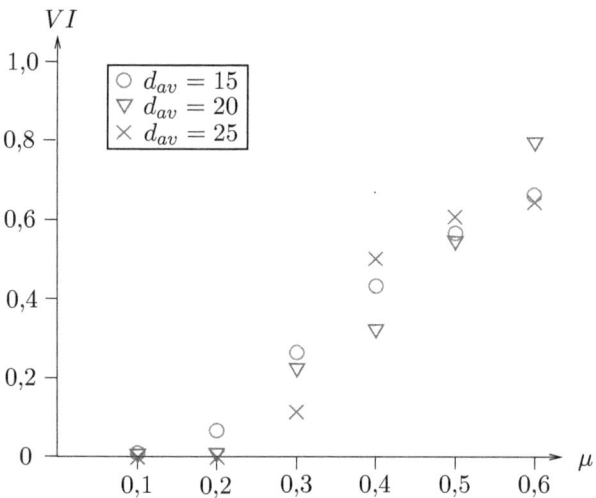

Abbildung E.2: Durchschnittliche Variation of Information von $\mathcal{C}_{KWC}$ im Vergleich zu $\mathcal{C}_{Bench}$ für LFR–Netzwerke mit 2000 Knoten.

n	k_{av}	μ	Q_{Bench}	$|C_{Bench}|$	Q_{KWC}	$|C_{KWC}|$	RI	VI
2000	15	0,1	0,8796	60,6	0,8794	60,3	0,9997	0,0091
2000	15	0,2	0,7810	60,3	0,7793	57,9	0,9980	0,0675
2000	15	0,3	0,6813	60,3	0,6777	49,7	0,9924	0,2677
2000	15	0,4	0,5813	59,6	0,5760	42,6	0,9864	0,4281
2000	15	0,5	0,4822	61,3	0,4786	38,7	0,9823	0,5716
2000	15	0,6	0,3823	61,4	0,3795	40,2	0,9809	0,6677
2000	20	0,1	0,8801	61,0	0,8799	60,8	0,9999	0,006
2000	20	0,2	0,7811	61,6	0,7808	61,2	0,9999	0,010
2000	20	0,3	0,6812	61,2	0,6783	52,3	0,9962	0,2194
2000	20	0,4	0,5818	61,2	0,5783	44,0	0,9915	0,3648
2000	20	0,5	0,4821	60,5	0,4788	37,7	0,9843	0,5481
2000	20	0,6	0,3823	61,8	0,3784	33,2	0,9780	0,7920
2000	25	0,1	0,8800	61,3	0,8800	61,3	1	0
2000	25	0,2	0,7813	62,4	0,7813	62,4	1	0
2000	25	0,3	0,6814	61,2	0,6798	55,1	0,9962	0,1170
2000	25	0,4	0,5817	60,7	0,5778	43,1	0,9901	0,4519
2000	25	0,5	0,4820	61,3	0,4772	42,0	0,9805	0,6038
2000	25	0,6	0,3819	59,9	0,3768	38,0	0,9808	0,6485

Tabelle E.2: Ergebnisse der KWC–Methode für ungewichtete, ungerichtete Benchmark–Netzwerke von Lancichinetti et al. (2008) [171] mit 2000 Knoten.

Anhang F

Tabellen: Gewichtete, ungerichtete Netzwerke

n	k_{av}	μ	Q_{Bench}	$|\mathcal{C}_{Bench}|$	Q_{KWC}	$|\mathcal{C}_{KWC}|$	RI	VI
1000	15	0,1	0,8469	44,8	0,8229	41,6	0,9894	0,1689
1000	15	0,2	0,7545	45,6	0,7393	36,6	0,9858	0,1870
1000	15	0,3	0,6594	46,3	0,6563	43,2	0,9968	0,0643
1000	15	0,4	0,5618	46,0	0,5585	38,1	0,9931	0,1617
1000	15	0,5	0,4649	48,5	0,4637	28,2	0,9840	0,4428
1000	15	0,6	0,3675	47,6	0,3669	25,0	0,9785	0,7262
1000	20	0,1	0,8510	37,7	0,8330	33,7	0,9884	0,1719
1000	20	0,2	0,7563	40,0	0,7365	35,8	0,9855	0,2223
1000	20	0,3	0,6602	41,3	0,6535	38,8	0,9930	0,1182
1000	20	0,4	0,5634	38,5	0,5591	35,8	0,9947	0,0944
1000	20	0,5	0,4662	41,3	0,4633	31,8	0,9893	0,2188
1000	20	0,6	0,3672	40,2	0,3643	29,2	0,9892	0,2221
1000	25	0,1	0,8543	33,6	0,8316	28,4	0,9814	0,2533
1000	25	0,2	0,7574	32,6	0,7434	29,6	0,9879	0,1639
1000	25	0,3	0,6617	34,3	0,6527	28,1	0,9898	0,1689
1000	25	0,4	0,5638	34,5	0,5605	32,2	0,9933	0,1223
1000	25	0,5	0,4652	34,5	0,4607	30,9	0,9894	0,1842
1000	25	0,6	0,3668	34,5	0,3621	28,6	0,9830	0,2662

Tabelle F.1: Ergebnisse der KWC–Methode für gewichtete, ungerichtete Benchmark–Netzwerke von Lancichinetti/Fortunato (2009a) [172] mit 1000 Knoten.

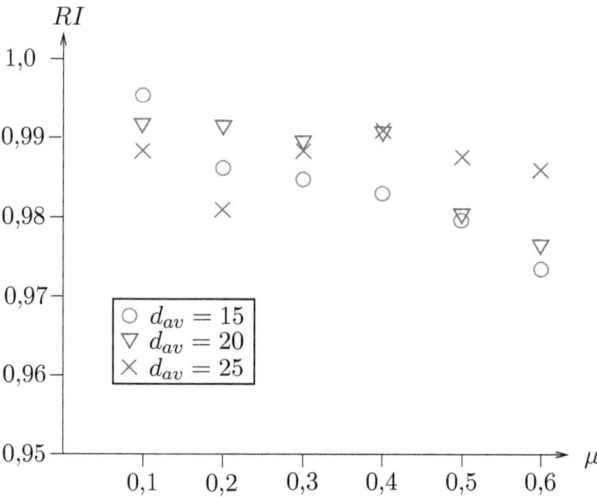

Abbildung F.1: Durchschnittliche Rand Indizes von $\mathcal{C}_{KWC}$ im Vergleich zu $\mathcal{C}_{Bench}$ für LF–Netzwerke mit 2000 Knoten.

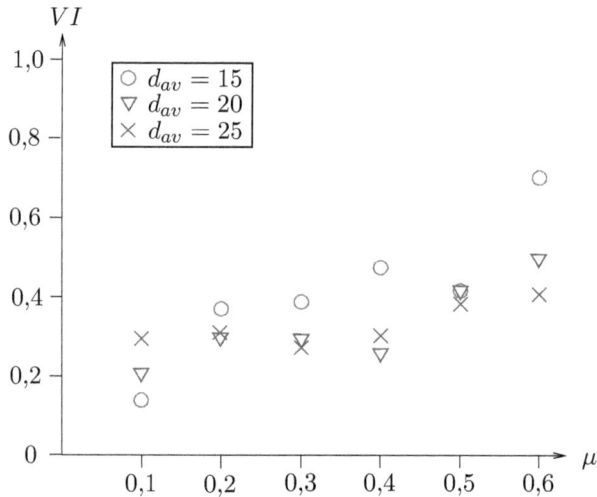

Abbildung F.2: Durchschnittliche Variation of Information von $\mathcal{C}_{KWC}$ im Vergleich zu $\mathcal{C}_{Bench}$ für LF–Netzwerke mit 2000 Knoten.

n	k_{av}	μ	Q_{Bench}	$|\mathcal{C}_{Bench}|$	Q_{KWC}	$|\mathcal{C}_{KWC}|$	RI	VI
2000	15	0,1	0,8720	90,3	0,8644	87,6	0,9953	0,1440
2000	15	0,2	0,7774	90,4	0,7516	77,5	0,9861	0,3739
2000	15	0,3	0,6789	92,1	0,6544	80,1	0,9849	0,3874
2000	15	0,4	0,5807	91,8	0,5675	79,2	0,9832	0,4756
2000	15	0,5	0,4815	91,3	0,4497	78,9	0,9797	0,4149
2000	15	0,6	0,3835	95,0	0,3578	77,1	0,9736	0,6995
2000	20	0,1	0,8741	79,0	0,8406	73,8	0,9917	0,2151
2000	20	0,2	0,7782	79,8	0,7679	74,3	0,9912	0,2917
2000	20	0,3	0,6801	82,6	0,6691	72,1	0,9894	0,2915
2000	20	0,4	0,5809	81,7	0,5721	74,3	0,9907	0,2577
2000	20	0,5	0,4828	79,0	0,4819	66,0	0,9803	0,4135
2000	20	0,6	0,3832	79,4	0,3732	72,7	0,9763	0,4908
2000	25	0,1	0,8771	69,1	0,8527	59,4	0,9859	0,2988
2000	25	0,2	0,7791	69,0	0,7611	59,1	0,9808	0,3109
2000	25	0,3	0,6803	67,7	0,6684	62,3	0,9884	0,2719
2000	25	0,4	0,5815	68,2	0,5766	52,0	0,9910	0,3003
2000	25	0,5	0,4827	69,8	0,4787	60,2	0,9874	0,3826
2000	25	0,6	0,3834	69,3	0,3815	54,5	0,9860	0,4051

Tabelle F.2: Ergebnisse der KWC–Methode für gewichtete, ungerichtete Benchmark–Netzwerke von Lancichinetti/Fortunato (2009a) [172] mit 2000 Knoten.

Anhang G

Tabellen: Ungewichtete, gerichtete Netzwerke

n	k_{av}	μ	Q_{Bench}	$|\mathcal{C}_{Bench}|$	Q_{KWC}	$|\mathcal{C}_{KWC}|$	RI	VI
1000	15	0,1	0,8612	29,3	0,8612	29,3	1	0
1000	15	0,2	0,7635	30,1	0,7635	30,1	1	0
1000	15	0,3	0,6642	30,8	0,6642	30,8	1	0
1000	15	0,4	0,5643	29,9	0,5643	29,7	0,9995	0,0066
1000	15	0,5	0,4826	30,1	0,4628	28,6	0,9965	0,0333
1000	15	0,6	0,3647	30,4	0,3629	27,4	0,9946	0,1260
1000	20	0,1	0,8617	29,8	0,8617	29,8	1	0
1000	20	0,2	0,7627	29,5	0,7627	29,5	1	0
1000	20	0,3	0,6627	29,4	0,6627	29,4	1	0
1000	20	0,4	0,5638	29,9	0,5638	29,9	1	0
1000	20	0,5	0,4645	30,6	0,4638	29,7	0,9979	0,0416
1000	20	0,6	0,3649	30,9	0,3627	26,0	0,9908	0,2007
1000	25	0,1	0,8618	30,2	0,8618	30,2	1	0
1000	25	0,2	0,7633	29,9	0,7632	29,9	1	0
1000	25	0,3	0,6646	30,9	0,6635	30,0	0,9989	0,0246
1000	25	0,4	0,5649	30,9	0,5648	30,8	0,9999	0,0037
1000	25	0,5	0,4639	30,0	0,4637	29,8	0,9995	0,0095
1000	25	0,6	0,3643	30,2	0,3629	27,0	0,9940	0,0648

Tabelle G.1: Ergebnisse der KWC–Methode für ungewichtete, gerichtete Benchmark–Netzwerke von Lancichinetti/Fortunato (2009a) [172] mit 1000 Knoten.

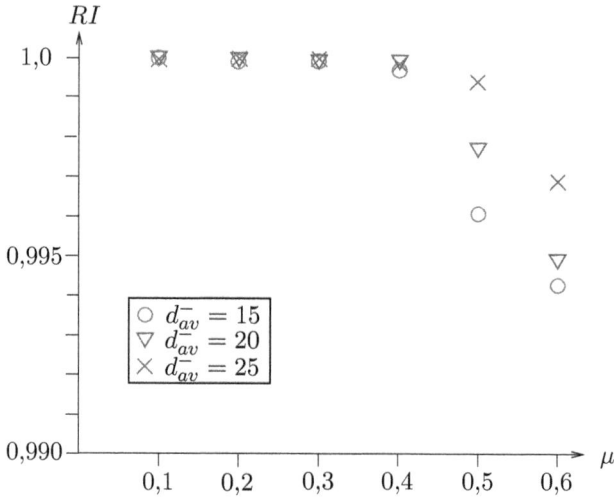

Abbildung G.1: Durchschnittliche Rand Indizes von $\mathcal{C}_{KWC}$ im Vergleich zu $\mathcal{C}_{Bench}$ für LF–Netzwerke mit 2000 Knoten.

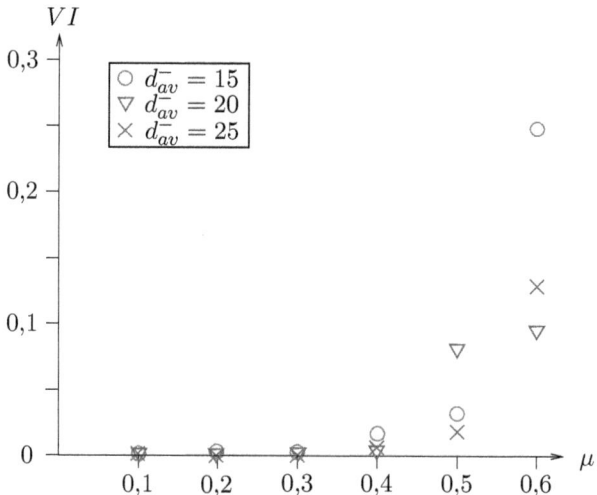

Abbildung G.2: Durchschnittliche Variation of Information von $\mathcal{C}_{KWC}$ im Vergleich zu $\mathcal{C}_{Bench}$ für LF–Netzwerke mit 2000 Knoten.

G. Tabellen: Ungewichtete, gerichtete Netzwerke

n	k_{av}	μ	Q_{Bench}	$|\mathcal{C}_{Bench}|$	Q_{KWC}	$|\mathcal{C}_{KWC}|$	RI	VI
2000	15	0,1	0,8807	59,8	0,8807	59,8	1	0
2000	15	0,2	0,7814	59,5	0,7813	58,9	0,9999	0,0024
2000	15	0,3	0,6817	61,8	0,6817	61,7	0,9999	0,0032
2000	15	0,4	0,5816	60,3	0,5815	59,6	0,9997	0,0172
2000	15	0,5	0,4826	60,6	0,4803	54,7	0,9961	0,0335
2000	15	0,6	0,3828	61,8	0,3813	53,0	0,9943	0,2482
2000	20	0,1	0,8808	61,0	0,8808	61,0	1	0
2000	20	0,2	0,7826	62,8	0,7826	62,8	1	0
2000	20	0,3	0,6828	63,1	0,6825	62,6	0,9999	0,0029
2000	20	0,4	0,5819	59,6	0,5814	59,1	0,9999	0,0037
2000	20	0,5	0,4828	62,0	0,4821	59,2	0,9977	0,0823
2000	20	0,6	0,3830	61,9	0,3822	60,7	0,9949	0,0942
2000	25	0,1	0,8811	62,2	0,8811	62,2	1	0
2000	25	0,2	0,7819	60,5	0,7819	60,5	1	0
2000	25	0,3	0,6819	59,9	0,6819	59,9	1	0
2000	25	0,4	0,5818	61,0	0,5812	57,8	0,9998	0,0084
2000	25	0,5	0,4827	61,8	0,4816	57,7	0,9994	0,0192
2000	25	0,6	0,3823	60,8	0,3811	55,1	0,9969	0,1297

Tabelle G.2: Ergebnisse der KWC–Methode für ungewichtete, gerichtete Benchmark–Netzwerke von Lancichinetti/Fortunato (2009a) [172] mit 2000 Knoten.

Anhang H

Tabellen: Gewichtete, gerichtete Netzwerke

n	k_{av}	μ	Q_{Bench}	$|\mathcal{C}_{Bench}|$	Q_{KWC}	$|\mathcal{C}_{KWC}|$	RI	VI
1000	15	0,1	0,8214	44,6	0,8214	44,0	0,9996	0,0201
1000	15	0,2	0,7481	43,9	0,7481	43,7	0,9999	0,0050
1000	15	0,3	0,6675	47,3	0,6675	47,3	1	0
1000	15	0,4	0,5680	44,8	0,5680	44,7	0,9999	0,0037
1000	15	0,5	0,4684	43,2	0,4670	42,0	0,9980	0,0557
1000	15	0,6	0,3708	48,1	0,3688	40,2	0,9928	0,1983
1000	20	0,1	0,8239	39,9	0,8239	39,9	1	0
1000	20	0,2	0,7545	41,2	0,7545	41,2	1	0
1000	20	0,3	0,6665	39,7	0,6665	39,7	1	0
1000	20	0,4	0,5681	40,9	0,5681	40,9	1	0
1000	20	0,5	0,4684	40,6	0,4666	38,2	0,9977	0,053
1000	20	0,6	0,3689	40,2	0,3682	38,2	0,9966	0,0814
1000	25	0,1	0,8349	33,2	0,8349	33,2	1	0
1000	25	0,2	0,7643	34,6	0,7643	34,6	1	0
1000	25	0,3	0,6648	33,7	0,6648	33,7	1	0
1000	25	0,4	0,5663	34,9	0,5662	34,8	0,9996	0,0085
1000	25	0,5	0,4660	33,6	0,4643	32,0	0,9977	0,0402
1000	25	0,6	0,3674	34,5	0,3671	33,2	0,9975	0,0623

Tabelle H.1: Ergebnisse der KWC–Methode für gewichtete, gerichtete Benchmark–Netzwerke von Lancichinetti/Fortunato (2009a) [172] mit 1000 Knoten.

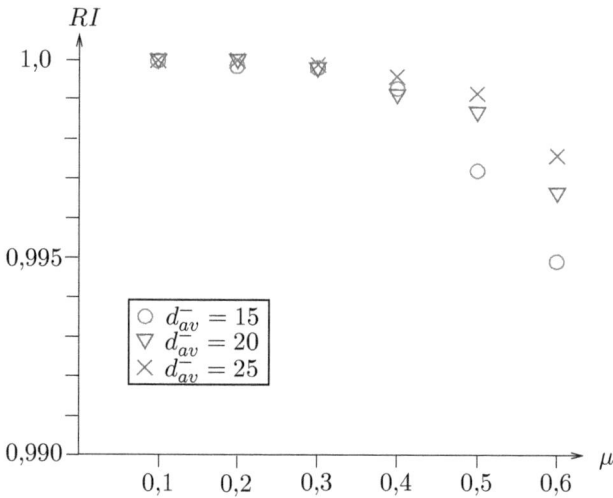

Abbildung H.1: Durchschnittliche Rand Indizes von $\mathcal{C}_{KWC}$ im Vergleich zu $\mathcal{C}_{Bench}$ für LF–Netzwerke mit 2000 Knoten.

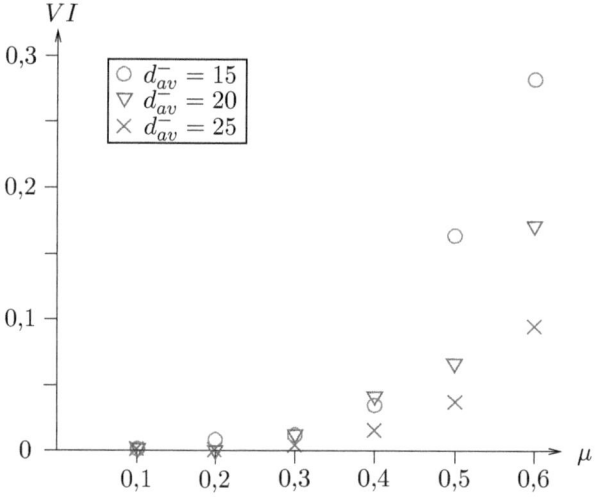

Abbildung H.2: Durchschnittliche Variation of Information von $\mathcal{C}_{KWC}$ im Vergleich zu $\mathcal{C}_{Bench}$ für LF–Netzwerke mit 2000 Knoten.

n	k_{av}	μ	Q_{Bench}	$|\mathcal{C}_{Bench}|$	Q_{KWC}	$|\mathcal{C}_{KWC}|$	RI	VI
2000	15	0,1	0,8429	90,8	0,8429	90,8	1	0
2000	15	0,2	0,7668	88,1	0,7668	87,7	0,9999	0,0098
2000	15	0,3	0,6831	92,0	0,6831	91,1	0,9998	0,0129
2000	15	0,4	0,5838	92,2	0,5835	89,0	0,9993	0,0344
2000	15	0,5	0,4845	93,6	0,4840	81,4	0,9972	0,1642
2000	15	0,6	0,3849	93,5	0,3839	70,6	0,9949	0,2840
2000	20	0,1	0,8437	82,0	0,8437	82,0	1	0
2000	20	0,2	0,7767	82,2	0,7767	82,2	1	0
2000	20	0,3	0,6830	80,6	0,6829	80,2	0,9998	0,0116
2000	20	0,4	0,5834	81,1	0,5832	80,2	0,9991	0,0418
2000	20	0,5	0,4840	80,5	0,4834	79,3	0,9987	0,0645
2000	20	0,6	0,3847	83,3	0,3844	73,6	0,9966	0,1707
2000	25	0,1	0,8542	67,6	0,8542	67,6	1	0
2000	25	0,2	0,7816	67,3	0,7816	67,3	1	0
2000	25	0,3	0,6824	69,0	0,6823	68,8	0,9999	0,0045
2000	25	0,4	0,5827	67,7	0,5825	67,1	0,9996	0,0149
2000	25	0,5	0,4834	70,9	0,4831	70,3	0,9991	0,0370
2000	25	0,6	0,3834	69,6	0,3826	65,0	0,9976	0,0908

Tabelle H.2: Ergebnisse der KWC–Methode für gewichtete, gerichtete Benchmark–Netzwerke von Lancichinetti/Fortunato (2009a) [172] mit 2000 Knoten.

Abbildungsverzeichnis

1.1	Weltweite Freundschaften im sozialen Netzwerk Facebook.	2
2.1	Ein ungerichtetes und ein gerichtetes Beispiel–Netzwerk.	9
2.2	Die Netzwerke $K_{2,3}$ und $K_{2,2,2}$.	11
2.3	Verschiedene Arten zusammenhängender Netzwerke.	12
2.4	Zwei isomorphe Netzwerke und ein davon verschiedenes.	14
2.5	Darstellung einer Hierarchie von Clusterings als Dendrogramm.	22
3.1	Beispiel zur Berechnung der Modularität.	30
3.2	Ein anderes Clustering des Netzwerks aus Abbildung 3.1.	31
3.3	Notation eines Netzwerks mit mindestens drei Modulen nach Fortunato/Barthélemy (2007) [105].	41
3.4	Ein Beispielnetzwerk von Fortunato/Barthélemy (2007) [105].	44
3.5	Motivation zur Modularitätsberechnung für gerichtete Netzwerke nach Arenas *et al.* (2007) [12].	63
3.6	Veranschaulichung der Kritik von Kim *et al.* (2010) [155] an der Formel von Arenas *et al.* (2007) [12].	64
3.7	Struktur einer umgeordneten Adjazenzmatrix eines bipartiten Netzwerks mit den Partitionsmengen V_1 und V_2.	70
5.1	Ein ungerichtetes, ungewichtetes Beispielnetzwerk.	141
5.2	Das bei Verwendung des Complete Linkage Verfahrens erstellte Dendrogramm.	142
5.3	Ein nichtmonotones Dendrogramm.	143
5.4	Verschiedene Arten der Anpassung von Kantengewichten.	147
5.5	Visualisierung der in Tabelle 5.1 verwendeten Notation.	148
5.6	Bezeichnungen der asymmetrischen Distanzen nach Takeuchi *et al.* (2007) [258].	155
5.7	Asymmetrisches Dendrogramm nach Saito/Yadohisa (2005) [243].	157
5.8	Ein gerichtetes, ungewichtetes Beispielnetzwerk.	160
5.9	Das durch die Matrix Z_A^{min} beschriebene Dendrogramm.	163

6.1 Das von Zachary (1977) [288] beobachtete Karate–Club–Netzwerk. 171
6.2 4–Cluster–Lösung der KWC–Methode des Karate–Netzwerks mit $Q = 0,4198$. 173
6.3 Durchschnittliche Rand Indizes von C_{KWC} im Vergleich zu C_{Bench} für LFR–Netzwerke mit 1000 Knoten. 183
6.4 Durchschnittliche Variation of Information von C_{KWC} im Vergleich zu C_{Bench} für LFR–Netzwerke mit 1000 Knoten. 184
6.5 Durchschnittliche Rand Indizes von C_{KWC} im Vergleich zu C_{Bench} für LF–Netzwerke mit 1000 Knoten. 189
6.6 Durchschnittliche Variation of Information von C_{KWC} im Vergleich zu C_{Bench} für LF–Netzwerke mit 1000 Knoten. 190
6.7 Ein von Rosvall/Bergstrom (2008) [240] konstruiertes Netzwerk. 192
6.8 Durchschnittliche Rand Indizes von C_{KWC} im Vergleich zu C_{Bench} für LF–Netzwerke mit 1000 Knoten. 195
6.9 Durchschnittliche Variation of Information von C_{KWC} im Vergleich zu C_{Bench} für LF–Netzwerke mit 1000 Knoten. 196
6.10 Netzwerk von Rosvall/Bergstrom und zwei mögliche Clusterings. 198
6.11 Durchschnittliche Rand Indizes von C_{KWC} im Vergleich zu C_{Bench} für LF–Netzwerke mit 1000 Knoten. 200
6.12 Durchschnittliche Variation of Information von C_{KWC} im Vergleich zu C_{Bench} für LF–Netzwerke mit 1000 Knoten. 202

A.1 Ein Dendrogramm und das Ellenbogenkriterium. 214

E.1 Durchschnittliche Rand Indizes von C_{KWC} im Vergleich zu C_{Bench} für LFR–Netzwerke mit 2000 Knoten. 228
E.2 Durchschnittliche Variation of Information von C_{KWC} im Vergleich zu C_{Bench} für LFR–Netzwerke mit 2000 Knoten. 228

F.1 Durchschnittliche Rand Indizes von C_{KWC} im Vergleich zu C_{Bench} für LF–Netzwerke mit 2000 Knoten. 232
F.2 Durchschnittliche Variation of Information von C_{KWC} im Vergleich zu C_{Bench} für LF–Netzwerke mit 2000 Knoten. 232

G.1 Durchschnittliche Rand Indizes von C_{KWC} im Vergleich zu C_{Bench} für LF–Netzwerke mit 2000 Knoten. 236
G.2 Durchschnittliche Variation of Information von C_{KWC} im Vergleich zu C_{Bench} für LF–Netzwerke mit 2000 Knoten. 236

H.1 Durchschnittliche Rand Indizes von C_{KWC} im Vergleich zu C_{Bench} für LF–Netzwerke mit 2000 Knoten. 240

H.2 Durchschnittliche Variation of Information von $\mathcal{C}_{KWC}$ im Vergleich zu $\mathcal{C}_{Bench}$ für LF–Netzwerke mit 2000 Knoten. 240

Literaturverzeichnis

[1] Abiteboul, S., Preda, M., Cobena, G. (2003): Adaptive On–Line Page Importance Computation. *Proceedings of the 12th international conference on World Wide Web*.

[2] Abou–Rjeili, A., Karypis, G. (2006): Multilevel Algorithms for Partitioning Power–Law Graphs. *IEEE International Parallel & Distributed Processing Symposium (IPDPS)*.

[3] Agarwal, G., Kempe, D. (2008): Modularity–Maximizing Graph Communities via Mathematical Programming. *European Physics Journal B* 66(3), 409–418.

[4] Ahuja, R. K., Magnanti, T. L., Orlin, J. B. (1993): *Network Flows: Theory, Algorithms and Applications*. Prentice–Hall Englewood Cliffs, NJ.

[5] Alpert, C. J., Kahng, A. B. (1994): Multi–way Partitioning via Space-filling Curves and Dynamic Programming. *Proceeding of the 31st ACM/IEEE Design Automation Conference*, 652–657.

[6] Alpert, C. J., Kahng, A. B., Yao, S. Z. (1999): Spectral Partitioning With Multiple Eigenvectors. *Discrete Applied Mathematics* 90, 3–26.

[7] Angelini, L., Boccaletti, S., Marinazzo, D., Pellicoro, M., Stramaglia, S. (2007): Identification of Network Modules by Optimization of Ratio Association. *Chaos* 17(2), 023114.

[8] Arabie, P., Hubert, L. (1995): Advances to Cluster Analysis Relevant to Marketing Research. In: Gaul, W., Pfeifer, D. (Hrsg.): *From Data to Knowledge: Theoretical and Practical Aspects of Classification, Data Analysis and Knowledge Organization*, 3–19. Springer–Verlag, Berlin–New York.

[9] Arabie, P., Hubert, L., De Soete, G. (1996): *Clustering and Classification*. World Scientific Publishing, New Jersey, USA.

[10] Arabie, P., Schleutermann, S., Daws, J., Hubert, L. (1988): Marketing Applications of Sequencing and Partitioning of Nonsymmetric and/or Two–Mode Matrices. In: Gaul, W., Schader, M. (Hrsg.): *Data, Expert Knowledge and Decisions*. 215–224, Springer–Verlag, Berlin–Heidelberg.

[11] Arenas, A., Danon, L., Díaz–Guilera, A., Gleiser, P., Guimerà, R. (2004): Community Analysis in Social Networks. *European Physics Journal B* 38(2), 373–380.

[12] Arenas, A., Duch, J., Fernández, A., Gómez, S. (2007): Size Reduction of Complex Networks Preserving Modularity. *New Journal of Physics* 9, 176.

[13] Arenas, A., Fernández, A., Fortunato, S., Gómez, S. (2008a): Motif–Based Communities in Complex Networks. *Journal of Physics A* 41(22), 224001.

[14] Arenas, A., Fernández, A., Gómez, S. (2008b): Analysis of the Structure of Complex Networks at Different Resolution Levels. *New Journal of Physics* 10(5), 053039.

[15] Arenas, A.: http://deim.urv.cat/~aarenas/data/welcome.htm (abgerufen am 13.11.2011)

[16] Baier, D., Gaul, W., Schader, M. (1997): Two–Mode Overlapping Clustering With Applications to Simultaneous Benefit Segmentation and Market Structuring. In: Klar, R., Opitz, O. (Hrsg.): *Classification and Knowledge Organization, Studies in Classification, Data Analysis, and Knowledge Organization*. 557–566, Springer–Verlag, Berlin–Heidelberg.

[17] Bak, P., Sneppen, K. (1993): Punctuated Equilibrium and Criticality in a Simple Model of Evolution, *Physical Review Letters* 71, 4083–4086.

[18] Bansal, N., Blum, A., Chawla, S. (2004): Correlation Clustering. *Machine Learning* 56(1–3), 89–113.

[19] Barber, M. J. (2007): Modularity and Community Detection in Bipartite Networks. *Physical Review E* 76(6), 066102.

[20] Barber, M. J., Faria, M., Streit, L., Strogan, O. (2008): Searching for Communities in Bipartite Networks. In: Bernido, C. C., Carpio–Bernido, M. V. (Hrsg.): Stochastic and Quantum Dynamics of Biomolecular Systems. *American Institute of Physics Conference Series* 1021, 171–182, American Institute of Physics, Melville, USA.

[21] Barber, M. J., Clark, J. W. (2009): Detecting Network Communities by Propagating Labels Under Constraints. *Physical Review E* 80(2), 026129.

[22] Barnard, S. T., Simon, H. D. (1994): A Fast Multilevel Implementation of Recursive Spectral Bisection for Partitioning Unstructured Problems. *Concurrency: Practice and Experience* 6, 101–107.

[23] Barrat, A., Barthélemy, M., Pastor–Satorras, R., Vespignani, A. (2004): The Architecture of Complex Weighted Networks. *Proceedings of the National Academy of Sciences* 101(11), 3747–3752.

[24] Barron, A., Rissanen, J., Yu, B. (1998): The Minimum Description Length Principle in Coding and Modeling. *IEEE Transactions on Information Theory* 44(6), 2743–2760.

[25] Bastian, M., Heymann, S., Jacomy, M. (2009): Gephi: An Open Source Software for Exploring and Manipulating Networks. *International AAAI Conference on Weblogs and Social Media (ICWSM09)*, North America.

[26] Batagelj, V., Zaveršnik, M. (2002): An O(m) Algorithm for Cores Decomposition of Networks. *University of Ljubljana Preprint* 40, 798.

[27] Beckert, J. (2005): Soziologische Netzwerkanalyse. In: Kaesler, D. (Hrsg.): *Aktuelle Theorien der Soziologie. Von Shmuel N. Eisenstadt bis zur Postmoderne.* 286–310, Beck, München.

[28] Bell, E. T. (1934): Exponential Numbers. *American Mathematical Monthly* 41, 411–419.

[29] Bellman, R. E. (1957): *Dynamic Programming.* Princeton University Press, Princeton.

[30] Berkhin, P. (2005): A Survey on PageRank Computing. *Internet Mathematics* 2(1), 73–120.

[31] Berry, J. W., Hendrickson, B., LaViolette, R. A., Phillips, C. A. (2011): Tolerating the Community Detection Resolution Limit With Edge Weighting. *Physical Review E* 83, 056119.

[32] Bezdek, J. C. (1981): *Pattern Recognition With Fuzzy Objective Function Algorithms.* Plenum Press, New York.

[33] Blondel, V. D., Guillaume, J.-L., Lambiotte, R., Lefebvre, E. (2008): Fast Unfolding of Community Hierarchies in Large Networks. *Journal of Statistical Mechanics*, P10008.

[34] Boccaletti, S., Latora, V., Moreno, Y., Chavez, M., Hwang, D.-U. (2006): Complex Networks: Structure and Dynamics. *Physics Reports* 424, 175–308.

[35] Bock, H. H. (1974): *Automatische Klassifikation. Theoretische und Praktische Methoden zur Gruppierung und Strukturierung von Daten (Cluster-Analyse)*. Vandenhoeck & Ruprecht, Göttingen.

[36] Boettcher, S., Percus, A. G. (2001a): Optimization With Extremal Dynamics. *Physical Review Letters* 86(23), 5211–5214.

[37] Boettcher, S., Percus, A. G. (2001b): Extremal Optimization for Graph Partitioning. *Physical Review E* 64(2), 026114.

[38] Bolthausen, E., Bovier, A. (Hrsg.) (2007): *Spin Glasses. Lecture Notes In Mathematics* 1900, Springer–Verlag, Berlin–Heidelberg.

[39] Borchers, B. (1999): CSDP, a C Library for Semidefinite Programming. *Optimization Methods and Software* 11, 613–623.

[40] Borgatti, S. P. (2005): Centrality and Network Flow. *Social Networks* 27, 55–71.

[41] Borgatti, S. P., Everett, M. G. (1999): Models of Core/Periphery Structures. *Social Networks* 21, 375–395.

[42] Borgatti, S. P., Everett, M. G. (2006): A Graph–Theoretic Perspective on Centrality. *Social Networks* 28, 466–484.

[43] Boutin, F., Hascoet, M. (2004): Cluster Validity Indices for Graph Partitioning. *Proceedings of the Eighth International Conference on Information Visualisation IEEE Computer Society*.

[44] Brandes, U., Erlebach, T. (Hrsg.) (2005): *Network Analysis: Methodological Foundations. Lecture Notes in Computer Science* 3418, Springer–Verlag, Berlin–Heidelberg.

[45] Brandes, U., Delling, D., Gaertler, M., Goerke, R., Hoefer, M., Nikoloski, Z., Wagner, D. (2007): On Finding Graph Clusterings with Maximum Modularity. *Lecture Notes in Computer Science* 4769, 121–132, Springer–Verlag, Berlin–Heidelberg.

[46] Brandes, U., Delling, D., Gaertler, M., Goerke, R., Hoefer, M., Nikoloski, Z., Wagner, D. (2008): On Modularity Clustering. *IEEE Transactions on Knowledge an Data Engineering* 20(2), 172–188.

[47] Brás Silva, H., Brito, P., Pinto da Costa, J. (2006): A Partitional Clustering Algorithm Validated by a Clustering Tendency Index Based on Graph Theory. *Pattern Recognition* 39, 776–788.

[48] Brin, S., Page, L. (1998): The Anatomy of a Large–Scale Hypertextual Web Search Engine. *Computer Networks and ISDN Systems* 30(1–7), 107–117.

[49] Brooks, R. L. (1941): On Coloring the Nodes of a Network. *Mathematical Proceedings of the Cambridge Philosophical Society* 37, 194–197.

[50] Brusco, M. J., Steinley, D. (2006): Inducing a Blockmodel Structure of Two–Mode Binary Data Using Seriation Procedures. *Journal of Mathematical Psychology* 50, 468–477.

[51] Brusco, M. J., Steinley, D. (2007): A Variable Neighborhood Search Method for Generalized Blockmodeling of Two–Mode Binary Matrices. *Journal of Mathematical Psychology* 51, 325–338.

[52] Bui, T. N., Jones, C. (1993): A Heuristic for Reducing Fill–in in Sparse Matrix Factorization. *Proceedings of the SIAM Conference on Parallel Processing for Scientific Computing (PPSC)*, 445–452.

[53] Busacker, R. G., Gowen, P. J. (1961): A Procedure for Determining Minimal–Cost Network Flow Patterns. *ORO Technical Report* 15, John Hopkins University, Baltimore, Maryland.

[54] Butler, P. (2010a): http://www.facebook.com/note.php?note_id=469716398919 (abgerufen am 28.11.2011)

[55] Butler, P. (2010b): http://a6.sphotos.ak.fbcdn.net/hphotos-ak-snc4/163413_479288597199_9445547199_5658562_8388607_n.jpg (abgerufen am 28.11.2011)

[56] Capocci, A., Servedio, V. D., Caldarelli, G., Colaiori, F. (2005): Detecting Communities in Large Networks. *Physica A* 352, 669–676.

[57] Castellano, C., Cecconi, F., Loreto, V., Parisi, D., Radicchi, F. (2004): Self–Contained Algorithms to Detect Communities in Networks. *European Physical Journal* B 38(2), 311–319.

[58] Castillo, W., Trejos, J. (2002): Two–Mode Partitioning: Review of Methods and Application of Tabu Search. In: Jajuga, K., Sokolowski, A.,

Bock, H.-H. (Hrsg.): *Classification, Clustering, and Related Topics. Recent Advances and Applications.* Studies in Classification, Data Analysis, and Knowledge Organization. 43–51, Springer–Verlag, Berlin–Heidelberg.

[59] Chan, P. K., Schlag, M. D., Zien, J. Y. (1994). Spectral k–way Ratio–Cut Partitioning and Clustering. *IEEE Transactions on Computer–Aided Design of Integrated Circuits and Systems* 13, 1088–1096.

[60] Charikar, M., Guruswami, V., Wirth, A. (2005): Clustering With Qualitative Information. *Journal of Computer and System Sciences* 71(3), 360–383.

[61] Chauhan, S., Girvan, M., Ott, E. (2009): Spectral Properties of Networks With Community Structure. *Physical Review E* 80, 056114.

[62] Chung, F. R. (1997): *Spectral Graph Theory.* American Mathematical Society, Providence, Rhode Island, USA.

[63] Chung, F. R., Ellis, R. B. (2002): A Chip–Firing Game and Dirichlet Eigenvalues. *Discrete Mathematics* 257, 341–355.

[64] Chung, F., Lu, L. (2002): Connected Components in Random Graphs With Given Degree Sequences. *Annals of Combinatorics* 6, 125–145.

[65] Clauset, A., Newman, M. E., Moore, C. (2004): Finding Community Structure in Very Large Networks. *Physical Review E* 70, 066111.

[66] Comellas, F., Miralles, A. (2010): A Fast and Efficient Algorithm to Identify Clusters in Networks. *Applied Mathematics and Computation* 217, 2007–2014

[67] Cullum, J. K., Willoughby, R. A. (1985): *Lanczos Algorithms for Large Symmetric Eigenvalue Computations, Volume 1: Theory.* Birkhäuser, Boston.

[68] Cvetković , D., Doob, M., Sachs, H. (1979): *Spectra of Graphs: Theory and Application.* Academic Press, New York.

[69] Danon, L., Díaz–Guilera, A., Duch, J., Arenas, A. (2005): Comparing Community Structure Identification. *Journal of Statistical Mechanics*, P09008.

[70] Danon, L., Díaz–Guilera, A., Arenas, A. (2006): The Effect of Size Heterogeneity on Community Identification in Complex Networks. *Journal of Statistical Mechanics* P11010.

Literaturverzeichnis 253

[71] Dantzig, G. B. (1960): On the Shortest Path Route Through a Network. *Management Science* 6, 187–190.

[72] Davis, A., Gardner, B. B., Gardner, M. R. (1941): *Deep South*. The University of Chicago Press, Chicago, United States.

[73] De Klerk, E. (2010): Exploiting Special Structure in Semidefinite Programming: A Survey of Theory and Applications. *European Journal of Operational Research* 201(1), 1–10.

[74] Demaine, E. D., Emanuel, D., Fiat, A., Immorlica, N. (2006): Correlation Clustering in General Weighted Graphs. *Theoretical Computer Science* 361(2–3), 172–187.

[75] Dempster, A. P., Laird, N. M., Rubin, D. B. (1977): Maximum Likelihood from Incomplete Data via the EM Algorithm. *Journal of the Royal Statistical Society: Series B* 39(1), 1–38.

[76] Dhillon, I. S., Guan, Y., Kulis, B. (2004): Kernel k–means: Spectral Clustering and Normalized Cuts. *Proceedings of the tenth ACM SIGKDD International Conference on Knowledge Discovery and Data Mining, KDD '04*, 551–556, ACM Press, New York, USA.

[77] Di Battista, G., Eades, P., Tamassia, R., Tollis, I.G. (1994): Algorithms for Drawing Graphs: An Annotated Bibliography. *Computational Geometry: Theory and Applications* 4, 235–282.

[78] Diestel, R. (2010): *Graphentheorie*. 4. Auflage, Springer–Verlag, Berlin–Heidelberg.

[79] Dijkstra, E. W. (1959): A Note on two Problems in Connexion With Graphs. *Numerische Mathematik* 1, 269–271.

[80] Ding, C., He, X., Zha, H., Gu, M., Simon, H. (2001): A min–max Cut Algorithm for Graph Partitioning and Data Clustering. *Proceedings of the IEEE International Conference on Data Mining, ICDM 2001*, 107–114.

[81] Ding, C., He, X., Simon, H. D. (2005): On the Equivalence of Nonnegative Matrix Factorization and Spectral Clustering. *Proceedings of the SIAM International Conference on Data Mining* 606–610.

[82] Djidjev, H. N. (2008): A Scalable Multilevel Algorithm for Graph Clustering and Community Structure Detection. *Lecture Notes in Computer Science* 4936, 117–128, Springer–Verlag, Berlin–Heidelberg.

[83] Donetti, L., Muñoz, M. A. (2004): Detecting Network Communities: A new Systematic and Efficient Algorithm. *Journal of Statistical Mechanics*, P10012.

[84] Doreian, P., Batagelj, V., Ferligoj, A. (2005): *Generalized Blockmodeling*. Cambridge University Press, Cambridge, UK.

[85] Donath, W. E., Hoffman, A. J. (1973): Lower Bounds for the Partitioning of Graphs. *IBM Journal of Research and Development* 17, 420–425.

[86] Drabek, T. E., Tamminga, H. L., Kilijanek, T. S., Adams, C. R. (1981): *Managing Multiorganizational Emergency Responses: Emergent Search and Rescue Networks in Natural Disaster and Remote Area Settings*. University of Colorado, Boulder, USA.

[87] Duch, J., Arenas, A. (2005): Community Detection in Complex Networks Using Extremal Optimization. *Physical Review E* 72, 027104.

[88] Enright, A. J., Van Dongen, S., Ouzounis, C. A. (2002): An Efficient Algorithm for Large–Scale Detection of Protein Families. *Nucleic Acids Research* 30(7), 1575–1584.

[89] Erdős, P., Rényi, A. (1959): On Random Graphs. *Publicationes Mathematicae* 6, 290–297.

[90] Espejo, E., Gaul, W. (1986): Two–Mode Hierarchical Clustering as an Instrument for Marketing Research. In: Gaul, W., Schader, M. (Hrsg.): *Classification as a Tool for Research*. 121–128, Elsevier, Amsterdam, North–Holland.

[91] Everett, M., Borgatti, S. (1993): Two Algorithms for Computing Regular Equivalence. *Social Networks* 15(4), 361–376.

[92] Everett, M. Borgatti, S. (1997): The Regular Colouration of Graphs. In: Mitchell, C. (Hrsg.): *Applications of Combinatorial Mathematics*. 49–58, Oxford Claredon Press, UK.

[93] Facebook–Statistik–Seite
http://www.facebook.com/press/info.php?statistics
(abgerufen am 04.12.2011)

[94] Fiduccia, C. M., Mattheyses, R. M. (1988): A Linear–Time Heuristic for Improving Network Partitions. *25 years of DAC: Papers on Twentyfive Years of Electronic Design Automation*. 241–247, ACM Press, New York, USA.

[95] Fiedler, M. (1973): Algebraic Connectivity of Graphs. *Czechoslovak Mathematical Journal* 23, 298–305.

[96] Fiedler, M. (1975): A Property of Eigenvectors of Nonnegative Symmetric Matrices and its Application to Graph Theory. *Czechoslovak Mathematical Journal* 25, 619–633.

[97] Filippone, M., Camastra, F., Masulli, F., Rovetta, S. (2008): A Survey of Kernel and Spectral Methods for Clustering. *Pattern Recognition* 41(1), 176–190.

[98] Florek, K., Lukaszewicz, J., Perkal, J., Steinhaus, H. (1951): Sur la Liaison et la Division des Points d'un Ensemble Fini. *Colloquium Mathematicum* 2, 282–285.

[99] Floyd, R. W. (1962): Algorithm 97: Shortest Path. *Communications of the ACM* 5(6), 345–345.

[100] Ford, L. R. jr. (1956): Network flow theory. *The Rand Corporation*, P–923, Santa Monica.

[101] Ford, L. R. jr., Fulkerson, D. R. (1956): Maximal Flow Through a Network. *Canadian Journal of Mathematics* 8(3), 399–404.

[102] Forgey, E. (1965): Cluster Analysis of Multivariate Data. *Biometrics* 21, 768–769.

[103] Fortunato, S. (2010): Community Detection in Graphs. *Physics Reports* 486, 75–174.

[104] Fortunato, S.: http://sites.google.com/site/santofortunato/inthepress2 (abgerufen am 13.11.2011)

[105] Fortunato, S., Barthélemy, M. (2007): Resolution Limit in Community Detection. *Proceedings of the National Academy of Sciences* 104(1), 36–41.

[106] Fowlkes, E. B., Mallows, C.L. (1983): A Method for Comparing two Hierarchical Clusterings. *Journal of the American Statistical Association* 78(383), 553–569.

[107] Fred, A. L., Jain, A. K. (2003): Robust Data Clustering. *Proceedings of the IEEE Computer Society Conference on Computer Vision and Pattern Recognition* 2, 128–133.

[108] Freeman, L. C. (2004): *The Development of Social Network Analysis: A Study in the Sociology of Science*. Empirical Press, Vancouver, Kanada.

[109] Frobenius, G. (1912): Über Matrizen aus Nicht Negativen Elementen. *Sitzungsberichte der Königlich Preussischen Akademie der Wissenschaften*, 456–477.

[110] Fulkerson, D.R. (1961): An Out–of–Kilter Method for Solving Minimal Cost Flow Problems. *SIAM Journal of Applied Mathematics* 9, 18–27.

[111] Gaertler, M. (2005): Clustering. In: Brandes, U., Erlebach, T. (Hrsg.): Network Analysis: Methodological Foundations. *Lecture Notes in Computer Science* 3418, 178–215, Springer–Verlag, Berlin–Heidelberg.

[112] Gaertler, M., Görke, R., Wagner, D. (2007): Significance–Driven Graph Clustering. In: Kao, M.–Y., Li, X.–Y. (Hrsg.): AAIM '07. *Lecture Notes in Computer Science* 4508, 11–26, Springer–Verlag, Berlin–Heidelberg.

[113] Gaul, W. (2011): Web Page Importance Ranking. *Advances Data Analysis and Classification* 5(2), 113–128.

[114] Gaul, W., Schader, M. (1988): Clusterwise Aggregation of Relations. *Applied Stochastic Models and Data Analysis* 4. 273–282.

[115] Gaul, W., Schader, M. (1996): A New Algorithm for Two–Mode Clustering. In: Bock, H.–H., Polasek, W. (Hrsg.): *Data Analysis and Information Systems: Studies in Classification, Data Analysis and Knowledge Organization*. 15–23, Springer–Verlag, Berlin–Heidelberg.

[116] Gaul, W., Schmidt–Thieme, L. (2002a): Web Controlling und Recommendersysteme. In: Hippner, H., Merzenich, M., Wilde, K. D. (Hrsg.): Handbuch Web Mining im Marketing Vieweg, Braunschweig–Wiesbaden.

[117] Gaul, W., Schmidt–Thieme, L. (2002b): Recommender Systems Based on User Navigational Behavior in the Internet. *Behaviormetrika* 29, 1–22.

[118] Getz, G., Levine, E., Domany, E. (2000): Coupled Twoway Clustering Analysis of Gene Microarray Data. *Proceedings of the National Academy of Sciences* 97(22), 12079–12084.

[119] Girvan, M. Newman, M. E. (2002): Community Structure in Social and Biological Networks. *Proceedings of the National Academy of Sciences* 99(12), 7821–7826.

[120] Gleich, D., Zhukov, L., Berkhin, P. (2004): Fast Parallel PageRank: A Linear System Approach. *Technical Report YRL-2004-038*, Yahoo!.

[121] Gleiser, P. M., Danon, L. (2003): Community Structure in Jazz. *Advances in Complex Systems* 6(4), 565–573.

[122] Goemans, M., Williamson, D. (1995): Improved Approximation Algorithms for Maximum Cut and Satisfiability Problems. *Journal of the ACM* 42, 1115–1145.

[123] Golub, G. H., van Loan, C. F. (1996): *Matrix Computations*. 3rd edition, John Hopkins University Press.

[124] Gómez, S., Jensen, P., Arenas, A. (2009): Analysis of Community Structure in Networks of Correlated Data. *Physical Review E* 80(1), 016114.

[125] Good, B. H., de Montjoye, Y., Clauset, A. (2010): Performance of Modularity Maximization in Practical Contexts. *Physical Review E* 81, 046106.

[126] Grama, A., Gupta, A., Karypis, G. Kumar, V. (2003): *Introduction to Parallel Computing*. 2nd edition. Addison–Wesley, USA.

[127] Guimerà, R., Danon, L., Díaz–Guilera, A., Giralt, F., Arenas, A. (2003): Self–Similar Community Structure in a Network of Human Interactions. *Physical Review E* 68, 065103(R).

[128] Guimerà, R., Amaral, L. A. (2005): Functional Cartography of Complex Metabolic Networks. *Nature* 433, 895–900.

[129] Guimerà, R., Sales–Pardo, M., Nunes Amaral, L. A. (2007): Module Identification in Bipartite and Directed Networks. *Physical Review E* 76(3), 036102.

[130] Hagen, L., Kahng, A. B. (1992): New Spectral Methods for Ratio Cut Partitioning and Clustering. *IEEE Transactions on Computer–Aided Design* 11, 1074–1088.

[131] Hall, K. M. (1970): An r–dimensional Quadratic Placement Algorithm. *Management Science* 17, 219–229.

[132] Heimo, T., Kumpula, J. M., Kaski, K., Saramäki, J. (2008): Detecting Modules in Dense Weighted Networks With the Potts Method. *Journal of Statistical Mechanics*, P08007.

[133] Hendrickson, B., Leland, R. (1995): A Multilevel Algorithm for Partitioning Graphs. *Proceedings of the 1995 ACM/IEEE conference on Supercomputing (CDROM)*. 28, ACM Press, New York, USA.

[134] Hoggarth, G., Mahadeva, L., Martin, J. (2009): Understanding International Bank Capital Flows During the Recent Financial Crisis. *Bank of England Financial Stability Paper No. 8*, London, Bank of England.

[135] Holme, P. (2005): Core–Periphery Organization of Complex Networks. *Physical Review E* 72, 046111.

[136] Holmström, E., Bock, N., Brännlund, J. (2009): Modularity Density of Network Community Divisions. *Physica D* 238, 1161–1167.

[137] Homans, G. C. (1950): *The Human Groups*. Harcourt, Brace & Co, New York, USA.

[138] Hubert, L. (1973): Min and Max Hierarchical Clustering Using Asymmetric Similarity Measures. *Psychometrika* 38(1), 63–72.

[139] Hubert, L., Arabie, P. (1985): Comparing Partitions. *Journal of Classification* 2(1), 193–218.

[140] Hückel, E. (1931): Quantentheoretische Beiträge zum Benzolproblem. *Zeitschrift für Physik A: Hadrons and Nuclei* 72, 310–337.

[141] Huffman, D. A. (1952): A Method for the Construction of Minimum–Redundancy Codes. *Proceedings of the Institute of Radio Engineers* 40, 1098–1101.

[142] Hugo, V. (1862): *Les Misérables*. A. Lacroix, Verboeckhoven & Ce, Paris.

[143] Jaccard, P. (1901): Étude comparative de la distribution florale dans une portion des Alpes et des Jura. *Bulletin de la Société Vaudoise des Sciences Naturelles* 37, 547–579.

[144] Jacob, R., Koschützki, D., Lehmann, K. A., Peeters, L., Tenfelde–Podehl, D. (2005): Algorithms for Centrality Indices. In: U. Brandes und T. Erlebach (Hrsg.): *Network Analysis: Methodological Foundations. Lecture Notes in Computer Science* 3418, 62–82, Springer–Verlag, Berlin–Heidelberg.

[145] Jambu, M. (1978): *Classification Automatique pour l'Analyse des Données*. Paris, Dunod.

[146] Jörnsten, R., Yu, B. (2003): Simultaneous Gene Clustering and Subset Selection for Sample Classification via MDL. *Bioinformatics* 19, 1100–1109.

[147] Johnson, S. C. (1967): Hierarchical Clustering Schemes. *Psychometrika* 2, 241–254.

[148] Jünger, M., Mutzel, P. (2004): *Graph Drawing Software*. Springer–Verlag, Berlin–Heidelberg.

[149] Junker, B. H., Schreiber, F. (Hrsg.) (2008): *Analysis of Biological Networks*. Wiley–Interscience, New York, USA.

[150] Kaplan, T.D., Forrest, S. (2008): A Dual Assortative Measure of Community Structure. *E–Print*, arXiv:0801.3290.

[151] Karrer, B., Levina, E., Newman, M. E. (2008): Robustness of Community Structure in Networks. *Physical Review E* 77(4), 046119.

[152] Karypis, G., Kumar, V. (1995): Multilevel Graph Partitioning Schemes. *International Conference on Parallel Processing*, 113–122.

[153] Karypis, G., Kumar, V. (1999): A Fast and High Quality Multilevel Scheme for Partitioning Irregular Graphs. *SIAM Journal on Scientific Computing* 20(1), 359–392.

[154] Kernighan, B., Lin, S. (1970): An Efficient Heuristic Procedure for Partitioning Graphs. *Bell Systems Technical Journal* 49, 291–307.

[155] Kim, Y., Son, S.–W., Jeong, H. (2010): LinkRank: Finding Communities in Directed Networks. *Physical Review E* 81, 016103.

[156] Kirkpatrick, S., Gelatt Jr., C. D., Vecchi, M. P. (1983): Optimization by Simulated Annealing. *Science* 220(4598), 671–680.

[157] Kleinberg, J. M. (1999): Authoritiy Sources in a Hyperlinked Environment. *Journal of the ACM* 46(5), 604–632.

[158] Knuth, D. E. (1976): Big Omicron and big Omega and big Theta. *ACM SIGACT News* 8(2), 18–24.

[159] Knuth, D. E. (1993): *The Stanford GraphBase: A Platform for Combinatorial Computing*. Addison–Wesley, Reading, Massachusetts, USA.

[160] Koschützki, D., Lehmann, K. A., Peeters, L., Richter, S., Tenfelde–Podehl, D. Zlotowski, O. (2005a): Centrality Indices. In: U. Brandes und T. Erlebach (Hrsg.): *Network Analysis: Methodological Foundations. Lecture Notes in Computer Science* 3418, 16–61, Springer–Verlag, Berlin–Heidelberg.

[161] Koschützki, D., Lehmann, K. A., Tenfelde-Podehl, D., Zlotowski, O. (2005b): Advanced Centrality Concepts. In: U. Brandes und T. Erlebach (Hrsg.): *Network Analysis: Methodological Foundations. Lecture Notes in Computer Science* 3418, 83–111, Springer–Verlag, Berlin–Heidelberg.

[162] Krebs, V.: http://www.orgnet.com/ (abgerufen am 13.11.2011)

[163] Krivošić, S. (1990): *Stanovništvo Dubrovnika i demografske promjene u prošlosti.* Jugoslavenska Akad. Znanosti i Umjetnosti, Dubrovnik.

[164] Kumpula, J. M., Saramäki, J., Kaski, K., Kertész, J. (2007): Limited Resolution in Complex Network Community Detection With Potts Model Approach. *European Physics Journal B* 56, 41–45.

[165] Kunegis, J., Schmidt, S., Lommatzsch, A., Lerner, J., De Luca, E. W., Albayrak, S.(2010): Spectral Analysis of Signed Graphs for Clustering, Prediction and Visualization. *Proceedings of th SIAM International Conference on Data Mining SIAM.*

[166] Lai, D., Lu, H., Nardini, C. (2010): Finding Communities in Directed Networks by PageRank Random Walk Induced Network Embedding. *Physica A* 389(12), 2443–2454.

[167] Lambiotte, R., Blondel, V. D., De Kerchove, C., Huens, E., Prieur, C., Smoreda, Z., Van Dooren, P. (2008): Geographical Dispersal of Mobile Communication Networks. *Physica A* 387, 5317–5325.

[168] Lambert, J. M., Williams, W. T. (1962): Multivariate Methods in Plant Ecology. IV. Nodal Analysis. *Journal of Ecology* 50, 775–802.

[169] Lance, G. N., Williams, W. T. (1966): A Generalized Sorting Strategy for Computer Classifications. *Nature* 212, 218.

[170] Lance, G. N., Williams, W. T. (1967): A General Theory of Classificatory Sorting Strategies: 1. Hierarchical Systems. *The Computer Journal* 9, 373–380.

[171] Lancichinetti, A., Fortunato, S., Radicchi, F. (2008): Benchmark Graphs for Testing Community Detection Algorithms. *Physical Review E* 78, 046110.

[172] Lancichinetti, A., Fortunato, S. (2009a): Benchmarks for Testing Community Detection Algorithms on Directed and Weighted Graphs With Overlapping Communities. *Physical Review E* 80, 016118.

[173] Lancichinetti, A., Fortunato, S. (2009b): Community Detection Algorithms: A Comparative Analysis. *Physical Review E* 80, 056117.

[174] Lancichinetti, A., Fortunato, S., Kertész, J. (2009): Detecting the Overlapping and Hierarchical Community Structure in Complex Networks. *New Journal of Physics* 11, 033015.

[175] Lancichinetti, A., Fortunato, S. (2011): Limits of Modularity Maximization in Community Detection. *E–Print*, arXiv:1107.1155v1.

[176] Lanczos, K. (1926): Über die Komplexe Beschaffenheit der Quantenmechanischen Matrizen. *Zeitschrift für Physik A* 37(6), 405–413.

[177] Latapy, M., Magnien, C., Del Vecchio, N. (2008): Basic Notions for the Analysis of Large Two–Mode Networks. *Social Networks* 30, 31–48.

[178] Leicht, E. A., Newman, M. E. (2008): Community Structure in Directed Networks. *Physical Review Letters* 100, 118703.

[179] Lee, D. D., Seung, H. S. (1999): Learning the Parts of Objects by Non–Negative Matrix Factorization. *Nature* 401(6755), 788–791, 1999.

[180] Lee, D. D., Seung, H. S. (2001): Algorithms for Non–Negative Matrix Factorization. *Advances in Neural Information Processing Systems* 13, 556–562.

[181] Lempel, R., Moran, S. (2001): SALSA: The Stochastic Approach for Link–Structure Analysis. *ACM Transactions on Information Systems* 19(2), 131–160.

[182] Lerner, J. (2005): Role Assignments. In: Brandes, U., Erlebach, T. (Hrsg.): *Network Analysis: Methodological Foundations. Lecture Notes in Computer Science* 3418, 216–252, Springer–Verlag, Berlin–Heidelberg.

[183] Leung, I. X., Hui, P., Liò, P., Crowcroft, J. (2009): Towards Real–Time Community Detection in Large Networks. *Physical Review E* 79(6), 066107.

[184] Li, Z., Zhang, S., Wang, R.–S., Zhang, X.–S., Chen, L. (2008): Quantitative Function for Community Detection. *Physical Review E* 77, 036109.

[185] Liu, X., Murata, T. (2010): Advanced Modularity–Specialized Label Propagation Algorithm for Detecting Communities in Networks. *Physica A* 389, 1493–1500.

[186] Lorrain, F., White, H. C. (1971): Structural Equivalence of Individuals in Social Networks. *Journal of Mathematical Sociology* 1, 49–80.

[187] Luce, R. D., Perry, A. D. (1949): A Method of Matrix Analysis of Group Structure. *Psychometrika* 14(1), 95–116.

[188] Lusseau, D. (2003): The Emergent Properties of a Dolphin Social Network. *Procedings of the Royal Society B (Suppl.)* 270, 186–188.

[189] Lusseau, D., Schneider, K., Boisseau, O. J., Haase, P., Slooten, E., Dawson, S. M. (2003): The Bottlenose Dolphin Community of Doubtful Sound Features a Large Proportion of Long–Lasting Associations. Can Geographic Isolation Explain This Unique Trait? *Behavioral Ecology and Sociobiology* 54, 396–405.

[190] Ma, X., Gao, L., Yong, X., Fu, L. (2010): Semi–Supervised Clustering Algorithm for Community Structure Detection in Complex Networks. *Physica A* 389, 187–197.

[191] Mackay, D. J. (2003): *Information Theory, Inference, and Learning Algorithms*. Cambridge University Press, Cambridge, UK.

[192] MacQueen J. B. (1976): Some Methods for Classification and Analysis of Multivariate Observations. *Proceedings of 5th Berkeley Symposium on Mathematical Statistics and Probability* 1, 281–297, University of California Press, Berkeley, USA.

[193] Madeira, S. C., Oliveira, A. L. (2009): A Polynomial Time Biclustering Algorithm for Finding Approximate Expression Patterns in Gene Expression Time Series. *Algorithms for Molecular Biology* 4, 8.

[194] Mann, C. F., Matula, D. W., Olinick, E. V. (2008): The Use of Sparsest Cuts to Reveal the Hierarchical Community Structure of Social Networks. *Social Networks* 30, 223–234.

[195] Massen, C. P., Doye, J. P. (2005): Identifying Communities Within Energy Landscapes. *Physical Review E* 71(4), 046101.

[196] Massen, C. P., Doye, J. P. (2006): Thermodynamics of Community Structure. *E–Print*, arxiv:cond–mat/0610077.

[197] McQuitty, L. (1957): Elementary Linkage Analysis for Isolating Orthogonal and Oblique Types and Typal Relevancies. *Educational and Psychological Measurement* 17, 207–229.

[198] Meilă, M. (2007): Comparing Clusterings – An Information Based Distance. *Journal of Multivariate Analysis* 98(5), 873–895.

[199] Metropolis, N., Rosenbluth, A. W., Rosenbluth, M. N., Teller, A. H., Teller, E. (1953): Equation of State Calculation by Fast Computing Machines. *Journal of Chemical Physics* 21, 1087–1091.

[200] Mirkin, B. G., Chernyi, L. B. (1970): Measurement of the Distance Between Distinct Partitions of a Finite Set of Objects. *Automation and Remote Control* 31(5), 786–792.

[201] Mitchell, T. M. (1997): *Machine Learning*. McGraw–Hill Series in Computer Science. McGraw–Hill, New York, USA.

[202] Molloy, M., Reed, B. (1993): A Critical Point for Random Graphs With a Given Degree Sequence. *Proceedings of the Sixth International Seminar on Random Graphs and Probabilistic Methods in Combinatorics and Computer Science* 6, 161–179.

[203] Muff, S., Rao, F., Caflisch, A. (2005): Local Modularity Measure for Network Clusterizations. *Physical Review E* 72(5), 056107.

[204] Nascimento, M. C., de Carvalho, A. C. (2010): Spectral Methods for Graph Clustering – A Survey. *European Journal of Operational Research* 211(2), 221–231.

[205] Newman, M. E. (2001): The Structure of Scientific Collaboration Networks. *Proceedings of the National Academy of Sciences* 98(2), 404–409.

[206] Newman, M. E., Strogatz, S. H., Watts, D. J. (2001): Random Graphs With Arbitrary Degree Distributions and Their Applications. *Physical Review E* 64, 026118.

[207] Newman, M. E. (2004a): Fast Algorithm for Detecting Community Structure in Networks. *Physical Review E* 69, 066133.

[208] Newman, M. E. (2004b): Analysis of Weighted Networks. *Physical Review E* 70, 056131.

[209] Newman, M. E. (2006a): Modularity and Community Structure in Networks. *Proceedings of the National Academy of Sciences* 103(23), 8577–8582.

[210] Newman, M. E. (2006b): Finding Community Structure in Networks Using the Eigenvectors of Matrices. *Physical Review E* 74, 036104.

[211] Newman, M. E.: http://www–personal.umich.edu/~mejn/netdata/ (abgerufen am 13.11.2011)

[212] Newman, M. E., Barkema, G. T. (1999): *Monte Carlo Methods in Statistical Physics.* Oxford University Press, New York, USA.

[213] Newman, M. E., Girvan, M. (2004): Finding and Evaluating Community Structure in Networks. *Physical Review E* 69, 026113.

[214] Newman, M. E., Leicht, E. A. (2007): Mixture Models and Exploratory Analysis in Networks. *Proceedings of the National Academy of Sciences* 104(23), 9564–9569.

[215] Ng, A., Jordan, M., Weiss, Y. (2002): On Spectral Clustering: Analysis and an Algorithm. In: Dietterich, T.G., Becker, S., Ghahramani, Z. (Hrsg.): *Advances in Neural Information Processing Systems* 14, 849–856, MIT Press, Cambridge, Massachusetts, USA.

[216] Nicosia, V., Mangioni, G., Carchiolo, V., Malgeri, M. (2009): Extending the Definition of Modularity to Directed Graphs With Overlapping Communities. *Journal of Statistical Mechanics*, P03024.

[217] Nunkesser, M. , Sawitzki, D. (2005): Blockmodels. In: Brandes, U., Erlebach, T. (Hrsg.): *Network Analysis: Methodological Foundations. Lecture Notes in Computer Science* 3418, 253–292, Springer–Verlag, Berlin–Heidelberg.

[218] Owsinski, J. W., Zadrożny, S. (1992): Clusterwise Aggregation of Relations: The Case of Paired Comparisons of Cognac Ads. *Applied Stochastic Models and Data Analysis* 8(2), 121–128.

[219] Opsahl, T., Panzarasa, P. (2009): Clustering in Weighted Networks. *Social Networks* 31(2), 155–163.

[220] Orponen, P., Schaeffer, S. E. (2005): Local Clustering of Large Graphs by Approximate Fiedler Vectors. *Proceedings of the 4th International Workshop on Efficient and Experimental Algorithms (Santorini, Greece)*, 524–533, Springer–Verlag, Berlin–Heidelberg.

[221] Ovelgönne, M., Geyer–Schulz, A., Stein, M. (2010): Randomized Greedy Modularity Optimization for Group Detection in Huge Social Networks. *SNA–KDD'10: Proceedings of the 4th Workshop on Social Network Mining and Analysis, ACM.*

[222] Ovelgönne, M., Geyer–Schulz, A. (2010): Cluster Cores and Modularity Maximization. *International Conference on Data Mining Workshops*, 1204–1213.

[223] Ozawa, K. (1983): Classic: A Hierarchical Clustering Algorithm Based on Asymmetric Similarities. *Pattern Recognition* 16(2), 201–211.

[224] Paige, R., Tarjan, R. (1987): Three Partition Refinement Algorithms. *SIAM Journal on Computing* 16(6), 973–983.

[225] Palla, G., Derényi, I., Farkas, I., Vicsek, T. (2005): Uncovering the Overlapping Community Structure of Complex Networks in Nature and Society. *Nature* 435, 814–818.

[226] Perron, O. (1907): Zur Theorie der Matrices. *Mathematische Annalen* 64(2), 248–263.

[227] Pons, P., Latapy, M. (2011): Post–Processing Hierarchical Community Structures: Quality Improvements and Multi–Scale View. *Theoretical Computer Science* 412, 892–900.

[228] Porter, M. A., Onnela, J.-P., Mucha, P. J. (2009): Communities in Networks. *Notices of the AMS* 56(9), 1082.

[229] Potts, R. B. (1952): Some Generalized Order–Disorder Transformations. *Mathematical Proceedings of the Cambridge Philosophical Society* 48, 106–109.

[230] Radicchi, F., Castellano, C., Cecconi, F., Loreto, V., Parisi, D. (2004): Defining and Identifying Communities in Networks. *Proceedings of the National Academy of Sciences* 101(9), 2658–2663.

[231] Radicchi, F., Lancichinetti, A., Ramasco, J.J. (2010): Combinatorial Approach to Modularity. *Physical Review E* 82, 026102.

[232] Raghavan, U. N., Albert, R., Kumara, S. (2007): Near Linear Time Algorithm to Detect Community Structures in Large–Scale Networks. *Physical Review E* 76(3), 036106.

[233] Rand, W. M. (1971): Objective Criteria for the Evaluation of Clustering Methods. *Journal of the American Statistical Association* 66(336), 846–850.

[234] Reichardt, J., Bornholdt, S. (2006): Statistical Mechanics of Community Detection. *Physical Review E* 74(1), 016110.

[235] Richardson, T., Mucha, P. J., Porter, M. A. (2009): Spectral Tripartitioning of Networks. *Physical Review E* 80(3), 036111.

[236] Rissanen, J. (1978): Modelling by Shortest Data Descriptions. *Automatica* 14, 465–471.

[237] Ronhovde, P. Nussinov, Z. (2009): Multiresolution Community Detection for Megascale Networks by Information–Based Replica Correlations. *Physical Review E* 80(1), 016109.

[238] Ronhovde, P. Nussinov, Z. (2010): Local Resolution–Limit–free Potts Model for Community Detection. *Physical Review E* 81, 046114.

[239] Rosvall, M., Bergstrom, C. T. (2007): An Information–Theoretic Framework for Resolving Community Structure in Complex Networks. *Proceedings of the National Academy of Sciences* 104(18), 7327–7331.

[240] Rosvall, M., Bergstrom, C. T. (2008): Maps of Random Walks on Complex Networks Reveal Community Structure. *Proceedings of the National Academy of Sciences* 105(4), 1118–1123.

[241] Rosvall, M., Axelsson, D., Bergstrom, C. T. (2009): The Map Equation. *European Physics Journal Special Topics* 178, 13–23.

[242] Rubin, J. (1966): An Approach to Organizing Data into Homogeneous Groups. *Systematic Zoology* 15, 169–183.

[243] Saito, T., Yadohisa, H. (2005): *Data Analysis of Asymmetric Structures: Advanced Approaches in Computational Statistics*. Marcel Dekker, New York, USA.

[244] Sampson, F. (1968): *A Novitiate in a Period of Change: An Experimental and Case Study of Social Relationships*. Doctoral dissertation, Cornell University, USA.

[245] Schaeffer, S. E. (2007): Graph Clustering. *Computer Science Review* 1, 27–64.

[246] Schuetz, P., Caflisch, A. (2008a): Efficient Modularity Optimization by Multistep Greedy Algorithm and Vertex Mover Refinement. *Physical Review E* 77, 046112.

[247] Schuetz, P., Caflisch, A. (2008b): Multistep Greedy Algorithm Identifies Community Structure in Real–World and Computer–Generated Networks. *Physical Review E* 78, 026112.

[248] Serrour, B., Arenas, A., Gómez, S. (2011): Detecting Communities of Triangles in Complex Networks Using Spectral Optimization. *Computer Communications* 34, 629–634.

[249] Shen, H.-W., Cheng, X., Cai, K., Hu, M.-B. (2009a): Detect Overlapping and Hierarchical Community Structure in Networks. *Physica A* 388(8), 1706–1712.

[250] Shen, H.-W., Cheng, X.-Q., Guo, J.-F. (2009b): Quantifying and Identifying the Overlapping Community Structure in Networks. *Journal of Statistical Mechanics*, P07042.

[251] Shi, J., Malik, J. (2000): Normalized Cuts and Image Segmentation. *IEEE Transactions on Pattern Analysis and Machine Intelligence* 22, 888–905.

[252] Simmel, G. (1890): *Über sociale Differenzierung.* Duncker & Humblot, Leipzig.

[253] Simon, H. (1962): The Architecture of Complexity. *Proccedings of the American Philosophical Society* 106(6), 467–482.

[254] Sokal, R., Mitchener, C. (1958): A Statistical Method for Evaluating Systematic Relationships. *University of Kansas Science Bulletin* 38, 1409–1438.

[255] Stirling, J. (1730): Methodus Differentialis, Sive Tractatus de Summation et Interpolation Serierum Infinitarium. E. Cave, St. John's Gate, London.

[256] Strehl, A., Ghosh, J. (2002): Cluster Ensembles – A Knowledge Reuse Framework for Combining Multiple Partitions. *Journal of Machine Learning Research* 3, 583–617.

[257] Sun, Y., Danila, B., Josic, K., Bassler, K. E. (2009): Improved Community Structure Detection Using a Modified Fine–Tuning Strategy. *Europhysics Letters* 86(2), 28004.

[258] Takeuchi, A., Saito, T., Yadohisa, H. (2007): Asymmetric Agglomerative Hierarchical Clustering Algorithms and Their Evaluations. *Journal of Classification* 24, 123–143.

[259] Takumi, S., Miyamoto, S. (2011): Agglomerative Clustering Using Asymmetric Similarities. *Proceedings of the 8th international conference on Modeling decisions for artificial intelligence, MDAI'11*, 114–125, Springer-Verlag, Berlin–Heidelberg.

[260] Traag, V. A., Bruggeman, J. (2009): Community Detection in Networks With Positive and Negative Links. *Physical Review E* 80(3), 036115.

[261] Traud, A. L., Kelsic, E. D., Mucha, P. J., Porter, M. A. (2008): Community Structure in Online Collegiate Social Networks. *E-Print*,arXiv: 0809.0690v2.

[262] Trejos, J., Castillo, W. (2000): Simulated Annealing Optimization for Two–Mode Partitioning. In: Gaul, W., Decker, R. (Hrsg.): *Classification and Information at the Turn of the Millenium.* 135–142, Springer–Verlag, Berlin–Heidelberg.

[263] Tuma, M., Decker, R., Scholz, S. W. (2011): A Survey of the Challenges and Pitfalls of Cluster Analysis Application in Market Segmentation. *International Journal of Market Research* 53, 391–414.

[264] Van den Bulte, C., Wuyts, S. (2007): *Social Networks and Marketing.* Marketing Science Institute, Cambridge, Massachusetts, USA.

[265] Van Laarhoven, P. J., Aarts, E. H. (1987): *Simulated Annealing: Theory and Applications.* Mathematics and Its Applications 37, Springer–Verlag, Berlin–Heidelberg.

[266] Van Mechelen, I., Bock, H.–H., De Boeck, P. (2004): Two–Mode Clustering Methods: A Structured Overview. *Statistical Methods in Medical Research* 13(5), 363–394.

[267] Van Rosmalen, J., Groenen, P. J., Trejos, J., Castillo, W. (2009): Optimization Strategies for Two–Mode Partitioning. *Journal of Classification* 26(2), 155–181.

[268] Vazirani, V. (2001): *Approximation Algorithms.* Springer–Verlag, Berlin–Heidelberg.

[269] Vichi, M. (2001): Double k–means Clustering for Simultaneous Classification of Objects and Variables. In: Borra, S., Rocchi, R., Schader, M. (Hrsg.): *Advances in Classification and Data Analysis. Studies in Classification, Data Analysis, and Knowledge Organization.* 43–52, Springer–Verlag, Berlin–Heidelberg.

[270] Vinh, N. X., Epps, J., Bailey, J. (2010): Information Theoretic Measures for Clusterings Comparison: Variants, Properties, Normalization and Correction for Chance. *Journal of Machine Learning Research* 11, 2837–2854.

[271] Von Luxburg, U. (2007): A Tutorial on Spectral Clustering. *Statistics and Computing* 17(4), 395–416.

[272] Von Mises, R., Pollaczek–Geiringer, H. (1929): Praktische Verfahren der Gleichungsauflösung. *Zeitschrift für Angewandte Mathematik und Mechanik* 9(2), 152–164.

[273] Vragović, I. Louis, E. (2006): Network Community Structure and Loop Coefficient Method. *Physical Review E* 74(1), 016105.

[274] Wang, G., Shen, Y., Ouyang, M. (2008a): A Vector Partitioning Approach to Detecting Community Structure in Complex Networks. *Computers and Mathematics With Applications* 55, 2746–2752.

[275] Wang, R.–S., Zhang, S., Wang, Y., Zhang, X.–S., Chen, L. (2008b): Clustering Complex Networks and Biological Networks by Nonnegative Matrix Factorization With Various Similarity Measures. *Neurocomputing* 72(1–3), 134–141.

[276] Wakita, K., Tsurumi, T. (2007): Finding Community Structure in Mega-Scale Social Networks. *E–Print*, arXiv:cs/0702048v1.

[277] Wallace, D. L. (1983): A Method for Comparing Two Hierarchical Clusterings: Comment. *Journal of the American Statistical Association* 78(383), 569–576.

[278] Warshall, S. (1962): A Theorem on Boolean Matrices. *Journal of the ACM* 9(1), 11–12.

[279] Watts, D. J., Strogatz, S. H. (1998): Collective Dynamics of 'Small–World' Networks. *Nature* 393, 440–442.

[280] Weyer, J. (Hrsg.) (2000): *Soziale Netzwerke. Konzepte und Methoden der Sozialwissenschaftlichen Netzwerkforschung.* Oldenbourg, München-Wien.

[281] White, D. R., Reitz, K. P. (1983): Graph and Semigroup Homomorphisms on Networks and Relations. *Social Networks* 5, 193–234.

[282] Williams, R. J., Martinez, N. D. (2000): Simple Rules Yield Complex Food Webs. *Nature* 404, 180–183.

[283] Wu, F., Huberman, B. A. (2004): Finding Communities in Linear Time: A Physics Approach. *The European Physics Journal B* 38, 331–338.

[284] Xiang, J., Hu, K., Tang, Y. (2008): A Class of Improved Algorithms for Detecting Communities in Complex Networks. *Physica A* 387, 3327–3334.

[285] Yadohisa, H. (2002): Formulation of Asymmetric Agglomerative Hierarchical Clustering and Graphical Representation of its Result. *Bulletin of The Computational Statistics of Japan* 15, 309–316. (Japanisch mit Englischer Zusammenfassung)

[286] Yang, S., Luo, S. (2010): A Local Quantitative Measure for Community Detection in Networks. *International Journal of Intelligent Engineering Informatics* 1(1), 38–52.

[287] Yu, S. X., Shi, J. (2003): Multiclass Spectral Clustering. *Proceedings of the Ninth IEEE International Conference on Computer Vision*, 313–319.

[288] Zachary, W. W. (1977): An Information Flow Model for Conflict and Fission in Small Groups. *Journal of Anthropological Research* 33, 452–473.

[289] Zass, R., Shashua, A. (2005): A Unifying Approach to Hard and Probabilistic Clustering. *Tenth IEEE International Conference on Computer Vision ICCV* 1, 294–301.

[290] Zhang, S., Wang, R.-S., Zhang, X.-S. (2007): Uncovering Fuzzy Community Structure in Complex Networks. *Physical Review E* 76, 046103.

[291] Zhang, S., Ning, X., Ding, C, (2009): Maximizing Modularity Density for Exploring Modular Organization of Protein Interaction Networks. *Lecture Notes in Operations Research* 11, 361–370.

[292] Zhang, D., Xie, F., Zhang, Y., Dong, F., Hirota, K. (2010): Fuzzy Analysis of Community Detection in Complex Networks. *Physica A* 389, 5319–5327.

[293] Zhu, X., Goldberg, A. (2009): Introduction to Semi–Supervised Learning. *Synthesis Lectures on Artificial Intelligence and Machine Learning* 3, 1–130. Morgan & Claypool Publishers, USA.

[294] Zhu, Z., Wang, C., Ma, L., Pan, Y., Ding, Z. (2008): Scalable Community Discovery of Large Networks. *Proceedings of the 2008 The Ninth International Conference on Web–Age Information Management*, 381–388.

[295] Žiberna, A. (2007): Generalized Blockmodeling of Valued Networks. *Social Networks* 29, 105–126.

ENTSCHEIDUNGSUNTERSTÜTZUNG FÜR ÖKONOMISCHE PROBLEME

Herausgegeben von Christian Becker, Wolfgang Gaul, Armin Heinzl,
Martin Schader und Daniel Veit

Band 1 Ingo Böckenholt: Mehrdimensionale Skalierung qualitativer Daten. Ein Instrument zur Unterstützung von Marketingentscheidungen. 1989.

Band 2 Jürgen Joseph: Arbeitswissenschaftliche Aspekte der betrieblichen Einführung neuer Technologien am Beispiel von Computer Aided Design (CAD). Felduntersuchung zur Ermittlung arbeitswissenschaftlicher Empfehlungen für die Einführung neuer Technologien. 1990.

Band 3 Eva Schönfelder: Entwicklung eines Verfahrens zur Bewertung von Schichtsystemen nach arbeitswissenschaftlichen Kriterien. 1992.

Band 4 Michael Bargl: Akzeptanz und Effizienz computergestützter Dispositionssysteme in der Transportwirtschaft. Empirische Studien zur Implementierungsforschung von Entscheidungsunterstützungssystemen am Beispiel computergestützter Tourenplanungssysteme. 1994.

Band 5 Reinhold Decker: Analyse und Simulation des Kaufverhaltens auf Konsumgütermärkten. Konzeption eines modell- und wissensorientierten Systems zur Auswertung von Paneldaten. 1994.

Band 6 Wolfgang Gaul / Martin Schader (Hrsg.): Wissensbasierte Marketing-Datenanalyse. Das WIMDAS-Projekt. 1994.

Band 7 Daniel Baier: Konzipierung und Realisierung einer Unterstützung des kombinierten Einsatzes von Methoden bei der Positionierungsanalyse. 1994.

Band 8 Ulrich Lutz: Preispolitik im internationalen Marketing und westeuropäische Integration. 1994.

Band 9 Kirsten Petersen: Design eines Courseware-Entwicklungssystems für den computerunterstützten universitären Unterricht. CULLIS-Teilprojekt I. 1996.

Band 10 Stefan Neumann: Einsatz von Interactive Video im computerunterstützten universitären Unterricht. CULLIS Teilprojekt II. 1996.

Band 11 Eberhard Aust: Simultane Conjointanalyse, Benefitsegmentierung, Produktlinien- und Preisgestaltung. 1996.

Band 12 Peter Heydebreck: Technologische Verflechtung. Ein Instrument zum Erreichen von Produkt- und Prozeßinnovationserfolg. 1996.

Band 13 Michael Pesch: Effiziente Verkaufsplanung im Investitionsgütermarketing. 1997.

Band 14 Frank Wartenberg: Entscheidungsunterstützung im persönlichen Verkauf. 1997.

Band 15 Thomas Lechler: Erfolgsfaktoren des Projektmanagements. 1997.

Band 16 Alexandre Saad: Anbahnung und Erfolg von europäischen kooperativen F&E-Projekten. Eine empirische Analyse anhand von ESPRIT-Projekten. 1998.

Band 17 Michael Löffler: Integrierte Preisoptimierung. 1999.

Band 18 Frank Säuberlich: KDD und Data Mining als Hilfsmittel zur Entscheidungsunterstützung. 2000.

INFORMATIONSTECHNOLOGIE UND ÖKONOMIE
(Neuer Reihentitel ab Band 19)

Band 19 Rainer Kiel: Dialog-gesteuerte Regelsysteme. Definition, Eigenschaften und Anwendungen. 2001.

Band 20 Axel Korthaus: Komponentenbasierte Entwicklung computergestützter betrieblicher Informationssysteme. 2001.

Band 21 Markus Aleksy: Entwicklung einer komponentenbasierten Architektur zur Implementierung paralleler Anwendungen mittels CORBA. Mit Beispielen aus den Wirtschaftswissenschaften. 2003.

Band 22 Michael Zapf: Flexible Kundeninteraktionsprozesse im Communication Center. 2003.

Band 23 Yvonne Staack: Kundenbindung im eBusiness. Eine kausalanalytische Untersuchung der Determinanten, Dimensionen und Verhaltenskonsequenzen der Kundenbindung im Online-Shopping und Online-Brokerage. 2004.

Band 24 Lars Schmidt-Thieme: Assoziationsregel-Algorithmen für Daten mit komplexer Strutkur. Mit Anwendungen im Web Mining. 2003.

Band 25 Stefan Hocke: Flexibilitätsmanagement in der Logistik. Systemtheoretische Fundierung und Simulation logistischer Gestaltungsparameter. 2004.

Band 26 Viktor Jung: Markteintrittsgestaltung neugegründeter Unternehmen. Situationsspezifische und erfolgsbezogene Analyse. 2004.

Band 27 Lars Brehm: Postimplementierungsphase von ERP-Systemen in Unternehmen. Organisatorische Gestaltung und kritische Erfolgsfaktoren. 2004.

Band 28 Ralf Gitzel: Model-Driven Software Development Using a Metamodel-Based Extension Mechanism for UML. 2006.

Band 29 Bernd Stauß: Optimale Gestaltung von Auswahlmenüs und deren Verwendung im Variantenmanagement. 2006.

Band 30 Nils Schumacher: EDI via XML. Potentiale und Strategien für global orientierte kleine und mittlere Unternehmen. 2007.

Band 31 Christian Cuske: Quantifizierung operationeller Technologierisiken bei Kreditinstituten. Eine Ontologie-zentrierte Vorgehensweise im Spannungsfeld bankinterner und aufsichtsrechtlicher Sichtweise. 2007.

Band 32 Matthias Merz: Konzeptioneller Entwurf und prototypische Implementierung einer Sicherheitsarchitektur für die Java Data Objects-Spezifikation. 2008.

Band 33 Tobias Hildenbrand: Improving Traceability in Distributed Collaborative Software Development. A Design Science Approach. 2008.

Band 34 Karen H. L. Tso-Sutter: Towards Metadata-Aware Algorithms for Recommender Systems. 2010.

Band 35 Thomas Schoberth: Eine Längsschnittstudie der Kommunikationsaktivität in virtuellen Gemeinschaften. 2010.

Band 36 Nima Mazloumi: Entwurf eines Refernzmodells und Frameworks zur Erstellung hybrider Lehr- und Lernszenarien. Mit Fallbeispielen aus der Betriebswirtschaftslehre und der Wirtschaftsinformatik. 2010.

Band 37 Anja Zöller: Effizienzanalyse grundlegender Gestaltungsgrößen der OP-Organisation. 2010.

Band 38 Jessica Katharina Winkler: International Entry Mode Choices of Software Firms. An Analysis of Product-Specific Determinants. 2009.

Band 39 Martin J. Lafleur: *Loyalty Profiling*. Erfolgsdimensionen und Modellansätze eines effizienten und effektiven Customer Relationship Management. 2010.

Band 40 Ingo Ott: Effizientes Prozessmanagement im öffentlichen Dienst. 2010.

Band 41 Stefan Seedorf: Ontologie-gestützte Entwicklung komponentenbasierter Anwendungssysteme. Ein wissensbasiertes Informationssystem zur Unterstützung der Entwicklung und Wartung von Geschäftskomponenten (KompIS). 2010.

Band 42 Dominic Gastes: Erhebungsprozesse und Konsistenzanforderungen im Analytic Hierarchy Process (AHP). 2011.

Band 43 *erscheint in Kürze*

Band 44 Olaf Thiele: Informationsvisualisierungen auf mobilen Endgeräten zur Unterstützung des betrieblichen Datenmanagements. 2011.

Band 45 Krisztian Antal Buza: Fusion Methods for Time-Series Classification. 2011.

Band 46 Thomas Kude: The Coordination of Inter-Organizational Networks in the Enterprise Software Industry. The Perspective of Complementors. 2012.

Band 47 Alexandra Rebecca Klages: Clusteranalyse für Netzwerke. 2012.

www.peterlang.de

Dominic Gastes

Erhebungsprozesse und Konsistenzanforderungen im Analytic Hierarchy Process (AHP)

Frankfurt am Main, Berlin, Bern, Bruxelles, New York, Oxford, Wien, 2011.
X, 148 S., 13 farb. Abb., zahlr. Tab. und Graf.
Informationstechnologie und Ökonomie.
Verantwortlicher Herausgeber: Wolfgang Gaul. Bd. 42
ISBN 978-3-631-61633-8 · geb. € 37,80*

Der Analytic Hierarchy Process (AHP) ist eine Methode zur Unterstützung komplexer, multiattributiver Entscheidungssituationen, die in den letzten Jahren eine starke Verbreitung in verschiedenen Anwendungsdomänen (z. B. R&D, Logistik, Produktion oder Marketing) gefunden hat. Diese Arbeit untersucht mit Hilfe empirischer Fallstudien Gestaltungsvarianten von Datenerhebungsprozessen im AHP sowie ihre Einflüsse auf Konsistenzen und abgeleitete Prioritäten. Weiterhin werden Vorgehensweisen zur automatisierten Konsistenzanpassung vorgestellt. Es wird ein Particle Swarm Optimization (PSO) Algorithmus entwickelt, der automatisierte Konsistenzanpassungen durchführt. Anschließend werden mögliche Konsequenzen der Anwendung automatisierter Konsistenzanpassungsverfahren innerhalb des AHP analysiert.

Aus dem Inhalt: Grundlagen der Entscheidungstheorie und Einordnung des Analytic Hierarchy Process (AHP) · Die klassische AHP Methode und ihre Erweiterungen · Kritikpunkte am AHP · Erhebungsprozesse für den AHP und ihr Einfluss auf Konsistenzen und Prioritäten · Automatische Konsistenzanpassungen und ihre Konsequenzen für abgeleiteten Prioritäten · Particle Swarm Optimization (PSO)

Frankfurt am Main · Berlin · Bern · Bruxelles · New York · Oxford · Wien
Auslieferung: Verlag Peter Lang AG
Moosstr. 1, CH-2542 Pieterlen
Telefax 00 41 (0) 32 / 376 17 27
E-Mail info@peterlang.com

Seit 40 Jahren Ihr Partner für die Wissenschaft
Homepage http://www.peterlang.de